# 城市规划设计领域人工智能

## ——技术、应用和影响

# ARTIFICIAL INTELLIGENCE IN URBAN PLANNING AND DESIGN：TECHNOLOGIES, IMPLEMENTATION, AND IMPACTS

本书由北京市城市规划设计研究院资助出版

# 城市规划设计领域人工智能
## ——技术、应用和影响

# ARTIFICIAL INTELLIGENCE IN URBAN PLANNING AND DESIGN: TECHNOLOGIES, IMPLEMENTATION, AND IMPACTS

[土耳其]伊姆达特·阿斯(Imdat As)
[美]普里特威什·巴苏(Prithwish Basu) 编著
普拉塔普·塔瓦尔(Pratap Talwar)
石晓冬　张晓东　译

中国建筑工业出版社

**著作权合同登记图字：01-2024-3896号**

**图书在版编目（CIP）数据**

城市规划设计领域人工智能：技术、应用和影响 /（土）伊姆达特·阿斯（Imdat As），（美）普里特威什·巴苏（Prithwish Basu），（美）普拉塔普·塔瓦尔（Pratap Talwar）编著；石晓冬，张晓东译 . -- 北京：中国建筑工业出版社，2025. 2. -- ISBN 978-7-112-30888-0

Ⅰ. TU984-39

中国国家版本馆CIP数据核字第2025TS5067号



责任编辑：张鹏伟　吕　娜

文字编辑：程素荣

责任校对：赵　力

**城市规划设计领域人工智能——技术、应用和影响**

ARTIFICIAL INTELLIGENCE IN URBAN PLANNING AND DESIGN:

TECHNOLOGIES, IMPLEMENTATION, AND IMPACTS

[土耳其] 伊姆达特·阿斯（Imdat As）

[美] 普里特威什·巴苏（Prithwish Basu）　编著

普拉塔普·塔瓦尔（Pratap Talwar）

石晓冬　张晓东　译

*

中国建筑工业出版社出版、发行（北京海淀三里河路9号）

各地新华书店、建筑书店经销

北京雅盈中佳图文设计公司制版

北京市密东印刷有限公司印刷

*

开本：787毫米 × 1092毫米　1/16　印张：$22^1/_2$　字数：470千字

2025年1月第一版　2025年1月第一次印刷

定价：**118.00**元

ISBN 978-7-112-30888-0

（43801）



如有内容及印装质量问题，请与本社读者服务中心联系

电话：（010）58337283　QQ：2885381756

（地址：北京海淀三里河路9号中国建筑工业出版社604室　邮政编码：100037）

# 目 录

## 第一部分 理论基础

## 第二部分 AI 工具和技术



## 第三部分 城市研究中的 AI

# 第四部分 案例研究

# 前　言

城市规划与设计是一个复杂的研究领域，融合了多种学科。城市规划师、城市设计师、建筑师和景观设计师共同致力于解决苛刻的城市问题。他们需要从规划法规、交通和基础设施网络到建筑物、街道设施和照明等多个方面来研究城市。人工干预的城市范围可以分为三个主要层次：首先是房屋、商店、工厂等；其次是地面基础设施，例如公路网、铁路、路灯等；最后是地下基础设施，例如污水处理厂、自来水厂、供暖、燃气、电力等设施。工程师们为开发和维护这个复杂的城市建设和基础设施网络作出了贡献。除了与城市的物质结构相关的人员外，还有其他人员无形的力量。经济学家、科学家、运筹学家和社会学家研究城市的组织、发展和衰落（商品和服务的流动，市场力量的影响），气候变化等城市环境对人类行为的影响，不断变化的社会价值观、人际互动以及个人和群体的迁徙。

因此，城市设计与规划领域传统上严重依赖于大量的数据。规划师使用电子表格来进行空间分析，评估项目、假设，并进行估算和预测。在20世纪下半叶，地理信息系统（GIS）工具被引入这一领域，地理信息与各种数据层集成，并将其转化为表格、图形和地图，以便更容易地收集、管理和分析数据。与此同时，人工智能（AI）在计算机科学应用领域的重大突破，使许多数据驱动的研究领域发生了革命。人们对利用城市数据来开发城市设计和规划解决方案的熟悉程度，自然而然地将AI引入了这一领域。

在过去的几十年中，人工智能领域经历了三次发展浪潮，从符号或基于规则的人工智能（例如专家系统、遗传算法、群体智能等）过渡到统计推理（例如支持向量机、贝叶斯推理和人工神经网络），再到两种方法的混合，例如机器人技术。人工智能研究主要包括监督学习和无监督学习、生成算法和强化学习。监督学习方法使用标记数据进行训练，并执行分类和预测任务，而无监督学习则使用未标记的数据进行训练并检测显著模式。另一方面，生成式算法可以训练或转化生成模型来创建样本。最后，强化学习与随机环境进行交互以收集训练数据，并学习制定效用优化决策的模型。

在过去的十年中，人工智能（AI）通过深度学习的发展唤起了公众的想象。深度学习是人工智能的一个分支，它使用人工神经网络松散地模仿人脑的内部工作原理。深度神经网络

（DNN）由一层层堆叠的人工神经元组成。当 DNN 用足够的数据样本进行训练时，它可以发现对象的内部表示，例如，系统可以用猫的图像进行训练，并能在新图像中识别出以前未见过的猫。深度学习系统发现了大数据中通常对人类来说不明显的潜在模式和关系，被广泛应用于各种日常应用，从图像、语音和视频识别系统，到自动驾驶汽车、语言翻译和在线推荐系统。

在本书中，我们探讨了人工智能在城市规划设计中的应用前景，展示了已经取得成果的各种技术，展示了它们的实施机遇和挑战，并讨论了它们对建成环境的影响。本书将现实世界的项目分为四个部分，并提供了广泛的概述：（1）理论和历史背景；（2）基于人工智能的工具、方法和技术；（3）人工智能在城市规划设计研究中的应用；（4）人工智能在实际项目中的案例研究。它包含 18 章，探讨了来自世界各地（包括美国、欧洲和亚洲）的基于人工智能的城市规划设计工作。

## 内容

在本书的第一部分中，我们将人工智能置于城市规划设计的整体背景下，讨论了人工智能方法与城市规划师和设计师的传统工具包之间的区别和联系。在开篇章中，马克·伯里（Mark Burry）提出了基于人工智能的城市规划设计新议程。尼尔·利奇（Neal Leach）将 DeepMind 的 AI-AlphaGo 击败围棋职业棋手的开创性时刻与它在开发城市规划和设计解决方案中暴露出来的人类创造力的局限性联系起来。托马斯·施罗普夫（Thomas Schroepfer）阐述了复杂性科学的基本原理，为处理大部分城市挑战中的复杂和多目标问题集奠定基础。

在第二部分中，我们介绍了最先进的基于 AI 的工具、方法和技术，重点介绍了在城市规划设计中专门探索的工具，并提供了它们的使用示例。杰夫·基姆（Geoff Kimm）对各种新颖的 AI 工具进行了分类、概述和评估。吉姆·瑞（Jinmo Rhee）通过形态计量学和机器学习为城市形态分析提供了另一种途径。中国知名初创企业 XKool 的何万宇（Wanyu He 音译）等展示了一种新颖的工具，其中建筑信息建模（BIM）通过云上的其他 AI 数据集进行增强，并说明了它在各种城市规模项目中的应用。

在第三部分中，我们深入了解了 AI 在城市规模研究中的应用。大卫·牛顿（David Newton）通过借助 AI 分析卫星图像，将与健康相关的问题（例如各种疾病）与城市形态相关联。米娜·拉希米安（Mina Rahimian）等利用深度学习揭示了加州圣地亚哥的城市形态与能源需求之间错综复杂的关系，以实现能源自给自足的社区。埃尔辛·萨里（Elcin Sari）等展示了一种新的机器推理（MR）工具，可以从生活质量指标中排名靠前的城市布局中发现凯文・林奇（Kevin Lynch）提出的重要的城市组成部分，而费尔南多・利马（Fernando Lima）等则采用临近度指标驱动的多目标优化方法来生成新的城市网格布局。

在第四部分中，我们展示了AI在实际城市设计与规划项目中的各种能力。我们将这一部分分为三类：第一组贡献者将AI作为分析工具，为城市挑战的复杂问题集提供新的见解。第二组贡献者研究AI作为城市设计与规划过程中的助手，例如优化土地利用、朝向、气候等各个方面。最后一组贡献者探索AI作为生成器，直接提供可行的创意，例如在一定边界条件下自由生成前所未有的城市街区。在第一部分中，阿尔多・索拉齐（Aldo Solazzi）使用图像分析来收集和分析数据，以了解人们在著名的巴塞罗那超级街区生活和城市空间使用情况。托马斯・施罗普弗（Thomas Schropfer）展示了如何使用复杂性科学分析由UNStudio及DP Architects共同设计的新加坡科技与设计大学（SUTD）校区和WOHA建筑事务所的Kampung Admiralty社区综合体建筑；奥兹贡・巴拉班（Ozgun Balaban）介绍了一个通过健身追踪来分析新加坡城市的案例研究。在第二部分中，Spacemaker.ai的杰弗里・兰德斯（Jeffrey Landes）演示了如何使用AI优化伊斯坦布尔的给定场地的3D城市布局。帕特里克・扬森（Patrick Janssen）等演示了莫比乌斯进化器（Mobius Evolver），它使用了探索相互竞争策略的进化算法。莱因哈特・柯尼希（Reinhard Koenig）等使用数字自适应总体规划（AMP）开发埃塞俄比亚和新加坡城市布局。AMP是参数控制的三维城市设计模型，可以自动适应不同的边界条件和规划要求。在第三部分中，SASAKI的蒂亚加拉詹・阿迪・拉曼（Thiyagarajan Adi Raman）等使用生成对抗网络（GAN）开发新颖的印象主义航拍图像（也称为城市印象），以“勾勒出”城市设计的早期想法。最后，Kohn、Petersen和Fox（KPF）的斯诺维利亚・张（Snoweria Zhang）等展示了三个案例研究，提供了一种基于AI的推测性叙事框架，用于分析和发展传统城市设计工作流程中的想法。

AI研究正在不断发展，它在城市设计与规划中的应用日益成熟。我们希望本书能够为参与城市规划与设计项目的规划师、设计师、建筑师、AI研究人员和工程师们提供一个令人兴奋和信息丰富的介绍。本书中所表达的任何意见、发现、结论或建议均属作者个人观点，不一定反映Raytheon BBN的观点。本书不包含受控于《美国国际武器贸易条例》或《美国出口管制条例》的技术或数据。

# 致 谢

我们对许多慷慨奉献了时间、给予鼓励并提供支持的人和机构心存感激。我们感谢伊斯坦布尔工业大学和 Raytheon BBN 公司在本书执行期间提供的支持，这使我们能够对人工智能在城市规划和设计中的特定主题进行深入思考。我们还感谢土耳其科学和技术研究委员会（TUBITAK）对伊斯坦布尔工业大学城市发展设计智能实验室（CIDDI）的成立提供支持，该实验室为我们提供了处理“未来城市”紧迫问题所需的物质和人力资源。在 2021 年 5 月，我们与 BIM4Turkey 共同举办了“未来城市峰会”，本书的贡献者在此次会议上展示了他们的工作。这一活动的全球参与超出了我们的预期。我们非常感激所有参与其中的人，以及与我们一起组织这次激动人心的峰会的人，特别是 BIM4Turkey 的联合创始人 Mehmet Sakin 和 Furkan Filiz 以及他们的许多同事，他们努力将这个活动筹备起来。我们还感谢我们的出版商 Elsevier 的 Brian Romer、Sara Valentino 和 Ivee Indelible 在疫情期间耐心和细心地帮助我们，最后我们感谢 Ana Batista 在完成本书时给予我们的反馈和指导。

# 第一部分

# 理论基础

第 1 章

# 基于人工智能的城市规划设计新议程

马克・伯里（Mark Burry）

斯威本科技大学，墨尔本，维多利亚州，澳大利亚

## 拥抱人工智能，重构总体规划

在一架盘旋的喷气式飞机上，从靠窗的座位上俯瞰新世界的郊区蔓延和发展中世界的非正规发展地区，是一些让人难以面对的道路交通工程导向的地带，毫无令人愉悦和激发活力的都市感。这些区域没有展现人类文明，只是简单生硬地按照规范或者非正规地对住房、学校、商店、公园和运动场所进行布局安排，与拥挤的高速公路形成一体。这些区域可能符合或不符合经济社会需要、规划建筑法规、标准和约定，或许可能提供些许好处，但是绝不包括文化丰富性。林荫大道和城市广场在哪里？退休人员、年轻的恋人、推着婴儿车的父母和遛狗的人应该去哪里散步？更不用说踢足球的孩子们、闲聊的邻里、媒人和街头艺人了！

全新的创新途径正在引领推动可持续城市转型，着力提升社会公平性和市民便利性。市民作为核心主体与多学科专家团队共同规划设计应对城市高密度发展，我们应当解决一个关键挑战：如何与市民一起规划设计未来的城市和区域，而不只是为市民设计？一个有价值的目标是让社区更加精准地辨认面临的重要需求，并建立可调节可替代的途径来适应不可避免的需求变化。我们如何以更积极的“迎毗设施”（Yes In My Back Yard，YIMBY）态度取代“邻避效应”（Not In My Back Yard，NIMBY）的思维模式？如何让国家、州和地方不同层次的规划、设计、建设和管理部门聚到一起共同展开一种新的沟通协商模式？如何将 AI 与新兴的、成熟的信息和通信技术（ICT）结合起来，实现市民参与从简单的咨询建议转向深度的积极参与？

为创新城市规划设计方法数字化平台框架需要的最优社会创新、经济和技术标准是什么？如何让这个平台赋能市民，在专家决策影响下实现向追求更美好的家园转型：更高密度但更宜居的环境？

通常来说，总体规划及其所呈现的二维物理特征（“规划”）是另一个关键问题：如何利用快速发展中的人工智能技术推动传统规划向多维总体规划转型？一个根本性的范式转变鼓励城市规划设计从业人员充分利用当今的智能技术，更有效地、更有信心地预测未来的城市发展的不确定性。如何让 AI 为面临城市增长压力的社区提供可识别和可理解的城市可持续发展挑战？能否创建人工智能工具来帮助城市规划设计从业人员与市民共同设计改善城市和地区的公共设施？新的数字生态系统中的数据收集、数据分析、数据可视化、人工智能、增强现实（AR）和虚拟现实（VR）等技术将改变规划、设计、建设和管理城市的方式，城市规划设计从业人员未来发挥的作用将如何演变？谁来主导搭建面向城市未来的共享合作数字化平台框架设计，实现各方在推动城市可持续发展和高密度人口承载方面贡献度的衡量和认可？

## 未来工作：人工智能与城市规划设计实施的变革

### 永无止境的工作

随着每一轮技术变革，城市会发生变化，社会也随之变化，同时改变了城市规划设计、建设和城市管理系统以及相关服务模式。在《美国增长的起落》一书中，社会经济学家罗伯特·J. 戈登（Robert J Gordon）指出，自 19 世纪 50 年代以来，人类社会是从一种几乎相同的状态下发展而来的，即无论其在社会中的地位如何，都无法获得我们今天视为理所当然的各种设施和现代便利条件。这种状态包括没有室内卫生设施；没有中央供暖和制冷设施；除了步行或骑马以外没有其他的交通方式；没有蜡烛和灯具以外的人工照明；没有用于驱动家用电器的电力；以及除了信件以外，没有与世界广泛沟通的方式。然而，变化的速度及其随之而来的复杂性已经明显超出了我们人类保持领先的能力范畴：我们已经习惯于适应人类自身带来的改变，并接受由于无法跟上变化步伐而必然产生的不可预料的负面影响。

例如，今天与十年前相比有什么不同呢？

一直以来，城市都是一个复杂系统，如今已经成为复杂的自适应系统。在过去的 30 年里，快速的数字化见证了一场技术变革，几乎渗透到了城市生活的方方面面。城市肌理结构及其相关系统的数字化催生了智慧城市。智慧城市结合了物联网（IoT），即通过信息通信技术（ICT）连接到电子设备的数据收集传感器，以帮助城市规划设计师、建设公司以及城市系统运营服务管理者用更少的投入为市民提供更多的服务。专家指出，信息通信技术是全球智慧城市行动的最具可持续性的变革因素。但同样蓬勃发展的个体化技术也越来越多地掌握在非专业化市民手中："智慧市民"（smart citizen），通过全面使用各类设施来影响城市规划设计和决策，例如澳大利亚的国家城市研究与发展平台（iHUB），就是一个旨在深入调查城市未来发展可能的城市监测平台，将在本章后面对此进行介绍。

对于所有城市规划设计师来说，一个常见的问题是会受到服务对象的知识领域限制，其对尝试完全陌生事物的意愿不高，不论其可能带来丰富的潜在成效。例如，将人工智能与游戏技术结合可以帮助最终用户更友好地确定自己的基本需求和主体责任。根据卡尔·弗雷（Carl Frey）和迈克·哈默（Michael Hammer）的观点，AI 可以发挥增强人类创造力的作用，而不一定是替代。然而，弗雷在他 2019 年的著作中也警告称，"技术陷阱"会再次出现：

> 经济增长停滞数千年的一个原因是世界陷入了技术陷阱，劳动力替代技术的作用一直遭到强烈的反对，因为担心其破坏社会稳定。西方国家工业化的技术陷阱在 21 世纪会经历回归吗？……为了减缓自动化步伐而对机器人征税的提议，现在成为大西洋两岸公开辩论的焦点。与工业革命时期的情况不同，当今发达国家的工人比卢德派拥有更多的政治权力。在美国，安德鲁·杨（Andrew Yang，2020 年美国总统候选人）已经开始利用人们对自动化不断增长的焦虑，倡导推进绝大多数人支持限制自动化的政策。杨担心，技术的颠覆性力量可能会引发另一波卢德派抗议："你所需要的只是自动驾驶汽车来破坏社会稳定……我们将有百万卡车司机失业，其中 94% 为男性，平均受教育程度为高中或一年学业的高等专科学院。这一项变革就足以引发街头骚乱。零售行业员工、呼叫中心员工、快餐员工、保险公司和会计公司将面临同样的情况。"

## 面向城市规划设计从业者的人工智能剖析

对于那些意识到人工智能在规划设计实践工作中数字化变革的前沿引领作用，但是又完全不熟悉其具体构成的城市规划设计从业者，本节将揭示 AI 内部机制。这是一种相对分散且非正式的分类法，支持从"基础"到"没有直接关联"的分类跨度。当然这并不全面，对于所表述的简单英语定义和相对效用评估都会有分歧。本文意图不是提供教科书式的方法，下面描述的 26 个人工智能组件，其中有些仅在细微之处有所不同，共同展示了人工智能在大幅度地增强城市规划设计实践的应用领域和潜力——如果不被弗雷所警告的新卢德派阻止的话（图 1.1）。

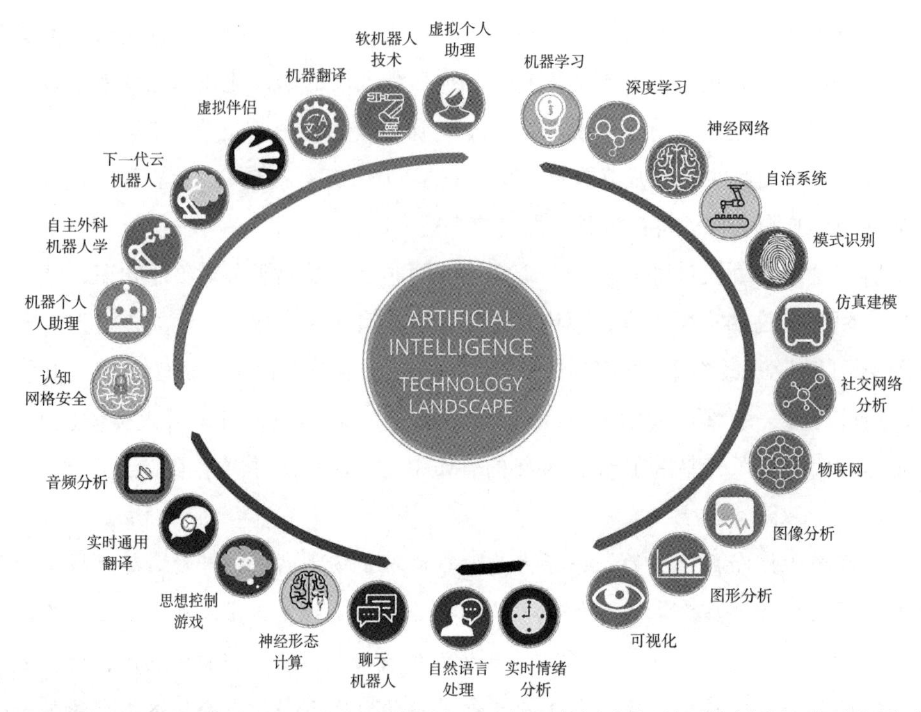


**图 1.1**　目前影响规划和城市设计实践的 26 个人工智能组件。它们按顺时针方向排列在“基本”（印刷版本中以红色、灰色标识）到“当前最不相关”（以浅灰色标识）之间。无需许可

就未来的工作而言，我们似乎正处于一个十字路口，那些不愿抓住人工智能带来的机遇的从业者，可能会被留在慢车道上，正如托马斯·西贝尔（Thomas Siebel）所警告的那样：

> 未来20年将带来比过去半个世纪更多的信息技术创新。人工智能和物联网的交汇改变了一切。这代表所有企业级应用程序和消费软件对整个市场的替代。新的商业模式将会出现。今天难以想象的产品和服务将无处不在。新的机遇将比比皆是。但绝大多数未能抓住这一机遇的企业和机构将成为历史的垫脚石。

在快车道上——之所以快，是因为至少人工智能提供了更快的速度和效率——将是那些擅长让人工智能组件为自己工作的从业者，遗憾的是，新涌现的辅助专业人员将通过人工智能获得赋能，提供新的、更大价值的服务，如城市分析、智慧技术应用和可视化。危机影响于那些技能薄弱的人，比如拥有计算机图形方面的天赋，但在如何展示分析内容的重要性、如何表达方面缺乏经验——可以认为是有天赋的无知者。本章末尾关于人工智能和专业知识的简短讨论将更全面地论述这一观点。

# 变革城市规划设计实践的人工智能基本组成部件

**1. 机器学习（ML）**。利用人工智能使系统能够自我学习、适应和改进，无需通过先前的经验进行明确编程。使用ML的计算机程序可以访问数据并对其进行筛选，并学习在计算过程中产生的知识成果。原始数据、观察、直接经验或指令启动机器学习过程，可以挖掘隐藏在数据中模式机理的模式，从而实现更有效的决策。机器学习促使计算机自动学习，无需人类干预，使海量数据能够以更快的速度和更高的精度进行处理。

经典的机器学习算法将文本视为一系列关键词，并迁移到语义分析，模仿人类理解文本含义的能力。

对于有开发规划设计软件意愿的城市规划设计从业人员，ML可以追踪记录设计师的决策，并实现常规决策的自动化。针对客户开发的软件可以内生化记录他们的选择并从中学习，帮助客户更好地理解所面临的风险。

**2. 神经网络（NNs）**。以机器学习为基础，是深度学习算法的核心（请参阅下文第3节）。神经网络一词源自人类大脑的结构，在某种意义上，与我们对大脑神经元相互通信方式的理解所衍生的概念相类似。人工神经网络（ANNs）由一层或多层节点层以及输出层组成。每个节点被认为是一个人工神经元，通过相关权重和阈值连接到相邻节点。只有当节点的输出超过给定的阈值时，才会激活并将数据传输到下一个网络层，否则将保持不活跃，不进行传输。

生成对抗网络（GANs）是一类机器学习框架，其中两个相互竞争的神经网络（一个是生成器，另一个是判别器）在进行零和博弈相互对抗：一方的收益是另一方的损失，并在过程中学习。实际上，GAN创建了自己的训练数据集。生成器的作用是人工生成可能被误认为真实数据的输出。判别器的目标是判别接收到的数据中哪些是人工创建的。GAN学习生成与训练数据集具有相同统计特征的新数据。例如，使用一组照片训练GAN，学习了从训练数据集中提取的许多关键特征后，可以生成人眼看起来貌似真实的新照片。

神经网络被广泛用于解决问题和寻找结果，NNs的广泛应用可以为城市规划设计从业者挖掘数据提供前所未有的能力，从而获得更深入的见解和态势感知作为决策制定和规划设计的输入。对于那些希望利用AI增强人类创造能力的群体来说，GAN提供了丰富的可能性。例如，学习一组来自著名建筑师的图像，可能会产生具有创造性的但明显不同于原作的结果。

**3. 深度学习**。机器学习的一个子集，是至少三层的神经网络。神经网络旨在模拟而不是模仿人脑从大数据资源中遍历学习。单个神经网络可以显著地聚焦并进行预测，而其他子层可以帮助优化、精细化，并最终提高准确性。

深度学习对于人工智能应用是至关重要的，尤其是任何旨在提高自动化和自主分析或独立于人类直接参与的实际任务的应用。如今，支持深度学习的技术可以在日常熟知的产品和服务中找到，包括数字助手和聊天机器人、金融欺诈检测、语音控制个人助手（例如苹果的Siri和亚马逊的Alexis）以及无人驾驶车辆。

随着机器学习嵌入规划设计软件，可以带来丰富的功能效用。例如，可以从客户不太明晰的工作内容中提炼总结信息完备的概要内容。

**4. 自治系统**。可以在运行过程中应对未知的输入主动改变其行为。这类系统的核心是内在的“智能”。整合“智能”的自治系统在感知、处理、回忆、学习和决策等过程中可以自主地采取行动。实际应用包括改善人类在国际象棋和围棋等游戏中的计算表现，在自动驾驶车辆以及先进制造领域提高无人机和机器人根据在运行过程中收到的信息来主动调整其飞行路径和任务的能力。

对于城市规划设计从业者来说，目前应用机会并不是即时或显而易见的。规划设计软件可以开始从规划设计师的决策中学习并提出建议。为客户设计的软件可以追踪记录他们的偏好，并与规划设计师内部约束相结合，支持作出最佳选择。

**5. 模式识别**。来自使用机器学习来检测数据集中隐藏模式的算法。通过将模式表示为知识或统计信息，可以对数据进行分类。

模式识别系统使用带有标注的训练集进行训练。通过添加到特定输入值的标注来寻找“未知的已知”（unknown knowns），从而产生模式识别下的输出。如果没有可用的有标注数据，就会寻找“未知的未知”（unknown unknowns），并且会使用更复杂的算法，从而超越了人类大脑在无辅助情况下所能达到的实际可能性。

城市规划设计从业者的“圣杯”是“未知的未知”，即在不同决策和最终结果之间寻找不同于传统的数据分析。模式识别具有揭示这些未知潜在的能力，但设计师仍然需要学习新的技能来发现这个陌生领域的潜在价值。

**6. 仿真建模**。可支持需要的虚拟环境，来模拟运行中的物理系统方面的研究工作，并在这一过程中获得有价值的成果。仿真建模通常涉及人口动态、机场、货运车队和交通系统等实际运营系统。

仿真建模是一个原型环境，可以安全地测试和评估系统的变化，非常适合多标准输入、决策支持和风险缓解。

仿真建模的三个主要框架是离散事件仿真（DES）、系统动力学（SD）和基于代理的建模（ABM）。

当与各类人工智能增强技术相结合时，仿真建模对于城市规划设计师来说至关重要且十分契合。随着增强现实（AR）和虚拟现实（VR）功能的飞跃，模拟和测试未来场景的机会是一项巨大的资产。在撰写本文时，“数字孪生”是人们关注的焦点。通过人工智能获得更加丰富的内容，我们就越有能力更准确地预测未来，并规划设计一个更美好的未来。增强型人工智能仿真将帮助城市规划设计师预测并规避决策失误可能引发的不可预知的后果。

**7. 社交网络分析**。从微观层面揭示个体的行为，从宏观层面的关系模式中揭示网络结构以及两者之间的互动关系。社交网络既形成又限制了个体选择的机会，而个体可以同时发起、建立、维持和解散关系，从而决定了网络的整体结构。

调查获得的网络关系的重要度是一种机会网络结构，决定了哪些网络结构和位置会产生富有活力的机会，或者相反地，产生稳固的约束。

社交关系创造了社会资本，通过社交网络分析，可以获得许多用于描述和比较网络结构和地位的度量指标。

当城市规划设计师直接利用社交网络分析作为数字工作台的一种方式，将给专业实践从根本上带来改变。值得注意的是，规划设计决策背后的社会资本将会有更高的参与度，将发挥更大的影响力。

**8. 物联网（IoT）**。描述了一个可连接设备的网络，包括计算机、传感器、数字和机械设备以及支持 ICT 的部件。通过设置唯一标识符（UID），动物和人类也可以成为网络的一部分，能够在一个电子网络上进行数据传输。独立于人与人或人与计算机的直接通信的。

任何 IoT 网络都可以被看作是一个 IoT 互联网智能设备组成的生态系统，嵌入的智能设备包含处理器、传感器和通信硬件。IoT 网络可以收集来自环境的数据，对其进行处理，并将其回至物联网网关，既可以进行本地分析，也可以发送到云端进行远程分析。物联网设备可以相互通信，并根据接收和处理的信息采取相应的操作，大多数情况下不需要人工干预，只需预先设置和提供指令以及访问数据即可。

虽然城市规划设计师没有直接参与物联网，但物联网已经对智能城市产生了影响——即使在智能停车等微小层面上——这将越来越影响我们的城市运行方式。随着数据监管人员的快速增长以及变得愈发巨大的数据集，专业人士可以更深入地了解城市的主要运行方式，以及人类的工作、娱乐和居住方式。规划设计师需要直接参与访问数据并从中获取新的见解，避免其他领域人员进入并取代自身的作用。

**9. 图像分析**。人工智能作为算法被整合进去，可以从一张图像或一组图像中自动提取指定或未指定的数据，并进行分析处理。

逻辑分析是图像分析的核心，可以帮助解释非文本材料（包括图表和图形）中的信息，不仅仅局限于照片。

城市规划设计师采用图像分析可以节省大量时间，可以在很大程度上避免烦琐重复性质的工作。就像皮肤科医生现在通过人工智能和图像识别更成功地发现皮肤癌一样，城市规划设计专业人员也将能够发现以往难以察觉的差异。对不同时间段的卫星影像进行图像识别、发现变化，可以在比人工更短的时间内更加准确地提供观测结果，甚至不需要人员投入时间。

**10. 图形分析**。应用于结构化、非结构化、数值的、视觉的数据方法，来生成影响决策的见解。图形分析是一种新的 AI 应用，用于分析基于实体或图节点的图形数据，类似于社交网络分析。这些实体可以是产品、设备、操作或最终用户。

在高度网络化的情况下，为获得有影响力的洞察，全球范围内的企业正在部署图形分析，包括欺诈检测、营销、实时供应链管理和搜索引擎优化等方面。

通过人工智能增强的图形分析，为城市规划设计师提供了理解数据、解释数据，并更有效地与非专业人员沟通的方式。未来的专业人员需要紧跟该领域的前沿，免得出现会计事务所的情况。

**11. 可视化**。是指以图形方式表达数据，以促进表达之间的交互，从而获得在没有人工智能干预的情况下不容易看到的洞察。从一开始，计算机图形学就为创建、操作以及与数据表达交互提供了强大的功能保障。通过图表和表格进行数据可视化，早在计算机出现之前就已经成为人类分析工作的一部分。可视化的存在证明了人类需要以图形方式表示数据以识别趋势，例如，正如计算机辅助人工智能支持的可视化，提供了数字化前那些不可用的数据的深度研究机会。

数据可视化是城市规划设计师的基本要求。随着人工智能计算变得更快、更复杂，通过 4D 可视化来理解和展示的机会将持续变大。

## 被认为十分有用的人工智能组件

**12. 实时情感分析**。情感 AI 和意愿挖掘涉及对人类情感的分析。本质上，实时情感分析使用自然语言处理、计算语言学、数据（文本）挖掘和生物识别分析来研究不同的人脑状态。

情感分析程序的核心是将输入（包括文本、语音和面部表情）分为不同的类别。主要情感包括积极性、消极性和中立性，更深一层级的情感分析包括愉快、幸福、厌恶、愤怒、恐惧、怀疑和惊讶等情感。情感分析的第一个先决条件是使用算法对输入数据进行量化读取和处理；第二个先决条件是心理研究，以帮助确定哪种表情对应哪种情感。

实时情感分析作为聊天机器人功能的辅助工具，城市规划设计师可以更深入地了解客户和最终用户的需求。对书面材料进行情感分析将更容易揭示特殊性，同时通过使用人工智能来发现可能隐藏在观点之外的集中细微差别，可以更有意义地指导客户群体和专家之间的对话交流。

**13. 自然语言处理（NLP）**。是人工智能的一个分支，它是机器从人类语言中阅读、理解和获取意义的能力。数据科学和语言学的学科相结合，具有可扩展性，可以在许多行业中应用。

随着计算机的速度和性能越来越快，NLP 取得了飞跃的进展。随着精度越来越高，许多领域的从业者都受益良多，包括健康、媒体、金融、人力资源和安全行业。

随着增强现实（AR）和虚拟现实（VR）技术的快速发展，当推测可能性时，客户、规划师和设计师之间可以产生新的对话模式。自然语言处理（NLP）促进了 AI 辅助地从字里行间提取出意想不到的潜在意义。

## 被认为具有潜在用途的 AI 组件

**14. 聊天机器人。**是可以与人类进行交互的数字代理者，随着 AI 支持变得更加强大，交互能力也越来越复杂。通常，聊天机器人在企业对消费者（B2C）和企业对企业（B2B）的环境中扮演人工接待员的角色。从最初处理简单的信息请求，到将来电转接给最适合处理更复杂查询的人员，聊天机器人的性能正在迅速提高。它们为公司提供了在高峰时段处理更多咨询服务的机会，同时能够以相对较低的成本提供全天候的客户服务。

聊天机器人可以是“无记忆状态”或“有记忆状态”的。无记忆状态的聊天机器人将每次交互都视为全新的对话，而有记忆状态的聊天机器人可以重新启动先前的交互，并在此基础上进行延伸。

相较于目前依赖研讨会、市政厅、圆桌会议和问卷调查的方式，聊天机器人的发展将使客户群体能更方便、更广泛地进行咨询。作为 1：1 的运作方式，聊天机器人将成为中立的记录员，深入了解每个客户代表和最终用户各自特有的经历和意愿。

**15. 神经形态计算。**通过创建“脉冲神经网络”来模拟人脑和中枢神经系统的生理机制。每个神经元按顺序激活其邻近的单元，从而形成级联的脉冲链。这个过程模仿了大脑的能力，并使用生物神经元发送和接收信号，来感知身体的感受和运动。与传统的系统内部受到是 / 否或 0/1 的二进制表达影响的方法相比较，神经形态计算具有更大的灵活性。脉冲神经元不按任何特定顺序运行。

在模仿大脑时，神经形态计算有可能采用更具创造性的方法来处理不熟悉的物体或人，无需先验知识，可以采取自主行动。

对于那些想要找到人工智能来增强他们创造过程的规划设计师，或者想要聚焦和推测未预料到结果的规划者来说，神经形态计算是一个不同于传统路径的替代方案。

**16. 思维控制。**游戏利用神经技术和脑机接口将人的思维与设备连接起来。它们的复杂性和精确性已经在医学领域带动了神经植入物和仿生义肢的应用。在娱乐行业中，通过非侵入性的脑电图（EEG）设备，可以使用触碰头皮的传感器来实现类似的功能。这些设备具有足够的敏感性，可以测量大脑神经元激活时电压的波动。

一旦检测到用户的脑电波并进行校准后，脑机接口可以通过频率和位置来区分用户的正常状态和预定动作。通过编程形式开发的软件程序可以将特定的思维与预期的动作联系起来。例如，当用户专注于向前移动时，程序会实现前进，同时向右或向左转弯同样由程序执行。随着技术的发展，思维控制的电动轮椅、车辆和机器人能够实现全新的基于计算机的游戏。

随着游戏开始纳入“客户 - 设计师”的交流过程，思维控制游戏可能在模拟和“假设”场景测试方面来进一步丰富体验。

**17. 实时通用翻译（RTT）**。利用人工智能实现两种语言之间的即时翻译。在最基本的情况下，RTT 会揭示出重要的事实，让用户根据上下文来理解沟通内容。随着技术的进步，翻译的流畅程度不断提高，达到了完全理解翻译内容的水平，尽管可能无法转译优雅写作风格所具有的细微差别。对于呼叫中心和服务台而言，RTT 越来越能够流利地在数百种世界语言之间进行翻译，这意味着公司和组织可以与远方的消费者、合作伙伴和员工以一种经济成本可支付的方式高效沟通。

如果实时通用翻译能够进化到读取和翻译细微差别的能力，那么，未来城市规划设计等多个领域的专家之间的交流可能会更加丰富。同样，客户的声音以及最终用户也可以通过相同的方式获得新增的价值。

**18. 音频分析**。类似于语音识别和实时情感分析，人工智能被用于分析和理解音频信号，如语音、杂音、鸟鸣等。

目前已经有各种各样的应用程序在不同的环境中使用，包括商业、医疗保健和智能城市。音频分析的实际目的包括客户支持电话中对客户满意度的分析、媒体内容分析和检索、医疗领域的诊断辅助、患者监测、为听力障碍等残障人士提供辅助技术、公共安全的音频分析（例如反社会行为）和野生动物识别。

与实时情感分析相关的研究正在多个方向进行。首先，从人类语音中提取非语言线索。这指的是分析人类声音，提取说话人的身份验证、年龄、性别和情感状态等信息。其次，音频理解旨在提取洞察力，如检测音频事件、识别音频背景和检测音频异常。最后，音频搜索机制对于筛选大量原始音频数据和元数据以提供数据描述和注释、查询和索引以及检索排序至关重要。

音频分析将帮助城市规划设计从业人员进行细致化的情感分析，从与客户和最终用户的口头交流中提取更大的价值。

## 当前被认为最不相关的人工智能组件

**19. 认知安全**。是指使用数据挖掘、机器学习、自然语言处理和人机交互等技术来模仿人类大脑运作方式的系统。基于利用大数据分析的安全智能，认知安全由具备理解、推理和学习能力的技术提供。按照这一路线，主动响应的认知安全将取代第一代系统的反应性，以检测异常并做出适当的响应或网络攻击。

最具挑战性的安全问题需要人类决策来判别虚假警报和真正的防御需求。这需要持续监控或扩大实时数据集，以确保预防性行动。

对于城市规划设计师来说，在短期内没有太大的相关性，除了能够发现诸如代码合规性等错误。认知安全可能有助于避免在无法定义和记录所有陷阱的情况下遇到陷阱。由于人为错误常常会发生，如果将认知网络安全的安全方面重新概念化为“陷阱”，这些错误可以在运行过程中被发现而大大减少风险。

**20. 个人助理机器人。**具有不同水平能力的机器人，可以模仿人类运动和活动。它们是理想的机器代理者，可以完成人类不愿意做或机器人可以以更高的精度和更快的速度开展的重复性任务，而且不会产生疲劳。通常，它们被部署用于执行脏乱、乏味、无聊或危险的任务，如家庭清洁、场地维护、排水检查等。随着复杂性和能力的不断提高，它们的应用范围正在扩展到老年护理、残疾和医疗保健的其他重复方面的援助。在撰写本文时，类人机器人能够以与人类相似的速度和敏捷性进行跳舞等动作。

除了意识到个人助理机器人的快速发展以及它们在公共建筑设计（如医院）中所起的作用外，对城市规划设计师来说，似乎没有明显的相关性。

**21. 自主手术机器人。**越来越多地在部分人工参与的情况下自主执行操作任务，在某些情况下，根本不需要人工参与。机器人应用于手术中将带来了几个优势。首先，它们能够以越来越精确的微米级别进行操作。其次，它们能够在手术过程中实时对生物信号作出反应。最后，图像识别和其他传感能力的结合提供了有价值的计算机辅助支持。

就目前而言，虽然自主手术机器人承担了人类的一些日常任务，但至关重要的作用是其提供的帮助使人类能够更专注于人类技能。

自主手术机器人与自主个人助理机器人属于同一类，与城市规划设计师相关性不大。

**22. 下一代云机器人。**将云计算和云存储与机器人、互联网和物联网技术相结合，受益于融合基础设施和共享服务的优势。具备越来越强大的计算、存储和通信设施的数据存储库将极大地提升机器人的能力。由此带来的自主能力的增加，减少了维护和管理费用，以及对更新和中间部件的依赖。

不断提高的数据传输速率和云机器人技术意味着机器人可以卸载不需要机载实时处理的任务。这降低了机载功耗和成本，有可能提高操作效率和功效，加快投入运营和机动性。

下一代云机器人技术与城市规划设计师的关系只有在意识到其对未来智慧城市规划设计和建设的影响时才有意义。一旦机器人能够自主处理典型建筑工地上的突发情况和条件，将会对建筑建造发生深刻变革。城市规划设计师的角色将会根据城市经济的可能变化作出相应调整。

**23. 虚拟伴侣。**提供了一种更友善或至少更熟悉的人机协作界面，使所提供的服务显得更加个性化和友好。虚拟伴侣的著名例子包括亚马逊的 Alexa 和苹果的 Siri。虚拟伴侣不仅仅是一个说话的声音，还可以嵌入到人工制品中，比如机器人礼宾员或可以作为天空之眼的无人机。

简单来说，虚拟伴侣会始终以听觉方式陪伴，并在语音命令下激活，倾听并将指令转化为与服务能力相一致的结果。鉴于它们在人工智能方面的日益成熟，很明显，从智能手机到智能扬声器和类人机器人，人与机器之间更友好的界面正在迅速发展。

也许随着项目的发展，规划师和城市设计师的专业工具将会受到专业虚拟伴侣的增强。

**24. 机器翻译。**是将一种语言的文本输入自动翻译为另一种语言的文本输出。与实时通用翻译相比，机器翻译适用于文本文件，而实时通用翻译可以处理直接说出来的单词和音频文件。

机器翻译可以快速处理大量文本，远远超过传统翻译技术在没有人工输入的情况下的速度。

机器翻译在帮助规划师和城市设计师解释文本材料方面具有一定潜力。如果我们将不同职业中的特殊性和独特细微之处视为方言（如果不是语言），机器翻译可以帮助团队成员之间进行解释。

**25. 柔性机器人。**与刚性机器人相比，柔性机器人采用与活体组织类似的具有机械和触觉特性的材料进行构造。它们的设计和制造具有创新性，不像刚性机器人那样采用元素块的串行或并行排列的人工组装方式。

在涉及与人类进行亲密接触的情况下，比如老年护理等，柔性机器人将不再那么冷漠和对抗，引发人们对其提供新可能性的兴趣日益增长。它们的持续发展取决于先进制造技术的发展。

再次强调，任何级别的人工智能增强机器人通常都与城市规划设计师的直接职责和优先事项无关。毫无疑问，他们需要意识到越来越多的人在工厂、办公室、公共设施和家庭中采用这些技术，可能会给社会带来变化影响。

**26. 虚拟个人助手。**类似于虚拟伴侣，其与人类的关系尽可能接近另一个人类。虚拟助手（VA）通过语义和深度学习，包括深度神经网络、自然语言处理或预测模型等方式执行以前只能由人类完成的某些任务。它们从推荐和个性化中学习来为人类提供帮助或自动执行任务。VA 会倾听和观察行为，并构建和维护相关的数据模型。一旦适当地进行了自我学习设置，它们可以预测和推荐行动。它们可以在各种情况下部署，包括虚拟个人助手、虚拟客户助手和虚拟员工人力资源助手。

通过深度学习增强的虚拟个人助理有潜力帮助城市规划设计师获取基础知识和新知识。

# AI 增强传统城市规划设计服务工作流程

图 1.2 是一个图解性的推测，展示了上述 26 个人工智能组成部分中的各个部分如何从根本上重塑传统城市规划设计服务工作流程。它的目的更多是作为一种未来可能，而不是试图指定任何特定的首选工作流程或以任何方式预测未来。以这种方式利用人工智能增强了人类智能（HI），以便在人类智能和人工智能之间进行“获取红利”。

左侧描绘了城市规划设计师简化的传统工作流程。假设客户向专家团队提供一份纲要，并将其转化为供客户考虑的草图设计。草图设计演变为开发设计，一旦获得客户批准，就会进行文档化用于法律和实施环节。工程完成后，客户将承担项目持续运营管理和维护的责任。

众所周知，城市规划设计师一直不愿从传统的工作模式转向数字化。最初，CAD 工具只是模仿和取代了传统绘图设备，并没有提供范式转换的软件，与之相反，工程师们则采取参数化设计的方式。城市设计、景观和建筑专业一直抵制使用数据增强和生成设计工具，这也反映在教育课程中，这些课程更多地受到了传统运作方式的历史惯性认识影响，没有积极拥抱基于新兴数字技术（尤其是人工智能）所带来的新工作方式。有多少城市规划设计学院要求计算机科学作为必修课程或核心课程？有多少计算机科学毕业生具备创造性技能，能够根据一份纲要综合生成多个可行的方案（而不仅仅专注于最优解决方案）？图 1.2 中的工作流程假设前提是规划设计团队成员要么已经掌握了人工智能技能，要么知道如何与前沿的计算机科学家合作，而这些科学家又要有与创意人才合作的持续力。

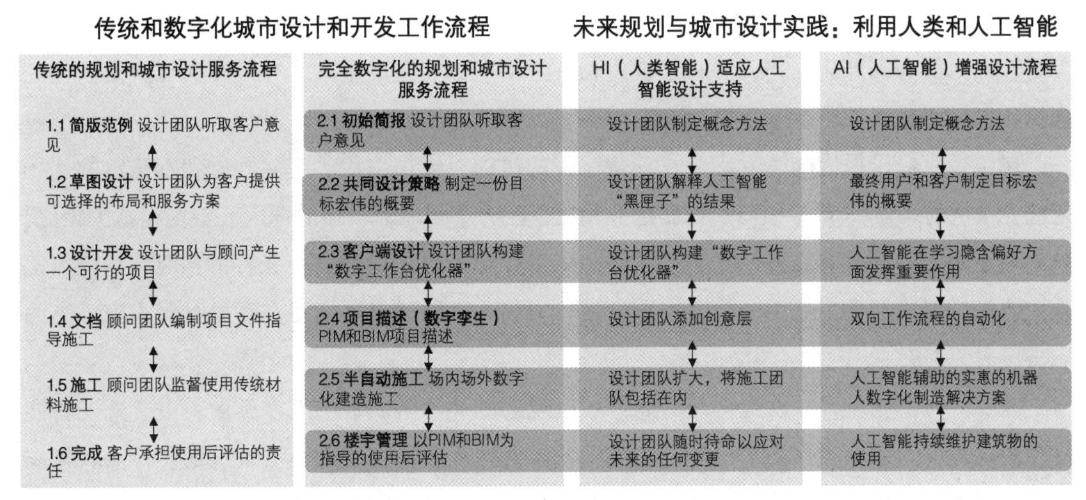


**图 1.2** 通过融合 AI 彻底改变传统规划城市设计服务工作流程。无需许可

在这个完全数字化的城市规划设计服务工作流程的假设模型中，创意团队的角色是构建工具，帮助客户提供更好的需求，尤其是能够将最终社区用户的代表纳入工作流程。使用定制的应用程序共同设计一个城市规划设计策略。例如，可以采用游戏的方式，在后端部署上述26个AI组成部件，以类似游戏的技术手段作为前端。该游戏结合了深度学习、神经网络、社交网络分析和图像分析，可以实现所有参与者深入探索未知领域。比起市政厅会议和问卷调查，终端用户可以使用游戏来深入了解隐藏在背后的真正重要的核心内容。考虑到参与者可能会持有各种意见和不同需求，游戏可以根据他们的反应自动适应每个参与者，更加关注参与者各自独特的需求和优先级。

利用这些不断发展的深刻洞察，城市规划设计团队为客户构建了一个*数字化工作优化器*，根据客户最初的理想需求来定义和微调项目。聊天机器人、实时通用翻译、音频分析、机器翻译和虚拟个人助理增加了这些AI能力，可以从协同设计研讨会和圆桌会议的参与者笔记中提取细微差别，参与者将包括委托客户代表、地方政府官员、城市规划设计专家及其顾问以及社区参与者。会议过程中捕捉到的任何内容，都将被整合到通过物联网收集和从历史数据中提取的相关数据池中。隐含的偏好将被发现、评估、筛选和应用，以帮助项目尽可能地满足所有人的需求。

利用AI技术搭建具备智能设计的*数字孪生*项目平台，能够揭示相对常见的问题，如错误的代码合规性，以及更复杂和微妙的考虑因素，包括逻辑不一致性和相互冲突参数的帕累托优化等。可以权衡利弊，并通过AI和HI的结合来评估更广泛的经济、社会和美学考虑。

客户和终端用户可以与城市设计团队共同开发自己的项目，提供创意叠加，确保由人的视角驱动数字化工作优化器，而不是机器的维度。新兴的数字孪生技术将在建筑完成并投入使用后继续服务于项目的全生命周期。随着虚拟施工技术的发展，数字孪生还将捕获所有相关的建筑信息（BIM）和场地信息（PIM）。数字孪生不再局限于信息的被动建模，而是将人工智能嵌入所有功能中，作为项目建设过程中鲜活的和交互的呈现，并可以实现真实条件的模拟，包括随着时间推移的折旧、修复、更新和拆除。

建筑行业仍以缓慢的速度应对自动化流程的机遇，建筑项目的定制性质和不确定的现场条件，被认为是过去30年中与一般制造业相比生产力增长相对较小的原因。与现场施工相比，场外预制通过机器人组装具有更高的自动化程度。当AI能力随着现场条件的实时评估能力提升，协作机器人和自主系统、模式识别、物联网和下一代云机器人将在现场机器人施工方面取得更大的进展。

最后，项目完成后，设施管理将成为城市规划设计团队职责的潜在延伸。由于人工智能将在更大程度上帮助项目维护、监控和能源、水资源和废弃物管理，城市规划设计团队将作为对未知情况的创造性响应，如全球大流行病，促进变革。想象一下，如果在COVID-19大流行期间，世界上中央商务区（CBD）被构想为复杂自适应系统，并利用 AI 技术的数字孪生平台来管理，将会怎么样？在巨大的资源影响开始显现之前，可以主动处理限制经济损失，而不是典型的被动反应，这主要取决于当前城市运营的人为因素。

## AI 辅助的公民陪审团沙盘

与相关社区的公民陪审团合作，可替代的工作流程能够用于对未来 30 年内高密度发展策略进行多情景推测建模，以推测可替代的合理场景和难以接受的场景。由关键利益相关者、专家和终端用户组成的三角团队可以在 iHUB 等协同设计沙盘中发挥作用，如图 1.3 所示。与相关地方政府密切合作推动地区开发，例如其他政府机构、决策机构、咨询机构、慈善机构、非政府组织和社区代表可以使用视觉材料作为通用语言。社区可以使用 AI 增强的可视化工具，通过积极参与可持续城市的共同设计，将 NIMBY 倾向转化为另一种 YIMBY 思维，这些干预措施通常会被毫不犹豫地拒绝。

快速发展的人工智能，正在加快我们深入挖掘并提取有价值的、鲜活的且常常意想不到的见解的能力。通过与全新方式相结合，在由不同学科和兴趣组成的个人群体之间共享数据并加以吸收。这些新兴技术通过与创新的可视化设备的相互作用，使专家与非专家之间更容易交流和理解。澳大利亚新成立的创新 iHUB 设施是一个物理沙坑，由斯威本科技大学主办的澳大利亚国家城市研究与发展平台是一个城市观测站，旨在深入研究可能的城市未来。该设施是全国观测网络的一部分，涉及四个州和澳大利亚主要大都市的五所大学。iHUB 是一个高科技设施，通过提供一个创新平台来解决问题，以回应西默（Seamer）让公众“了解问题及

**图 1.3** iHUB 是一个可快速重构的城市规划设计决策设施，关键利益相关者、专家和公众可以相互交流并参与项目设计。每个参与者可以同时在高分辨率的“工作台”上显示他们的设备，如图所示，有三种可重构的布局：“突破”模式。该设施可以快速转变为“讲座”和“会议室”模式。随着人工智能支持应用人类创造力和智能的成熟发展，通过对 iHUB 中的“数字工作优化器”的共享访问，可以实现完全新颖的项目规划、设计和交付工作流程。这个联邦资助的领先设施位于澳大利亚墨尔本的斯威本科技大学，并与布里斯班、悉尼和珀斯的四个类似设施相关联。计划于 2022 年开放。无需许可

其潜在解决方案”的呼吁。iHUB将人工智能与新兴的数据收集、计算和可视化技术相结合，为公众提供了与城市规划、设计、建设和管理专家共同参与突破性的机会。这种共享决策的创新模式可以实现与市民合作共同设计城市未来，而不再是代表市民进行指导。它是一个全球领先的平台，使该研究项目能够实现澳大利亚大多数关键城市化和城市数字化研究人员互相连接的愿景，而不仅仅是我们团队所在墨尔本的研究人员。iHUB还提供了与广泛的国际网络互动的重要平台。

## AI和专业知识面临的挑战

在进行预测的当下，对未来进行投机是一种愚蠢的科学选择，因为只有未来才能证明任何预测的部分或全部是否成立。弗雷指出了上面讨论的“技术陷阱”。其他评论家如汤姆·尼科尔斯（Tom Nichols）则指出可能会出现“专业知识的消亡”：

> 这是危险的时代。从来没有这么多的人有如此广泛的知识获取途径，然而却如此抵触学习任何东西。在美国和其他发达国家，原本聪明的人们贬低智力成就，拒绝专家的建议。不仅越来越多的外行人缺乏基本知识，他们还拒绝基本的证据规则，拒绝学习如何进行逻辑论证。这样做，他们面临着抛弃几个世纪积累的知识，并有着破坏我们发展新知识的实践和习惯的风险。

人工智能是否能够提供对一般意义上的专业知识学习的信心，而人类的专业知识已经被许多明显理性和受过教育的人所失去？

对于城市规划设计专业来说，抵制变革并不一定是一种超自然的特征，但有充分的证据表明缺乏灵活性。上述创意性的工作流程的巨大变化不可能很快出现。但是，正如本书中所充分展示的那样，人工智能已经在专业实践中取得了令人瞩目的进展。至少上述的26个人工智能组件和其他可能在这里提到的许多组件不仅存在，而且在以惊人的速度发展。随着计算机科学的不断进步和计算能力的持续提高，每一个组件都像一颗宝石，变得更加多面和光滑。有些珠宝在任何时候都会变得比其他珠宝更加闪亮。例如，在撰写本书时，对于那些渴望人工智能的到来、其创造潜力超越人类思维的人来说，GANs似乎提供了相当大的潜力。明天更闪亮的宝石可能是合作机器人，或者是复杂自适应系统，或者很可能是目前还没有出现的东西。

人工智能是一股两极分化的力量，凯特·克劳福德（Crawford）等备受争议的怀疑论者与斯图尔特·罗素（Stuart Russell）和彼得·诺维格（Peter Norvig）等信仰派形成鲜明对比。本章的目的是将人工智能解读为一组离散的组件——闪亮的珠宝似乎是一个合适的比喻。人工智能已经到来，不会消失。城市规划设计专业面临的主要挑战不是局限于任何单一的人工智能组件，而是尽可能广泛地思考如何改进创意项目交付的通用工作流程，并更大程度地减少烦琐的重复性任务，为人类智慧擅长的创造性思维节约出高质量时间。让我们希望未来见多识广的城市规划设计专业人员，能够参与将各种人工智能"珠宝"编织成一条将人工智能和人类智能进行获取红利的"项链"。我们需要不同的思维方式、技能培养、跨学科的灵活性和乐观主义，但全球范围内新兴的研究工作证明了可以在这个令人激动的领域取得进展。

## 致谢

作者对澳大利亚研究委员会（ARC）和斯威本科技大学为 iHUB 设施提供的慷慨研究支持表示感谢。感谢 Awnili Shabnam 对图形支持的帮助。

## 参考文献

Burry，M.C.（Ed.），2020. Urban Futures：Designing the Digitalised City. In：Architectural Design，John Wiley and Sons，London，UK.

Crawford，K.，2021. Atlas of AI：Power，Politics，and the Planetary Costs of Machine Learning（ML）. Yale University Press，New Haven，CT.

Frey，C.B.，2019. The Technology Trap：Capital，Labor，and Power in the Age of Automation. Princeton University Press，Princeton，NJ.

Gordon，Robert，2017. The Rise and Fall of American. Growth：The U.S. Standard of Living Since the Civil War. Princeton University Press，Princeton. In press.

Hammer，M.，1990. Reengineering work：don't automate. Harv. Bus. Rev. 68.

Karakiewicz，J.，2020. Perturbanism in future cities：enhancing sustainability in the Galapagos Islands through complex adaptive systems. Archit. Des. 90（3），38-43. https：//doi.org/10.1002/ad.2566. Wiley.

Kimm，G.，Burry，M.，2021. Steering into the skid：arbitraging human and artificial intelligences to augment the design process. In：Proceedings of the 40th Annual Conference of the Association for Computer Aided Design in Architecture（ACADIA）.

Lake，R.W.，1993. Planners' alchemy transforming NIMBY to YIMBY：rethinking NIMBY. J. Am. Plan. Assoc. 59（1），87-93. https：//doi.org/10.1080/01944369308975847. Informa UK Limited.

McKinsey，2017. The Case for Digital Reinvention. Available at：https：//www.mckinsey.com.（Accessed 30 September 2021）.

Mora，L.，Deakin，M.，2019. Untangling Smart Cities：From Utopian Dreams to Innovation Systems for a Technology-Enabled Urban Sustainability，first ed. Elsevier Inc.

Nichols，T.，2018. The Death of Expertise：The Campaign Against Established Knowledge and Why it Matters，first ed. Oxford University Press，United States.

Russell，S.，Norvig，P.，2022. Artificial Intelligence：A Modern Approach，fourth ed. Pearson，London，UK.

Seamer，P.，2019. Breaking Point：The Future of Australian Cities. Black Inc，Melbourne，Australia.

Siebel，T.M.，2019. Digital Transformation：Survive and Thrive in an Era of Mass Extinction. Rosetta Books，New York，NY.

第2章

# 人工智能与城市规划设计中人类创造力的局限性

尼尔·利奇（Neil Leach）

佛罗里达国际大学，迈阿密，美国；同济大学，上海，中国；欧洲研究生院，维斯普，瑞士

## 引　言

围棋的规则十分简单，但策略无限复杂，按照规则的棋盘局势超过了宇宙中原子的总量。因此，围棋一直被认为是人工智能面临的最大挑战，是继1992年美国IBM公司的“深蓝”超级计算机战胜当时世界排名第一的国际象棋大师加里·卡斯帕罗夫之后的新一轮挑战。然而，人工智能要挑战世界上最优秀的围棋选手并不容易。“深蓝”是依靠强大的计算能力通过穷举所有国际象棋走法来选择最佳策略的硬编码专家系统，不论如何扩展计算资源，与卡斯帕罗夫的国际象棋对局中使用的技术，都无法在围棋比赛中拿来使用。由于围棋下子中潜在的策略着法数量非常大，即使世界上所有的计算机都为其进行数百万年编程，也无法计算出下一步的走法。因此，需要采用完全不同的技术方法。

DeepMind科技公司是一家位于伦敦的谷歌旗下人工智能公司，正着手应对这个新挑战。值得欣喜的是，自“深蓝”战胜卡斯帕罗夫以来，人工智能技术实现了迅猛发展，实现了远超“深蓝”专家系统能力限制的学习系统。机器学习，尤其是深度学习，变得越来越强大。现在的问题是如何利用学习系统的超强能力来应对围棋中的极大可能性（图2.1）。

**图 2.1** 李世石与 AlphaGo。李世石在 DeepMind 挑战赛的第四场比赛中对阵 DeepMind 的人工智能程序 AlphaGo，于 2016 年 3 月 13 日在韩国首尔进行。无需许可

## AlphaGo 对阵李世石

AlphaGo 是由 DeepMind 开发的深度学习计算机程序，主要利用蒙特卡洛树搜索算法、策略神经网络和价值神经网络等技术。正如丹尼尔·博洛扬（Daniel Bolojan）解释的那样：

> 一个策略网络是一个神经网络，一个价值网络和一个树搜索即蒙特卡洛树搜索算法。一方面，价值网络提供了对游戏当前状态价值的估计——在当前状态下，黑方获胜的概率是多少？价值网络的输出就是获胜的概率。另一方面，策略网络根据当前游戏状态提供落子选择的指导。结果是对每个可能符合规则的落子都有一个概率值，其中较高的概率值对应于具有更高获胜机会的落子。因此，这两个网络通过相互对弈不断学习。当然，这个系统的最后一个组成部分是树搜索，它观察游戏的不同变化，并试图确定哪个落子最有可能成功。因此，策略网络扫描位置以寻找有趣的落子点，并构建变化树，同时使用价值网络确定特定变化的结果有多大希望可以成功。

AlphaGo 的特别之处在于利用了强化学习，使得 AlphaGo 能够通过与自身进行大量对局来“教会”自己下围棋。这里的重要优势在于 AlphaGo 以全新的方式学习游戏，不受传统经验思维的约束。正如 DeepMind 的首席执行官丹米斯·哈撒比斯（Demis Hassabis）所指出的：“深蓝是一个经过手工打造的程序，程序员将国际象棋大师们的经验信息提炼成具体规则和启发式算法，而我们使 AlphaGo 具备了学习的能力，然后通过实践和学习来掌握下围棋能力，这更接近人类的方式。”

然而，如果参考斯图尔特·罗素（Stuart Russell）的观点，这可能有点不太真实。罗素认为 AlphaGo 无法仅依靠深度学习来实现学习下围棋，其还具有一些像“深蓝”一样手工打造的特征，也是在人类历史比赛数据库上进行训练的。因此，这两个程序可能并不像人们常常认为的那样不相似。正如罗素所评论的：

> AlphaGo 及其升级后的 AlphaZero 在围棋和国际象棋领域的深度学习取得的卓越进展，引起了广泛关注，但实际上是经典人工智能算法与深度学习算法的混合体，后者评估了经典人工智能搜索过程中的每个棋盘局势。虽然区分好坏局势的能力对于 AlphaGo 至关重要，但它不能仅通过深度学习来下世界冠军级别的围棋比赛。

尽管如此，深度学习所取得的重大进展表明 AlphaGo 至少有机会击败世界上最顶尖的围棋选手。为此，在 2016 年 3 月的几天里，安排 AlphaGo 和世界顶级围棋选手李世石（韩国职业围棋九段）在韩国首尔进行一场比赛。

AlphaGo 和李的比赛共进行了五局，包括李自己在内的大多数围棋专家，都预测人类选手能够轻松获胜。然而，从一开始就可以明显看出情况并非如此，李在第一局比赛中有些不幸地输掉了比赛。然而，在第二局中情况发生了转折。在第一局之后，李感到惊讶。但在第二局之后，他无话可说：“昨天，我感到惊讶。但今天我无言以对。如果你看一下比赛过程，我承认，在这场比赛中我彻底失败了。从比赛一开始，从始至终我都处于被动地位”。

然而，整个比赛中最引人注目的话题是 AlphaGo 在这场比赛中下出的一步非凡之棋，即第 37 步：

> 在第二局，李展示了不同的风格，试图更加谨慎地下棋。他等待着任何可以利用的机会，但 AlphaGo 继续给人们带来惊喜。在第 37 步，AlphaGo 下出了一个出乎意料的棋步，被称为棋盘右上角的“肩冲”。这个位置上的这个走法在职业比赛中是前所未见的，但巧妙之处立即显现出来。[围棋选手] 范辉后来说：“我从未见过人类下这一步，太美妙了。”

美妙，美妙，美妙——范辉一直重复着。这一步棋所挑战的是创造力的本质。此外，它还从根本上改变了我们对围棋的理解，开创了一些以前未知的走法。

那么李呢？他起身走出房间。一时间不清楚发生了什么，但之后他重新进入比赛室，重新镇定下来，坐下来并给出了他的回应。接下来的比赛比第一局更像一场比赛，但结果仍然相同。在第 211 步后，李世石认输。

很明显，AlphaGo 在其各种走法策略中采用了一种长期策略。它下了一些最初似乎毫无意义被专家们认为是“松懈走法”的棋。然而从长远来看，这些“松懈走法”实际上为随后一系列具有战略性和毁灭性的走法作好了铺垫。

最终，这场比赛某种程度上是一边倒的。尽管李世石设法赢得了一局比赛，但 AlphaGo 最终以 4 比 1 的结果毫无争议地赢得了整个比赛。这个结果在围棋界引起了轰动。

### “斯普特尼克时刻”

一场在韩国举行的围棋比赛，涉及一位在西方几乎无人知晓的职业围棋选手，进行的是在西方几乎闻所未闻的比赛项目，如果不是与人工智能领域有关，这场比赛本不会引起太大轰动。然而，这场比赛将成为人工智能历史上最重要的事件之一。

在中国，AlphaGo 战胜李世石的事件引发了人们对人工智能的巨大关注。围棋是在中国发明的，已经有超过 3000 年的历史，在中国仍然深受喜爱。中国人民显然对这场比赛十分着迷。据估计，这场比赛的电视观众达到 2.8 亿人，其中相当大一部分来自中国。AlphaGo 战胜李世石掀起了波澜。这场比赛对中国的影响不容小觑，是一个巨大的警示。正如李世石所说的：“一夜之间，中国陷入了人工智能热潮”。李开复所称之为中国的“斯普特尼克时刻”，意味着中国在比赛之后意识到在一个具有巨大潜力的技术领域中落后于西方。早先的“斯普特尼克时刻”，指美国在太空竞赛中被苏联成功发射卫星的成就激起行动的那一刻。

我们也不能忽视比赛所在地韩国，这场比赛对韩国的人工智能研发投入也产生了重大影响。就在比赛结束的两天后，即 2016 年 3 月 17 日，韩国政府承诺在未来 5 年内向人工智能研发投入 1 万亿韩元（8.63 亿美元）。时任韩国总统朴槿惠对比赛表示感激：至少韩国还是幸运的，虽然具有讽刺意味，但是要感谢“AlphaGo 震撼”，我们在为时已晚之前意识到了人工智能的重要性。

## 建筑行业应吸取的教训

AlphaGo 的影响不仅局限于围棋圈子，它引发了全球范围内的人工智能发展竞赛，并带来了大规模的研发投入。但建筑师和城市规划师能够向 AlphaGo 学到什么呢?

让我们来研读一下两家在全球处于领先地位的基于人工智能的建筑和城市设计工具开发公司，Xkool 和 Spacemaker AI，以及他们可能是如何直接或间接受到李世石与 AlphaGo 之间比赛的影响（图 2.2~ 图 2.4）。

**图 2.2** Xkool，StyleGAN 生成的建筑图像。无需许可

## Xkool

在 AlphaGo 战胜李世石的同一年，即 2016 年，两位建筑师何婉玉和杨晓迪共同创立了 Xkool 科技（Xkool）。Xkool 声称自己是"世界上第一家利用深度学习、机器学习和大数据等先进技术成功将人工智能应用于城市规划和建筑设计的创新型技术公司，基于自身的核心算法技术进行建筑设计"。与其他竞争公司不同，Xkool 对深度学习技术进行了大量研发投入，他们使用 StyleGAN 和其他深度学习技术生成建筑设计。

**图 2.3**　Xkool，StyleGAN 生成的建筑图像

考虑到这场比赛在中国引起的巨大关注，可以想象任何一家在中国设立的人工智能初创公司都会对这场比赛有所了解，事实上情况也确实如此。

然而对于 Xkool 来说，真正给他们留下深刻印象的并不是 AlphaGo 本身，而是它的新产品 AlphaGo Zero。AlphaGo Zero 的发展之所以令人惊讶，不仅在于其在没有任何先验知识下的自主学习围棋，其学习速度也非常快。AlphaGo Zero 通过强化学习的方式进行自我训练，在与自己对弈的过程中玩了 490 万局围棋。这几乎相当于每秒钟下 20 局围棋，这个速度对于人类来说是无法想象的。

**图 2.4** Xkool，StyleGAN 生成的建筑图像

事实上，AlphaGo Zero 成功带来的直接结果，促使 Xkool 开发了一种使用强化学习的新技术，使其不再需要依赖现有建筑数据集。相反，该系统能够从之前的示例中提取内生规则，并生成真正创新的优化成果：

> 2017 年，官方发布的 AlphaGo Zero 显示了推动强化学习技术应用于开发智能设计工具的研究结果。它将设计工具从现有案例数据库的限制中解放出来，直接使用通过对抗和迭代学习到初始模型。通过重复这个过程，最终生成了一个最符合（甚至超出）人类设计师期望并具有真正探索未知潜力的模型。

Xkool 的最新进展是将人工智能的角色划分为四个不同的阶段：识别、评估、重建和生成。“识别”用于搜索城市生成的复杂和隐藏的模式机遇。当然，人类也能够识别模式机遇，但庞大的数据量使得他们无法更有效地进行识别，并且人类在进行任何分析时往往存在“盲点”。下一步是“评估”，在数据中检测模式机理，例如行人活动或交通流量。这可以帮助发现问题，如交通拥堵或缺乏公共设施。之后是“重建”，这是一个背景知识过程，有助于形成对挑战的基本理解。这种技术的发展使得 Xkool 能够在 2019 年推出一个名为“Non-existing Architectures”的平台，实现基于大规模的建筑图像数据集生成相对令人信服的建筑“幻觉”。

然而，重建只能在相对基本层面运作，仅能产生相较于粗略草图更深一点的成果。因此，它取决于最后一步，即“生成”，以提供更详细和精细的输出成果。“生成”类似于将粗略的草图转化为详细设计的过程。

Xkool 已经开发了两种工具。首先，在城市尺度上，开发了智能动态城市规划和决策平台，这是一个整合交互的动态平台，允许在修改每个组成部分时同步修改城市规划方案。其次，在建筑尺度上引入了 Koolplan，一个人工智能助手，用于生成更详细的平面图和立面图（图 2.5）。Koolplan 为设计师提供了一系列可能的优化选择，可按他们偏好来选择解决方案，这是对早期的制图方法的显著改进，早期的技术只提供给设计师一个单一的解决方案。不久的将来，Xkool 有可能成为一个完全自动生成实际建筑图纸的软件。

**图 2.5** KoolPlan。KoolPlan 生成的设计（2019 年）。KoolPlan 是一个用于平面图和立面设计的人工智能助手，可以实现更精细的细节处理

## Spacemaker AI

在 Xkool 成立的同一年，也就是 2016 年末，建筑师哈弗德·豪克兰（Havard Haukeland）、计算机工程师卡尔·克里斯坦森（Carl Christensen）和金融分析师安德斯·克瓦勒（Anders Kvale）在挪威奥斯陆推出了 Spacemaker AI（简称为“Spacemaker”）。2020 年 11 月，Spacemaker 被美国 Autodesk 公司以 2.4 亿美元收购。

Spacemaker 的主要目标是寻找实现任何建筑用地开发潜力的最佳途径。Spacemaker 主要面向房地产开发专业人员使用。正如史蒂夫（Steve O'Hear）所说，该软件是房地产开发领域的“世界首个”AI 辅助设计和施工仿真软件，Spacemaker 声称能够让房地产开发专业人员，如房地产开发商、建筑师和城市规划师，快速生成和评估建筑住宅开发项目的最佳环境设计

**图 2.6** Spacemaker 渲染图。Lund Hagem Architects，Tjeldbergvika Development，挪威，Svolvaer Spacemaker AI 被用于优化阳光条件、海景、风、采光和噪声条件

方案（图 2.6）。为实现这一目标，Spacemaker 软件会分析各种数据，包括物理环境数据、法规、环境因素和其他偏好。

然而，与 Xkool 相比，Spacemaker 并不是那么高度依赖深度学习技术。克里斯滕森将采用的方法描述为类似于自动驾驶汽车的工作方式。自动驾驶汽车依赖于人工智能，也依赖于许多其他技术。Spacemaker 正在试验包括深度学习在内的许多不同方面的技术，以便将更先进的人工智能融合其中。尽管 Spacemaker 团队没有披露研发试验全部细节，但目前看来，他们的主要关注点是拓扑学和机器学习，而不只是深度学习：

> 这是一个真正混合了不同技术的平台，因为其核心理念是将一切汇聚到一个平台上。平台确实大量使用机器学习技术，但也使用其他算法和建模方法。我们通常说这是人工智能，就像自动驾驶汽车是人工智能。许多不同的技术汇聚起来创造出一个结果。因此，我们使用生成设计、优化、仿真模型。我们在许多方面使用机器学习模型，像是用于理解物理环境的代理模型，例如如何改变一个设计使其同时满足多个因素的提升。

Spacemaker 的初心是，应对建筑师和城市规划师在城市大环境中开展建设所面临的日益增长的挑战。巨大的数据量和过度的复杂性使得人类无法直接理解，Spacemaker 的研发正是应对这种挑战。Spacemaker 团队的自身定位是将建筑转化为数学。为此，Spacemaker 开

**图 2.7** Spacemaker 渲染图 2. Schmidt Hammer Lassen Architects，Molobyen Development，Bodø，挪威，2019~2020 年。Spacemaker AI 被用于考虑了各种因素的优化设计

发了一个引擎，根据用户自定义的数据和偏好可以生成优化和分析建筑物的不同解决方案（图 2.7）。

一旦确定了场地，并输入了各种约束和参数，人工智能引擎就会被启用，建筑师将获得一系列优化的解决方案。“这意味着建筑师现在能够探索场地的多种不同解决方案，而不仅仅是几个解决方案。与此同时，他们所考虑的解决方案可以更加聚焦在最大限度地利用空间，同时满足该地区的要求和规定。这意味着建筑师可以以完全不同的方式工作，进行更加信息完备和迭代化的过程。”这不仅仅是设计过程本身的改变，也代表了建筑师设计方式的变化，其中人工智能成为一个“隐形的助手”。

Spacemaker 还提供了一个云计算平台，可以实现项目的各方利益相关者能够共同研究议定建筑的“代表性模型”。这种方式能够实时“权衡”各种性能因素，以便能够迅速找到最适合的解决方案。重要的是，该平台允许用户探索不同的选项。因此，Spacemaker 最近发布的生成平台被命名为 Explore。卡拉·文（Kara Vatn）描述了 Explore 平台的操作方式：“通过 Explore，建筑师和城市规划师可以不断生成和审查不同的场地方案，并在宏观和微观层面上进行聚焦和迭代。用户可以在规划的任何阶段进行修改，并立即看到对其场地的影响和其他选择，所有操作都在一个快速且不间断的工作流程中。”

该平台不仅扩大了选择的范围，还可以提供一些选择建议，其中一些可能并不立即显而易见。实际上，该平台可以提出一些建筑师从未想象过的建议但却有可能是最佳解决方案。

豪克兰（Haukeland）举了一个特定的例子，他们亲切地称之为“长颈鹿”项目，在该项目中，计算机能够提供与经验丰富的建筑师思维完全相反的解决方案（图 2.8）：

> 建筑师认为可以建造高楼大厦的地方，而 Spacemaker 认为可以建造一组高密度建筑组合体，所有这些直觉上认为是明智的事情——因为他们有着数百个项目的经验——结果完全颠倒了。因为当你面临一个多目标组织问题的复杂性时……你真的无法看到计算机能够找到的模式。所以发生的情况是，计算机能够找到解决该场地问题的模式，这是你自己永远想不到的。

我认为建筑和城市规划可以在两个不同但相互关联的框架内构建概念框架。一个是可以称之为“设计”的框架，指的是设计的审美方面——设计的“外观”。另一个是设计的战略规划方面——从战略角度探索场地的形态和其他模式。正是后者——设计背后的战略规划——呼应了围棋这样的比赛规则。围棋这个比赛完全是关于策略的，没有人过于关注棋盘或棋子的外观。

因此，我认为可以在 AlphaGo 与李世石对决的第二局中的第 37 步棋和 Spacemaker 发现的 AI 偶尔能够生成一些乍看起来并不合理的建筑和规划解决方案之间建立类似的对应关系——这些解决方案呼应了 AlphaGo 的“松懈走法”。这种可能性一直存在，但就像 AlphaGo 对局中的第 37 步棋一样，之前没有人考虑过这一点。这表明从战略的角度来看，城市规划和围棋可能比表面看起来更具有共同点。

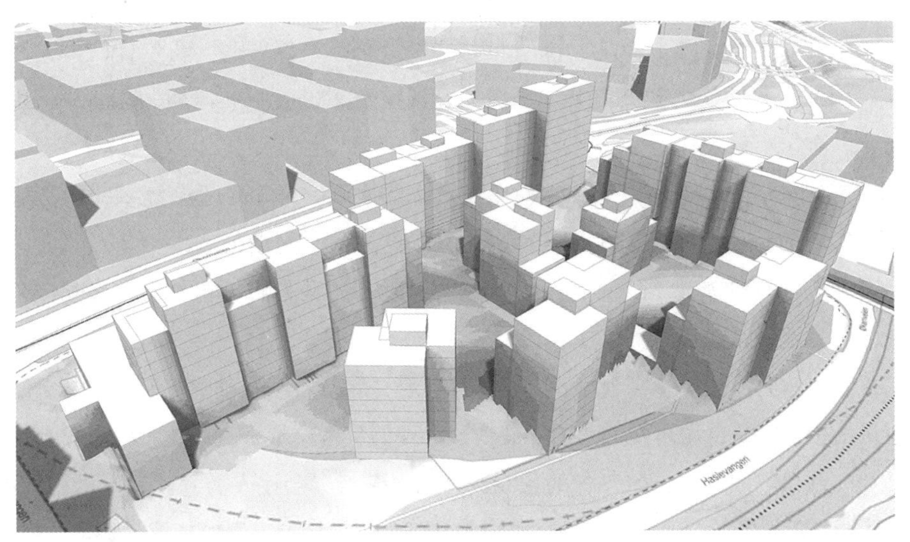

**图 2.8** Spacemaker 渲染图 3. NREP，Proposal for Okernvelen，Norway，2020（“长颈鹿”项目）。Spacemaker AI 被用于基于对太阳、景观和噪声条件的处理而看似违反直觉的方案

## 人类创造力的局限性

人类期望在国际象棋甚至围棋的比赛中战胜人工智能的时代早已过去。也可以说，人工智能应该比人类更擅长为城市规划提供策略。毕竟，在许多情况下，城市尺度下运行的复杂性使得城市规划对人类来说极具挑战性。在这方面，人工智能可以成为一个强大的工具，成为人类智慧的延展，使建筑师能够提升自己的能力以迎接挑战。

有趣的是，这对于人工智能开发商客户具有特殊吸引力，他们认为基于人工智能的工具（如 Spacemaker）可能提升了“客户价值”，或者用业内术语来说——“投资回报”。事实上，正如豪克兰观察到的那样，开发商客户现在开始坚持要求建筑师在设计过程中使用人工智能，以便为客户找到更有效且更高效的解决方案：“开发商真心希望建筑师使用 Spacemaker。这项技术是他们希望的，也是客户的要求。”

这个看似随意的现象不容小觑。这无疑是引发建筑行业进行人工智能革命的最重要因素。客户希望建筑师使用人工智能来最大化“投资回报”，并优化建筑物的性能。就是这么简单，忘记渐进的美学，忘记实验性方案。一旦大多数客户开始坚持要求建筑师使用人工智能，人工智能的持久影响力将得到保障。因此，可以预测，建筑师将开始在实践中利用人工智能进行品牌推广，以吸引客户，就像现在以 LEED 或 BREEAM 认证环境可持续性方式进行品牌推广一样。

这对未来可能会产生什么影响？也许与自动驾驶汽车做类比可以提供一些见解。自动驾驶汽车很可能对驾驶行为产生巨大影响。事实上，托比·沃尔什预测，由于自动驾驶汽车的发展，人类最终将被禁止驾驶行为。随着自动驾驶汽车越来越普遍，沃尔什认为我们会越来越少开车。因此，我们的驾驶技能会逐渐减弱，保险费用也会不断增加。逐渐地，我们会习惯不开车，以至于年轻人甚至可能不再费心去学习开车。最终，驾驶行为将被禁止。

当然，变化往往是渐进的，就像自动驾驶汽车的发展一样，是逐渐随着时间推移而逐渐发生的。例如，对特斯拉汽车来说，这种变化采取的形式是定期的软件更新。然而，沃尔什的预测最有趣的地方可能在于他对我们态度变化的评论：“我们将不再被允许驾驶汽车，而我们也不会注意到这一点或甚至不会在意。”

人工智能当然会使建筑和城市设计变得更加容易，就像自动驾驶汽车一样。那么问题就出现了，建筑是否会遵循自动驾驶汽车的发展模式？我们是否会看到自动驾驶汽车导致驾驶者保险费用增加的现象？因为根据沃尔什的预测，自动驾驶汽车会比人类驾驶者更可靠和更安全，而选择不使用人工智能的建筑师是否会面临职业责任保险费用的上涨？毕竟，除了“投资回报”之外，风险评估是另一个需要考虑的因素，而在这个领域，人工智能可能更加可靠。

然而对于自动驾驶汽车来说，驾驶员最终变得多余了。如果我们将同样的发展模式应用于建筑，这是否意味着最终建筑师也会变得多余？这是否意味着建筑师这个职业最终也会消失，就像人类驾驶员会消失一样？如果是这样，我们是否会注意到或甚至在意呢？

李世石在与 AlphaGo 的比赛之后还发生了什么？ 2019 年 11 月，李世石退役，理由是他将永远无法战胜人工智能："这是一个无法被击败的存在"。我们已经看到，人工智能已经证明比城市规划师更有效。毫无疑问，城市规划师的角色似乎面临风险。但是建筑师最终是否也会陷入同样的境地呢？

## 从"第 37 步棋"学习

AlphaGo 与李世石的比赛中有一步棋尤为引人注目，第二局的"第 37 步棋"，因为它展现了创新能力。那么，我们能从"第 37 步棋"中学到什么呢？毫无疑问，正是这一步使李世石认为 AlphaGo 确实具备了"有创造力"。正如欧洲围棋冠军范辉所评论的那样："当 AlphaGo 选择了这一步时，我以为它犯了一个错误。我立刻看着李世石的反应。起初，他似乎微笑了一下，好像他也认为 AlphaGo 犯了个错误，但随着时间的推移，很明显他开始意识到这一步棋的卓越之处。"事实上，在比赛结束后，他说："当我看到这一步时，我终于意识到 AlphaGo 是有创造力的。"

Hassabis 甚至更进一步："任何人都可以通过随机下棋，并在围棋棋盘上走出一步原创的棋。然而，只有这一步棋是有效的时候，才能被认为是真正有创造力的。从这个意义上讲，第二局中第 37 步的决定性作用代表了一种精巧的计算智慧之举，它不仅永远改变了围棋的比赛规则，也展示了人工智能潜在的巨大创造力（Hassabis & Hui，2019）。"

事实上，AlphaGo 的出色表现使李世石甚至开始质疑人类以前认为具有创造力的走法："AlphaGo 向我们展示了，人类可能认为具有创造力的走法实际上是传统的走法。"

然而，真正的挑战在于人类是否能够认识到人工智能的全部"创造力"。很有可能，如果人工智能过于有"创造力"，我们人类甚至无法理解这种"创造力"，就像 AlphaGo 的"松懈走法"逃脱了专家的分析一样。出人意料的是，这在"人工智能"这个术语还没有被提出之前就已经被艾伦·图灵预言了。在他著名的文章《计算机器与智能》中，他提出了"机器能思考吗？"的问题。事实上，图灵推测最终机器应该能够做到人类所能做的任何事情，甚至能够写出十四行诗：

> 在真正了解机器的能力之前，我们必须对其进行一些实验。在我们适应新的可能性之前可能需要多年时间，但我不明白为什么它不能进入任何一个通常由人类智慧所涵盖的领域，并最终在平等的条件下竞争。我认为你甚至不能将十四行诗排除在外。

然而，图灵接着提出了一个有趣的限定条件，他推测人类可能无法完全欣赏这些十四行诗："虽然比较可能有点不公平，因为由机器写的十四行诗将更受到另一台机器的欣赏。"

## 重新思考创造力

在图灵著名的论文"计算机器与智能"中，推测了开发可能具备思考能力的机器的可能性。他描述了一种评判"思考机器"的智能是否能够与人类智能相对比的技术。最初以一种流行的派对游戏命名为"模仿游戏"，这种技术后来被称为"图灵测试"。"图灵测试"的巧妙之处在于，不必定义诸如"机器"或"思考"的术语。相反，游戏是在一个评委、一个人类和一个计算机程序之间进行的。挑战是让计算机程序与人类参与对话、进行竞争，并回答评委提出的问题。如果计算机程序成功说服评委它是人类，那么它就通过了图灵测试。

然而，哲学家约翰·西尔认为人工智不能思考。人工智能没有意识，尽管它可能看起来有意识。为了证明他的观点，西尔使用了著名的"中文房间"思想实验。西尔让读者想象自己被锁在一个房间里，房间内配有一本指导手册可以将英文翻译成中文。唯一的问题是他不懂中文。通过按照正确的指示操作，理论上他可能能够完成一份令人信服的英文文本的中文翻译。因此，对于房间外的任何人来说，他似乎能够理解中文，尽管事实并非如此。现在想象一下，设计一个用于翻译中文的人工智能计算机程序，该程序能够将英文字符作为输入，生成中文字符作为输出，这与人工智能有何不同呢？人工智能可能看起来具有意识，但实际上并非如此。无论是房间里的西尔还是计算机，都不理解自己在做什么。那么，"图灵测试"的弱点就在于计算机可能仅仅通过表现得像人类思考来通过测试，这只是一个愚弄评委的问题。

让我们回到第37步。毫无疑问，AlphaGo在这一步看起来是有创造力的。但是，这与西尔的"中文房间"思想实验有何不同呢？将"意识"替换为"创造力"，我们发现自己陷入了一个非常相似的境地。从某种意义上说，AlphaGo看起来具有创造力，就像西尔看起来理解中文一样。但是，如果AlphaGo根本没有创造力呢？有人甚至可能声称AlphaGo只是在寻找最有效的走法，毕竟在其"决策"过程中使用了蒙特卡洛搜索。

事实上，根据梅兰妮·米切尔的观点，人工智不能被称为"创造性"，因为要真正具有创造力，它需要意识到自己正在创造，并且能够欣赏自己的创造力。对于米切尔来说，意识必须被视为创造力的标志。按照这种逻辑，AlphaGo不能被认为具有创造力，因为它没有意识。

但让我们进一步探讨这个论点，并将其应用于人类创造力。有趣的是，李世石指出，人类在围棋中做出的某些走法只是"被认为是有创造力的"："AlphaGo向我们展示了人类可能认为具有创造力的走法实际上是常规的（Kohns，2017）。"如果我们也以"中文房间"情景来反思人类创造力呢？例如，如果人类只是固守着一种观念，认为人类创造力有某种特殊的、甚至神秘的东西呢？事实上，正如玛格丽特·博登指出的，创造力似乎有些神秘。但如果情况并非如此呢？

如果创造力并没有什么神秘可言呢？实际上，我们对大脑内部发生的事情了解甚少，就像“房间内部”一样。如果人类实际上只是进行类似 AlphaGo 的“搜索”呢？换句话说，即使与创造力相关的神秘感，我们所称之为“创造力”与计算机的运作并没有太大的不同。如果人类只是试图让自己相信人类创造力是某种神奇的东西，而实际上它是相当简单明了的呢？正如亚瑟·C.克拉克曾说：“任何先进到足够程度的技术都是无法与魔法区分开的。”但这是真的吗？

让我们明确一点。魔术师并不是在施展魔法。魔术师只是通过巧妙的手法掩盖了实际发生的事情，使观众误以为是魔法的表演。科技也不是神奇的。然而，有时候，当我们无法理解科技的实际运作方式时，科技可能看起来是神奇的：“就像魔术师隐藏真正的设备，以便让观众将其归因于魔法一样，科技通过自我抹除，诱使我们相信它的神奇潜力。”

这些原则是否也适用于创造力呢？迄今为止，我们对大脑的运作方式仍然不完全了解。大脑本身就像创造力一样，仍然有些神秘。毫无疑问，除非我们完全了解大脑的运作方式，否则我们永远无法理解创造力是什么。我们只能通过外在的表象来判断，就像在西尔的“中文房间”思想实验中，房间外的人们根据观察来推测房间里的人是否理解中文。

那么，创造力是否像魔法一样？是否真的存在呢？

人们常说，“美在观察者的眼中”。但我们难道不应该说，美实际上存在于观察者的心中吗，正如一些人所主张的那样？毕竟，感知不仅仅是视觉问题，感知本身总是被想象的（mediated）。或者正如斯拉沃伊·兹泽克所争论的，一切都通过“想象的迷宫”来到我们面前。

那么，创造力是否类似于美呢？创造力的感知难道不是存在于观察者的心中吗？

那么，创造力只是被感知到的创造力吗？

这难道不是我们从 AlphaGo 中得到最终教训吗？

## 参考文献


Boden，M.，2016. AI：Its Nature and Future. OUP，Oxford.

Bolojan，D.，2021. Creative AI Augmenting Design Potency，DigitalFUTURES CDRF. Available at：https：//www.youtube.com/watch?v=r65IHo-TwCs&t=4272s.

Byford，S.，2016. DeepMind Founder Demis Hassabis on How AI Will Shape the Future. The Verge.

Chowdhry，B.，2019. Designing Better Cities With Artificial Intelligence. Seattle. Available at：https：//interaction19.ixda.org/program/talk-designing-better-cities-with-artificial-intelligence-bilal-chaudhry/.（Accessed 3 February 2019）.

Christensen，C.，2019. Global PropTech Interview #5 With Carl Christensen，Co-founder of Spacemaker AI. Available at：https：//www.youtube.com/watch?v=hvmus_VUtQ8&app=desktop.（Accessed 2 December 2019）.

Clark，A.，2016. Surfing Uncertainty：Prediction，Action and the Embodied Mind. Edinburgh University Press，Edinburgh.

Hassabis，D.，Hui，F.，2019. AlphaGo：moving beyond the rules. In：Wood，C.，Livingston，S.，Uchida，M.（Eds.），AI：More Than Human. Barbican International Enterprises，London.

He，W.，2019. From competition，coexistence to win-win—relationship between intelligent design tools and

human designers. Landsc. Archit. Front., 76–83.
He, W., 2020. Urban experiment: taking off on the wind of AI. Archit. Des. 90 (3), 95–99.
Hodges, A., 2021. The Alan Turing Internet Scrapbook. Available at: https: //www.turing.org.uk/scrapbook/test.html. (Accessed 25 September 2021).
Kennedy, M., 2017. Computer Learns to Play Go at Superhuman Levels' Without Human Knowledge. Available at: https: //www.npr.org/sections/thetwo-way/2017/10/18/558519095/computer-learns-to-play-go-at-superhuman-levels-without-human-knowledge.
Kohns, G., 2017. AlphaGo The Movie. Available at: https: //www.alphagomovie.com/.
Leach, N., 1999. Millennium Culture. Ellipsis, London.
Leach, N., 2014. Space Architecture: The New Frontier for Design Research. Wiley, London, p. 232.
Leach, N., 2021. The Death of the Architect. Bloomsbury, London.
Lee, K.F., 2018. AI Superpowers: China, Silicon Valley, and the New World Order. Harper Business, New York.
Metz, C., 2011. The Sadness and Beauty of Watching Google's AI Play Go. Wired.
Mitchell, M., 2019. Artificial Intelligence: A Guide for Thinking Humans. Farrar, Straus and Giroux, New York.
Moyer, C., 2016. How Google's AlphaGo Beat a Go World Champion. The Atlantic. Available at: https: //www.theatlantic.com/technology/archive/2016/03/the-invisible-opponent/475611/.
Mozur, P., 2017. Beijing Wants A.I. to Be Made in China by 2030. New York Times, New York. Available at: https: //www.nytimes.com/2017/07/20/business/china-artificial-intelligence.html. (Accessed 20 July 2017).
O'Hare, S., 2020. Spacemaker, AI Software for Urban Development, Is Acquired by Autodesk for $240 Million.TechCrunch. Available at: https: //techcrunch-com.cdn.ampproject.org/c/s/techcrunch.com/2020/11/17/spacemaker-ai-software-for-urban-development-is-acquired-by-autodesk-for-240m/amp/. (Accessed 17 November 2020).
Russell, S., 2018. Architects of Intelligence: The Truth About AI From the People Building It. Packt Publishing, New York.
Schoenick, C., 2019. China May Overtake US in AI Research. Available at: https: //medium.com/ai2-blog/china-to-overtake-us-in-ai-research-8b6b1fe30595. (Accessed 13 March 2019).
Searle, J., 2009. Chinese room argument. Scholarpedia, 3100. https: //doi.org/10.4249/scholarpedia.3100.
Seth, A., 2021. Being You: A New Science of Consciousness. Dutton, London.
Silver, D., et al., 2016. Mastering the game of Go with deep neural networks and tree search. Nature 529 (7587), 484–489. https: //doi.org/10.1038/nature16961. Springer Science and Business Media LLC.
Simonite, T., 2018. Tencent Software Beats Go Champ, Showing China's AI Gains. Wired. Available at: https: //www.wired.com/story/tencent-software-beats-go-champ-showing-chinas-ai-gains/.
Thomson, N., Bremmer, I., 2018. The AI Cold War That Threatens Us All. Wired. Available at: https: //www.wired.com/story/ai-cold-war-china-could-doom-us-all/.
Turing, A., 1950. Computing machinery and intelligence. Mind 236, 433–460.
Turing, D., 2015. Prof: Alan Turing Decoded. Pitkin Publishing, Norwich.
Vatn, K., 2020. Introducing Explore, A Creative Toolbox for Architects and Developers. Medium. Available at: https: //blog.spacemaker.ai/introducing-explore-a-creative-toolbox-for-architects-and-developers-4d1a8df1318d. (Accessed 41 May 2020).
Walsh, T., 2018. Machines that Think: The Future of Artificial Intelligence. Prometheus, Buffalo, NY.
Wargo, E., 2011. Beauty is in the Mind of the Beholder. Association for Psychological Science. Available at: https: //www.psychologicalscience.org/observer/beauty-is-in-the-mind-of-the-beholder.
Yonhap News Agency, 2017. Go Master Lee Says He Quits Unable to Win Over AI Go Players. Available at: https: //en.yna.co.kr/view/AEN20191127004800315. (Accessed 27 November 2017).
Zastrow, M., 2016. South Korea Trumpets $860-Million AI Fund After AlphaGo 'Shock'. Nature. Available at: https: //www.nature.com/news/south-korea-trumpets-860-million-ai-fund-after-alphago-shock-1.19595.
Zizek, S., 2002. From virtual reality to the virtualisation of reality. In: Leach, N. (Ed.), Designing for a Digital World.Wiley, London.

# 第3章

# 城市解决方案的复杂性科学

安贾娜·德维·辛塔拉帕迪·斯里坎斯[a]（Anjanaa Devi Sinthalapadi Srikanth），
本尼·陈伟健[a]（Benny Chin Wei Chien），罗兰·布凡奈[b]（Roland Bouffanais），
托马斯·施罗普费尔[a]（Thomas Schroepfer）

a 新加坡科技设计大学，新加坡；b 渥太华大学，安大略省，加拿大

## 引　言

城市规划设计影响着生活在城市中的每一个人，无论其是否意识到。如今，城市已成为创新、知识和财富的集聚中心，可以被视为“社会交互活动的聚集空间”（Garfield，2019）。随着人口规模和空间尺度的不断增长，城市呈现出三个关键特征——复杂性、多样性和智能，通过上述特征可以让我们一窥城市面临的潜在机遇和问题。

从财富不平等到环境可持续，许多城市问题通常采用相对割裂的各自应对方法，尽管他们之间存在明显的相互依赖性。这种做法遵循着自 19 世纪到 20 世纪以来惯常采用的集中化指令工作原则。20 世纪的城市规划呈现严格的“自上而下”模式的特征。许多著名学者对此展开批评，克里斯托弗·亚历山大（Christopher Alexander）对把城市简化为“树状”层级结构的模型提出抨击；简·雅各布斯（Jane Jacobs）呼吁开展更加反映城市生活现实多样性和以市民为中心的设计。面对当今气候变化问题，显然这种过时的规划设计策略无法有效地解决当前面临的诸多问题。

不应当夸大城市更加智慧解决问题的需求。在城市规划设计思维过程中，城市化、经济增长、技术进步和环境可持续等多重叠加趋势发挥更加重要的驱动力。巴蒂（Batty）等倡导

“实现全系统追踪、认知和植入每一个响应和设计环节的整合，对城市运行和功能进行特征刻画”。克里斯托弗·亚历山大在《形式综合论》中详细介绍了“使用‘结构保留’的数学方法，将复杂的设计问题分解为易于解决的简单问题，然后重新组合成一个复杂的解决方案”。他提出的自动化解构方法是基于对所有因素的全面理解，对计算和设计领域都有影响和应用。他的意图与 Bettencourt 和 West 类似，即“以科学可预测的定量方式理解城市动态、增长和演变”，这突出了 AI 在当今城市规划设计中应用的必要性和潜力。

物联网（IoT）技术已经在全球许多城市中普遍使用，在基于实时数据收集的城市规划设计中有着广泛应用。在更重要的角色中，可以利用 AI 工具和技术来解决跨城市尺度的多个问题，将有意识的“自上而下”的规划方法与特定地点的“自下而上”的解决方案相结合。接下来，我们将详细介绍一种基于复杂性科学的方法，采用机器学习（ML）定量分析高密度城市建成环境中的空间和活动，旨在了解其使用效果和缺点，为将来更好的规划设计决策提供支持。

## 建成环境中的人工智能

通过安装传感器、计算中心和不同的网络系统，数字化将带来无法预估的城市数据生成的规模。预计到 2023 年，智能电表、视频监控、医疗保健监控、交通运输以及包裹或资产追踪等机器对机器（M2M）连接数量将达到 147 亿，占设备和连接总数的 50%。在实现 AI 处理海量数据的基础上，还可以开展认知计算集成，并在城市环境中普遍应用，催生了“智慧城市”模型概念。

“智慧城市”的理念伴随着物联网兴起。哈里森（Harrison）等将其定义为采用信息和通信技术帮助城市解决问题并提高竞争力和效率。基钦将智慧城市定义为“数据采集和分析优先主导方式，旨在支持循证政策制定、新的技术治理模式、通过开放透明的信息赋予公民权利以及刺激经济创新”。在智慧城市框架中，AI 可以为城市规划设计提供赋能，例如在交通规划方面，随着智能交通系统（ITS）和自动驾驶车辆技术的应用和创新。AI 有助于应对交通规划中的不可预测性，传统的分析方法很难对用户个体行为进行建模。智能预测方法可以应用于先进的出行信息系统、交通管理系统、公共交通系统和商业车辆运营等 ITS 子系统，将基于道路传感器提取的历史数据输入到机器学习和人工智能算法中。

人工智能技术也可以为网约车服务公司提供乘客需求预测，例如优步和滴滴出行等。AI 技术可以通过避免空车行驶，帮助减少能源消耗和交通拥堵。从长远来看，AI 在智慧城市规划设计中的应用能够为城市环境及其社会经济发展带来十分重要效益。

目前在城市规划设计中开展了多种方式的AI应用探索。将机器学习方法纳入Google Earth Engine、ArcGIS Cloud aCarto等云平台，利用卫星图像来增强城市分析方法。从生成式城市设计的视角，使用AI对流程进行建模，从而解决许多问题，可以作为决策支持的强有力的工具。Quan等提出“智能设计框架”系统包括四个主要组成部分：人工问题初始化阶段（问题明晰），人机界面连接阶段（多维度问题的数学表达），系统优化阶段（驱动设计探索的计算算法）和人机交互阶段（结果解释和可视化），其中启发式算法（如遗传算法、模拟退火、禁忌搜索等）和其他AI搜索技术可应用于优化。由于城市问题的动态性和复杂性，因此AI技术在建筑中的应用比在城市设计中更为常见，但是仍可以为规划师和设计师提供多轮城市形态的迭代来更加直观地理解规划设计方案。例如，使用深度学习技术生成街道网络已经在探索应用。这可能会影响城市可视化的方法，但由于结果难以解释，目前在行业中并不普遍。

人工智能辅助城市规划设计既是现状技术，也是确定未来城市发展原则的重要工具。阿拉伯联合酋长国的马斯达尔城是应用人工智能技术制定总体规划的典型案例，从项目初期就将快速公交系统和自动驾驶车辆系统的规划与空间规划设计相结合。沙特阿拉伯的尼奥姆和中国的北杨人工智能小镇（上海市徐汇区）等未来城市将新兴城市化和生活方式与AI技术内在联系起来。

在建筑设计领域，对人工智能技术的早期应用探索是尝试通过计算来生成建筑作品和发布展示。人工智能的发展在集成的建筑系统文档、复杂的形式表达以及基于多目标优化引擎的决策支持系统实验等方面带来了更广阔的设计空间。数十年的计算能力持续提高、近期兴起的开源共享以及分布式云计算的可用性迅速增加了具备分析、优化和生成设计能力工具集的创新实验。随着带有嵌入式传感器物联网设备的出现能够实现在多种尺度的复杂空间网络上感知和响应建筑环境和人类活动。

计算系统成为建筑设计的基石，扩展了传统流程的能力，同时给传统设计惯例和实践带来了新的挑战。设计计算系统工具的发展已经改变了以往机器在设计过程中的信息提供和互动方式。计算系统通过帮助规划师和设计师更高效地工作，大大减少了劳动时间，提高了设计质量，并降低了成本。技术解决方案的渐进式应用在许多方面改变了建筑、工程和施工（AEC）行业：首先是引入计算机辅助设计（CAD）软件，然后是通过参数化工具探索新的施工技术，现在则是在统计计算能力方面引入大数据和人工智能等技术。

人工智能技术可以应用在建筑体量、朝向、立面设计、热舒适性、采光、全生命周期分析、结构设计分析、能源和成本等多种设计问题。最新的应用是将CAD软件链接到模拟引擎，例如将犀牛软件链接到Radiance软件的DIVA插件，或集成太阳辐射、能源和气流分析模块的设计工具，例如Autodesk Labs的Vasari项目。

当前的规划设计研究还探索了新的接口工具和机器学习模型的开发。例如，通过评估现有办公空间设计，使用多准则遗传算法来优化办公空间的建筑平面布局。这些基于启发式算法的优化可以根据模拟能源性能以及预期能源性能来影响建筑物外立面的设计。启发式算法对于几何形式优化以及建筑成本和房地产价值的核算也非常有用。在这种情况下，人工智能可以应用于优化结构几何形状，并能够从大约 3 万种可能的设计方案中确定最适宜的解决方案。

Autodesk 研究小组最近的项目（包括 Discover 和 Autodesk@MarRS）探索了计算系统在城市规划设计中的使用，将其作为“生成式设计”过程的一部分，通过利用计算能力生成可行解决方案，并基于稳健且严格的模型探索更大的解决方案空间集合，以满足所需的设计条件和性能标准。现在有许多工具可供规划设计师使用以寻求将遗传算法引入设计过程，其中最著名的是 Rhinoceros Grasshopper 的 Galapagos 和 Revit Dynamo 的 Optimo，通过添加具有机器学习能力的算法库（例如人工神经网络、非线性回归、K 均值聚类等）来增强传统参数化三维建模程序，从而实现与空间数据建模相结合使用。

## 复杂性科学与城市系统

在 21 世纪，智慧城市范式的兴起极大地促进了对城市环境内在复杂性的理解。正如 Batty 和 Marshall 所言，城市的复杂性使得采用跨学科方法来规划设计城市及其动态变得越来越重要，并指出自下而上的概念与“由不同的学科主张许多不同的系统共同构成了一个更加合适的整体”这一概念同样变得重要。在城市规划设计的背景下需要采用整体性方法解决问题，这就要求在研究社交网络、交通网络和空间网络等内容时，通过复杂性科学的视角来理解城市中可见的复杂模式。米切尔指出：“‘复杂性研究’是指试图发现复杂系统行为背后的共同原理——在这些系统中，大量组件以非线性方式相互作用。非线性意味着不能简单地通过理解其各个组件来理解系统；非线性的相互作用使得整体‘大于各部分之和’”。

为了理解上述观点，将城市视为资源流和建筑组合形成的网络，如同城市空间网络中结构化空间和连接性路径，也可转化为节点和链接。

## 空间网络分析的关键方面

### 空间网络的尺度规模

尺度规模是所有空间相关分析中的一个基本概念。在社交互动、人口流动和城市结构的研究中，两种最常见的空间网络类型包括城市之间和城市内部两个尺度规模。对城市间网络的分析侧重于区域内城市之间的互动和连接。这种类型的分析将每个城市视为单个节点。有关城市的信息被收集并聚合为一个不可分割的对象。城市内部空间网络分析侧重于城市内部的异质性，即城市内部的每个部分可能具有不同的城市功能或角色。因此，这些分析使我们能够理解和揭示城市的潜在结构。城市之间和城市内部网络的示例如图 3.1 所示。

图 3.1 中 a 和 b 是城市之间和城市内部网络的示例。颜色表示社区检测结果（基于模块性），节点的大小表示介数中心性。社区检测和介数中心性都是网络分析技术，将在本章的下一节（空间网络分析）中讨论。图 3.1a 显示了东南亚地区的航线网络。每个节点都是一个机场，代表一个城市。大节点包括 SIN（新加坡）、CGK（印度尼西亚雅加达）、KUL（马来西亚吉隆坡）、MNL（菲律宾马尼拉）、RGN（缅甸仰光）和 SGN（越南胡志明市）。图 3.1b 显示了新加坡各分区（行政级别）之间的公共交通（包括火车和公共汽车）网络。社区检测结果根据物理位置对分区进行了分组，形成了五个社区，例如左下角的浅绿色分区主要位于新加坡的西部，而右下角的大多数橙色分区位于东部。顶部的其他三个社区（绿色、蓝色和紫色、灰色、浅灰色）包含位于北部、中部和东北部的其他分区。社区检测结果中的混合模式表明了这些分区之间具有很强的连通性。

随着许多城市的竖向垂直开发越来越多，不同类型的空间可能会存在垂直重叠，因此城市空间应以更高精细度进行分析。例如，在新加坡，有一些住宅楼建在公交换乘站之上。这种情况下，空间的横向水平细分（如图 3.1b 中的新加坡分区）不适合进行空间分析。在城市竖向垂直空间中，细分可以是具有可区分功能的更小空间，即微空间，例如商店、电梯门厅、花园、教室或住房。对这些微空间网络的分析重点是了解其微观空间相互作用和结构。例如，人们如何在商店之间移动，或者哪些位置更容易到达。图 3.1c 展示了新加坡科技设计大学（SUTD）校园微空间之间的相邻关系。校园的设计方式促进了各个建筑和项目之间的连通性，例如通过不同楼层的多个空中连廊。校园的社区检测结果（图 3.1c）呈现块状结构，即大部分社区（颜色相同的节点）是由同一区块中的空间构成。同时，整个校园网络也表现出区块之间的强连通性。图 3.1d 显示了一个垂直一体化建筑的空间网络示例，新加坡的 Kampung Admiralty，该项目是一个面向老年人的高密度综合用途开发项目。底部的两组节点（底部左下为灰色，右下为蓝色、浅灰色）表示该项目的两座住宅塔楼，这些塔楼与开发项目的公共空间和设施分开，以保护居民隐私。这些塔楼只连接到公共空间和设施，并且仅在第六层（空中花园）和地面互相连接；绿色节点，图中的灰色（中心）是主要位于地面的社区空间，而橙色节点，图中的灰色（中上）是第 6 层的公共空间，包括空中花园、游乐场以及连接住宅和商业空间的人行道；右上角的节点主要由地下停车场组成，而左上角包含中央服务电梯门厅的节点。这些示例表明，空间网络中的基本网络分析可以揭示建筑物的功能结构。

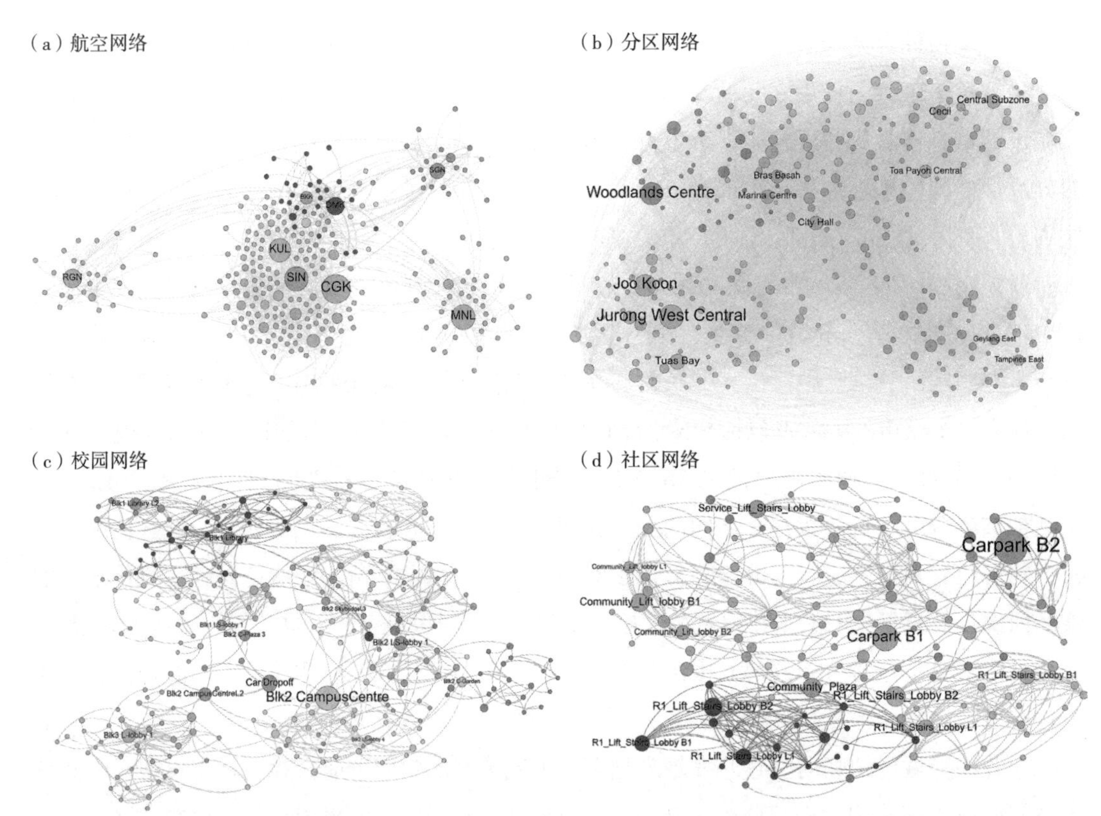


**图 3.1** 三种不同尺度的空间网络示例：（a）航线网络，城市为节点；（b）城市内部的公共交通网络，节点为分区（子区域）；（c）大学校园网络，节点为建筑物内的空间；（d）垂直集成建筑，节点为不同功能的空间。节点的大小表示社区检测和介数中心性结果。这些计算和图形生成是在 Gephi 中生成的

与地理和空间研究类似，在空间网络分析中，尺度规模的概念对于识别研究问题和定义研究对象至关重要。换句话说，什么样的空间单元适合解决特定的研究问题；什么样的单元会导致什么问题以及是否可以解释，或者可以解释到什么程度。此外，研究尺度规模还意味着空间边界范畴，即研究的局限性。因此，研究尺度规模也表明了案例分析的边界以及可能发生边界效应的地方。

## 常见的空间网络类型

空间网络（图）可以定义为 G（V，E），其中 V 是一组节点（也称为顶点），E 是一组链接（也称为边）。空间网络可以通过连接方向（无向、有向）和连接权重（未加权、加权）进行分类；也根据连通性（拓扑相邻、可达性或可见性）分类；以及是否为双重表示网络。

### 方向和权重

虽然空间网络分析应用了网络分析和图论的概念，但定义空间网络的方法却有很多种。方向和权重是网络的两个主要方面。无向网络意味着连接是相互的，即两个节点是双向连接。例如，可访问网络是由没有单向连接的网络建立的。对于有向网络，连接显示为箭头，表示每个连接只单向流动。例如，空间用户可以通过有向连接从一个节点到另一个节点，但反向流动不行；如果两个节点之间的流量是可访问的，则需要两个相反方向的连接。权重可以添加到连接和节点上，通常用于描述连接的权重。未加权网络意味着连接的权重相同。另一方面，加权网络用于描述不均匀的连接，即某些连接比其他连接具有更高的权重。连接的权重可以用于描述连接节点之间的强度、成本和容量。

### 邻接性、可达性和可见性

空间交互关系通常由三种基本关系来表示。空间邻接网络是最直观的网络，将每个空间定义为一个节点，并在每两个直接连接的空间之间生成一个链接。换句话说，邻接网络中的连接表示两个节点不仅相邻，而且相互连接（例如，开放的门或走廊）。图 3.2a 给出了一个综合社区建筑的邻接网络示例。可达性是空间网络分析研究中的重要关系之一。通过成本函数（即距离、移动时间或交通费用的阈值）来定义可达性。例如，住宅区到医疗设施的可达性，也可以描述为不同建筑项目之间的可达性。图 3.2b 展示了某小区 50m 可达网络。除了可达性，可见性网络分析是一种评估节点之间通视关系的方法，源自空间语法的空间分析理论。

### 对偶表示

对偶表示网络（也称为对偶图）侧重于连接关系。技术上，网络的双重表示将连接转换为节点，并通过原始网络中节点共享的关系建立连接。例如，在典型的街道网络中，街道被表示为链接，而交叉点（街道的端点）被表示为节点。街道网络的双重表示是将街道定义为节点，链接表示为街道之间的关系，即“街道－街道”连接网络。虽然双重表示网络侧重于连接之间的关系，但对于分析连接本身很有用。例如，评估连接中的交通情况，或评估每个连接的吸引力。图 3.2c 显示了社区建筑中双重表示的示例。

## 空间网络分析

复杂网络分析是一种综合方法和算法来揭示网络结构的技术。复杂网络由两个主要元素组成：充当代理的节点以及捕获节点之间复杂关系或交互的链接。复杂网络研究中三种基本经典分析包括节点重要性度量、连接关键性度量以及社区识别。

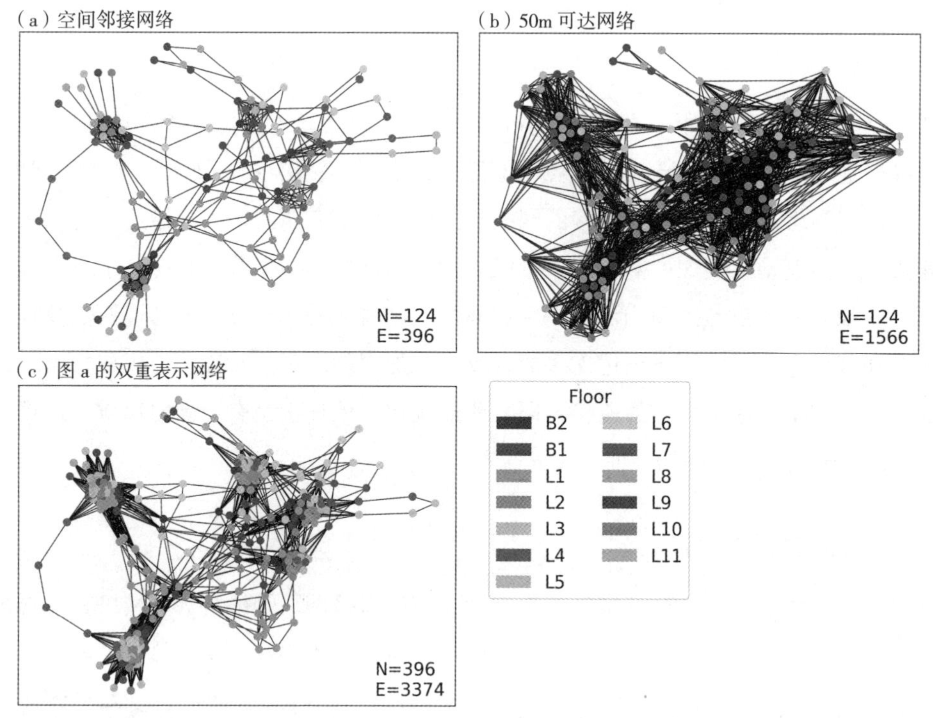


**图 3.2**　新加坡甘榜金钟常用的三种空间网络类型：（a）空间邻接网络，（b）可达网络，（c）双重表示网络。这些网络是用 Python 生成和可视化的

## 空间节点重要性度量

空间节点重要性度量的主要目的是识别在复杂相互作用下表现出显著影响力的关键节点。使用“主要参与者”或“重要性”的不同定义，相关文献中经常讨论的三种基本的中心性度量包括“度中心性”“紧密中心性”和“介数中心性”。图 3.3 展示了新加坡科技设计大学校园网络的三种中心性度量的示例。

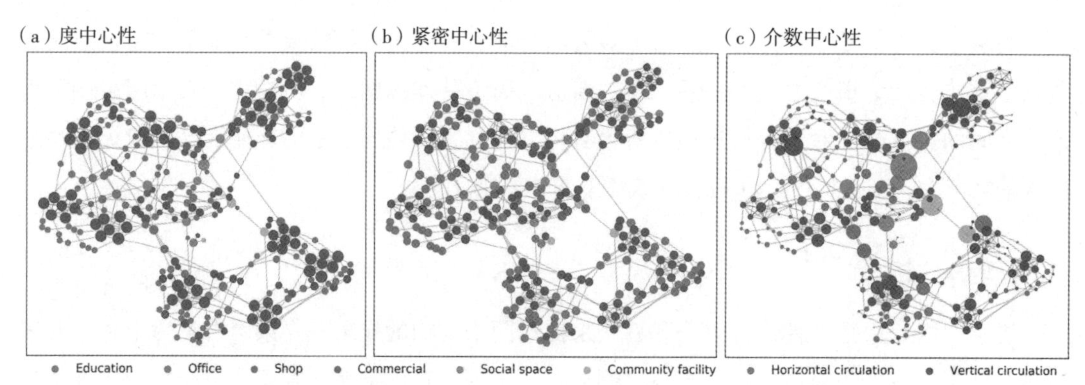


**图 3.3**　展示了新加坡科技与设计大学校园网络的（a）度中心性，（b）紧密中心性和（c）介数中心性。（b）和（c）中最短路径的计算考虑了空间中心点之间的实际距离。使用 Python 进行计算和可视化

**度中心性**是节点重要性最基本的衡量标准，是一个节点拥有的邻居节点的数量。度中心性越高，给定节点的邻节点就越多，其潜在的影响力也越大。通过对网络内所有节点的度中心性进行排序，来查找联系最多的空间或最有影响力的个体，以便有效规划建成环境中的活跃社交空间。

**紧密中心性**衡量了从一个源节点到所有其他节点的距离，即一个节点到其他所有节点的距离。米尔格拉姆进行的著名实验“小世界问题”指出，在美国每两个人之间可以通过大约三个朋友关系连接联系起来，这意味着平均每个人都可以通过两个人联系到其他人。因此，出现了关于人与人之间异质性的问题，即是否存在一些人与其他人更接近？紧密中心性的计算首先确定从一个源节点到所有其他节点的最短路径步数（即远度）。远度之和的倒数即为紧密中心性。紧密中心性高的节点可以用最小的努力（步数）到达整个网络。因此，紧密中心性有助于识别建筑物内或任何空间开发中的空间集群，突出节点分布的空间影响力。例如，与同一国家的国内机场相比，国际机场以更少的步骤（换乘）连接到更多的地方，因为国内机场依赖于国际机场到达国际目的地。

**介数中心性**标识了复杂网络中的“桥状”节点。具有高介数中心性的节点充当“经纪人”，控制着一些“隐藏”在其背后的节点的连通性。例如，连接两个岛屿的桥梁会具有很高的介数中心性，因为从一个岛到另一个岛的所有流量都需要通过桥梁。从技术上讲，介数中心性衡量了一个节点作为“介于”所有节点对之间的关键程度。这个衡量的计算需要识别所有节点对的最短路径，并计算出这些最短路径中出现的节点数量。以前的研究使用介数中心性作为脆弱性的衡量指标。背后的概念是，当移除高介数中心性的节点（例如它们发生故障或受到攻击）时，网络可能会分裂成多个部分，或者连接可能会增加，因为流量需要被重新路由到新的最短路径结构。在人口流动性的研究背景下，高介数中心性的度量（图 3.4）表明节点是许多最短路径的一部分，这通常意味着人口流动和互动的增加。

除了中心性度量之外，还有两组高级算法经常用于评估节点的重要性。第一组用于揭示复杂网络的核心和外围结构。在这一领域最著名的方法之一是 k-shell 分解。k-shell 分解的概念是核心节点彼此相互连接；因此，如果一个节点的邻居是外围节点，则它很可能也是外围节点。在技术上，计算过程首先将 k 值设置为 1，并迭代删除度等于 k 的节点，直到所有节点的度中心性都高于 k；所有被删除的节点属于 k-shell 组；然后，将 k 值增加 1，重复节点删除和 k-shell 分配过程，直到处理完所有节点。k-shell 值可用于区分核心节点、外围节点或两者之间的任何层次结构，即具有较高 k-shell 值的节点更有可能是核心节点，反之亦然。在空间网络中，顶层核心节点是被二级核心节点包围的节点，因此可以用来识别区域核心或最有影响力的节点。

第二组高级算法用于迭代过程计算以渗透网络。它包括 Google 的 PageRank 算法和基于超

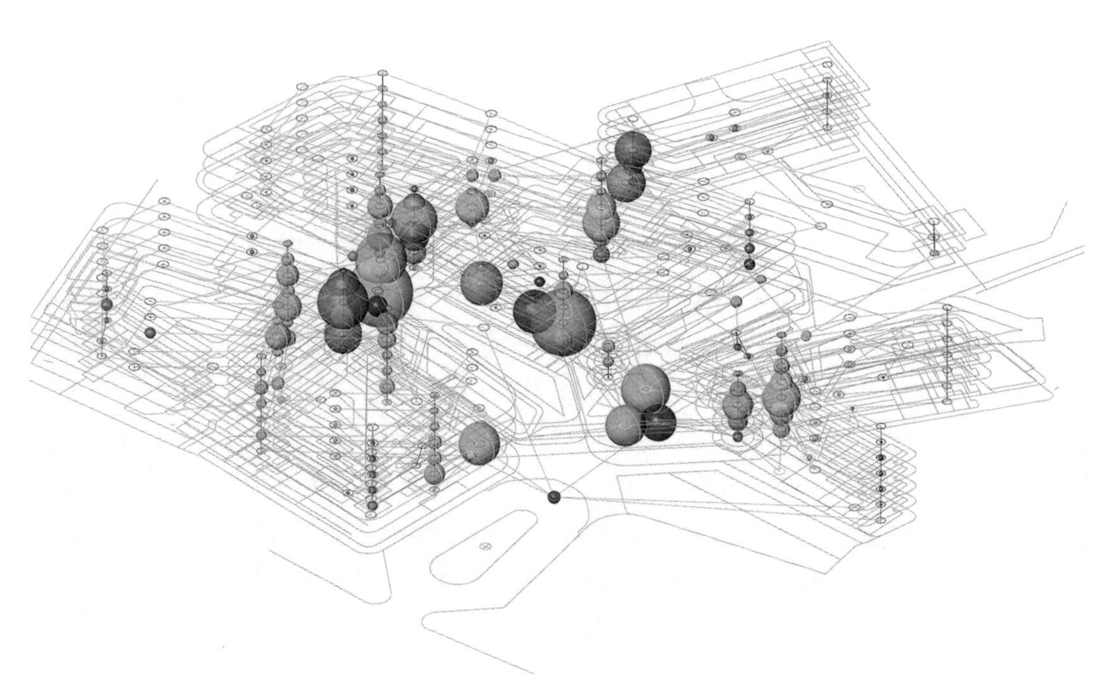

**图 3.4**　展示了 SUTD 校园网络的介数中心性。介数中心性的计算包括搜索最短路径的实际距离。在 Python 中计算并在 Rhinoceros、Grasshopper 中可视化

链接的主题搜索（HITS）算法。开发这些高级算法的原因是通过渗透整个网络和考虑边缘方向（对于有向网络）来改进全局节点重要性的度量。这些算法是为识别万维网上的关键网页而开发的。PageRank 使用大量在网络中移动的“随机冲浪者”，并在每个步骤的每个页面上进行计数。冲浪者随机移动一段时间后，数量达到平衡状态，表明在每个页面上出现的冲浪者数量恒定。PageRank 算法的数学原理与马尔可夫链过程的数学原理密切相关。在空间网络分析中，PageRank 在已经被广泛应用和改进，包括考虑人口流动的 Place Rank、考虑距离衰减效应的 EpiRank 和地理 PageRank。

## 连接关键性度量

在讨论链接的重要性时，以往的研究聚焦于网络中每条链接的关键性，即哪些链接比其他链接更为关键。链接的关键性和脆弱性的概念与社交网络分析中的强联系和弱联系的概念有关。社交网络中的强联系（纽带）表示一群人之间紧密联系，即每个人都非常了解团队中的其他人，而弱联系（桥梁）表示有更多的潜在机会，即具有更多弱联系的人意味着他 / 她认识团队外的更多人，从而获得来自其他团队的更多信息。这与介数中心性的概念类似，因此，衡量链接关键性的最直观的方法应用介数中心性度量，即边界介数中心度。

如果删除一条链接会将网络分成两个部分或增加节点之间的间隔（例如，直径、平均紧密度），那么该链接比其他连接更为关键或脆弱。以往的研究中将这样的关键连接定义为“桥梁”（或“全局桥梁”）。另一方面，如果移除某条链接不会将两端的节点分离，即连接两个节点的替代路径较短，那么它就不太容易受到影响，被称为“纽带”。为了检查从桥梁到纽带的等级结构，以往研究还定义了多级局部桥梁。通过移除目标链接后替代路径的长度来确定等级结构，即如果替代路径与所有节点对的平均路径长度一样长，则将该链接指定为全局桥梁（最高等级）；如果替代路径长度小于平均路径长度，则被视为次高级局部桥梁，以此类推。

社区结构检测

除了对节点和连接的分析之外，网络结构的另一个主要分析是社区检测。类似于空间分析中的聚类分析旨在寻找彼此接近的点，主要目的是识别彼此紧密连接的节点，示例如图 3.1 所示。例如，在东南亚地区机场的航线网络中（图 3.1a），国内机场通常相互连接，但与其他国家的机场没有直接连接。这迫使它们在本国内形成紧密连接的结构，并仅通过代理（国际机场）与国外的机场建立联系。例如，网络右下角的绿色节点是菲律宾的机场，右上角的红色节点是越南的机场，左侧的橙色节点是缅甸的机场。

为了检测复杂网络中的社区，引入了模块化度量。定性地讲，模块化是对节点划分质量的度量。从定量角度讲，模块化比较了社区内的连接数量（两端在同一社区内）与随机分布的连接数量（基于偶然性在同一社区内）。模块化度量通常与启发式算法一起用于节点分组。Louvain 方法是目前最流行的基于模块化的社区检测方法，它是一种贪婪算法，可以迭代地合并社区并计算模块化的变化。Guimera 等使用模拟退火启发式算法，开发了另一种检测具有波动过程的节点的最佳划分。

由于模块化计算的局限性，基于模块化的方法无法捕捉有向网络中方向和流结构的影响。因此，引入了 MapEquation 算法来更好地理解有向网络中流的影响。与 PageRank 类似，MapEquation 在计算中使用随机冲浪过程。换句话说，MapEquation 的划分结果倾向于最大化分区内的随机冲浪者流量，而在社区之间减少流量。由于 MapEquation 算法的概念更符合人口流动的特性，因此它可以在交通流或人口流动网络中绘制出更好的划分结果。

## 计算社会科学及人工智能应用

比较和关联各种重要性度量和经验统计数据（例如，实际人口流动、社会人口统计、疾病病例），可以识别空间相对于其功能和位置的重要性。已有相关研究来分析城市规模的人口流动。例如，Wen 等整合了遗传算法来分析交通流数据和道路网络结构的双重表示，使用改进的 PageRank 算法来获得空间吸引力的空间分布，基于研究结果讨论交通拥堵，并划定交通影响区域。还有其他研究对每日往返通勤模式进行分析，并将数据与多种传染病结合起来，包括 2009 年 H1N1 流感、肠道病毒病例和 2003 年严重急性呼吸综合征，以评估两个通勤方向（从家到工作场所和回程）的疾病传播风险。在一项校园网络研究中，研究人员利用部分学生的上课时间表数据建立了校园建筑之间的流动网络。该研究使用社区检测方法将校园划分为多个区域，并通过校园隔离情景模拟过程分析隔离级别，以评估校园隔离对控制疾病传播的影响。

这些网络度量和经验统计的计算分析可用于确定大型建筑物或空间开发中社交空间的规模、协同定位和布局的规划设计参数。结合节点的空间属性，如面积、高度、开放性和可见性等，可以进一步确定影响这些空间使用效果的因素。基于复杂性科学的方法可以赋能分析多尺度空间分布的多种可能性和参数，这些方法利用定量测度、智能分类和丰富的数据集来绘制和分析空间网络。此外，来自不同研究领域的各种数据集以及智能物联网设备可以为建筑环境感知和实际空间使用分析提供新的方法。

空间利用研究具有跨学科性，并借鉴了计算社会科学。后者是社会科学的一个分支，利用计算方法研究社会现象。为了评估城市和建筑空间的使用情况，这些社会现象包括追踪建筑环境中人的活动，以更好地理解错综复杂的社会、空间和时间行为。在这种背景下使用的计算方法主要基于允许使用跟踪数据构建预测模型的算法。此外，统计技术和简单的计算过程被用来研究人员和其所居住的建筑环境之间的关系。

机器学习作为人工智能的一个子集，可以通过两种重要方式展开应用：(a）人类活动识别和（b）位置预测。这两种应用都基于监督方法，使用训练数据来预测感兴趣的类别，例如跑步、步行或特定位置（房间等），可以在离线（数据收集完成后被动预测）或在线情况下（数据收集期间主动预测）进行。一方面，在线预测有助于与用户进行主动交互或进行实时决策，但是计算量巨大，并且过于依赖实时和不完整的数据。另一方面，离线预测允许研究人员分析完整的数据集，并提供调整模型的灵活性以获得更好的预测准确性。因此，离线方法更适用于需要节约设备能效的人员长期行为研究。然而，无监督的机器学习方法，如聚类和模式识别，也可以用于理解人的活动模式，例如识别重要节点或有吸引力的地点，以及划定交通影响区域。

可穿戴设备，包括手机、智能手表、智能眼镜等，已成为我们日常生活的重要组成部分。社会科学研究人员和城市规划师可以利用这些移动设备生成的大规模可用数据来跟踪人的活动并研究其在建筑环境中的行为。对人员流动性的研究使我们对人的行为理解取得了重要进展，包括描述城市中的日常流动模式，个体和集体行为的“突发性”，以及流动的简单数学模型。所有这些都有助于为城市规划设计提供有用的信息，例如通过适当放置设施和提供重要场所之间的连接。

移动传感器（例如惯性测量单元，IMU）由加速度计、陀螺仪以及气压计和磁力计组成，是手机中主要的内置传感器。处理这些传感器产生的数据可以用于识别许多活动，例如跑步、行走、站立、坐着、睡觉和爬楼梯等，再叠加位置信息，有助于了解特定空间的使用情况。气压计传感器对高程变化敏感，已被用于识别电梯、自动扶梯和楼梯的垂直位移。识别垂直移动可以揭示用户选择的垂直移动模式及其在一天中的使用时间，例如有助于避免垂直交通拥堵，平均垂直位移高度可以帮助决定在适当的楼层分配设施。

基于位置的传感器，包括 GPS、蓝牙、Wi-Fi 接入点和射频识别器（RFID），可用于识别用户在室内或室外环境中的位置。基于这些传感器开发对等环境感应系统可用于追踪和导航。由于环境障碍（如墙壁、植物等），从这些传感器的接收端测量的接收信号强度指示（RSSI）作为距离指示并不完全可靠。因此，机器学习用于转换每个位置可用的无线电信号，随着时间的推移，这些信号的揭示模式可以与监督学习算法一起使用来预测其相应的位置。

机器学习可用于研究人类在建筑环境中的社会空间行为，为城市规划设计提供有用的信息。因此，机器学习可以成为循证方法的一个组成部分。图 3.5 所示的框架总结了计算机和信息科学领域中工具和技术的应用，以理解社会和城市结构，促进城市发展。第一层是由传感器和物联网从建筑环境和人类活动中收集的（大）数据组成。用机器学习方法处理这些数据来识别模式，从而实现传感器融合和 HAR。进一步的分析可以更深入地了解用户的社交、空

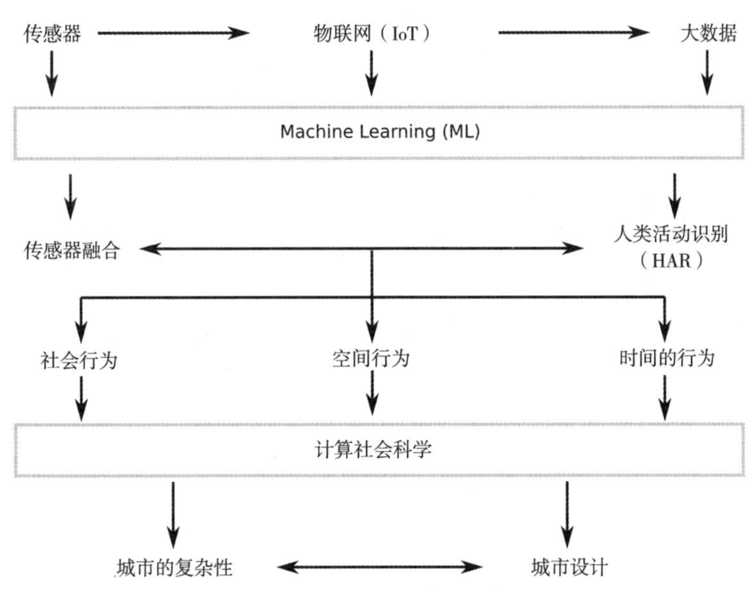


**图 3.5** 机器学习在研究建成环境中人类社会和时空行为方面的应用

间和时间行为。这些分析的整合也有助于计算社会科学，从而有助于进一步发展基于复杂性科学的城市应用。

## 总 结

在本章中，我们描述了一种基于复杂性科学的新方法，以科学可预测的定量方式理解城市的动态增长和演变发展。我们讨论了创新性的人工智能辅助城市规划设计方法和工具，以及已经开展的应用和未来可能的应用。我们进一步描述了空间网络分析和常见的空间网络类型，以及计算社会科学及其在城市规划设计问题中的应用探索。本章描述的基于复杂性科学的城市动态分析方法使我们能够揭示和理解其潜在结构，并可以在未来作出更明智的城市规划设计决策。

### 致谢

感谢新加坡科技与设计大学的 Chirag Hablani、Srilalitha Gopalakrishnan 和 Daniel Kin Heng Wong 对本章的贡献。

### 参考文献

Abduljabbar, R., et al., 2019. Applications of artificial intelligence in transport: an overview. Sustainability 11 (1), 189.

Alderson, A.S., Beckfield, J., 2004. Power and position in the world city system. Am. J. Sociol. 109 (4), 811–851.

Alessandretti, L., Lehmann, S., Baronchelli, A., 2018. Understanding the interplay between social and spatial behaviour. EPJ Data Sci. 7 (1), 36.

Alfaris, A., Merello, R., 2008. The generative multi–performance design system. In: ACADIA Proceedings: Silicon +Skin: Biological Processes and Computation, pp. 448–457.

Allam, Z., Dhunny, Z.A., 2019. On big data, artificial intelligence and smart cities. Cities 89, 80–91.

Alvarez, R., 2017. The relevance of informational infrastructures in future cities. J. Field Actions 17, 12–15.

Anderson, C., et al., 2018. Augmented space planning: using procedural generation to automate desk layouts. Int. J. Archit. Comput. 16 (2), 164–177. https: //doi.org/10.1177/1478077118778586.

Añez, J., De La Barra, T., Perez, B., 1996. Dual graph representation of transport networks. Transp. Res. B Methodol. 30 (3), 209–216.

Barrat, A., et al., 2004. The architecture of complex weighted networks. Proc. Natl. Acad. Sci. 101 (11), 3747–3752.

Barthelemy, M., 2011. Spatial networks. Phys. Rep. 499 (1–3), 1–101.

Batty, M., 2009. Complexity and emergency in city systems: implications for urban planning. Malays. J. Environ. Manag. 10 (1), 15–32.

Batty, M., 2013. Big data, smart cities and city planning. Dialogues Hum. Geogr. 3 (3), 274–279.

Batty, M., Marshall, S., 2012. The origins of complexity theory in cities and planning. In: Portugali, J., et al. ( Eds. ), Complexity Theories of Cities Have Come of Age: An Overview With Implications to Urban Planning and Design. Springer, Berlin Heidelberg, pp. 21–45.

Batty, M., et al., 2012. Smart cities of the future. Eur. Phys. J. Spec. Top. 214 ( 1 ), 481–518.

Bettencourt, L., West, G., 2010. A unified theory of urban living. Nature 467 ( 7318 ), 912–913.

Blondel, V.D., et al., 2008. Fast unfolding of communities in large networks. J. Stat. Mech. Theory Exp. 10, P10008.

Boeing, G., 2018. Measuring the complexity of urban form and design. Urban Des. Int. 23 ( 4 ), 281–292.

Bollobáa's, B., 1998. Modern Graph Theory. Springer Science & Business Media, Berlin Heidelberg.

Bouffanais, R., Lim, S.S., 2020. Cities—try to predict superspreading hotspots for COVID–19. Nature 583, 352–355.

Brin, S., Page, L., 1998. The anatomy of a large–scale hypertextual web search engine. Comput. Netw. ISDN Syst. 30 ( 1–7 ), 107–117.

Camagni, R., 2003. Incertidumbre, capital social y desarrollo local: enseñanzas para una gobernabilidad sostenible del territorio. Investig. Reg. J. Reg. Res. ( 2 ), 31–57.

Carmi, S., et al., 2007. A model of Internet topology using k–shell decomposition. Proc. Natl. Acad. Sci. 104 ( 27 ), 11150–11154.

Chin, W.C.B., Bouffanais, R., 2020. Spatial super–spreaders and super–susceptibles in human movement networks. Sci. Rep. 10 ( 1 ), 1–19.

Chin, W.C.B., Huang, C.Y., 2020. Comments on 'EpiRank: modeling bidirectional disease spread in asymmetric commuting networks' for analyzing emerging coronavirus epidemic patterns. medRxiv.

Chin, W.C.B., Wen, T.H., 2015. Geographically modified PageRank algorithms: identifying the spatial concentration of human movement in a geospatial network. PLoS One 10 ( 10 ), 1–23.

Chronis, A., et al., 2012. Performance driven design and simulation interfaces: a multi–objective parametric optimization process. In: Symposium on Simulation for Architecture and Urban Design ( SimAUD ) 2012, pp. 81–88.

Cisco, 2020. Cisco: 2020 CISO benchmark report. Comput. Fraud Secur. 3 ( 4 ) .

Clauset, A., Newman, M.E., Moore, C., 2004. Finding community structure in very large networks. Phys. Rev. E 70 ( 6 ), 066111.

Cugurullo, F., 2020. Urban artificial intelligence: from automation to autonomy in the smart city. Front. Sustain. Cities 2, 38.

Doug, L., 1994. Christopher Alexander: an introduction for object–oriented designers. ACM SIGSOFT Softw. Eng. Notes, 39–46. https: //doi.org/10.1145/181610.181617. Association for Computing Machinery ( ACM ) .

Ducruet, C., Lee, S.W., Ng, A.K., 2010. Centrality and vulnerability in liner shipping networks: revisiting the Northeast Asian port hierarchy. Marit. Policy Manag. 37 ( 1 ), 17–36.

El–Geneidy, A., Levinson, D., 2011. Place rank: valuing spatial interactions. Netw. Spat. Econ. 11 ( 4 ), 643–659.

Fernández–Guüell, J.M., et al., 2016. How to incorporate urban complexity, diversity and intelligence into smart cities initiatives. In: Lecture Notes in Computer Science ( Including Subseries Lecture Notes in Artificial Intelligence and Lecture Notes in Bioinformatics ) . Springer Verlag, Spain, https: //doi.org/10.1007/978–3–319–39595–1_9.

Flager, F., et al., 2009. Multidisciplinary process integration & design optimization of a classroom building. Electron. J. Inf. Technol. Constr. 14, 595–612.

Garfield, M., 2019. Luis Bettencourt on the Science of Cities. Available at: https: //open.spotify.com/episode/1pgspyxZhG357pt8RMzBc3.

Gee, L.K., et al., 2017. The paradox of weak ties in 55 countries. J. Econ. Behav. Organ. 133, 362–372.

Girvan, M., Newman, M.E., 2002. Community structure in social and biological networks. Proc. Natl. Acad. Sci. 99 ( 12 ), 7821–7826.

Goldblatt, R., et al., 2018. Artificial Intelligence for Smart Cities: Insights From Ho Chi Minh City's Spatial

Development. Available at: https: //blogs.worldbank.org/opendata/artificial-intelligence-smart-cities-insights-ho-chiminh-city-s-spatial-development.（Accessed 20 March 2021（Accessed 0 March 2021）.
Gopalakrishnan, S., et al., 2021. Mapping emergent patterns of movement and space use in vertically integrated urban developments. In: Symposium on Simulation for Architecture and Urban Design（SimAUD）2021 Proceedings.
Granovetter, M.S., 1973. The strength of weak ties. Am. J. Sociol. 78（6）, 1360–1380.
Guell, J.M.F., 2006. Planificación estratégica de ciudades: nuevos instrumentos y procesos. Reverte.
Guimera, R., Sales-Pardo, M., Amaral, L.A.N., 2004. Modularity from fluctuations in random graphs and complex networks. Phys. Rev. E 70（2）, 025101.
Guimera, R., et al., 2005. The worldwide air transportation network: anomalous centrality, community structure, and cities' global roles. Proc. Natl. Acad. Sci. 102（22）, 7794–7799.
Hansen, M.T., 1999. The search-transfer problem: the role of weak ties in sharing knowledge across organization subunits. Adm. Sci. Q. 44（1）, 82–111.
Harrison, C., et al., 2010. Foundations for smarter cities. IBM J. Res. Dev. 54（4）, 1–16.
Hartmann, S., et al., 2017. StreetGAN: towards road network synthesis with generative adversarial networks. In: Computer Science Research Notes. University of West Bohemia, Germany. Available at http: //wscg.zcu.cz/.
Hu, M.B., et al., 2008. Urban traffic from the perspective of dual graph. Eur. Phys. J. B 63（1）, 127–133. https: //doi.org/ 10.1140/epjb/e2008-00219-5. China.
Huang, C.Y., Chin, W.C.B., 2020. Distinguishing arc types to understand complex network strength structures and hierarchical connectivity patterns. IEEE Access 8, 71021–71040. https: //doi.org/10.1109/ACCESS.2020.2986017. Taiwan: Institute of Electrical and Electronics Engineers Inc.
Huang, C.Y., Chin, W.C.B., Fu, Y.H., et al., 2019a. Beyond bond links in complex networks: local bridges, global bridges and silk links. Phys. A Stat. Mech. Appl., 536. https: //doi.org/10.1016/j.physa.2019.04.263. Taiwan: Elsevier B.V.
Huang, C.Y., Chin, W.C.B., Wen, T.H., et al., 2019b. EpiRank: modeling bidirectional disease spread in asymmetric commuting networks. Sci. Rep. 9（1）. https: //doi.org/10.1038/s41598-019-41719-8. Taiwan: Nature Publishing Group.
Jiang, B., Anders Brandt, S., 2016. A fractal perspective on scale in geography. ISPRS Int. J. Geo Inf. 5（6）. https: //doi. org/10.3390/ijgi5060095. Sweden: MDPI AG.
Jiang, B., Claramunt, C., 2002. Integration of space syntax into GIS: new perspectives for urban morphology. Trans. GIS 6（3）, 295–309. https: //doi.org/10.1111/1467-9671.00112. Sweden: Blackwell Publishing Ltd.
Jiang, B., Claramunt, C., 2004. Topological analysis of urban street networks. Environ. Plann. B Plann. Des. 31（1）, 151–162. https: //doi.org/10.1068/b306. Sweden: Pion Limited.
Jiang, B., Liu, C., 2009. Street-based topological representations and analyses for predicting traffic flow in GIS. Int. J. Geogr. Inf. Sci. 23（9）, 1119–1137. https: //doi.org/10.1080/13658810701690448. Sweden.
Kennedy, C., Pincetl, S., Bunje, P., 2011. The study of urban metabolism and its applications to urban planning and design. Environ. Pollut. 159（8–9）, 1965–1973. https: //doi.org/10.1016/j.envpol.2010.10.022. Canada.
Keough, I., Benjamin, D., 2010. Multi-objective optimization in architectural design. In: Spring Simulation Multiconference 2010, SpringSim'10. United States., https: //doi.org/10.1145/1878537.1878736.
Kitchin, R., 2014. The real-time city? Big data and smart urbanism. GeoJournal 79（1）, 1–14. https: //doi.org/10.1007/ s10708-013-9516-8. Ireland.
Kitsak, M., et al., 2010. Identification of influential spreaders in complex networks. Nat. Phys. 6（11）, 888–893. https: // doi.org/10.1038/nphys1746. United States: Nature Publishing Group.
Kleinberg, J.M., et al., 1999. The web as a graph: measurements, models, and methods. In: Lecture Notes in Computer Science（Including Subseries Lecture Notes in Artificial Intelligence and Lecture Notes in Bioinformatics）. Springer Verlag, United States, https: //doi.org/10.1007/3-540-48686-0_1.
Lagios, K., Niemasz, J., Reinhart, C.F., 2010. Animated building performance simulation（ABPS）: linking

Rhinoceros/ Grasshopper with Radiance/Daysim. In: Presented at Fourth National Conference of IBPSA–USA.
Lara, O.D., Labrador, M.A., 2013. A survey on human activity recognition using wearable sensors. IEEE Commun. Surv. Tutorials 15 (3), 1192–1209. https://doi.org/10.1109/SURV.2012.110112.00192. United States.
Machairas, V., Tsangrassoulis, A., Axarli, K., 2014. Algorithms for optimization of building design: a review. Renew. Sustain. Energy Rev. 31, 101–112. https://doi.org/10.1016/j.rser.2013.11.036. Greece: Elsevier Ltd.
Mahamuni, A., 2018. Internet of Things, machine learning, and artificial intelligence in the modern supply chain and transportation. Def. Transp. J. 74 (1), 14–17.
Manivannan, A., et al., 2018. Are the different layers of a social network conveying the same information? EPJ Data Sci. 7 (1). https://doi.org/10.1140/epjds/s13688–018–0161–9. Singapore: SpringerOpen.
Manivannan, A., et al., 2020. On the challenges and potential of using barometric sensors to track human activity. Sensors 20 (23), 1–36. https://doi.org/10.3390/s20236786. Singapore: MDPI AG.
Miao, Y., Koenig, R., Knecht, K., 2020. The development of optimization methods in generative urban design: a review. In: SimAUD: Symposium on Simulation for Architecture & Urban Design, pp. 247–254.
Milgram, S., 1967. The small world problem. Psychol. Today 2 (1), 60–67.
Mitchell, M., 2014. How Can the Study of Complexity Transform Our Understanding of the World? Available at: https://aidontheedge.wordpress.com/2014/01/27/how–can–the–study–of–complexity–transform–ourunderstanding–of–the–world.
Naphade, M., et al., 2011. Smarter cities and their innovation challenges. Computer 44 (6), 32–39. https://doi.org/ 10.1109/MC.2011.187. United States.
Neal, Z., 2011. Differentiating centrality and power in the world city network. Urban Stud. 48 (13), 2733–2748. https:// doi.org/10.1177/0042098010388954. United States.
Newman, M.E.J., 2006. Modularity and community structure in networks. Proc. Natl. Acad. Sci., 8577–8582. https:// doi.org/10.1073/pnas.0601602103.
Newman, M.E., Girvan, M., 2004. Finding and evaluating community structure in networks. Phys. Rev. E. https:// doi.org/10.1103/physreve.69.026113. American Physical Society (APS).
Onnela, J.P., et al., 2007. Structure and tie strengths in mobile communication networks. Proc. Natl. Acad. Sci. 104 (18), 7332–7336.
Papakyriazis, N.V., Boudourides, M.A., 2001. Electronic weak ties in network organisations. In: 4th GOR Conference, pp. 17–18.
Quan, S.J., et al., 2019. Artificial intelligence–aided design: Smart Design for sustainable city development. Environ. Plan. B Urban Anal. City Sci. 46 (8), 1581–1599. https://doi.org/10.1177/2399808319867946. South Korea: SAGE Publications Ltd.
Rocker, I.M., 2006. When code matters. Archit. Des. 76 (4), 16–25. https://doi.org/10.1002/ad.289. Conde Nast Publications, Inc.
Rosvall, M., Axelsson, D., Bergstrom, C.T., 2009. The map equation. Eur. Phys. J. Spec. Top. 178 (1), 13–23. https://doi. org/10.1140/epjst/e2010–01179–1. Sweden.
Rudenauer, K., Dohmen, P., 2007. Heuristic Methods in Architectural Design Optimization. pp. 507–514.
Rutten, D., 2013. Galapagos: on the logic and limitations of generic solvers. Archit. Des. 83 (2), 132–135. https://doi. org/10.1002/ad.1568.
Sheppard, E., McMaster, R.B., 2008. Scale and geographic inquiry: contrasts, intersections, and boundaries. In: Scale and Geographic Inquiry: Nature, Society, and Method. Wiley Blackwell, United States, pp. 256–267, https://doi. org/10.1002/9780470999141.ch13.
Stiny, G., Gips, J., 1972. Shape Grammars and the Generative Specification of Painting and Sculpture. The Best Computer Papers of 1971. pp. 125–135.
Taylor, D., 2019. Toward a Theory of Design as Computation. Available at: https://doriantaylor.com/toward–atheory–of–design–as–computation. (Accessed 21 January 2021 (Accessed 201 January 2021).
Tuhus–Dubrow, D., Krarti, M., 2010. Genetic–algorithm based approach to optimize building envelope design

for residential buildings. Build. Environ. 45（7），1574–1581. https://doi.org/10.1016/j.buildenv.2010.01.005. United States.

Turner，A.，et al.，2001. From isovists to visibility graphs：a methodology for the analysis of architectural space. Environ. Plann. B Plann. Des. 28（1），103–121. https：//doi.org/10.1068/b2684. United Kingdom：Pion Limited.

Wen，T.H.，Chin，W.C.B.，2015. Incorporation of spatial interactions in location networks to identify critical georeferenced routes for assessing disease control measures on a large–scale campus. Int. J. Environ. Res. Public Health 12（4），4170–4184. https：//doi.org/10.3390/ijerph120404170. China：MDPI AG.

Wen，T.H.，Chin，W.C.B.，Lai，P.C.，2016. Link structure analysis of urban street networks for delineating traffic impact areas. In：Advances in Complex Societal，Environmental and Engineered Systems. Springer，Cham.

Wen，T.H.，Chin，W.C.B.，Lai，P.C.，2017. Understanding the topological characteristics and flow complexity of urban traffic congestion. Phys. A Stat. Mech. Appl. 473，166–177. https：//doi.org/10.1016/j.physa.2017.01.035. Taiwan：Elsevier B.V.

Yao，H.，et al.，2018. Deep multi–view spatial–temporal network for taxi demand prediction. In：32nd AAAI Conference on Artificial Intelligence，AAAI 2018. United States. AAAI press. Available at https：//aaai.org/Library/ AAAI/aaai18contents.php.

Zafari，F.，Gkelias，A.，Leung，K.K.，2019. A survey of indoor localization systems and technologies. IEEE Commun. Surv. Tutorials 21（3），2568–2599. https：//doi.org/10.1109/COMST.2019.2911558. United Kingdom：Institute of Electrical and Electronics Engineers Inc.

Zhong，C.，et al.，2014. Detecting the dynamics of urban structure through spatial network analysis. Int. J. Geogr. Inf. Sci. 28（11），2178–2199. https：//doi.org/10.1080/13658816.2014.914521. Switzerland：Taylor and Francis Ltd.

# 第二部分

# AI 工具和技术

# 第4章

# AI 工具、技术和方法的分类

杰夫·基姆（Geoff Kimm）
澳大利亚，墨尔本，斯威本科技大学，智慧城市研究所，研究员

## 引 言

城市是人工与自然时空嵌套的复杂有机体。城市作为复杂系统，具有自组织、非线性、变化不连续、反馈循环、自适应性和状态不均衡等特性。

创新系统本身也是复杂系统，通过专业人才的努力，人工智能（AI）的创新速度正在加快。当前 AI 领域的复杂性和多样性直接面向当前紧迫的问题。这些主要体现在技术缺乏，AI 应用的多学科交叉机理可以从有限且相对非结构化的数据中生成可信的文本大语言模型；NVIDIA 和英特尔等制造商越来越关注适用于神经网络的 AI 芯片；AI 在制造业中的应用不断增加；逐渐关注 AI 及其应用监管；以及国家级 AI 战略的制定。因此，在本章中，我们试图在复杂的背景下讨论 AI 复杂、动态领域中的工具、技术和方法，这并不是一个完全确定的目标。

费舍尔（Fischer）等指出了将人工智能应用于实践的一些挑战。对于深度学习来说，包括内在挑战，例如 AI 输出结果的置信度度量和 AI 的黑匣子特性；对于系统工程挑战，例如可能影响 AI 训练准确性的数据质量问题；以及将控制权交给 AI 系统的可解释性和置信度挑战。诸如此类的每一个挑战都可能存在于城市规划设计实践中的人工智能，并且是对 AI 进行衡量和分组的潜在标准。同样，人工智能根据其认知、情感或社交智能等特质，可以分为分析型智能、启发型智能和人性化智能；从演化阶段来看，人工智能可以分为狭义人工智能、

通用人工智能和超级人工智能。即使对于识别算法工具或AI方法类别这一看似简单的任务，现实条件下的应用实践环境也会模糊界限，并存在不同的分组模式。人工智能在城市中的使用不仅涉及城市规划设计从业者的意向，尤其是从业者保持与不断变化的社会需求和期望的一致性的愿望和能力，同时还涉及人工智能的内部运作方式。此外，在城市的复杂性中存在着许多不同的观察视角，并且都具有同等的效用，包括城市规划设计师、市民、政府，甚至理论上的机器。

因此，本章通过采用三种互补的观点来对城市规划设计中的AI工具、技术和方法进行分类。首先，AI工具根据其基本算法机制对算法的类别或层级进行讨论。之后，通过简化方式对AI技术进行分类，从机器概念视角讨论城市规划设计中的AI技术，采用了罗素（Russell）和诺尔维格（Norvig）的简单反射、基于模型、基于目标、基于效用和学习代理的分类方式。最后，从从业者的角度考虑人工智能方法和选取的现实条件标准，更多地从在实践中所达到的目的和发挥的潜能方面考虑，而不是直接从AI基本算法出发。本章以人工智能开始广义、通用定义，包括基本工具和技术，并不局限于AI领域。

## 人工智能在城市规划设计中的工作定义

城市规划设计中的AI工具、技术和方法的分类，必须以人工智能的特定条件下的定义为基础。AI通常上是一台机器，可以完成需要人类智能（HI）才能完成的事情。例如，牛津参考书（Oxford Reference）中将人工智能定义为“计算机系统的理论和发展，这一学说能够执行通常需要人类智能完成的任务，例如视觉感知、语音识别、决策和语言翻译。”从字面上理解，这个定义隐含地认为，AI应该是人类智能的模拟——应该模仿人类规划师或设计师的决策，甚至可能模仿城市环境中居民的决策（他们可能参与规划设计过程）。

对于许多任务来说，AI确实需要尽可能地模仿人类思维产生输出，这种相似性是一个值得称赞的目标，例如模仿艺术风格或在表现出同理心的人形机器人中进行情感计算。在建筑环境的规划设计中可能出现的各种人工智能应用中，不需要严格要求应用复制的保真度，并且可能不是AI能力最高效、最有效甚至最可行的应用方式。

因此，本章使用的AI定义允许人与机器之间的细微差别，并且不规定应用环境或复杂范围。罗素和诺尔维格在他们的教科书《人工智能：一种现代方法》第4版中提供了一个以智能代理为中心的定义。在该定义中，智能体通过传感器从环境中接收刺激或输入（感知），再通过将感知序列映射到输出来执行操作。

适应性强、通用场景的定义在建筑环境中很有用，如下文所示，当前人工智能产生了机器可处理任务的碎片化工作流程，产生的智能与人类智能不同，不仅仅是程度上的差异，而且在感知方式上也在不断变化。

目前，在建筑环境中的AI工作流程被分解为特定的机器可处理的子部分。AI是将特定的任务自动化，而不是整个工作。城市领域的技术应用通常是以偶然化的方式出现，而没有任何战略或规划来支持。建筑学作为与城市规划设计密切相关的建成环境专业，主要依赖AI来承担特定的、独立的角色，这些角色不是应用于一般情景、问题或项目的综合系统的结果产生。一个能够全面或近乎全面地解决城市规划设计问题，并能理解背景和细微差别的AI需要接近人类智力水平的智能，但是目前的技术无法提供。此外，尽管AI正在渗透到建成环境的工作流程中，AI可以复现人类观点的输出，但是往往建立在对人类活动的简化定义基础上。

人工智能在城市规划设计实践中并不只是发挥某种简单或乏味的角色，人工智能也能产生从根本上产生超越人类智能的结果。这并不一定意味着AI比人类更聪明或更智能，而是存在于寻求与人类智能不同的解决方案。这似乎有悖常理：如果人工智能要产生“超越人类智能”的东西，那么它似乎肯定更聪明。人工智能可能寻求的解决方案的显著差异在于合规性而不是程度。机器执行通常需要人类智能的任务表明存在解决这些挑战的替代方案，并不一定意味着计算机是智能的。菲耶兰（Fjelland）在关于人工智能的文献发展中观察到了一个相反的观点：以人类思维为导向的推理可不必出现在人工智能结果中；在许多情况下，相关性可能足以代表因果关系，并且处理足够的现实世界案例的统计和大数据技术，可能会产生可执行的操作，并且本质上与人类推理结果无关联。

人工智能在任何时候都是动态的。机器乃至人类智能行为的分类随着其计算能力的学习不断变化和重新定义。随着人工智能成为建成环境实践中的工具，也不再被视为人工智能。假如有一个滑动窗口可以显示什么是AI的，类似于奥弗顿之窗（Overton window），其核心是将人工智能作为一种新颖的工具；前端是奇特的或至少高度推测性的应用程序，而后方则是那些已经嵌入实践和日常工作流程中的应用程序——不再被明确识别为人工智能。在本章节中非常简单的工具仍然属于人工智能，已经在城市计算中应用。

## 工具：城市规划设计中的算法分支

AI支持的城市规划师或设计师的基本工具是算法本身，但文献中对于城市规划设计中AI工具的分类模式还没有明确的共识。例如，牛顿在计算生成设计背景下讨论AI时，从计算机科学的计算机制出发将AI划分了五个类别。牛顿（Newton）定义了建筑设计中使用的优化和搜索算法，包括平面生成、建筑形态和建筑外立面优化等任务。计算机图形算法受到化学反应或动物皮毛图案等自然机理的启发。生成语法算法通过重复应用规定性规则来构建格式化输出。概率算法由前一个步骤加权的运算来实现。最后，深度生成模型建立在神经网络算法基础上。

相比之下，吴（Wu）和席尔瓦（Silva）在研究城市土地动态时发现只有四个类别与牛顿的分类重叠。他们的人工智能类别对应于牛顿的物理算法。智能随机优化过程包括遗传算法等进化方法。人工神经网络和其他方法涉及“包括空间 DNA 的进化计算”。基于知识的智能系统包括模仿人类明智决策的专家系统。

牛顿与吴和席尔瓦的不同分类反映了城市规划设计中使用 AI 工具缺乏一个规范的分类。通过考虑算法本身的机制，可以从实践中识别一些特定的主要方法，这里只是提供了一些非详尽列举的例子：进化算法、深度学习、生成语法和基于代理模型。这些方法将在后续章节中提到并举例说明。

## 进化算法

进化算法受到自然选择的生物学隐喻的启发。一个由个体组成的数字化群体，每个个体代表一个问题的解决方案，根据一个衡量个体是否满足问题要求的适应度函数进行评估。通过选择表现最好的个体，创建新一代个体进行评估。就像达尔文的雀类和它们的喙进化适应了各自所属的岛屿的条件一样（图 4.1），建筑环境中的进化方法可以很好地应对特定问题背景的挑战，并产生类似新颖的结果。

**图 4.1** 加拉帕戈斯群岛上的查尔斯 · 达尔文的雀类。改编自约翰 · 古尔德的当代插图

## 深度学习

计算问题解决工具依赖于明确指定领域逻辑或规则，在简单、理解透彻的任务和某些结构化的背景下表现良好，比如下棋。早期的人工智能研究中，专家系统就是一个例子，揭示了依赖格式化描述的规则解决复杂现实世界问题的局限性，这种情况下，获得专业上下文建议的必要路径会受到限制，或者手动生成解决方案的方法难以实现。深度学习利用了多层人工神经网络（因此称为“深度”）将这个问题颠倒过来：不再通过精心构建的规则链找到输出，而是训练神经网络在合适的示例数据上产生输出。

其应用非常广泛。结果可以是预测性的，比如“这张图片很可能是库哈斯的例子”，对于一个人类专家来解释可能很简单（如果专家确实能够正式描述他们找到解决方案的步骤），也可以是生成性的（图 4.2）——“我这台机器生成的这幢建筑符合库哈斯的风格。”然而，深度学习有一个解释性的限制，尽管专家系统可以揭示导致特定结果的逻辑顺序，但一般而言，深度学习是一个黑盒子，不解释特定决策是如何得出的。在建成环境设计应用中，人类对结果的理解至关重要，这种不透明性可能需要设计师的角色像萨满一样解释并赋予机器的奇思异想以意义。

## 生成语法

生成语法通过从一个起始状态开始，迭代应用一系列的转换规则，直到满足停止条件。在建成环境应用中，形状语法的子类通常用于通过操作线条、圆圈、面和其他几何原料来生成 2D 或 3D 形式。对城市设计师或规划者的实用性在于通过直观的视觉模式促进形式生成的

**图 4.2** 来自 XKool Technology 的“不存在的建筑”项目在深圳生成的人工智能生成的建筑图像，2019 年。来自 XKool Technology 和来自 He，W.，2020. Urban experiment: taking off on the wind of AI. Archit. Des. 90（3），94-99. https: //doi.org/10.1002/AD.2574

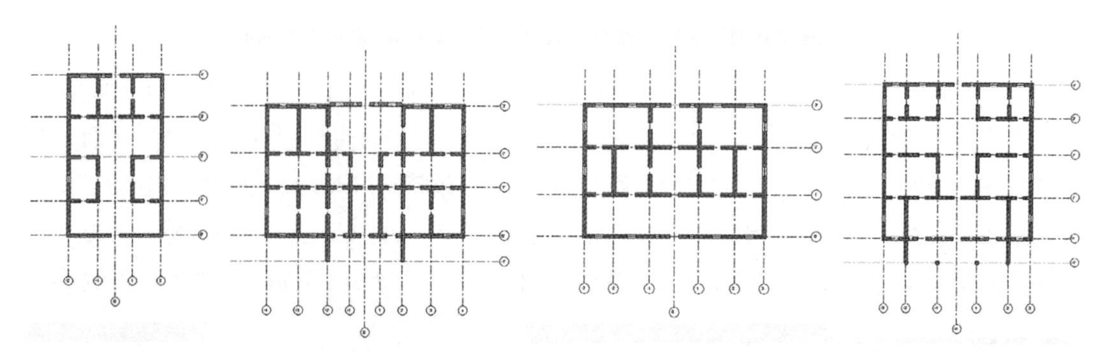

**图 4.3** 使用生成语法创建的四个帕拉第奥平面图。来源：Grasl，T.，Economou，A.，2010. Palladian graphs：using a graph grammar to automate the Palladian grammar. In：28th ECAADe Conference Proceedings，pp. 275-283

探索，并能够根据用户自己设定的规则修改、添加或减去原始形式。生成语法在设计中的经典示例是在Palladian别墅风格中生成平面图（图4.3），这个例子已经被格拉斯尔（Grasl）和埃克诺（Economou）等用图形语法复现。

## 基于Agent的建模

基于Agent的建模通过其组成部分的相互作用来描述复杂系统的行为。每个部分或Agent通常是自主的，实际上是自己的计算机程序，并根据自己的目标以及对模型环境和其他Agent行为的观察作出反应。因此，整个系统的特征是Agent作为一个集体的自下而上行为的涌现性。基于Agent的建模具有灵活性，部分原因在于其通过描述机制而不是数学公式来进行模拟，并且提供给用户对模拟抽象级别的精细控制，使其成为解决行人和交通建模等挑战的实用建成环境工具（图4.4）。然而，基于Agent的建模可能存在一些限制，或者至少在使用时需要承认这些限制，包括起始条件的敏感性无法精确获取，以及常数参数集结果的潜在变异性。

**图 4.4** 在Unity游戏引擎中使用基于Agent的建模来绘制行人热舒适度。G. Kimm，2020年

# 技术：城市的机器视角

这些算法工具可以通过什么技术应用呢？罗素和诺尔维格的分类定义了智能 Agent，这些 Agent 可以将感知的计算环境映射到行为，其复杂程度逐渐增加：简单反射 Agent、基于模型的反射 Agent、基于目标的 Agent、基于效用的 Agent，以及能够封装和提高性能的学习 Agent。这些 Agent 包含了大多数智能系统的基本原则，因此在建成环境中的人工智能应用中也有所体现。这个分类及其 Agent 的定义先前已经在城市规划设计计算中被用于基于 Agent 的模拟进行土地利用变化的模拟、高性能建筑的智能外立面以及快速城市设计原型生成城市布局。本章的目的是提供一个概念框架，说明如何将人工智能工具与城市规划设计师的目标结合起来。

## 简单反射 Agent

许多城市环境和设计中的问题可以通过人工智能来解决，其对现实世界的理解仅限于其在任何一个瞬间所观察到的内容。简单反射 Agent 是罗素和诺尔维格分类中最基本的 Agent。其根据当前的感知作出反应，并且在计算中不考虑任何历史感知。罗素和诺尔维格给出的经典示例是一个机器人吸尘器，通过感知到当前位置的清洁程度，并根据即时感知值执行吸尘、向左或向右转等简单指令。

虽然这种简单的响应模式可能看起来微不足道，但在城市规划设计的各种应用中却非常重要。在提供城市服务方面，当地政府在智能生活、交通出行或环境领域部署传感器技术是一种常见的应对措施（Dowling et al.，2019）。这些传感器，例如用于停车、智能灯杆基础设施（包括根据行人活动情况进行感应性照明）、垃圾桶使用以及行人流量监测，都可以与简单反射的 AI 一起运行。在城市模拟中，简单反射 Agent 可以支持人流疏散模拟、社交行为或城市增长等建模。

“条件 – 动作”规则的机制，或者感知与行动的映射，本身并不一定是微不足道的。尽管一个简单的垃圾桶传感器可以使用基本逻辑电路实现，但简单的反射 Agent 也可以在计算中使用复杂的数字化模型。Treepedia 是麻省理工学院可感知城市实验室（MIT Senseable City Lab）的一个项目，通过谷歌街景图像确定城市场所的绿色景观指数，并允许城市规划师和设计师理解和管理城市绿地的分布（图 4.5）。该项目不考虑谷歌街景图像中的既有条件，也不考虑当前位置街景的相邻感知图像或过去的图像。然而，该项目中谷歌街景图像的语义分析，换言之，对每个像素是绿地还是非绿地的分类，是采用深度学习算法在已标记的街景数据集上进行训练。

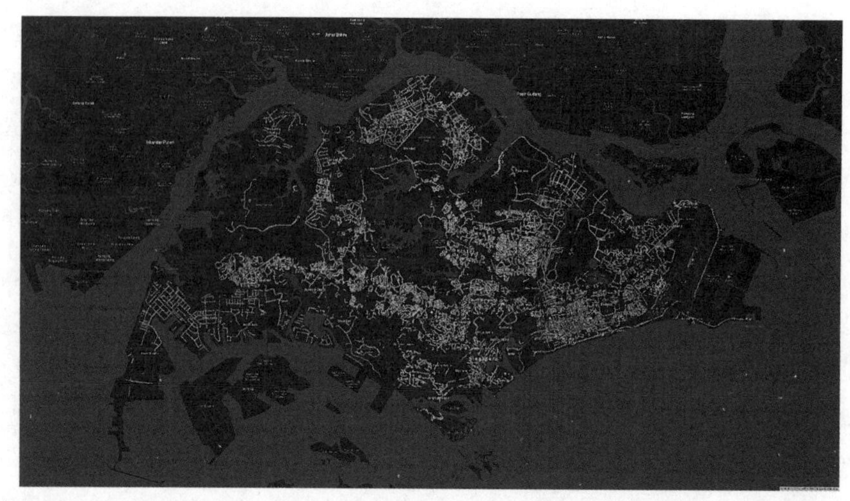

**图 4.5** 由麻省理工学院可感知城市实验室的 Treepedia 工具绘制的新加坡城市绿化图。来源：麻省理工学院可感知城市实验室，经许可使用

## 基于模型的反射 Agent

简单反射 Agent 的短时性或实时性可能不适合某些应用。以上述传感器应用为例，如果智能灯杆的行人激活照明应该根据行人的移动方向进行响应，而不会仅因行人经过而触发，或者如果深度学习图像处理不是利用静态的数据集（比如谷歌街景数据），而是要利用实时遥感数据（例如来自卫星），简单反射 Agent 该怎么应对呢？这些应用需要智能 Agent 对其环境的过去有一定的意识，其通过感知过程来发展对环境的内部表达。基于模型的反射 Agent 可以通过感知来维护对环境的内部表达，以应对这些情景。因此，智能城市 Agent 可以在其即时感知之外的条件下采取行动，即使只能部分地观察到其环境。

## 基于目标的 Agent

采用基于模型的反射 Agent 进行扩展，具有感应性照明功能的智能灯杆可以考虑到行人的移动。然而，这种方式仍然只能根据对环境的有限但略微扩展的了解来采取行动。在某些情况下，它需要了解城市规划师或设计师的目标。基于目标的 Agent 可以将相应希望的结果信息与内部模型结合起来以实现这些目标。因此，通过考虑现实世界中可能采取的行动，并根据其内部的世界模型对其效果进行测试，智能灯杆的感应性照明可以产生更复杂的行为，从而实现预测目标：例如，根据观察到的行人流动模式来调整照明状态的时间。

## 基于效用的 Agent

AI 解决的许多城市问题都涉及日常行为的自动化，例如提供和使用日常服务或物流等，而 AI 可以实现预测短周期内运行的日常模式。对于复杂混乱的城市问题，目标可能并不太明确，智能 Agent 可能会产生多个有效解决方案。城市环境是复杂的系统，其规划和设计必然涉及在不确定、多变和复杂条件下的权衡和对竞争利益的妥协。在未知、多变和复杂的条件下，考虑到长期的城市问题，以实现经济和社会的公平目标，现阶段的 AI 尚不能实现自动化解决。

基于效用的 Agent 是通过测试一个动作对实现目标的贡献程度，进而来扩展基于目标的 Agent，而不仅仅是测试一个动作是否朝着目标前进。这里的效用是指罗素和诺尔维格对“幸福”的定义。在 Agent 的程序化背景下，效用是一个动作在实现目标方面能给 Agent 带来的贡献程度；在更广泛的城市计算中，效用是 Agent 的解决方案对增加城市经济和社会因素的正面贡献程度。当决定 Agent 的效用度量时，城市计算工具的设计者可以考虑和分析城市尺度规模的效用。仍然以智能灯杆为例，通过考虑对其内部的贡献程度，照明系统现在可以在能源利用和光污染与安全性之间作出权衡，从而实现效用最大化。

效用方法可以通过基于 Agent 的建模来表达。罗波尔（Raubal）使用基于 Agent 的感知导航建模来模拟人们在陌生环境中的导航行为。城市计算工具中的每个基于效用的 Agent，即模拟中的每个行人 Agent，都会开发一个包含其环境信念的模型。整体模型可以解释人们在陌生建筑物中的寻路行为，由此产生的实用工具可以根据环境中现有和建议的寻路线索，揭示导航问题发生的位置和原因。内贾特（Nejat）和达姆亚诺维茨（Damnjanovic）在基于 Agent 的灾后住房重建行为建模中使用了基于效用的 Agent。每个 Agent 通过观察附近邻居的重建决策来更新其对区域恢复和土地价值的意念，并决定自己是否投资重建或延迟建设。由于现实世界数据的缺乏，模拟实验证明重建可以以早期重建者为中心进行聚集。在这两个例子中，基于效用的 Agent 通过开发一个包含感知获取外部因素的模型，能够实现基于效用采取行动，从而为城市规划设计师提供宝贵且新颖的数据和证据，否则这些数据和证据就不会被发现。

## 学习型 Agent

学习型 Agent 可以整合并改进前面四种 Agent 的行为，使其能够在未知的情景中工作，并比初始的经验更具知识性。用于上述简单反射 Agent 示例的 Treepedia 项目，还采用了学习型 Agent 模型来识别街景图像中的绿色景观部分。生成对抗网络（Generative adversarial networks）可以自动化机器生成看似有创意和真实的设计构作品，是 AI 在设计领域的一个有前景的方向，属于学习型 Agent 的技术范畴。

在智能灯杆示例中，用于感应性照明的智能 Agent 可以通过收集的噪声数据进行训练，以响应与不良或非法事件相关的信号，例如玻璃破碎声，或者可以通过感知行人在公共空间中的流动来不断优化其行动，以照亮可能的路径。

# 方法：从实践者的视角来看

城市是跨越人类、社会、政治和生态领域的结构。历史上，城市常被比喻为昆虫蜂巢或家庭，作为工程问题，被视为需要稳定运行的城市机械功能，具有类似于生态系统或有机体的特征，或者被看作类似于神经系统的信息交换网络。这些共同点是都承认城市是一个复杂系统，并在空间和时间尺度上相互作用。

城市是高度异质的，呈现非线性行为，微小的变化可能会产生非比例的影响。例如，仅考虑规模情况下，一个城市的规模翻倍可能会导致人均社会经济产出（包括暴力犯罪率和创新指标）增加 10%~20%，而基础设施和建筑空间的规模则会按照类似的人均比例减少。

对于关注特定或明确定义的城市背景的城市规划设计师来说，前面几节的工具和技术可以为使用 AI 提供清晰的指南。关于城市作为一个复杂系统以及城市规划设计实践与其相互关系而言，简化主义的观点可能就没有那么有用。

因此，在城市规划设计中的 AI 方法在本节中通过目标论滤波器进行定义，更多地考虑实践中的目的和潜力，而不仅仅是工具和技术本身的机制。将其作为交叉、松散的基准，按照这些基准，城市计算方法被划分为涌现的、集成的、生成的和增强的方法。

## 涌现的

对于一些城市问题来说，简单的工具可能完全足够，其简单性和易用性本身就是一个优势。例如，考虑到开发时间、数千个灯杆的展示以及后续的维护和支持，具有感应性照明的智能灯杆采用简单的传感器导向系统是最有效的实现方式。很多城市管理机构的组织化关注和短期活动都可以按照信息通信技术（ICT）和工程解决方案概念化为的“简单”问题，例如在物理、财务和政治限制下的土地资源配置、交通系统设计和城市服务创新都可以采用这种最佳的“简单”方法。

然而，城市计算问题的基本特征是复杂的：要么是简单问题具有不可避免的转向复杂性或不可避免的漂移，要么是本身就是复杂的。贝滕科特（Bettencourt）提出，一个简单的问题必然会变得复杂，以协调交通系统为例，随着经济和人类进步而日益增长的公众期望，会与交通系统展开交织，从而将这个系统变得更加复杂。实现智能灯杆的简单工具不可避免地会创建更多的连接，并导致更复杂的系统：城市计算的应用是与社会的同步演化和异常转变相伴相随的。

城市计算从业者必须有效地掌握复杂建模能力。具备良好的软件开发专业知识的设计师和规划师并不是很多，并且很少有程序员在城市规划设计领域具备专业技能或经验。然而，简单的模型可以帮助解决建模和结果的复杂性问题。在自然环境下，分布式和简单组件可以产生信息涌现和更广阔的自组织形式，例如昆虫蜂巢或人类大脑的分布式并行处理，并且这种自组织形式也存在于人工构建的模型中，如元胞自动机、遗传算法和基于 Agent 的建模。特别是在设计计算中，利用简单规则产生复杂、涌现行为的能力得到了广泛利用，其体现在许多城市 AI 技术中，包括元胞自动机、基于 Agent 的系统、进化计算和神经网络。

考虑到元胞自动机是基于 Agent 的建模的一种特殊情况，其中高级复杂模式是从自下而上的局部交互中产生的，并且具有容易采用和涌现性可解释等特点。元胞自动机是离散单元的 n 维数组，根据其自身状态和邻居规则定期更新。每个单元可以表示一个空间单元，例如在遥感分析应用中的一个平方公尺，或者在楼板采光分析中的一个平方厘米，可以叠加和交叉链接个别数组以建立场景的不同属性模型。沃尔夫拉姆（Wolfram）确定了元胞自动机对城市计算从业者有效性特点：比等效的数学函数更简单，计算过程与模拟的物理过程之间有明确的对应关系，并且可以产生与现实世界系统高度一致的输出。元胞自动机通过涌现行为来识别和量化计算过程、模式和相变的属性，已经应用于处理各种城市计算场景，否则这些场景需要使用更复杂的建模方法。

这种复杂行为的涌现，如果使用复杂的建模系统可能会很复杂，但也是可以被城市计算从业者利用的方法。正如之前关于基于效用的 Agent 所展示的，通过内贾特和达姆亚诺维茨以及罗波尔的研究工作，基于 Agent 的建模可以通过复杂的 AI 技术展示涌现行为。简单的模型也可以形成复杂系统的基本组件来产生涌现行为。阿什万登（Aschwanden）等开发了应用于城市规划的人群模拟，以评估城市设计方案的人员流动情形。该方法利用了由维塔工作室（Weta Workshop）在《指环王》中使用的 Massive Prime 软件套件，用于对区域场景进行基于 Agent 的建模。每个 Agent 采用了一种直接的控制响应模型，该模型从社会动态、建筑物和其他障碍物、地形、指令“流”向量场叠加以及吸引和排斥位置的感知中进行映射建构。Agent 的“大脑”遵循简单的规则（图 4.6）。例如，地形导航行为模型可能根据当前位置是否过高或过低来选择上升或下降的响应。

此外，选择使用的技术或算法并不是排他性的，可以同时利用不同类型的技术。例如，李（Li）和叶（Yeh）在中国东莞市城市发展模拟中使用人工神经网络与细胞自动机结合，发现耕地、果园、开发用地、建筑区域、森林和水域之间的转换概率。这些网络可以嵌入细胞自动机数组的单元中，以替代传统的转换规则。通过利用人工神经网络，可以自动化地完成

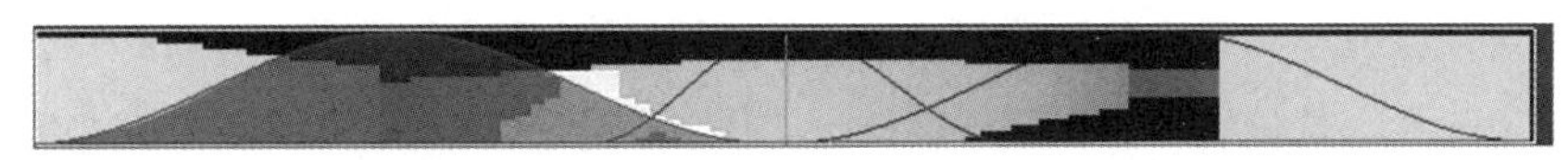

**图 4.6** Aschwanden 等（2008）的 Agent-based 建模中行人 Agent 的视觉感知领域。图中的评级信息显示左侧扇区应该避免。来源：Aschwanden，G.，Halatsch，J.，Schmitt，G.，2008. Crowd simulation for urban planning. In：26th ECAADe Conference Proceedings，pp. 493-500

寻找元胞状态之间转换规则的复杂任务，通常是通过试错或传统的统计方法来完成，尤其是在需要考虑多种土地利用类型时会非常困难。

GAMA（GIS Agent-based Modeling Architecture）软件平台为城市设计师或规划师提供了一种可访问的探索自身涌现的方法。该平台介于面向高级编程语言的应用程序和通过提供图形脚本化来减轻编程负担与算法知识要求的应用程序之间，具有可访问性。GAMA 的定制脚本语言和支持导入城市数据集和 3D 模型的功能，使具备算法设计基础技能的用户能够探索系统基本单元中宏观行为的涌现（图 4.7）。

**图 4.7** GAMA 软件平台中的 Agent-based 建模。GAMA 软件的截屏

## 集成的

目前，在城市规划设计中使用 AI 工具面临着一些 AI 所存在的普遍限制，即只能解决特定阶段的狭窄任务。就像没有能够理解和解决整个项目背景的“建筑人工智能”一样，也没有能够理解和整合作为复杂系统的城市规划设计需求的城市计算 AI。实际上，尽管建筑物——在建筑尺度上的普遍关注点——可以是一个复杂系统，但城市在更大的尺度上运作，可能是高度开放系统。

AI 中涌现行为的能力目前仅在狭义上解决了复杂性：生成的工具仅适用于定义良好的领域，如土地利用变化。设计计算工具还必须在广度上处理复杂的城市，并且必须整合多样化和不同的城市元素。这仍然是城市规划设计师的任务：AI 将来可能会涉及这些城市的复杂性，但就目前而言，仍是由城市设计师和规划师在 AI 工具的帮助下完成人类、社会、政治和生态领域之间的集成。

纽约初创企业 Topos 提供了一个实际的例子。Topos 平台利用多种 AI 技术（如机器视觉和自然语言处理）收集和融合异构的城市数据，回答关于不连通城市空间是否具有相似性的问题。在澳大利亚，Archistar 将统计、遥感和其他数据与 AI 相结合。该平台允许建筑环境专业人员识别感兴趣的地点，通过 AI 生成住宅和商业备选设计方案，并根据性能和舒适度设计标准进行测试（图 4.8）。

**图 4.8** Archistar 中的多标准可行性测试，2020 年 8 月。来自 Archistar Pty. Ltd.，获得授权使用

Spacemaker 是一家挪威初创公司，于 2020 年被 Autodesk 收购，为房地产开发商、城市设计师和建筑师提供基于云的 AI 软件。在该平台上，用户可以基于经验和设计直觉，将各种地图、规划和环境设计标准和分析进行整合（图 4.9）。Alphabet 旗下的 Sidewalk Labs 推出的 Delve 软件可以让房地产开发和城市专业团队根据项目需求、环境和财务考虑高效的生成设计方案。然而，仍然需要专业人员对多种要素和潜在的城市因素进行整合，以优先考虑结果标准并限制必要输入参数的范围。

AI 协助城市复杂性的整合不仅仅限于统计或空间数据。自然语言处理的最新发展极大地增强了处理松散结构数据并产生明确结果的能力。2020 年发布的拥有 1750 亿参数的 GPT-3 语言模型能够在给定主题上生成令人信服的合成文本，能够回答常识性知识问题，并能处理简单的推理和算术问题。这种结果指明了一种在城市计算领域尚未深入探索的整合式 AI 操作模式的方向。

**图 4.9** Autodesk Spacemaker® 云平台。Autodesk 屏幕截图，由 Autodesk，Inc. 授权使用

## 生成的

计算机科学家艾伦·图灵在他的同名测试中提出，如果机器能够欺骗人类观察者，使其认为自己是基于文本的对话中的人类伙伴，那么这台机器可以被认为是智能的。自从 1950 年提出图灵测试以来，已经从对话文本基础上扩展到其他模式和媒体。在艺术创造领域，到 2010 年，AI 已经在非交互式的表达示例方面通过了图灵测试，并在“行为”示例方面偶尔通过图灵测试。可以说，AI 已经能够产生通过图灵测试的城市设计和规划领域的作品。然而，这些作品能通过图灵测试审查的范围有限，可能在某种程度上是由于现实世界中城市设计和规划的某些标准比较宽松。

此外，大部分 AI 是一个黑箱，包括在建成环境背景下，其输入到输出的映射可能是不可理解的。也许定义黑箱内部发生的事情对应用设计计算并不重要——有可能类似于薛定谔的猫——观察者可能不知道“创意火花”是活着还是死了，直到盒子被打开（如果它确实被打开）。它的输出是否真正具有创造性超出了本讨论的范围，也许对于城市规划师或设计师的实际目的来说，现代机器学习方法确实表现出至少表面上的创造性，这当然是生成的。

明斯基（Minsky）认为“创造力”与那些未被机械化和理解的过程是同义词（并警告说，如果将创造力视为无法解释的“天赋”，那么在检查了所有可能的机器之后，人类的创造才能列表上可能没什么能剩下）。基兹连特米哈伊（Csikszentmihalyi）的创造力系统视图将创造力建模为一个过程，其中个体通过改变现有的文化产物，并由社会评估和筛选，以形成进一步创造迭代的基准点。从城市设计师和规划师的务实角度来看，这些观点将创造力定位为一个基于先验和可机械化的基础上生成过程。

在建成环境设计和规划中使用的生成方法主要包括元胞自动机、遗传算法、形状语法、L-系统和基于代理的模型。在深度学习中，生成对抗网络（GANs）自从2014年问世以来，已经证明至少在表面上具有创造性的能力。其在建成环境中的使用现在已经扩展到包括生成概念性建筑设计的空间连通图、模仿示例风格的建筑图像、以三维立体形式量化的3D建筑体块和建筑平面图等任务。研究表明，即使在小数据集上训练，GANs也可以应用于建成环境设计（图4.10），这与人类处理新问题的方法相似，并建议可以在非常具体或独特，且相关的先例可能很少的项目中应用，来解决城市环境问题。

应用在城市环境问题中，其项目的背景可能非常具体或独特，而相应或相关的先例可能很少。

在这些生成应用中，从业者的角色可以是过滤和筛选输出。生成方法可以产生大量的结果，但结果可能是散乱的：在结果中可能会出现一系列不恰当的情况，例如仅仅包含来自训练数据或先例的不协调的原始特征，以及部分或全部难以理解的情况。虽然这些AI的能力仍处于初期阶段且相对粗糙，但自2012年以来，AI的发展已经超过了摩尔定律：2012年之前，用于训练选定的大型模型的计算资源每2年翻倍一次，但2012年以来，这个速率达到每3、4个月翻一倍。AI的生成结果可能有一天会对城市从业者的创造直觉构成严峻的挑战。在这之前，需要有设计师或规划师参与其中。在这个过程中，人类的作用是指导、筛选、解释、应用和进一步发展结果。

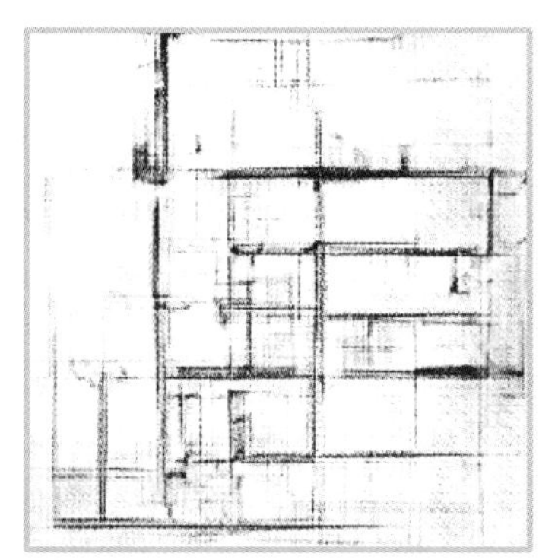
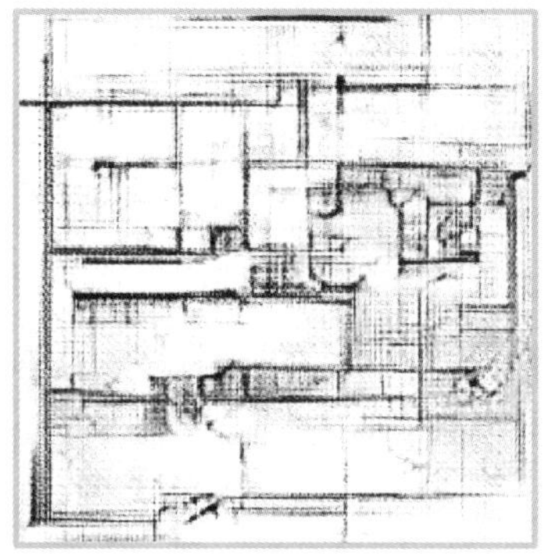
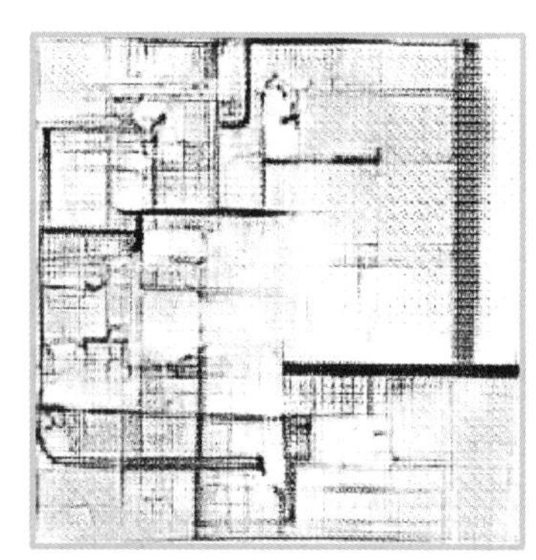

**图 4.10** 由一个在勒·柯布西耶的单户住宅项目小数据集上训练的GAN生成的平面图。来源：Newton，D.，2019. Deep generative learning for the generation and analysis of architectural plans with small data sets. In：Proceedings of 37 ECAADe and XXIII SIGraDi Joint Conference. https：//doi.org/10.5151/PROCEEDINGSECAADESIGRA-DI2019_135

到目前为止，有设计师或规划师参与的实际建筑项目示例还很少见。The Living是欧特克公司（Autodesk）一个以研究为基础的设计实践项目，在荷兰阿尔克马尔一个7000m$^2$的住宅小区布局项目中使用生成式设计来优化能源和财务考虑。该研究利用遗传算法来探索建筑方向和高度、道路通道、住宅单元类型混合和停车设施的解决方案空间。与客户协商后，制定了包括建筑屋顶的太阳能潜力和开发商的项目盈利能力在内的设计目标。该工具根据设计目标产生项目布局策略，并与客户一起审查各种结果，最后为最终设计制定一个首选的布局。

## 增强的

人工智能的终极力量尚未确定，当前人工智能尚未准备好取代人类智能。在某些任务中，人工智能可以接近或超过人类思维的能力，比如翻译相近的语言、识别图像数据集中的物体或合成逼真的肖像画。然而，这些能力只是弱人工智能或窄人工智能——只复制了人类思维的一部分，或者只涉及一个明确而严谨的任务。

通用人工智能——“在所有方面表现与人类无异且具有认知、情感和社交智能的系统”——尚未实现，尽管自20世纪50年代以来专家经常预测这种类型的机器智能会实现。然而，专家预测这种机器智能可能在2060年左右实现。受访专家预测，人工智能将更快的胜任与城市规划设计相关的子任务。计算机游戏或虚拟世界只是模拟的一种类型，任何可计算的城市系统都可以用这些形式来表示。格蕾丝（Grace）等的研究中，专家预测，到2020年中期，人工智能将能够合理解释其在计算机游戏中所作的决策；到2030年初，人工智能将能够在虚拟环境中居住并与之交互后推断出其控制规律的算法。赫伯特·西蒙（Herbert Simon）在1969年提出，人类设计行为的规律可能会被发现，就像自然科学有效地揭示了自然秩序的规律一样。人工智能发现城市和其中的人类干预的“规律”的潜力可能很大，并且在未来可能会挑战城市规划师或设计师的传统角色。

尽管人工智能的能力不断增强，以及人工智能可能对人类作为城市计算从业者角色的威胁，但人工智能与社会之间的相互作用本身并不处于平衡状态。新的人工智能进展以及技术与社会选择利用这些进展之间存在反馈循环：人工智能改变社会，同时社会也改变对人工智能的使用和方向。在这方面，人工智能处于一种持续的新颖状态，可以被人类城市计算从业者利用。因此，人工智能的能力与社会需求之间存在持续而有弹性的差距，而城市规划设计专业可以利用这一差距来套利，即持续不断地最大化其专业角色所带来的效用。

成立于2016年的深圳初创企业XKool科技就是利用这种套利的意义来增强城市设计师和规划师的实践。该公司的AI设计云平台以及其智能动态城市规划和决策平台等探索性试验平台，将AI模型作为数字助手集成到决策过程中。这些虚拟助手会根据设计师的标准提供选择，并呈现可以进行过滤和修改的选项（图4.11）。在XKool AI工作流程的视角中，设计师通过对

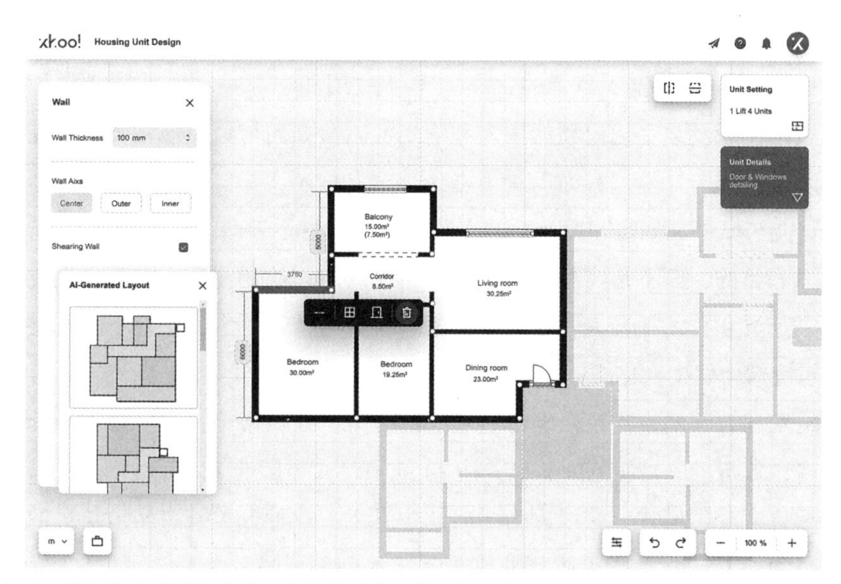


**图 4.11** XKool 云平台将 AI 模型作为数字助手集成在一起，2020 年。来自 XKool Technology and From He，W.，2020. Urban experiment：taking off on the wind of AI. Archit. Des. 90（3），94-99. https：//doi.org/10.1002/AD.2574

关键的 AI 工具和技术进行实质性的理解来保持他们的权威地位，从而使得未来城市仍然由技术增强的人类意愿塑造。

## 一个模糊的全景图

本节提供的观点——涌现、整合、生成和增强——是根据 AI 方法在城市设计师或规划师的应用需求而不是直接根据底层工具和技术来确定的四个基准。它们提供了一种基于对当代实践和最新技术的集群 AI 方法的非排他性观点，即设计计算如何提升城市从业者的工作。随着 AI 的发展——这些发展无法清晰地或最终预测——这些路线将会改变，正如城市从业者的价值性质也将随着其专业角色的演变而发生变化一样。

# 结 论

本章详细介绍的三个观点提供了对城市规划设计中人工智能作为工具、技术和方法的明确而互补的分类。算法是 AI 增强的城市设计师或规划师的基本工具。虽然在城市设计和规划中没有规范的 AI 工具分类，但讨论了四个特定的算法类别：进化算法、深度学习、生成语法和基于代理的建模。

技术被视为一种工具的框架，通过应用罗素和诺尔维格的智能 agent 模式（简单反射 agent、基于模型的 agent、基于目标的 agent、基于效用和学习 agent）来实现。该框架从机器的角度来看城市，涉及数字化模型的输入和输出，以及如何与城市规划师或设计师的目标相协调地制定计算映射。

将人工智能与城市规划师和设计师的实践对比，以目标导向的方式呈现了人工智能方法，更关注其潜力和目的，而不是实际的数字运行机制。所讨论的涌现、整合、生成和增强的各种对齐方法是工具和技术提升人类专业角色的方式，这些角色本身在与不断发展的技术和社会期望的动态反馈中发生变化。

工具、技术和方法的模式是众多可能性中的三个。在城市中，关于规划设计中人工智能的观点有很多，参与者的兴趣范围从仅关注 AI 结果对人类影响到对算法内部细节的责任。因此，可能存在许多分类模式。在以人为导向的主题上，一种分类解决城市角色的关联性和神秘性、情感计算、共同设计或可解释的决策制定等问题。另一种分类可以结构化伦理挑战，包括保护隐私、知识诚信和创作权、防止意外算法偏见或支持有意义和有尊严的人类工作。或者一种分类可以集中在 AI 在准备、可行性、设计、实施、运营和其他项目阶段中的角色上。面对城市作为一个复杂系统的复杂性和 AI 的日益复杂，没有单一的模式可以包含所有目标，需要各种分类的丰富多样来满足城市规划设计师不断发展的追求。

## 致谢

作者在本工作中得到了澳大利亚政府研究培训计划奖学金的支持。

## 参考文献

Archistar，2021. Available at：https：//archistar.ai/.（Accessed 21 September 2021）.

As，I.，Pal，S.，Basu，P.，2018. Artificial intelligence in architecture：generating conceptual design via deep learning. Int. J. Archit. Comput. 16（4），306–327. https：//doi.org/10.1177/1478077118800982.

Aschwanden，G.，Halatsch，J.，Schmitt，G.，2008. Crowd simulation for urban planning. In：26th eCAADe Conference Proceedings，pp. 493–500.

Batty，M.，2009. Cities as complex systems：scaling，interaction，networks，dynamics and urban morphologies. In：Meyers，R.A.（Ed.），Encyclopedia of Complexity and Systems Science. Springer，Berlin，pp. 1041–1071.

Batty，M.，2018. Artificial intelligence and smart cities. Environ. Plan. B Urban Anal. City Sci. 45（1），3–6. https：//doi.org/10.1177/2399808317751169.

Bettencourt，L.，2015. Cities as complex systems. In：Furtado，B.A.，Sakowski，P.A.M.，Tóvolli，M.H.（Eds.），Modeling Complex Systems for Public Policies. Institute for Applied Economic Research，pp. 217–236.

Boden，M.A.，2010. The turing test and artistic creativity. Kybernetes 39（3），409–413. https：//doi.org/10.1108/03684921011036132.

Brown，T.B.，et al.，2020. Language models are few-shot learners. Adv. Neural Inf. Proces. Syst. 33，1877–1901.

Brunner, K., 2002. What's emergent in emergent computing? In: Cybernetics and Systems 2002: Proceedings of the 16th European Meeting on Cybernetics and Systems Research. vol. 1, pp. 189–192.

Burry, M., Cruz, C., Kimm, G., 2019. Avoiding the color gray: parametrizing CAS to incorporate reactive scripting. In: Kvan, T., Karakiewicz, J. (Eds.), Urban Galapagos, pp. 137–154, https://doi.org/10.1007/978-3-319-99534-2_9.

Cai, B.Y., et al., 2018. Treepedia 2.0: applying deep learning for large-scale quantification of urban tree cover. In: IEEE International Congress on Big Data, pp. 49–56, https://doi.org/10.1109/BIGDATACONGRESS.2018.00014.

Capeluto, G., Ochoa, C.E., 2017. What is a real intelligent envelope? In: Green Energy and Technology. Springer, pp. 1–20, https://doi.org/10.1007/978-3-319-39255-4_1.

Crutchfield, J.P., Mitchell, M., 1995. The evolution of emergent computation. Proc. Natl. Acad. Sci. U. S. A. 92 (23), 10742–10746. https://doi.org/10.1073/PNAS.92.23.10742.

Csikszentmihalyi, M., 1988. Society, culture, and person: a systems view of creativity. In: Sternberg, R.J. (Ed.), The Nature of Creativity: Contemporary Psychological Perspectives. Cambridge University Press, pp. 325–339.

Delve by Sidewalk Labs, 2021. Available at: https://www.sidewalklabs.com/products/delve. (Accessed 10 September 2021).

Derix, C., et al., 2012. Simulation heuristics for urban design. In: Arisona, S.M., et al. (Eds.), Digital Urban Modeling and Simulation. Springer, pp. 159–180, https://doi.org/10.1007/978-3-642-29758-8_9.

Dowling, R., McGuirk, P.M., Gillon, C., 2019. Strategic or piecemeal? Smart city initiatives in Sydney and Melbourne. Urban Policy Res. 37 (4), 429–441. https://doi.org/10.1080/08111146.2019.1674647.

Duarte, J.P., et al., 2012. City induction: a model for formulating, generating, and evaluating urban designs. In: Arisona, S.M., et al. (Eds.), Digital Urban Modeling and Simulation. Springer, pp. 73–98, https://doi.org/10.1007/978-3-642-29758-8_5.

Fischer, L., et al., 2020. Applying AI in practice: key challenges and lessons learned. In: Holzinger, A., et al. (Eds.), Machine Learning and Knowledge Extraction. Springer, pp. 451–471, https://doi.org/10.1007/978-3-030-57321-8_25.

Fjelland, R., 2020. Why general artificial intelligence will not be realized. Palgrave Commun. 7 (1), 1–9. https://doi.org/10.1057/S41599-020-0494-4.

Fuentes, M., 2015. Methods and methodologies of complex systems. In: Furtado, B.A., Sakowski, P.A.M., Tóvolli, M.H.E. (Eds.), Modeling Complex Systems for Public Policies. Institute for Applied Economic Research, Brasília, pp. 55–72.

Grace, K., et al., 2018. When will AI exceed human performance? Evidence from AI experts. J. Artif. Intell. Res. 62, 729–754. https://doi.org/10.1613/JAIR.1.11222.

Grasl, T., Economou, A., 2010. Palladian graphs: using a graph grammar to automate the Palladian grammar. In: 28th eCAADe Conference Proceedings, pp. 275–283.

Haenlein, M., Kaplan, A., 2019. A brief history of artificial intelligence: on the past, present, and future of artificial intelligence. Calif. Manage. Rev. 61 (4), 5–14. https://doi.org/10.1177/0008125619864925.

He, W., 2020. Urban experiment: taking off on the wind of Al. Archit. Des. 90 (3), 94–99. https://doi.org/10.1002/AD.2574.

Kaplan, J., 2016. Artificial intelligence: think again. Commun. ACM 60 (1), 36–38. https://doi.org/10.1145/2950039.

Katz, J.S., 2006. Indicators for complex innovation systems. Res. Policy 35 (2), 893–909. https://doi.org/10.1016/J.RESPOL.2006.03.007.

Kimm, G., Burry, M., 2021. Steering into the skid: arbitraging human and artificial intelligences to augment the design process. In: Proceedings of the 40th Annual Conference of the Association for Computer Aided Design in Architecture (ACADIA). vol. 1, pp. 698–707.

Knight, T., 2003. Computing with emergence. Environ. Plann. B. Plann. Des. 30 (1), 125–155. https://doi.

org/10.1068/B12914.

Lachhab, F., et al., 2017. Energy-efficient buildings as complex socio-technical systems: approaches and challenges. In: Nemiche, M., Essaaidi, M. (Eds.), Nonlinear Systems and Complexity. Springer, pp. 247-265, https: //doi.org/10.1007/978-3-319-46164-9_12.

Leach, N., 2019. Do robots dream of digital sheep. In: Proceedings of the 39th Annual Conference of the Association for Computer Aided Design in Architecture, pp. 298-309.

Li, X., Yeh, A.G.-O., 2002. Neural-network-based cellular automata for simulating multiple land use changes using GIS. Int. J. Geogr. Inf. Sci. 16 (4), 323-343. https: //doi.org/10.1080/13658810210137004.

Manzo, G., Matthews, T., 2014. Potentialities and limitations of agent-based simulations. Rev. Fr. Sociol. 55 (4), 653-688.

Miao, Y., et al., 2018. Computational urban design prototyping: Interactive planning synthesis methods—a case study in Cape Town. Int. J. Archit. Comput. 16 (3), 212-226. https: //doi.org/10.1177/1478077118798395.

Minsky, M., 1958. Some methods of artificial intelligence and heuristic programming. In: Proceedings of Symposium on the Mechanization of Thought Processes. Her Majesty's Stationary Office, pp. 3-28.

Mrosla, L., von Both, P., 2019. Quo vadis AI in architecture?—survey of the current possibilities of AI in the architectural practice. In: Proceedings of 37 eCAADe and XXIII SIGraDi Joint Conference., https: //doi.org/10.5151/PROCEEDINGS-ECAADESIGRADI2019_302.

Nagy, D., Villaggi, L., Benjamin, D., 2018. Generative urban design: integrating financial and energy goals for automated neighborhood layout. In: 2018 Proceedings of the Symposium on Simulation for Architecture and Urban Design.

Nejat, A., Damnjanovic, I., 2012. Agent-based modeling of behavioral housing recovery following disasters. Comput. Aided Civ. Inf. Eng. 27 (10), 748-763. https: //doi.org/10.1111/J.1467-8667.2012.00787.X.

Newton, D., 2019a. Generative deep learning in architectural design. TechnologyjArchitecture + Design 3 (2), 176-189. https: //doi.org/10.1080/24751448.2019.1640536.

Newton, D., 2019b. Deep generative learning for the generation and analysis of architectural plans with small datasets. In: Proceedings of 37 eCAADe and XXIII SIGraDi Joint Conference., https: //doi.org/10.5151/PROCEEDINGS-ECAADESIGRADI2019_135.

Oxford Reference, 2021. Artificial Intelligence. Available at: https: //www.oxfordreference.com/view/10.1093/oi/authority.20110803095426960.

Patience, N., 2021. 2021 AI and Machine Learning Outlook. S&P Global. Available at: https: //www.spglobal.com/marketintelligence/en/news-insights/blog/2021-ai-and-machine-learning-outlook.

Perrault, R., et al., 2019. The AI Index 2019 Annual Report. Human-Centered AI Institute, Stanford University.

Ralha, C.G., et al., 2013. A multi-agent model system for land-use change simulation. Environ. Model Softw. 42, 30-46. https: //doi.org/10.1016/J.ENVSOFT.2012.12.003.

Raubal, M., 2001. Agent-Based Simulation of Human Wayfinding: A Perceptual Model for Unfamiliar Buildings (PhD diss). Vienna University of Technology.

Russell, S.J., Norvig, P., 2020. Artificial Intelligence: A Modern Approach, fourth ed. Pearson.

Silva, E.A., 2011. Cellular automata and agent base models for urban studies: from pixels to cells to hexa-dpi's. In: Yang, X. (Ed.), Urban Remote Sensing: Monitoring, Synthesis and Modeling in the Urban Environment. Wiley, pp. 323-334, https: //doi.org/10.1002/9780470979563.CH22.

Singh, V., Gu, N., 2012. Towards an integrated generative design framework. Des. Stud. 33 (2), 185-207. https: //doi.org/10.1016/J.DESTUD.2011.06.001.

Spacemaker, 2021. Available at: https: //www.spacemakerai.com/. (Accessed 10 September 2021).

Taillandier, P., et al., 2019. Building, composing and experimenting complex spatial models with the GAMA platform. GeoInformatica 23 (2), 299-322. https: //doi.org/10.1007/S10707-018-00339-6.

Topos, 2019. Available at: https: //topos.com/. (Accessed 24 August 2021).

Turing, A.M., 1950. Computing machinery and intelligence. Mind, 433-446.

Walloth, C., 2016. Emergent Nested Systems: A Theory of Understanding and Influencing Complex Systems as well as Case Studies in Urban Systems. Springer Nature.

White, R., Engelen, G., 1993. Cellular automata and fractal urban form: a cellular modelling approach to the evolution of urban land-use patterns. Environ. Plan. A. 25（8）, 1175-1199.

Wolfram, S., 1984. Computer software in science and mathematics. Sci. Am. 251（3）, 188-203.

Woodbury, R., et al., 2017. Interactive design galleries: a general approach to interacting with design alternatives. Design studies 52, 40-72. https://doi.org/10.1016/J.DESTUD.2017.05.001.

Wu, N., Silva, E.A., 2010. Artificial intelligence solutions for urban land dynamics: a review. J. Plan. Lit. 24（3）, 246-265. https://doi.org/10.1177/0885412210361571.

# 第5章

# 通过形态测量和机器学习进行城市形态分析

吉姆·瑞（Jinmo Rhee）

卡内基梅隆大学，Codelab 实验室，建筑学院，匹兹堡，宾夕法尼亚州，美国

在本章中，我们在建筑和城市形态分析的背景下探讨形态计量学，一种城市形态及其变化相关性的定量分析方法。探讨的重点是如何将这种独特的概念形式研究方法进行应用，观测用于潜在颗粒度下的城市类型和结构，并在此过程中改变我们对城市空间的理解。

定性角度的观察和测量等传统方法主要是描述性的，侧重于各个构成内容，但可能忽视了有助于理解各种城市现象的多层叠加的丰富信息。我们提出了一种方法，将城市形态表示为包含数据、知识和城市要素物理形态中内在关系的复合构成。这种方法依赖于形态测量学，基于信息管理和定量处理，超越单纯的几何属性，以便通过其多层叠加的丰富信息来探究城市形态。

我们认为，在建筑和城市设计的传统研究形式中产生了形态计量学，本质上形态计量学分析嵌在这些研究中。根据形态测量学与形态分析计算方法相交叉的学科，我们发现建筑和城市形态分析可以通过结合人工智能技术来扩展。为了证明这一点，我们根据城市形态分析和形态测量之间的方法论共性。通过采用现代形态测量学的分析框架，开发了一个基于机器和深度学习的城市形态分析框架。我们将此框架应用于美国宾夕法尼亚州的一个中等规模城市匹兹堡。该分析可以对城市形态进行精细划分，从而对传统分析无法识别的城市类型进行详细分类。

## 城市形态——基本定义

长期以来，建筑形式和城市形态都是关注重点。尽管建筑形式和城市形态缺乏具体且一致的定义，像凯恩斯（Cairns）等和奥利维拉（Oliveira）认为的，我们将建筑形式视为“体量与空间之间的接触点”。建筑形式与建筑物的物理外观有关，根据凯恩斯等的观点，这是“现代建筑发展的关键当务之急”。此外，对建筑形式的研究是建筑理论和实践的主要内容，例如，我们可以看看建筑形式中的象征意义，生成结构优化，或者极端表现形式的风格的出现。

建筑形式的研究不仅仅局限于建筑领域，它延伸到城市主义、城市形态、城市模式、城市结构和形态学。对建筑形式的研究主要集中在定性的视觉观察以及尺寸、维度、对称性、比例、重复、律动、切分、动态平衡等测量上。从古希腊到文艺复兴和现代时期，这些特征已经发展成为建筑形式的秩序，并让建筑师们着迷于他们在设计中采用数字原则的意愿。例如，罗马作家兼建筑师马库斯·维特鲁威·波利奥（Marcus Vitruvius Pollio）认为，“比例是整个作品各组成部分之间的尺寸对应关系，以及整体与选定作为标准部分的对应关系”。米切尔（Mitchell）参照人体美学来控制建筑维度，引入了“控制人体维度”的比例美学观点，并提出“建筑应该从基本模块衍生出来，使用与人类身体相关的比例参数系统”。活跃在威尼斯共和国的意大利文艺复兴时期建筑师安德里亚·帕拉第奥（Andrea Palladio）也根据五级秩序和比例关系发展了其建筑设计思想。即使在现代，勒·柯布西耶（Le Corbusier）也借用了关于比例的经典思想来拓展其理论和建筑设计，例如黄金矩形。

在当代建筑设计和研究中，建筑师倾向于系统地生成合理化的形式，“扩大形式上的表达”，并在计算机程序的辅助下实现复杂的建筑形式。尽管建筑形式中采用的形状逐渐变得更加复杂，但将建筑形式视为几何或形状本身往往会忽略可能有助于理解各种城市现象的多层叠加的丰富信息。建筑形式的几何形状仅突出其外观的价值。

一些著名的建筑师并不过度关注形式，例如，著名的现代主义建筑师密斯·凡·德·罗（Mies van der Rohe）拒绝承认形式与设计不同。另一方面，也有人强调形式在设计中的价值和潜力，例如，颇具影响力的建筑师和设计理论家克里斯托弗·亚历山大（Christopher Alexander）就认为“设计的最终目的是形式”。

追随现代主义情感的建筑师普遍指出，专注于建筑或城市形态的外立面和形状的形式研究模糊了空间的价值。然而，现代主义的格言：“形式必须服从功能”，也不应是密斯式对形式的漠视，将其视为建筑的副产品，低估了形式在建筑和城市中的传统和持续重要。形式的价值不在于其外观、外壳或形状，而在于其在城市空间中整合建筑和其他城市现象的物质性的潜力。

城市形态是由城市的自然环境、人类活动、物理实体、街道、地块、建筑以及社会、文化、经济等方面的集合体构成的。城市形态分析不仅仅是基于隐性知识和经验来解释或提取城市形态的形成和演变过程。它是关于追踪城市形态及其背后的物理、环境、经济、社会、文化和政治相互作用的复杂模式。为此，我们将城市形态视为一个综合体，作为一种包含信息、知识，同时还包含有关城市物理要素配置的内在关系的复合构成。在这个观点中，城市形态需要以其数据形式来系统地管理，而不是通过其外观来描述。

詹巴蒂斯塔·诺利（Giambattista Nolli）绘制的罗马地图是展示聚集性城市形态的历史上最著名的表达之一。这张地图描绘了16世纪罗马的公共和私人空间配置。与将建筑物、地块、广场和街道等城市要素表示为单独对象的典型地图不同，地图融合了地面私人空间并将其表示为实心黑色图形，这些图形将它们所包围的地面公共空间放在前景中。这种独特的表现方式有助于在视觉上和时间上捕捉罗马公共空间（如广场和广场）的稀疏度和连通性。

如今，城市形态的表现并不局限于图形－底图绘图。一个著名的现代方法是街道网络分析。使用统计和计算方法，街道网络分析侧重于从地理空间数据中提取街道网络模式，并阐明其节点以分析各种城市，例如复杂性、连通性或可达性。使用街道网络分析的研究假设街道网络格局是影响城市形成和受城市形成影响的关键因素。例如，城市形态学家杰夫·波音的一项研究分析了美国三个不同地区的中心地位，他通过街道的拓扑特征分析发现不同的街道中心性模式下社区尺度中交叉路口的隐藏权重。

这些地图使我们能够以不同的方式表达和揭示城市空间形态特征，从这个意义上说，它们代表了规划城市形态的不同方式。这使我们能够揭示和理解城市空间形态特征。诺利通过绘制合并的私人空间，对城市形态进行了新的揭示。另一方面，波音公司使用图表和统计数据来对街道网络模式产生另一种独特的理解。基于这种不同的信息管理模式和不同的分析方法，城市形态可以被认为是一种包含城市物理要素形成信息的复合构成，复杂的城市现象可能通过城市元素的物理形成而显现出来。这些现象可能与城市空间的社会、文化、历史、经济或政治方面有关。

分析城市形态中嵌入的复杂信息还需要对信息管理中的形态数据进行定量处理。尽管上述分析和研究显示了城市形态信息管理的新颖方法，但他们处理形态的方法很难保证分析城市形态与城市现象之间关系所需的复杂性。在这方面，我们考虑采用如下所述的形态测量方法来管理信息和定量处理形态数据，以探索城市形态中多层叠加的丰富的信息。

## 城市形态测量

形态测量学是形态学的一个分支，是指通过测量对形态进行定量分析，已被应用于生态学、地质学、考古学、宇宙学和设计研究等不同领域。传统的形态测量方法侧重于尺寸、形状、比率、质量和面积等物理特征。在这些方法中，表单数据通常包括尺寸测量值。当分析建筑形式和城市形态时，它们还包括形状、布局、重复、结构、衔接或连接等特征。从这个意义上说，建筑形式和城市形态分析可以被（重新）视为形态计量学。

建筑中传统形态测量分析的一个例子是对希腊古典秩序的分析。建筑中的秩序类型是根据柱的形式特征来定义的：柱槽的尺寸、卷涡的形状，以及基础底座、柱身、柱头和柱顶板之间的比例。在过去，这种通过比例来实现形式美学平衡的秩序分析和定义是设计中的关键过程。即使在20世纪初，传统的形态测量方法仍然是建筑形式分析和设计的核心。现代主义建筑师在其设计和分析工作中广泛使用和参考比例、尺寸、形状和布局。这种对形式测量和比例的高度关注，导致建筑和城市设计中对形式的核心要义的低估。

低估是对形式核心要义的价值低估，另一种是基于对建筑和城市形式作为外立面的强调，因为设计师通过控制形式的计算机获得了更大的获取能力。具体来说，设计师们重点研究了“形成机制”以及使用计算机生成形式。

除了建筑和城市设计之外，随着计算机对形态测量的日益普及，其他学科通过采用先进的统计方法。也扩展了形态分析，例如多元统计和机器学习。最近，神经影像、医学影像和地理学一直在采用人工智能（AI）技术和深度学习来发展形态分析的算法。先进方法在这些不同领域的使用证明了计算的分析潜力，可以揭示不同形式之间的复杂关系模式并进行预测变化。例如，图像分析小组的医学科学研究人员尼古拉·丁斯代尔（Nicola Dinsdale）和同事研究了衰老引起的人脑功能和形式变化的分析方法。深度学习被用作追踪、分割和预测衰老引起的大脑变化的形态特征的工具。

我们打算从这些学科中学习，以扩展建筑和城市设计中的形态分析。也就是说，我们将形态测量结合AI技术应用于城市形态分析。作为这一命题的基础，我们重点关注形态测量和城市形态分析之间的共性：现代形态测量和城市形态分析都涉及基于形态属性的类型表示和划分。在我们的研究中，我们采用了现代形态测量学的分析框架。我们建议利用人工智能技术增强这个形态测量框架，并将其应用于城市形态分析，以研究城市模式和类型。以下部分说明了城市形态分析的一种可能的形态测量方法。值得注意的是，下一节中描述的研究是在发展城市形态测量概念之前进行的。本研究使用与形态测量类似的方法进行形态分析。

## 使用机器学习进行背景丰富的城市分析和生成

瑞伊（Rhee）等的研究使用上下文丰富的城市数据集探讨机器学习方法在宾夕法尼亚州

匹兹堡（Pittsburgh，Pennsylvania）城市形态的分析和生成中的潜力。匹兹堡虽然由于历史变迁的积累而具有复杂的城市结构，但本身并不是一个大都市规模的城市。我们完成了城市形态的同质性的确定，并将 23 种不同的、可区分的城市类型进行了分类。此外，通过训练过的深度学习模型，我们可以根据不同类型生成匹兹堡的城市形态。

## 构建自定义表单数据集

假设城市形态由各个城市要素的集合组成，我们可以通过从公共地理信息系统（GIS）中提取有关每个建筑物的信息来构建自定义城市形态数据。城市形态数据集反映了客观的城市环境，由建筑物足迹及其邻近建筑物足迹、街道网络和地形的光栅图像组成。我们不依赖卫星图像或地图，而是开发了一种定制的表达方案，称为图解图像数据集（DID）。其被称为图解图像是因为该表示是通过适当的特征配置来抽象化的，这与其他类型的城市形态数据（例如卫星图像或数字地图图像）相类似。例如，目标建筑物占地面积始终放置在彩色图像的中心，并表示为从黄色到红色渐变的彩色实体。建筑物越高，颜色越红。目标建筑物的直接建筑物足迹以黑色实心表示。街道网络表示为不同宽度的蓝色线段。道路越宽，线就越粗（图 5.1）。

DID 方案有两个主要优点：信息管理高效和低噪点。我们可以通过仅包含那些需要关注的要素并排除那些我们不关注的要素来指定分析。由于 DID 仅将必要的、有针对性的信息合成到数据集中，因此数据集的噪点较低。例如，考虑所谓的卫星图像分割，我们可以在预处

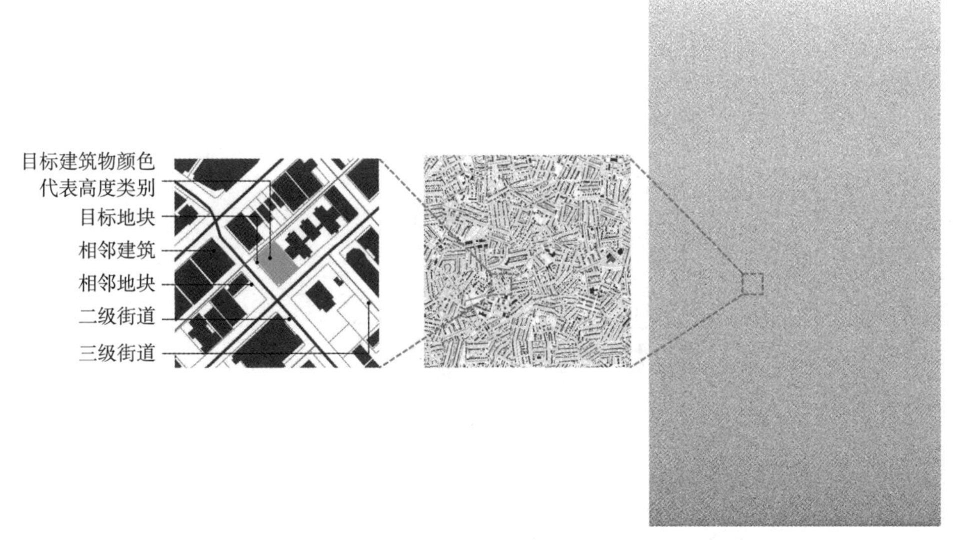


**图 5.1** 自定义数据集中的 45852 个城市形态数据。应用称为图解图像数据集的自定义方案来构建宾夕法尼亚州匹兹堡的城市形态数据。每个数据都是一个光栅图像，其中包括图像中心的目标建筑物及其直接的城市环境。（右）总数据集包括 45852 个图表图像，按密度排列；（中）数据集中几种城市形态的放大；（左）数据集中数据的配置。无需许可

理过程中删除不必要的信息，例如树木和汽车。尽管图像分割取得了进步，但数据集中总会存在一定量的噪点。然而，仅合成必要信息的数据将根据数据构造者的意图而提炼信息。

## 城市类型识别

每个数据有 786432 个（512 像素 ×512 像素 ×3 个通道）维度，数据集称为 DID-PGH，共有 45852 个城市形态。为了从降维的角度提高效率，原始数据的图像大小减少到 28×28 像素。一般来说，更高分辨率的图像将在降维算法中产生更好的投影和聚类，因为它们包含更详细的信息。然而，这种产生方式并不适用于每个数据集。高分辨率图像中的一些信息充当噪点，从而干扰特征提取。

作为降维的一种方式，采用特征投影技术来保留主变量，同时降低数据维度，典型的有 PCA（主成分分析）和 t-SNE（t 分布随机邻域嵌入）。PCA 使用线性变换，不适合于预测复杂数据集的主要特征，因此，我们采用带有卷积网络的 t-SNE 算法来计算非线性主成分。

经过 t-SNE 算法降维的数据具有三个特征轴，可以在三维空间中可视化。数据空间中的每个点都有三个不同的特征值，代表的是城市形态。同样，城市形态数据可以映射到数据空间中的一个点，该点由其形态特征确定。两点之间的距离越接近，其对应的城市形态越相似。我们可以使用 DBSCAN（基于密度的噪声应用空间聚类）算法进行按距离密度分析，以找到 DID-PGH 高密度数据点的核心样本。该分析的结果是，匹兹堡展示了 21 种不同的城市类型，它们在形态上具有相似的城市环境条件。聚类的结果就是匹兹堡城市形态的潜在模式（图 5.2）。

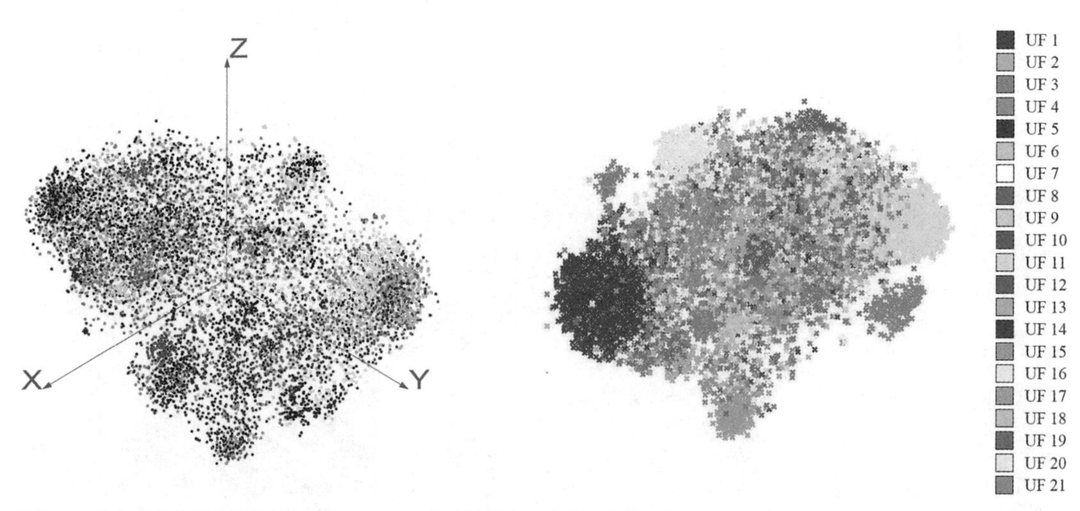


**图 5.2**　分布式和集群式城市形态数据。t-SNE 算法的城市形态数据在数据空间的分布（左）和分布式城市形态的聚类结果（右）。分布和聚类不是基于地理空间位置，而是基于 DID-PGH 中城市形态的相似性。左侧分布中点的颜色代表每个数据点所属的邻域。右侧分布中点的颜色根据相似性代表城市类型。无需许可

## 归纳定义的城市类型评估

如果没有适当的评估方法，就很难从聚类中直观地理解和转译模式的含义。因此，我们设计了两种评估方法：直接评估法和间接评估法。直接评估法通过将模式映射到二维地图空间来定性和定量地验证模式。提取各城市类型的典型情况，并考察地图上不同类型冲突的地点，证实聚类合理区分了不同类型的城市形态。间接评估法是利用生成的测试数据集是可训练的，其特征是可提取的，并且机器可以根据模式捕获生成原理（图 5.3）。在本节中，我们将详细讨论这两种评估方法，并提供一个使用深度学习和相同城市分析数据集的示例项目，以说明间接评估的概念。

根据聚类结果，可以生成数据驱动的城市类型地图。我们可以根据类型对每个建筑足迹进行不同的着色，从而将集群重新映射到地理空间上的地图。通过使用 KNN（K 最近邻）算

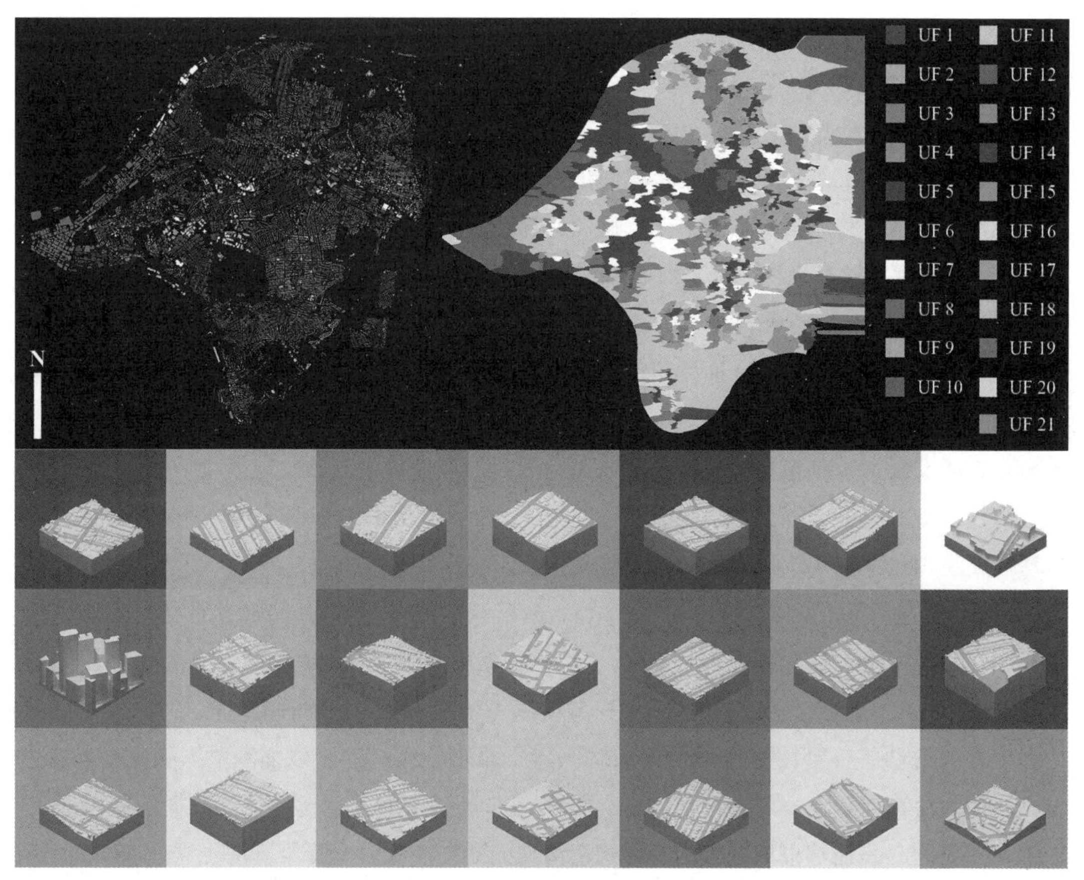


**图 5.3**　匹兹堡不同形态城市类型地图及城市类型典型条件。该地图是通过将数据空间的分布和聚类结果重新映射到二维地理空间地图上（左上）使用 KNN 来定义类型的边界，构建了宾夕法尼亚州匹兹堡的城市结构地图（右上）。研究了 21 个不同城市类型的代表性条件，以评估其分布和聚类结果（下图）。无需许可

法处理建筑物足迹，我们可以绘制匹兹堡的城市结构图。该地图将城市模式从数据空间投射到二维空间。该投影通过细致地可视化城市结构，帮助我们了解匹兹堡的城市结构。

根据该地图，对21个城市类型的鲜明特征进行了定性和定量研究。空间特征的定性检验通过对最大类型边界的中心进行采样进而重建城市类型典型环境条件的3D模型。同时，通过使用空间质量描述符和统计值来定量检验每种城市类型的独特特征，例如占用率（%）、占用等级、平均高度（m）、平均面积（$m^2$）、平均密度、平均建筑占用率和平均楼层。

利用这些主题词和指标，我们就可以对每种类型进行定性描述。例如，“城市类型11”在匹兹堡最常见，存在一定数量的空地，没有形成鲜明的城市街区形态。“城市类型1”是第二常见的——以街道为中心，具有与不同规模的城市街区正交相交的空间。“城市类型8”是垂直方向上最具特色的类型，由高层建筑和网格街道网络组成。该类型主要分布在匹兹堡市中心。“城市类型2”和“城市类型3”沿主要街道分布有矩形街区和两排地块。“城市类型7”的密度比其他城市类型相对较高。这种城市类型没有可以指定的通用形状，这种类型中的每个街区都由建筑物的形状表示，例如医院、学校、政府办公、购物中心等。

为了确认这些特征，我们采样了城市类型存在冲突的几个地点。通过实地勘察，考察不同城市类型在该点的边界，可以推断不同特征的城市形态是否能够很好地划分，也可以检验城市形态分析中城市模式的可靠性。我们拍摄并记录了城市肌理之间的冲突情况。通过将照片与城市格局定性和定量检验结果进行比较，我们确认了这些地点具有不同的城市空间和形态。这意味着模式形态聚类是可靠且细粒度的，足以捕捉城市形态之间的精细化差异。

评估模式的另一种方法是生成。为此，使用分析机器学习模型来发现匹兹堡城市形态的潜在模式。模式本质上是通过抽象图像格式的高维形态数据来构建的。评估模式的可靠性可能会受到限制，因为机器学习是一个黑盒模型。相反，我们训练了一个生成式深度学习模型，看看是否能发现生成原理，如果在深度神经网络的抽象过程中成功发现形态学原理，该网络将能够创建新的城市形态。观察生成形态的结果，我们可以保证抽象过程的可靠性，并将该方法扩展到一般的城市形态分析。

为了验证这个假设，我们开发了一个设计实验来合成基于城市模式的结构肌理。我们使用相同的数据集训练生成深度神经网络。使用该数据集测试了三种不同的生成模型：VAE（变分自动编码器）、GAN（生成对抗网络）和WGAN（Wasserstein生成对抗网络）。

VAE包含两组神经网络：编码器和解码器。编码器经过训练以捕获输入数据的特征并将其压缩为潜在向量。解码器经过训练，将潜在向量解压缩并重建为输入数据的原始形式。VAE的好处之一是能够根据数据的特征构建潜在的数据空间。与降维算法一样，该空间保留了每个数据点的特征并将数据表示为较低的维度。然而，VAE解码生成的结果通常是模糊或有污迹的（图5.4）。

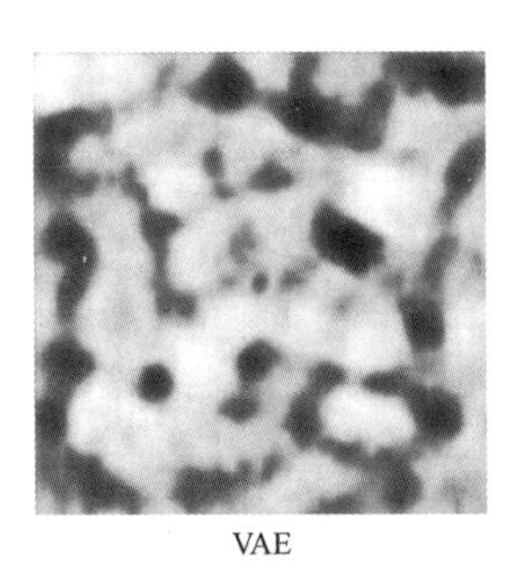


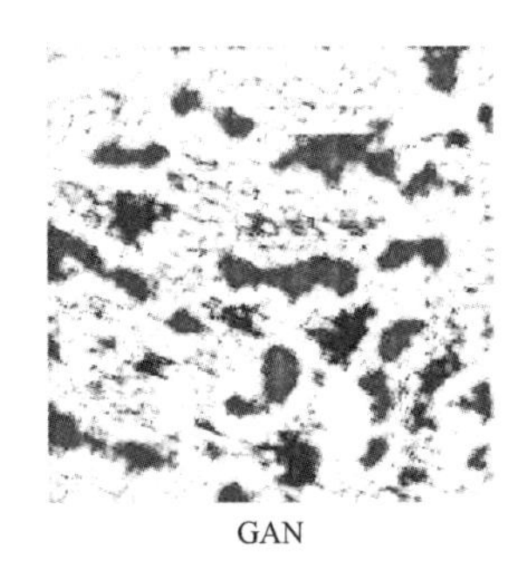


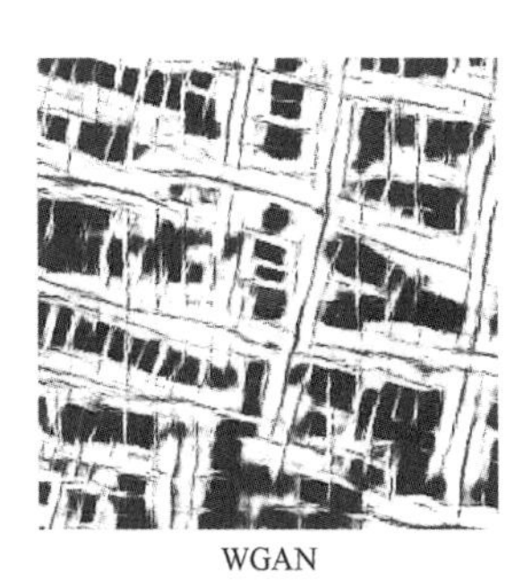


**图 5.4** 模型选择的生成检验。从三个不同的深度神经网络生成图像。在没有任何额外训练技术的情况下，在相同的训练时间内，WGAN 比 VAZ 或 GAN 更容易生成详细的图像。无需许可

GAN 也有两组神经网络：生成器和判别器。生成器经过训练，通过合成随机向量来生成与有效数据相似的数据。判别器仅被训练为相对于有效数据来辨别生成的数据是真实的还是虚假的。由于生成器合成随机向量的结果，GAN 几乎不会构建输入数据的潜在空间，但与 VAE 相比，它通常会产生更好的质量。

WGAN 是一种改进的 GAN，以 Wasserstein 距离作为损失函数，对生成数据与有效数据的相似程度进行评分。这个新的判别器被称为批评者。WGAN 往往会产生比 GAN 更详细的图像。

在我们的模型选择测试中，WGAN 结果显示比其他两个模型更清晰的图像和更好的形态特征捕捉（图 5.4）。为了生成更清晰的城市结构图像，我们训练了 WGAN-GP（Wasserstein 生成对抗网络 - 梯度惩罚）与 DID-PGH。WGAN-GP 是 WGAN 的高级模型，对批评者网络的权重范数进行梯度惩罚。由于梯度惩罚，该模型比 WGAN 收敛得更快并且更稳定（图5.5上）。

考虑到图像数据的大小和复杂性，我们设置 Z-WGAN 的维度或压缩特征大小为 100。WGAN 接受了大约 11000 个批次（15 个时期）的训练，批次大小为 64。模型优化器是“ADAM”，学习率为 2.0E-4。该模型没有滤波层（dropout），评论家（critic）和生成器（generator）都使用 Leaky Rectifieo Linear Unit 作为激活函数。直到 3000 批次之前损失明显减少，之后变化很微小（图 5.5 下）。

经过训练的模型嵌入软件原型 Urban Structure Synthesizer（USS）中，帮助设计师打造新的城市肌理。该原型提供了滑块来改变新城市结构的特征。例如，通过增加第 11 个滑块的值，结构中的城市形态变得更加正交，通过增加第 25 个滑块的值，城市形态变得更加融合并拥有更大的建筑物。该原型机还具有基于计算机视觉的 3D 重建功能。一旦合成了城市结构图像，原型就可以追踪建筑物占地面积和平均高度的轮廓。通过导入这些追踪信息，用户可以在 3D 建模软件中重建城市形态。USS 将合成的城市形态图像的抽象表示投影到城市模式存在的潜在空间或 Z 空间。通过计算合成的城市形态数据与现有城市形态数据之间的距离，USS 可以识别最相似的城市形态。将该功能作为生成的指导，用户可以根据特定的城市类型合成新的城市结构（图 5.6）。

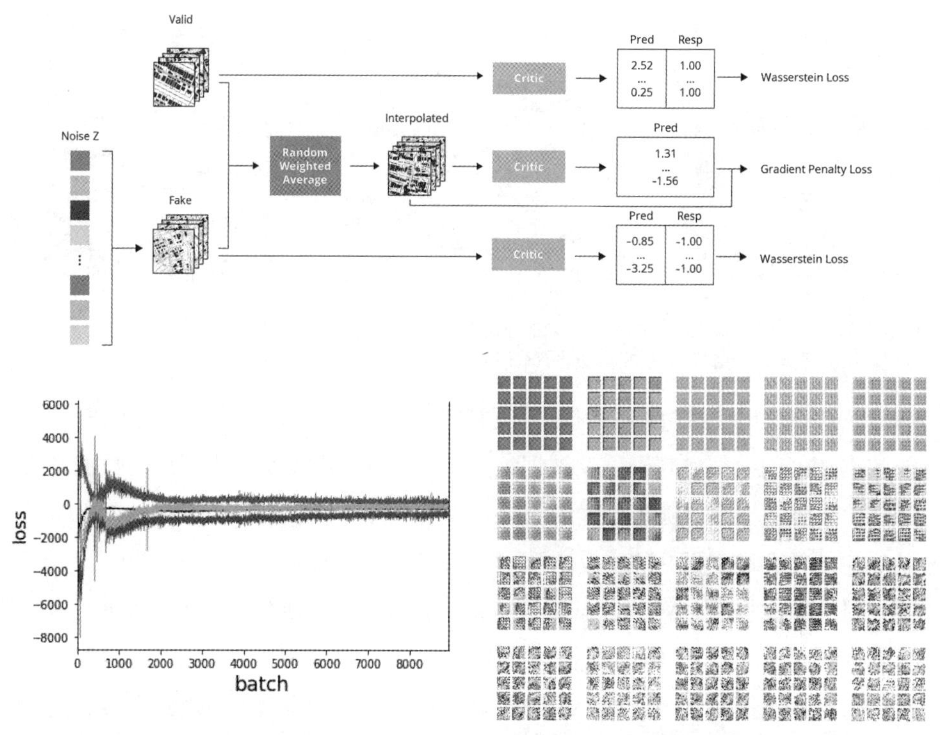


**图 5.5**　WGAN 模型结构（上）和学习结果（下）。为了生成更清晰、更详细的城市形态图像，该模型使用 Wasserstein 距离和梯度惩罚。直到 700 批次左右损失下降，1000 批次左右上升，再次开始收敛，3000 批次后趋于稳定。无需许可

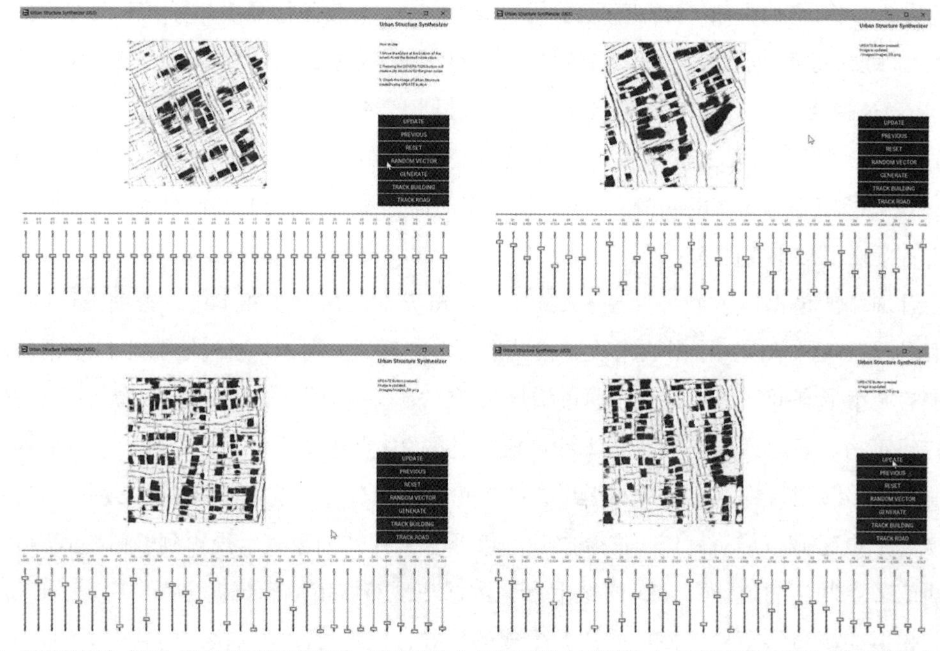


**图 5.6**　城市结构合成器中用户界面的屏幕截图。城市结构合成器根据经过训练的生成深度神经网络生成具有城市类型区分器的不同城市结构。无需许可

本次实验的设计任务是将基于匹兹堡市中心形态特质的合成城市肌理植入典型的低层住宅区。通过 USS，我们能够合成类似市中心的城市结构，在具有矩形网格和低层房屋的住宅区中间植入具有三角形网格和高层建筑。实验结果不仅展示了特定类型城市肌理的生成，而且还展示了两种不同肌理外围城市形态的逐渐变化（图 5.7）。

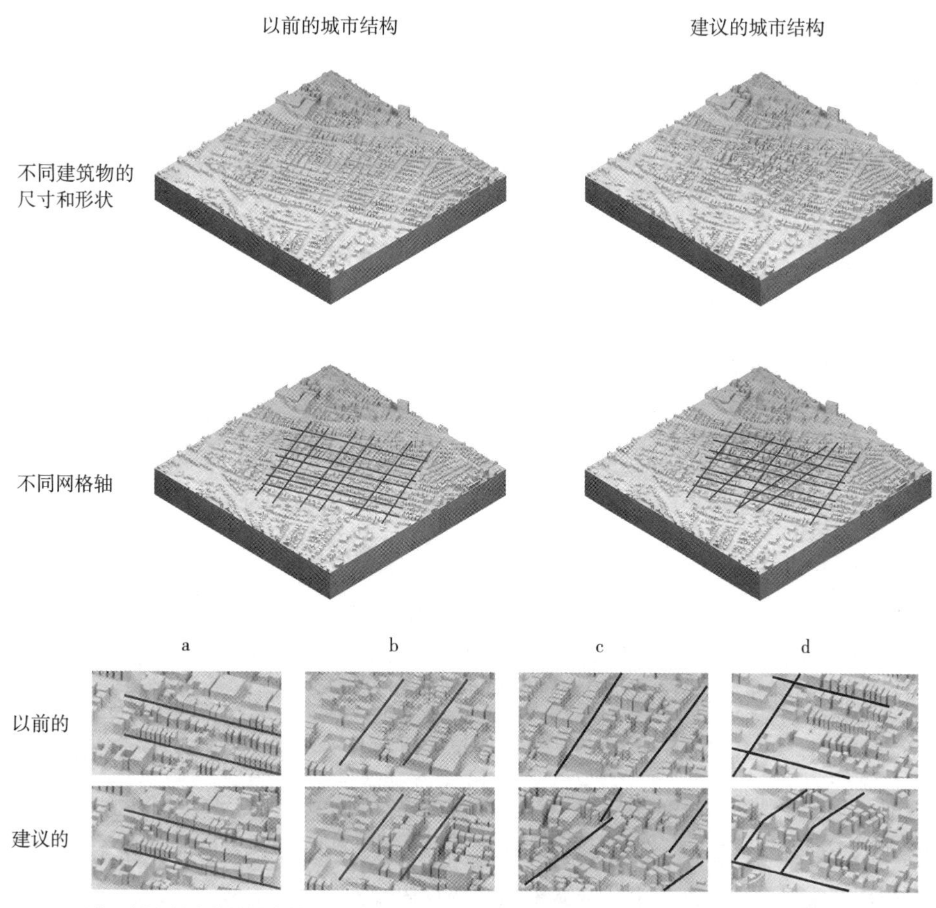


**图 5.7** USS 现有和拟议城市结构的比较。所提议的城市肌理在街道图案和建筑形式上有逐渐的变化（上）。渐变的详细视图和分析（下）。无需许可

USS 的这项实验，说明了如何使用机器学习作为工作方法进行数据抽象来研究城市形态类型、发现形态特征的生成原理并区分城市类型。在设计实验过程中，用户可以与 USS 原型进行交互，以确定合成城市结构的城市类型。

与设计师互动的整个实验是基于现有城市形态的分析机器学习的城市模式。

# 具有高级统计功能的城市形态测量

本章介绍的研究项目，展示了如何利用和优化其他学科形态测量中的形态分析框架来研究城市模式和类型。首先，我们定义与城市形态相关的城市要素并收集其信息，通过图表表示来整理这些信息，我们可以合成自定义的城市形态数据集。基于神经网络的 t–SNE 算法用于提取和抽象每个数据的特征。对抽象数据进行聚类后，发现了几种独特且潜在的城市类型。通过将聚类结果重新映射到现实世界的地图空间中，可以生成细粒度的城市模式。

我们还对从形态数据抽象中得出的模式开发了两种不同的评估方法：直接评估和间接评估。直接评估法是将计算机的计算结果与现实情况进行比较。该评估需要对降维和聚类类型进行定性和定量检验。还需要将现实世界的记录用作对照组。我们通过视觉和统计研究了 21 种不同的城市类型，进行了实地研究以观察类型之间的冲突，通过照片记录城市形态配置，并将其与我们的检验结果进行比较。

间接评估法使用生成来定性地确认和分析统计模型如何概括形式特征的原理。生成模型可以通过抽象数据集的特征来构建形态数据的潜在空间。通过探索潜在空间，我们不仅合成了新的形态，而且还提供了它们类型的区别。在我们的研究中，我们使用匹兹堡城市形态数据训练了一个生成模型，并在类型区分的实时指导下合成了新的城市肌理。类似市中心的综合城市结构被植入到典型的住宅区中。生成特定类型的城市结构可以作为间接证据，表明城市形态数据的特征得到了很好的抽象。

我们的研究显示了形态测量分析方法应用于城市形态研究的潜力。具体来说，具有学习算法的分析框架可以充分利用城市数据：规模大、可获取性高。由于学习算法需要大量数据，因此在城市形态研究中的应用需要大量数据来发现城市的形态模式，而城市基本上是公共和私人城市要素的集合空间。一座城市拥有大量关于城市形态和要素的信息。将信息框架化为数据，可以满足对数据学习形式模式的巨大需求。另一个优势是，与城市形态相关的数据已经可以通过公共或公民数据平台（例如来自政府的地理信息系统和人口普查数据）轻松访问。商业 3D 地图和元宇宙服务也非常适合城市形态数据收集。

大规模可获取的城市形态数据和人工智能处理工具，不仅提高了城市形态分析的准确性和颗粒度，而且有助于揭示城市形态的潜在知识。这些方法关注格式化数据中的每种城市形态，聚合每个数据特征，并绘制形态数据的模式。与按邻里边界、建筑项目和区域等预先存在的系统进行分类不同，我们可以通过定义城市环境中每栋建筑的形式特征来构建数据，并对数据进行统计处理，通过对数据进行模式化来划分类型。这是一种自下而上的城市空间视角，它可以提升对城市空间复杂性的理解，超越了我们传统的自上而下的城市形态分析视角。换句话说，通过观察构成城市空间的各个要素的特征，可以更严格地研究整个城市的形态特征。

通过将形态计量分析方法应用于城市形态研究，我们可以发现细粒度的、高分辨率的城市形态模式。人工智能技术在形态分析方面的方法论进步使我们能够详细、彻底地分析城市结构、城市肌理和城市形态。然而，用于调查城市形态类型和模式的形态数据目前仅包括物理外观特征。虽然该方法有助于城市形态的统计检验，但其对城市形态原理或动态演变的研究受到限制。换言之，城市形态为何构建格局形态、哪些因素影响城市形态特征、城市因素如何影响城市形态和类型等问题是很难推理的。

综上所述，为充分考虑城市形态的特征，应将其与非物理因素的关系进行整合和分析，在城市中，非物理因素可以表现为反映各种城市现象并与城市形态变化密切相关的社会文化数据。正式和非正式数据之间的整合可以通过如上所示的模式来精确处理城市现象和形式之间的复杂关系。为此，更核心的先决条件之一是我们如何管理和处理正式和非正式的城市数据。任何未来的研究都应该计划探讨基于技术和设计的数据管理实验，通过考虑非物理城市数据的表示以及如何将它们与形态数据集成。开发人工智能模型应伴随数据管理以处理集成的形态数据。基于这样的实验，利用这种集成和人工智能技术揭示了形态中嵌入的社会文化原理，城市形态的形态测量分析将成为城市形态学的核心计算方法。

## 参考文献


Alexander，C.，1964. Notes on the Synthesis of Form. Harvard University Press，Cambridge.

Andres，S.，2010. Path and Place：A Study of Urban Geometry and Retail Activity in Cambridge and Somerville，MA. Massachusetts Institute OF Technology，Massachusetts. Available at：https：//dspace.mit.edu/handle/1721.1/62034.

Arjovsky，M.，Chintala，S.，Bottou，L.，2017. Wasserstein GAN. arXiv：1701.07875 [cs，stat]. Available at：http：//arxiv.org/abs/1701.07875.（Accessed 8 December 2019）.

Bacon，E.N.，1976. Design of Cities，A Studio Book，Revised ed. Penguin Books，New York.

Boeing，G.，2018. Measuring the complexity of urban form and design. Urban Des. Int. 23，281–292. https：//doi.org/10.1057/s41289-018-0072-1.

Brown，D.，2004. Encyclopedia of 20th century architecture. Ref. Rev. 18（7），46. https：//doi.org/10.1108/09504120410559825.

Cairns，S.，Crysler，C.G.，Christopher，G.，Heynen，H.，2012. The SAGE Handbook of Architectural Theory，Architectural Theory. SAGE Publications，Los Angeles.

Corbusier，L.，1986. Towards a New Architecture. Dover Publications，New York.

Dinsdale，N.K.，et al.，2021. Learning patterns of the ageing brain in MRI using deep convolutional networks. Neuroimage 224. https：//doi.org/10.1016/j.neuroimage.2020.117401，117401.

Dramsch，J.S.，Moseley，B.，Krischer，L.，2020. 70 years of machine learning in geoscience in review. In：Advances in Geophysics. Elsevier，pp. 1–55. Available at：https：//www.sciencedirect.com/science/article/pii/S0065268720300054.（Accessed 11 August 2021）.

Giambattista，N.，1748. Map of Rome，Earth Sciences & Map Library. University of California，Berkeley. Available at：https：//www.lib.berkeley.edu/EART/maps/nolli.html.（Accessed 20 September 2021）.

Goceri，E.，Goceri，N.，2017. Deep learning in medical image analysis：recent advances and future trends. In：IADIS International Conference Big Data Analytics，Data Mining and Computational Intelligence 2017（part of MCCSIS2017）. Available at：http：//www.iadisportal.org/digital-library/deep-learning-in-medical-image-

analysis recent-advances-and-future-trends. ( Accessed 11 August 2021 ) .
Gulrajani, I., et al., 2017. Improved training of Wasserstein GANs. In: Advances in Neural Information Processing Systems 30. Curran Associates, Inc, pp. 5767-5777. Available at: http: //papers.nips.cc/paper/7159-improved-training-of-wasserstein-gans.pdf. ( Accessed 8 May 2020 ) .
Kingma, D.P., Ba, J., 2017. Adam: A Method for Stochastic Optimization. arXiv: 1412.6980 [cs]. Available at: http: //arxiv.org/abs/1412.6980. ( Accessed 14 November 2020 ) .
Koetter, F., Rowe, C., 1979. Collage City. MIT Press, p. 185.
Kropf, K., 2017. The Handbook of Urban Morphology. Wiley, Chichester, West Sussex.
Kwinter, S., 2003. Who's afraid of formalism? In: Phylogenesis: Foa's Ark. Actar, pp. 96-99.
Marcus, L.F., 1990. Traditional morphometrics. In: The Michigan Morphometric Workshop. Rohlf and F. L. Bookstein.
Mitchell, W.J., 1989. The Logic of Architecture: Design, Computation, and Cognition. MIT Press, Cambridge, MA.
Neumeyer, F., 1991. The Artless Word: Mies Van der Rohe on the Building Art. MIT Press, Cambridge, MA.
Oliveira, V., 2016. Urban Morphology: An Introduction to the Study of the Physical Form of Cities, The Urban Book Series. Springer International Publishing. Available at: https: //www.springer.com/gp/book/9783319320816. ( Accessed 17 October 2020 ) .
Otto, F., Songel, J.M., Otto, F., 2010. A Conversation with Frei Otto, english ed. Conversations: A Princeton Architectural Press Series, Princeton Architectural Press, New York.
Palladio, A., 1965. The Four Books of Architecture. Dover Publications, New York.
Pollio, V., et al., 2001. Vitruvius: Ten Books on Architecture, first pbk ed. Cambridge University Press, New York.
Reyment, R.A., 1985. Multivariate morphometrics and analysis of shape. J. Int. Assoc. Math. Geol. 17 ( 6 ), 591-609.https: //doi.org/10.1007/BF01030855.
Reyment, R.A. Elewa, A.M.T. ( 2010 ) "Morphometrics: an historical essay," in Morphometrics for Nonmorphometricians. Berlin, Heidelberg: Springer, pp. 9-24. doi: https: //doi.org/10.1007/978-3-540-95853-6_2 ( Accessed 1 August 2021 ) .
Rhee, J., 2018. Architectural Diagrammatic Image Dataset for Learning. Available at: https: //jinmorhee.net/jinmorhee_3-multimedia/DID_1.html. ( Accessed 5 August 2021 ) .
Rhee, J., 2019a. Context-Rich Urban Analysis Using Machine Learning: A Case Study in Pittsburgh, PA. Carnegie Mellon University, Pittsburgh, PA. Available at: https: //kilthub.cmu.edu/articles/thesis/Context-rich_Urban_Analysis_Using_Machine_Learning_A_Case_Study_in_Pittsburgh_PA/8235593.
Rhee, J., 2019b. Context-rich Urban Analysis Using Machine Learning—A Case Study in Pittsburgh, PA. Available at: https: //www.jinmorhee.net/jinmorhee_3-multimedia/contextrichurban.html. ( Accessed 5 August 2021 ) .
Rhee, J., 2019c. Diagrammatic Image Dataset—Pittsburgh. Available at: https: //jinmorhee.net/jinmorhee_2-multiimage/didpgh.html. ( Accessed 5 August 2021 ) .
Rhee, J., 2019d. Urban Structure Synthesizer ( Prototype ) . Available at: https: //jinmorhee.net/jinmorhee_3-multimedia/uss.html. ( Accessed 5 August 2021 ) .
Rhee, J., Veloso, P., 2021. Generative design of urban fabrics using deep learning. In: The 26th International Conference of the Association for Computer Aided Architectural Design Research in Asia ( CAADRIA ) . 1. The Association for Computer Aided Architectural Design Research in Asia ( CAADRIA ), pp. 31-40. Available at: http: //papers.cumincad.org/cgi-bin/works/paper/caadria2021_053. ( Accessed 30 March 2021 ) .
Rhee, J., Cardoso Llach, D., Krishnamurti, R., 2019. Context-rich urban analysis using machine learning—a case study in Pittsburgh, PA. In: The 37th eCAADe and 23rd SIGraDi Conference. Architecture in the Age of the 4th Industrial Revolution—Proceedings of the 37th eCAADe and 23rd SIGraDi Conference. http: //papers.cumincad.org/cgibin/works/paper/ecaadesigradi2019_550. ( Accessed 12 September 2019 ) .

Rossi, A., 1982. The Architecture of the City. MIT Press, Cambridge, MA and London, England, p. 202. Available at: https: //mitpress.mit.edu/books/architecture-city.

Schulze, F., Windhorst, E., 2012. Mies Van der Rohe: A Critical Biography. New and revised edition, The University of Chicago Press, Chicago.

Schumacher, P., 2008. Parametricism as Style—Parametricist Manifesto. Biennale, Venice.

Schumacher, P., 2016. Formalism and formal research. In: ARKETIPO—International Review of Architecture and Building Engineering.

Singley, P., 2019. How to Read Architecture: An Introduction to Interpreting the Built Environment. Routledge. Available at: https: //www.taylorfrancis.com/books/9780429262388. (Accessed 10 August 2020).

Somol, R.E., et al., 1994. What is the status of work on form today? ANY: Archit. New York (7/8), 58–65. Available at: http: //www.jstor.org/stable/41846103. (Accessed 9 September 2020).

Sullivan, L.H., 1896. The Tall Office Building Artistically Considered. Lippincott's. Available at: http: //archive.org/details/tallofficebuildi00sull. (Accessed 5 July 2020).

Ungers, O.M., 2011. Morphologie: City Metaphors, Bilingual ed. Buchhandlung Walther KonigGmbH&Co. KG. Abt.Verlag, p. 132.

Venturi, R., Izenour, S., Scott Brown, D., 1972. Learning from Las Vegas, Facsimile ed. The MIT Press, Cambridge, MA.

Weber, R., Larner, S., 1993. The concept of proportion in architecture: an introductory bibliographic essay. Art Doc. J. Art Libr. Soc. North America 12 (4), 147–154. Available at: http: //www.jstor.org/stable/27948585. (Accessed11 August 2021).

# 第6章

# AI 驱动的云端 BIM

万宇・何（Wanyu He）[a, b]，杰基・勇・梁・宋（Jackie Yong Leong Shong）[a, b]，
王楚瑜（Chuyu Wang）[b]
a 佛罗里达国际大学传播建筑与艺术学院，佛罗里达州迈阿密，美国；
b 深圳 Xkool 科技有限公司，深圳，中国

## 引　言

自文艺复兴以来，建筑项目的表现形式已从手工绘图、计算机渲染和几何建模发展到建筑信息模型（BIM），即在一个综合数字化模型中汇集各种信息。目前，建筑行业仍然是劳动密集型行业，尤其是在项目的前期阶段，如规划和设计环节。由于个人技能、有效的企业管理和创新能力的缺乏，对设计人员的核心竞争力和长足发展的贡献微乎其微。建筑设计行业仍然严重依赖体力劳动，这既不可持续，也不能提高生产力。在本章中，我们提出人工智能驱动的云上 BIM（ABC）技术可以通过将 BIM 与大数据人工智能和云计算相结合来解决生产效率问题。我们将展示几个案例研究，说明 ABC 如何帮助在中国开展的建筑项目。

## 背　景

随着信息技术的飞速发展，BIM 软件公司在提高城市规划和建筑设计的工作组织方面取得了突破和创新。总的来说，一些公司专注于改进现有功能，而另一些公司则推动现有工作

流程或商业模式的重构，如连接设计师和客户以改善沟通的云平台。虽然这些发展旨在通过应用新技术来提高行业的生产力，但效果是局部的，并不能完全令人满意。我们的问题是，BIM 能否从根本上解决建筑行业的效率问题？要进一步讨论这个问题，我们需要回顾一下 BIM 的定义。从狭义上讲，BIM 理解为数字化的建筑模型，由与建筑物的物理和功能特性相关的信息组成。但从广义上讲，BIM 不仅代表建筑模型本身，还发挥建立模型的作用——在多个阶段同步创建和利用信息的过程。BIM 还表示在整个项目生命周期中支持控制和组织数据的管理，如可视化、方案比较、可持续性分析和施工现场监督。

## BIM 在中国的崛起与瓶颈

21 世纪初，中国开始了对 BIM 的探索。多项自上而下的政策相继出台，推动 BIM 的发展。2011 年，住房和城乡建设部推动制定了 BIM 标准（《2011–2015 年建筑业信息化发展纲要》，2011 年），进一步强化了 BIM 的地位，将其作为未来 5 年的五大重要技术之一（《2016–2020 年建筑业信息化发展纲要》，2016 年）。根据国务院办公厅提出的实现建筑业更可持续发展的战略目标，住房和城乡建设部进一步将 BIM 定义为发展建筑业的唯一主导技术，并附上了若干创新示范案例（《建筑业 10 项新技术（2017 版）》，2017 年）。在 2020 年，住房和城乡建设部提出将 BIM 与人工智能、云计算、现场虚拟监理等先进技术相结合具有重要意义（《住房和城乡建设部等部门关于推进智慧建造和建筑工业化协同发展的指导意见》，2020）。

自从 2011 年中国开始推进 BIM，BIM 在中国的应用就面临着一系列挑战。本文将讨论 BIM 目前在中国应用的几个关键内容。一般而言，BIM 主要应用于大型复杂建筑如公共建筑和基础设施。建筑信息的复杂程度超出了传统 CAD 图纸所能处理的范围，而 BIM 的目标就是高效、准确地传达信息。例如，在 2017 年建成的上海中心大厦，设计团队很早就意识到，要完成这样一个“超级工程”，仅仅依靠传统的图纸绘制方法是不可能的，这将导致许多施工错误和大量代价高昂的变更请求——因为这个项目的信息量巨大（仅设计开发阶段就涉及约 15 万张图纸）。因此，他们决定使用 BIM 技术、项目管理工具和相关技术应用。最终，成功地利用 BIM 技术建造了超高层建筑，并贯穿了从设计到施工到运营和维护的整个建筑生命周期。

在中央政府的鼓励和支持下，BIM 在中国取得了可喜的成果。2020 年，一项关于 BIM 在中国应用情况的调查显示，BIM 在公共建筑项目中的应用普及率接近 74%，在公共住宅建筑项目中的应用普及率接近 61%（《中国建筑业 BIM 应用分析报告 2020》编委会，2020 年）。尽管基础设施和工业建设中的 BIM 渗透率已经分别达到 34% 和 28%，但我们预计 BIM 的应用率将继续增长，即使用 BIM 执行复杂的工程任务将逐渐成为常态。

然而，在市场规模较大的私人住宅建设中，BIM 的应用仍有一定的阻力。为了缩短交房时间周期，最大限度地提高资金周转率，住宅项目已经形成了一套相对成熟的机制，包括成熟的商业模式、标准化的住宅产品，以及开发商、设计院和施工单位等主要利益相关方之间基于二维图纸的沟通工作流程。在这种机制下，住宅建筑的相对简单性增加了向 BIM 转型的难度。常规的 CAD 图纸可以支持整个施工周期，而且成本仍然可以控制。在工作流程方面没有驱动力支持新的变革，也没有驱动力转向需要更高的学习成本的 BIM 软件。其次，采用 BIM 需要设计和施工单位投资招聘和培训精通 BIM 的专业人员，增加了人力成本。最后但并非最不重要的一点是，开发商作为客户，并不一定需要下游各方提供的 BIM 模型，其根本原因是这会进一步增加预算，或者他们不需要在下一步的运营和维护中使用 BIM 带来的优势。这些因素实际上与 BIM 在其他国家遇到的阻力相似（《建筑行业实施建筑信息模型（BIM）的障碍：回顾》，2018 年）：由于政府旨在解决房地产的债务危机，近年来推动了多项政策，如更严格的贷款管理。因此，开发商将注意力转向解决资金筹集和债务问题，而不是转向成本增加的技术实施。

综上所述，BIM 在中国复杂的大型公共建筑项目中得到了较好的推广和应用，但在较为简单的住宅建筑领域，常规的 CAD 制图仍是建筑施工的主要信息载体。

## BIM 软件的使用

BIM 并不等同于几何模型，而是旨在架起从设计团队到施工团队的信息桥梁，允许各方在为 BIM 模型作出贡献期间实现信息互通。除了作为参与者，BIM 软件在连接人与建筑信息方面也发挥着重要作用。与使用图形元素的 CAD 软件相比，BIM 软件使用模型元素，可以处理更丰富的信息，如经济指标、施工时间、成本和产品制造商等。BIM 软件具有更高层次的结构，可以组织、管理和交换信息。在中国，建筑行业的各个环节对使用 BIM 相关软件有着不同的偏好。美国软件公司 Bentley 拥有各种类型的 BIM 相关软件产品矩阵，近十年来已广泛应用于基础设施建设领域。目前，在基础设施建设领域（道路、桥梁、机场、工业厂房等）的各个细分领域，以及大型央企和国企（中国中铁、中国中冶、中海油、首钢等）的项目中，几乎都能看到 Bentley 的身影。此外，服务于飞机、船舶和汽车制造业的法国达索（Dassault）软件公司近来也开始利用其 BIM 软件（即 CATIA）占领中国市场。

在住宅建筑等私人建筑项目中，BIM 相关软件主要指 Autodesk 的 Revit 和 Graphisoft 的 ArchiCAD。除 Revit 外，Autodesk 还提供 Dynamo、Insight 和 NavisWorks 等附加程序，覆盖建筑生命周期的所有阶段。Autodesk 功能全面和较早地将 BIM 引入市场，因此在中国的住宅项目中占有较高的市场份额。一方面是 Autodesk 的 AutoCAD 在二维制图时代打下的坚实基础，另一方面，集建筑、结构、机电、暖通于一体的 Revit 也更符合国内设计院的部门组织形式。至于复杂的大型公共建筑项目，如体育场馆、五星级酒店和商业综合体，BIM 软件的应用则相对较为分散。例如，Bentley 的 OBD（Open Building Designer）、CATIA、Revit、ArchiCAD

和 Digital Project 等都是国内采用的软件工具。除国外软件外，PKPM、Glodon、XKool 和 Tangent 等本土 BIM 软件和插件提供商也在不断发展壮大，以支持根据本土需求进行更无缝的应用。随着人们对本土技术的了解越来越多，这种本地化研发趋势也在不断加强。

然而，如此广泛的 BIM 软件选择虽然会带来多样性和便利性，但也会成为追求理想 BIM 愿景的障碍。其中一个主要障碍就是数据交换。为了确保数据能够交互操作，必须将不同 BIM 软件中的数据转换为中间交换型格式，目前主流的中间交换标准是 IFC。IFC 并不是万能的，当存在语义信息差异时，它确实会造成数据丢失和错误表述（基于 IFC 的异构 BIM 软件间数据交换的互操作性分析，2018），但这一交互操作性问题有望通过"通用 BIM 平台"来解决，该平台完全支持 IFC 模式，允许在不丢失任何数据的情况下集成来自多个学科的模型。更理想的情况是，在整个建筑项目生命周期中，多个利益相关者都可以使用这个具有一个 BIM 模型的平台（或具有相同内核的多个平台），而不是在不同阶段使用具有不同内核的多种程序。

## BIM 是否能提高生产力？

2004 年，来自建筑、工程、施工、楼宇管理和运营部门以及技术和建筑产品行业的知名代表（组成了建筑与工程（AE）生产力委员会）举行会议，对该领域的低效率问题进行了修正（建筑设计、施工和运营中的协作、集成信息和项目全生命周期，2004 年）。他们提出了一个新的合作框架，强调业主领导、综合项目框架、开放式信息共享和 BIM。其核心举措是建立一个基于开放式的信息交流机制，从项目一开始就将利益相关者组织在一起，实现共同目标，取得最佳成果。

建筑信息模型促进了协作团队之间的信息共享。在项目进程的早期，即规划和设计阶段共享信息，最有可能在交付时间和成本方面取得良好成果。理想情况下，在这种机制下，主要的设计决策工作（对成本最为敏感）可以在项目的早期阶段进行，合作者有最大的机会作出正确的设计决策，从而避免在后期阶段出现巨大的成本超支（如设计变更、返工或终止）。随着 BIM 技术的不断发展，AE 生产力委员会的愿景，尤其是数据交换方面的愿景正在逐步实现。

但 BIM 仍需更加关注如何实现优化设计方案。设计阶段主要包括项目规划（前期设计）、概念设计（方案设计）、初步设计和施工图设计。其中，项目规划涉及主要的成本计划，开发商需要一个可行的设计方案来确定征地方案。在中国，这种情况在严格的融资政策出台后愈演愈烈，开发商开始要求预先设计方案（或可行性研究），包括确定的地上住房单元数量、建筑布局、地下容积率、停车场地，甚至结构方案（通常发生在项目的后期阶段），以缩小不确定性和潜在的成本超支。同时，为了控制土地利用，政府削减了可开发的土地规模。因此，早期的可行性研究对开发商来说变得更加重要。这实际上极大地驱使前期设计阶段的参与者将商业分析纳入其中，并驱使建筑师、城市规划师和工程师从一开始就开展可行性研究，以确保投资的可行性，并将抽象的数字指标与物理几何实体联系起来（甚至考虑到了实体价值）。

虽然如今的设计工具已从笔和尺子变成了计算机建模，但设计工作流程的本质并没有改变，主要还是依靠人工方式从众多设计目标和规范约束中获取设计方案。在可行性研究中，设计的作用更适合多目标优化的概念。设计人员需要了解项目的制约因素（如规划法规、设计规范和给定的住房类型）和目标（如最大化容积率和最小化建筑成本）。因此，在这种情况下，设计就像运筹学的概念，为复杂的问题寻找最佳解决方案。要以人工方式提高寻找解决方案的 过程和质量，即使不是不可能，也确实很困难。在实践中，设计人员必须将大部分时间花在收集数据和了解建筑规范法规等方面，才能合理地设计出一栋建筑，这就挤占了设计人员可以花在设计上的时间。

## AI 驱动的云端建筑信息模型

传统的 CAD 软件工具已无法满足当代建筑行业的期望。同时，由于 BIM 软件采购昂贵、学习成本较高、国内客户要求不高等原因，BIM 主要应用于设计的最后阶段，即 BIM 只是在设计定稿后用来“复制”设计。因此，在设计阶段，BIM 与 CAD 没有本质区别。因此，BIM 只能在施工文件阶段体现其价值，而在成本敏感的早期设计阶段几乎没有参与。BIM 汇集有关设计的重要数据，但仅靠信息并不能完全生成目标问题集的最佳解决方案。因此，大数据、人工智能和云计算等颠覆性信息技术对于与 BIM 集成以实现先进性能至关重要。

### 大数据

在开始设计之前，需要进行场地分析，包括政府的土地使用规划、基础设施（如道路和主要公共交通枢纽）、设施（如教育和文化中心、医疗服务、零售和地标）地理和自然资源（地形信息、绿化和水景）、现有建筑，以及经常更新的数据如房价趋势、人口结构和人口流动。

大数据的整合将使 BIM 软件能够进行与地理信息系统（GIS）软件类似的场地分析，如噪声分析、潜在经济影响区、视野分析，以及 GIS 仍未涵盖的内容，如住房规划建议。使用大数据的 BIM 模型可以进行更逼真的模拟。例如，可以通过一系列分布式 WiFi 探测器收集购物中心的访客数据，研究访客的访问模式，然后将所学习到的模式与基于代理的建模（ABM）相结合，以模拟和预测访客的流动情况。因此，这种 BIM 整合可用于评估访客密度、疏散效率和店面经济价值（图 6.1），从而优化店铺分区、可见度和可达性。另一方面，BIM 中的房

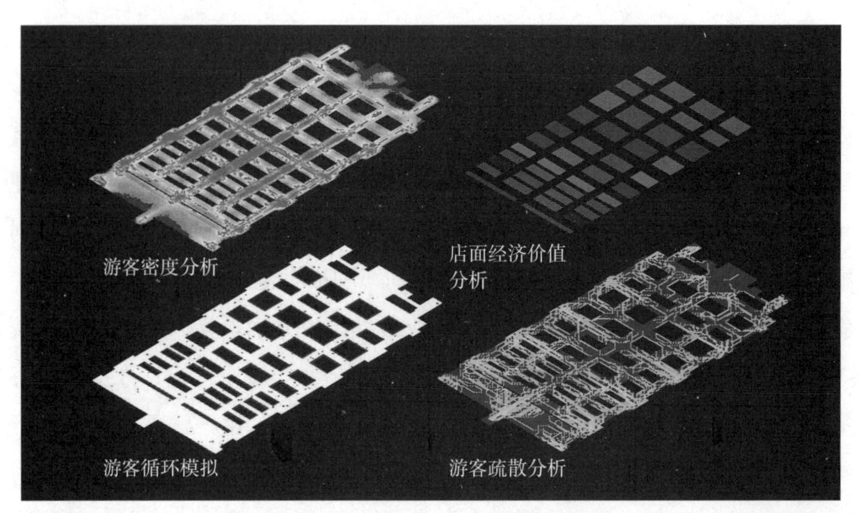


**图 6.1** 购物中心 BIM 模型中的大数据模拟和分析。访客模式用于模拟流通，有助于评估密度、疏散效率和店面经济价值，来自深圳 XKool 科技有限公司

屋数据记录将具有语义价值（如平面图的几何形状、房间配置、窗户朝向和建筑面积），可与第三方数据供应商提供的房屋价值趋势完美匹配。上述分析将进一步帮助人工智能生成设计。

## 人工智能

自 20 世纪中叶人工智能（AI）概念提出以来，人工智能算法开始解决各种实际问题。早期的人工智能集成软件工具，如专家系统，由于其记忆和计算能力可协助人类解决现实世界中的复杂问题，已被证明是许多行业提高生产效率的理想工具。从问题类型的角度来看，传统算法擅长解决可以用数学公式明确约束的问题，而人工智能算法（在当代更多指机器学习算法）则擅长解决无法用数学公式完全表达的复杂甚至抽象问题。以寻找一个集装箱最多能装多少个箱子的问题为例。如果给定了箱子和容器的大小，那么用典型的线性规划算法就能很好地解决这个问题，但如果不知道装满容器的箱子的大小，问题就会变得复杂，而且也很难用数学公式来表达所有的约束条件。在这种情况下，我们需要借助人工智能算法。

人工智能技术可协助 BIM 生成最佳设计方案。高度结构化的 BIM 软件架构可以实现输入条件（如周边大数据和容积率等法规要求）和建筑元素生成模块（与合规性检查模块集成）定义明确且相互关联，不会出现表述错误。建筑构件生成模块可生成住房单元配置、建筑形式和规划布局、房间布局、建筑立面与构件、场地平面图等。

基于人工智能算法（如进化算法）的生成模块模仿自然选择理论，其机制简述如下：首先根据输入生成初始设计方案组（第 1 代），然后根据选择目标（如最大化住房单元 A）过滤掉第 1 代中不合格的方案，之后根据存活方案生成具有变异的另一组（子代）。这个过程不断重复，直到找到最优的设计方案，这种算法已经在设计行业得到了验证和实践。以博物馆的外形设计为例。根据目标场地的周边信息，如地形、风向和风速记录，生成一系列博物馆的潜在形式，并测试其在通风、可达性和视野方面的效能（图 6.2）。另一方面，人工智能还可

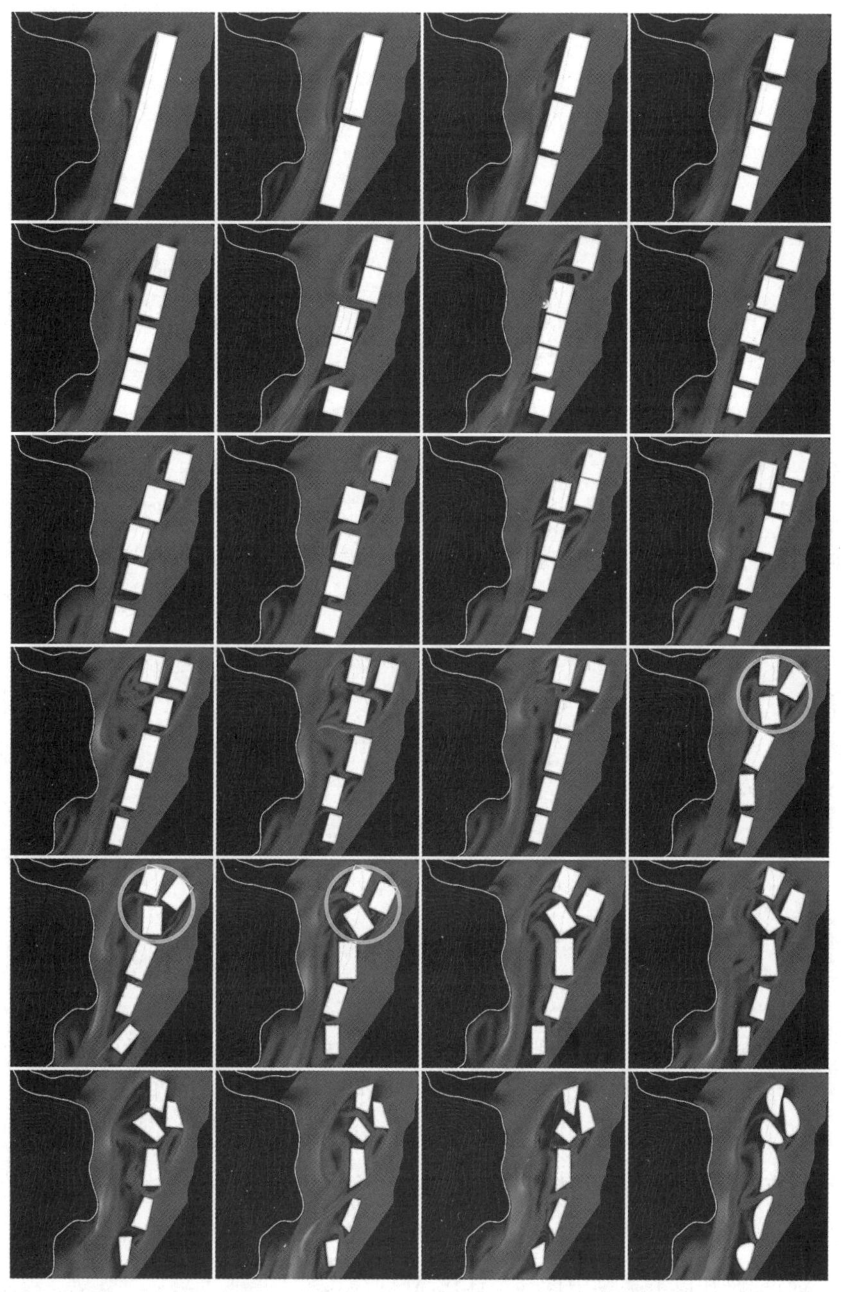

**图 6.2** 成都博物馆形态研究的人工智能生成。测试了一系列在分割、形状、方向和多边形边角上有所变化的形式。左上方显示的是初始方案，右下方显示的是最终方案。来自深圳 XKool 科技有限公司

以帮助机器理解非结构化数据。随着大数据技术的发展在不久的将来，设计的输入很可能会考虑到更多样化的数据，如手绘草图、点云、街景、法规文本，甚至基于二维 CAD 的几何信息等，而这些信息最初都是以非结构化形式存在的。如果能有效处理这些非结构化数据并将其与 BIM 数据关联起来，将大大减少 BIM 建模中繁重的参数选择工作。马尔可夫随机场和自然语言处理（NLP）技术等算法，可以实现非结构化数据的检索、提取、分析甚至语义映射，将其与 BIM 有效衔接。

## 云计算

对可行性研究的更高需求是更多的专业推进前置变更信息，这将鼓励在项目早期阶段增加对 BIM 应用的要求，导致 IT 成本大幅增加，如 BIM 软件采购、计算机配置和网络功能。

部署在云上的软件改变了普通软件的商业模式。通过集合需求规模，实现了成本分摊和计算资源的灵活调配。企业可按需订购，减少 IT 技术人员的招聘、内部物理系统维护成本和设备折旧。这进一步降低项目参与者使用 BIM 的门槛。建筑全生命周期的 BIM 集成是促进 BIM 理想的最高技术实现点之一，Autodesk 和 Graphisoft 等 BIM 巨头已经预见到这一点，并正在逐步向云计算发展。因此，采用云计算的 BIM 可实现数字模型的实时编辑，支持信息共享和同步协同工作。总之，上述与 BIM 相结合的技术提出了一种范式转变，即人工智能驱动的云上建筑信息模型（ABC）。从项目初始阶段开始，它就可以进行更深入的现场分析，从而在 BIM 中生成基于大数据、人工智能以及法规和行业标准的最佳设计方案。与纯手工建模方法相比，带有人工智能生成模块的 ABC 缩短了模型创建和方案优化周期。此外，云计算提供了经济上可行的采购和计算资源。它还促进了数字模型的互操作，使利益相关者能够在云上实时可视化、共同编辑、共享和交换。

# 案例研究

荷兰建筑师雷姆·库哈斯（Rem Koolhaas）声称“我们的当代世界异常复杂，仅凭一家建筑公司已经不足以产生足够的智慧来理解和应对不同的条件、未知的情况和复杂的背景”。从他的演讲中可以推断出，传统的设计方法和手段已经跟不上瞬息万变、错综复杂的当代世界。城市或建筑只有在实体化之后才能检验其效果。如果设计存在较大缺陷，补救措施可能代价高昂。因此，在实现之前进行虚拟测试的先进信息技术，相信能够满足瞬息万变的环境中的各种需求，XKool 将在以下案例中进一步探讨 ABC 模式。

## 案例 1：多维城市数字平台

2017 年深港城市建筑双城双年展由深圳市人民政府主办，在深圳城中村之一的南头古镇举办（展场设计概念 | 策展在南头：乡村 / 城市共存与再生案例，2018 年）。随着住房需求的增长，集体所有制的农村土地被改造成可以实现建筑规模最大化。南头城中村就是这样一个拥有廉价租金、吸引各类人群居住和工作的区域。为了研究这种高密度生活所带来的机遇和风险，我们在城中村选择周围几个特别的位置安装了带任务的 WiFi 探针，以收集区域居民的通行数据。WiFi 探针可以实时记录其搜索范围内的任何硬件设备。除了这些庞大的动态数据外，BIM 软件还利用土地、交通网络、建筑模型和场地设施等静态信息进行模拟。

数据每天 24 小时收集并记录在多维城市数字平台上，该平台可以发现村民（以及游客）的生活模式。该设备可检测可观测区域内居民的日常作息时间。设备的唯一 ID（MAC 地址）有助于跟踪循环序列。另一方面，数据有助于在特定时间内发现潜在的高密度区域，从而帮助村庄管理者进一步缩小巡查范围（图 6.3）。

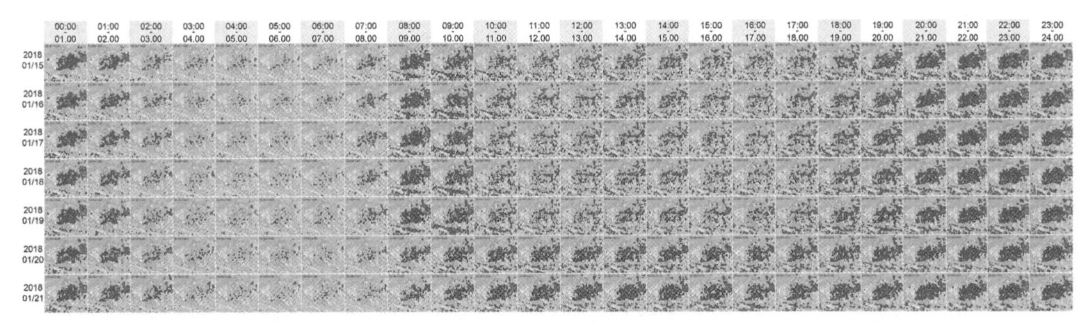


**图 6.3** 南投城中村热力图可视化。图中所示为一周内通过 WiFi 探测器采集到的区域人口 24 小时数据，并将其可视化为热力图，以更好地表现人口集中度和面积的变化。来自深圳市 XKool 科技有限公司

这个基于云的平台将收集到的数据可视化，并在展览期间实时显示结果。此外还向游客和当地居民提供了一个连接到云服务器的移动应用程序（图 6.4）。除了显示村内的所有参观点和主要旅游景点外，由于这些参观点分布分散，它还可以帮助游客规划合适的参观路线，从而在村内导航。此外，游客和居民在导航（物理或虚拟）到上述目标风险区域时，还可以使用该应用程序，通过 AR 观察多个更新方案模型。总之，这些探索旨在通过将传统 BIM 与大数据和云技术相结合，拓展传统 BIM 的边界。由于所收集的数据超出了建筑规模，数据平台介于 BIM 和城市信息建模（CIM）之间，将其原始阶段推向了更广阔的范围。

## 案例 2：XKool 人工智能设计云平台

2016 年，XKool 推出智能设计平台——XKoolAI 设计云平台。该平台基于 ABC 范式，集

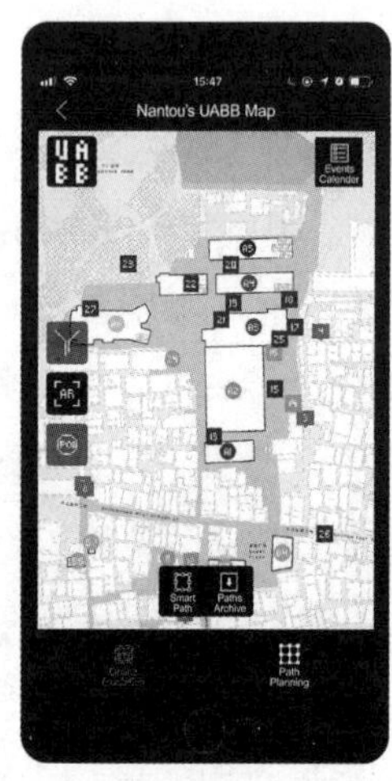

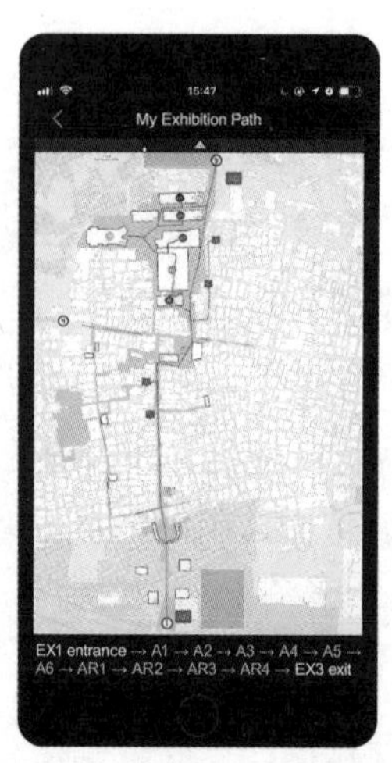

**图 6.4** 多维城市数字平台的移动应用。从左到右依次为展示地图、参观点智能导航、AR 展示的三维模型叠加。来自深圳市 XKool 科技有限公司

成了多项常见的建筑设计工作任务，包括检查、方案生成、编辑、审核、协作、数据导出等。该平台通过人工智能生成最优设计方案、实时合规性检查、支持多种格式输入输出，与当前主流设计软件无缝对接，旨在为主要参与房地产项目的设计师提高设计效果和效率。

最初，平台用户可以选择上传目标地块的边界或手绘地图（当详细的地籍地块几何数据尚未公布时）。选定地块位置后，可查询并显示周边信息，如建筑物几何形状、道路网络和现有 POI 信息，以便对地块有更直观的感知。还可以进行多项场地分析，包括但不限于房价趋势、经济价值、潜在人口密度、噪声分析、视线分析和流动性分析。有了这些分析，设计人员无需实地考察就能更好地了解场地条件，甚至还能洞察到可能影响设计质量的潜在风险和机会。

接下来，项目目标（容积率、住房单元配置、建筑栋数）和约束条件（密度、高度限制、退线控制、最低日照时间）将被设置为多目标优化生成模块和合规性检查模块的参数。设计人员可以选择自行或通过机器定义土地细分，以确定主要道路网络的位置，并最大限度地减少各种潜在规划方案的生成道路面积。人工智能集成生成模块将输出由与之前上传到数据库中的设计师设计的住房单元平面图相同的建筑模块组成的规划方案，从而降低建筑模型创建成本。在 BIM 结构中，这些规划方案将在符合监管规则并尽可能满足目标要求后进行排序展示。当生成的结果仍不符合要求时，该平台还配备了常用的编辑工具，可手动修改几何形状和属性，在调整模型时可实时检查是否符合要求（图 6.5）。这些过程可以重复进行，直到获得理想的方案。在城市规划或项目规划层面，该平台能够从零开始生成规划方案，并协助实现最佳解决方案。以一个特殊案例为例，最初的方案（完全由设计师完成）有六栋建筑不符合日照规定（图 6.6）。然而，在平台的帮助下，不合格的建筑可以通过检查。人工和机器的

**图 6.5** XKool 人工智能设计云平台截图。人工智能生成的方案根据对目标的满意度进行排序。来自深圳市 XKool 科技有限公司

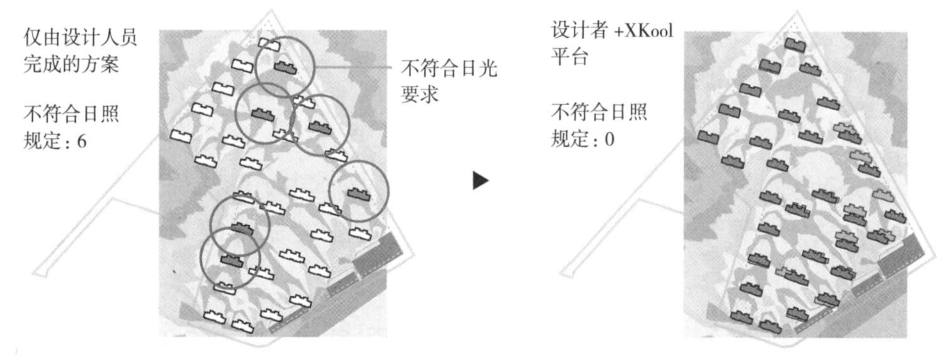


**图 6.6** 优化前后的规划方案。左图表示完全由设计人员完成的规划方案，右图表示由设计平台优化后的规划方案。来自深圳 XKool 科技有限公司

区别在于，后者可以通过百分之一米和 / 或旋转度的变化来不断测试每一种可能性。而人类在寻找全面优化的解决方案时，很难进行这种微小的调整。

除规划尺度外，该平台还支持更小的尺度。通过深度学习使用数百万住房规划数据训练生成模型，研究住房结构属性（即住房面积、房间配置、入口位置和阳台朝向）与各种房间（即客厅、厨房、餐厅、卧室、阳台和走廊）几何形状之间的关系，这种生成模型可以仅使用给定的数字参数生成多个平面图（图 6.7）。同时，分类器模型还可以匹配给定的平面图轮廓（CAD），并尝试将其与当前 BIM 数据库中的住房模型匹配。这种技术涉及卷积神经网络（CNN）等已被广泛应用于分类任务中的 AI 算法。

**图 6.7** XKool 人工智能设计云平台截图。该平台可生成并推荐方案供用户参考，用于设计开发。来自深圳 XKool 科技有限公司

## 案例 3：Kooltect 预制设计云平台

近年来，标准化、工业化的预制装配式建筑已被视为在很大程度上证明在提高建筑效率、应对劳动力成本上升能力、提升建筑质量和降低碳排放等方面重要作用。基于 ABC 范式 Kooltect 预制构件设计云平台旨在为预制构件行业赋能。从集装箱预制单元开始，用户可以快速查看制造商提供的现有单元，如单个集装箱的单身公寓、两个集装箱的一室公寓，或处理转角空间的特殊单元。选择合适的单元模块后，就可以编辑外观和内部布局。与需要多学科协作的传统设计工作流程相比，该平台允许少数专业人员在前一阶段加入，因为各专业的逻辑已经编码。当集装箱单元边界或室内布局发生调整时，该算法可使结构、MEP 和 HVAC 等组件作出相应反应。例如，一旦确定了室内布局，系统就会计算通风需求，并提出暖通空调设备建议，包括风管尺寸、进风口和出风口尺寸、位置等（图 6.8）。管道系统也产生在天花板和空调所需的冷凝水管中。最后，每个住宅单元的暖通空调系统被连接起来，在楼内形成一个四通八达的系统。

一旦定义了集装箱单元，平台的组装模块将根据给定的地点和单元进一步生成多个组装方案。与前面提到的规划生成不同，该模块将横向和纵向组装集装箱单元，并遵守相关规则（图 6.9）。装配生成模块还处理由于优化需要考虑最大建筑面积、单元数量、建筑密度、容积率、成本、租赁价格和回报率等多目标因素，因此需要进行多目标优化。在定义了组合方案后，用户还可以返回修改容器单元，从而同时改变单元块。这种可交换的操作确保了模型创建的灵活性，换言之，实现了不同尺度的实时同步设计。

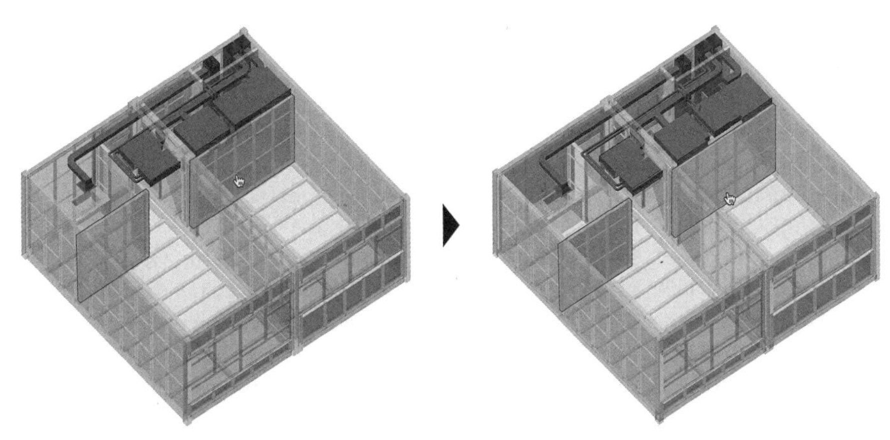

**图 6.8** 根据隔墙变化调整暖通空调设备。当空间发生变化时，可通过拉动或推动隔墙来调整暖通空调设备和连接件。摘自深圳市旭酷科技有限公司

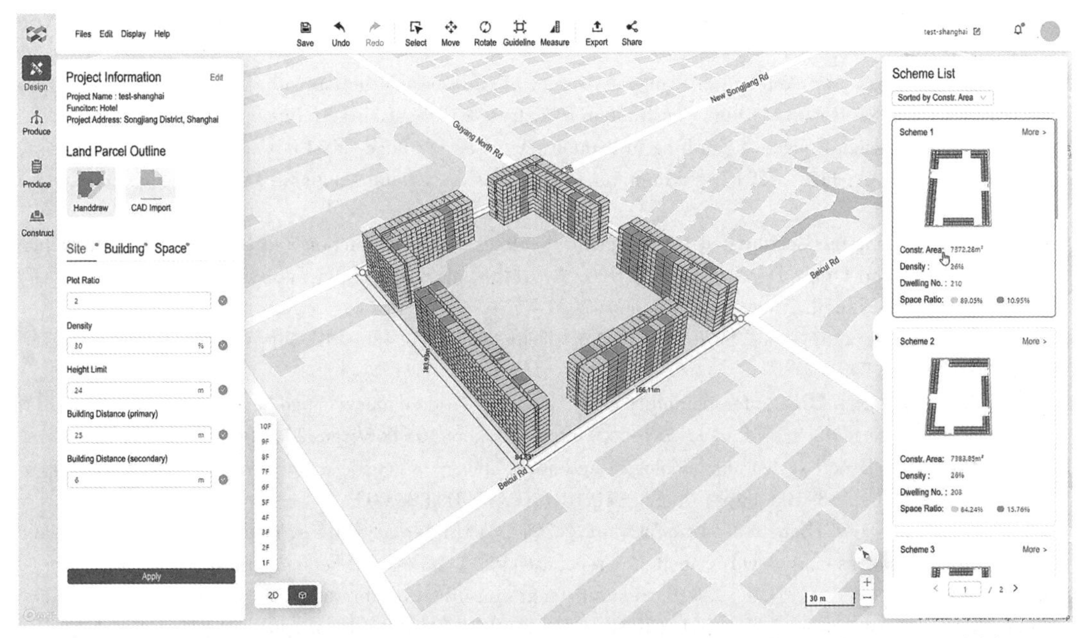


**图 6.9** Kooltect 预制设计云平台截图。选定的容器单元进行水平和垂直组装，形成几个建筑模块来自深圳 XKool 科技有限公司

# 结 论

建筑行业的信息化和数字化趋势不可逆转。BIM 仍在不断发展，通过整合先进技术来满足当前项目的需求。在这方面，ABC 可能是有待市场检验的范例之一。未来预计 BIM 将继续与机器人施工、5G、区块链、虚拟现实和物联网等技术合作。最后但同样重要的是，目前 BIM 在中国的应用仍需关注甲方客户对 BIM 的认识、商业模式利益相关者的可获取性、BIM 软件界面的用户友好性以及 AI 设计算法的有效性和效率等问题。

# 参考文献


10 New Technologies in Construction Industry（2017 edition），2017. Available at：http：//www.mohurd.gov.cn/wjfb/201711/t20171113_233938.html.（Accessed 30 August 2021）.

2011–2015 Informatisation Development Outline of Construction Industry，2011. Available at：http：//www.mohurd.gov.cn/wjfb/201105/t20110517_203420.html.（Accessed 30 August 2021）.

2016–2020 Informatisation Development Outline of Construction Industry，2016. Available at：http：//www.mohurd.gov.cn/wjfb/201609/t20160918_228929.html.（Accessed 30 August 2021）.

Ahmed，S.，2018. Barriers to implementation of building information modeling（bim）to the construction industry：a review. J. Civil Eng. Constr. 7（2），107–113. https：//doi.org/10.32732/jcec.2018.7.2.107.

Borrmann，A.，et al.，2018. Building Information Modeling，first ed. Springer International Publishing，Switzerland，https：//doi.org/10.1007/978-3-319-92862-3.

Collaboration，Integrated Information，and the Project Lifecycle in Building Design，Construction and Operation，2004. Available at：https：//kcuc.org/wp-content/uploads/2013/11/Collaboration-Integrated-Information-and the-Project-Lifecycle.pdf.（Accessed 1 September 2021）.

Deb，K.，Deb，K.，2014. Multi-Objective Optimization. Springer US，Boston，MA，pp. 403–449，https：//doi.org/10.1007/978-1-4614-6940-7_15.

Editorial Committee of BIM Application Analysis Report of China Construction Industry（2020），2020. BIM ApplicationAnalysis Report of China Construction Industry（2020）. China Architecture & Building Press.

Exhibition Venue Design Concept j Curating in Nantou：A Case of Village/City Coexistence and Regeneration，2018. Available at：http：//2017.szhkbiennale.org.cn/EN/News/Details.aspx?id¼10001013.（Accessed 2 September 2021）.

Guidance on Promoting the Coordinated Development of Intelligence Construction and Building Industrialization by MOHURD and Other Departments，2020. Available at：http：//www.mohurd.gov.cn/wjfb/202007/t20200728_246537.html.（Accessed 30 August 2021）.

Hadi，A.S.，2011. Expert Systems. Springer，Berlin，Heidelberg，pp. 480–482，https：//doi.org/10.1007/978-3-642-04898-2_240.

Huahui，L.，Deng，X.，2018. Interoperability analysis of IFC-based data exchange between heterogeneous BIM software. J. Civ. Eng. Manag. 7（24），537–555. https：//doi.org/10.3846/jcem.2018.6132.

Liao，S.-H.，2005. Expert system methodologies and applications—a decade review from 1995 to 2004. Expert Syst. Appl. 28（1），93–103. https：//doi.org/10.1016/j.eswa.2004.08.003.

Rem Koolhaas and David Gianotten on Countryside，2017. Available at：https：//msd.unimelb.edu.au/events/mtalks-rem-koolhaas-and-david-gianotten-on-countryside.（Accessed 2 September 2021）.

Salama，D.M.，El-Gohary，N.M.，2016. Semantic text classification for supporting automated compliance checking in construction. J. Comput. Civ. Eng. 30（1），04014106. https：//doi.org/10.1061/（ASCE）CP.1943-5487.0000301.American Society of Civil Engineers.

Shuai，L.，Hubo，C.，Kamat，V.R.，2016. Integrating natural language processing and spatial reasoning for utility compliance checking. J. Constr. Eng. Manag. 142（12），04016074. https：//doi.org/10.1061/（ASCE）CO.1943-7862.0001199. American Society of Civil Engineers.

Zhu，Q.，et al.，2017. Robust point cloud classification based on multi-level semantic relationships for urban scenes. ISPRS J. Photogramm. Remote Sens. 129，86–102. https：//doi.org/10.1016/j.isprsjprs.2017.04.022.

# 第三部分

# 城市研究中的 AI

# 第7章

# 城市健康分析中的深度学习

戴维·威廉·牛顿（David William Newton）

美国内布拉斯加州林肯市内布拉斯加大学建筑学院

## 引　言

近百年来，生活在城市地区的人口数量急剧增加，城市设计与人类健康之间的联系已成为一个紧迫的全球性问题（联合国经济和社会事务部人口署，2019年）。据联合国统计，目前世界上有56.2%的人口居住在城市，世界卫生组织（WHO）预计，到2050年，这一数字将增至66%。在人类大规模城市化的同时，肥胖、糖尿病和高血压等疾病在城市人口中也显著增加。除了严重的身体健康问题，城市化还与精神疾病发病率的上升有关。世界卫生组织的分析估计，抑郁症和焦虑症等精神疾病占全球疾病负担的12%，随着越来越多的人口迁入城市，这一数字预计还会增加。据估计，在全球范围内治疗这些生理和心理疾病的综合社会成本高达数万亿美元。要减轻这些疾病对整个社会的影响，关键在于更好地了解建筑环境的设计如何影响人类健康。因此，开发城市分析方法，让城市规划者和设计师更好地理解这种关系，对于设计更健康的城市至关重要。

在人类日益城市化的同时，信息收集、处理和分析领域也发生了一场革命，全球计算机网络已经融入了我们的日常生活。从我们手中的智能手机到我们头顶上的全球卫星网络，庞大的信息基础设施每天大约产生2.5TB的数据。在这些海量数据中，有多种数据收集技术可以提供有关建筑环境状况的信息。遥感技术是此类数据的主要来源，它利用航空和卫星平台鸟瞰地球表面。从这个有利位置，可以实时捕捉到航空照片、光探测和测距（LIDAR）图像、无线电探测和测距（RADAR）图像、高光谱图像和热图像等形式的数据，记录建筑环境在数天、数月和数年内的变化。这些基于图像的数据集可能非常庞大，需要新的方法和技术来系统地提取有用的信息。从地球科学到流行病学等多个学科都已利用机器学习的新发展成果来自动分析大型图像数据集，以便更好地理解一系列现象。然而，相关设计领域在很大程度上依赖于传统的推理统计方法——这些方法需要大量的人工劳动才能从图像中提取特征，用于回归和分类等任务。因此，这些基于图像的大型数据集为联合设计学科提供了丰富且尚未开发的资源，使其能够在城市化日益发展的世界中更好地理解人类健康与建筑环境之间的联系。

机器学习领域在开发能够处理大型图像数据集以完成分析、识别和预测任务的方法方面取得了重大进展。深度学习是机器学习的子领域，使用多层人工神经元从数据集中建立数学模型，这些模型已被证明在许多此类任务中优于竞争方法。例如，研究人员已经训练出深度学习模型，可以从照片中准确识别汽车、人、系外行星甚至皮肤癌等物体。研究人员还开始探索使用遥感数据集（如卫星图像）来建立自然和人造景观模型，以帮助理解和预测地质灾害和贫困等各种现象。虽然在城市分析领域的应用较为有限，但也应用于以下一些领域：确定城市地利用；预测城市增长；以及估算肥胖等类型健康指标。它们在理解人类健康与建筑环境之间联系方面的应用尤其有限，但现有研究已经证明了它们在估算健康指标以及识别建筑环境中视觉特征与健康之间相关关系方面的潜力。

因此，深度学习在城市健康分析中的应用还处于早期阶段，但在使用基于图像的大型数据集来更好地理解建筑环境及其对人类健康的影响方面，它提供了新的、有前景的能力。本章将介绍并探讨其中的一些功能，为相关设计领域提供这一新兴研究领域的路线图、潜力以及当前面临的挑战。本章首先简要概述了与城市形态和健康相关的现有研究，其中介绍了使用传统方法和深度学习的前期工作。接下来，重新搜索展示了将判别和生成深度学习过程用于城市健康评估和分析的方法。本章最后讨论了这一新兴研究领域的主要挑战和未来工作方向。

## 城市形态与健康

城市规划与健康方面的现有研究已在建成环境的物理特征与人类健康之间建立了多种联系。就身体健康指标而言，先前的研究发现，城市形态特征（如密度和街道网络模式）与肥胖率之间存在显著相关性。这些特征还与糖尿病和哮喘发病率的增加有关。迄今为止所做的工作表明，更适合步行的社区和城市与上述疾病的健康状况改善相关。

越来越多的研究发现，城市形态与心理健康之间存在着显著的相关性。关于城市密度如何影响心理健康的研究发现，高城市化率与高精神疾病发病率之间存在正相关。街道网络邻近度与非阿尔茨海默氏痴呆症、帕金森氏症、阿尔茨海默氏病和多发性硬化症等神经逻辑疾病有关。与此相反，研究发现，低密度的代表，如绿地、水景、自然景观和自然光，与低焦虑和低抑郁率相关。

越来越多的研究表明，社区和城市的物理特征与健康有着显著的相关性。这些相关性的特征仍在研究之中，重要的是不要混淆相关性和因果关系，但证据表明两者之间存在重要联系，需要进行更多的研究。该领域的大部分现有研究主要采用传统的推理统计方法来发现相关性。然而这些方法有效分析大型图像数据集的能力有限，例如来自遥感平台的数据。

## 城市健康分析中的深度学习

为了解决传统统计方法的一些缺陷，越来越多的研究探讨了深度学习与遥感数据集的结合使用，以更好地发现和理解城市形态与人类健康之间的相关性。这些研究大致可分为两类：判别式深度学习和生成式深度学习方法。深度学习模型由多层人工神经元组成，每个神经元都是将输入映射到输出的简单数学函数。这些简单的构件可以在网络中相互连接，以创建能够表示任何数学函数的模型。将多层人工神经元组织到网络中以完成特定任务的方法被称为创建深度学习架构。研究界已经开发并验证了大量的判别式和生成式深度学习架构，而且每天都有新的架构被开发出来。判别式深度学习过程使用标注数据集建立模型，用于分类和回归任务。在输入数据集与输出数据集相关的情况下。只要有足够的数据示例和训练时间，这些过程就能逼近将输入映射到输出的函数。生成式深度学习过程的工作方式不同，它使用大量无标记数据集来学习输入数据集的概率分布。然后可以对该概率分布进行采样，生成新的数据实例。生成式流程需要的数据准备工作比判别式流程少，因为它们使用的是无标记数据。判别和生成过程可以从多种类型的大型数据集（如图像、图纸、文本、三维模型、声音等）中建立模型。这种灵活性加上它们处理图像的能力，使它们对数据往往基于图像或异构性质的学科非常有用。

## 判别式深度学习在城市健康分析中的应用

在城市健康分析的现有研究中，判别式深度学习方法的应用最为广泛。它们与航空、卫星和视点图像结合使用，用于涉及人口、健康和社会福利的各种分类和回归任务。例如，它们已被用于训练模型，该模型可通过分类从卫星图像估算人口普查区的人口数量。它们还被应用于回归任务，利用发展中国家的白天和夜间卫星图像估算这些国家的贫困率。在健康分析方面，研究人员在城市的卫星图像上训练了判别模型，以估算肥胖率。研究人员还利用街景和视点图像来估算与失业、教育、收入和社会福利相关的更广泛的健康指标。

卷积神经网络（CNN）是一种为处理图像而开发的深度学习架构，也是本案例研究使用的主要架构。卷积神经网络的工作原理是将图像数据作为输入，并让数据通过一系列神经层。图像通过每一层时，图像数据会被逐步抽象为视觉特征集，这些特征集提供了图像数据的压缩表示，可用于分类、回归或生成任务。模型起始层提取低级特征（如边缘、角落等），而模型末尾层则提取高级特征（如道路、建筑物等）。CNN 通过训练过程学习哪些特征最适合特定任务的图像，以及如何从图像数据中提取这些特征，训练过程包括将示例图像与所需的模型输出（如所需的分类或回归值）一起输入模型，计算误差，然后使用优化算法调整与 CNN 数学模型相关的权重。这一监督学习过程反复进行，直到模型达到最高精度。

根据任务的不同，有多种 CNN 架构可供选择。以往涉及使用卫星图像进行健康分析的研究主要使用视觉几何组（VGG）系列 CNN 架构。不过，也可以选择在图像识别任务中提供更高精度的其他一些架构（如 Inception、Xception、ResNet）。然而，训练这些 CNN 模型是一项挑战。判别式深度学习模型需要大量数据进行 ResNet 训练。这些模型通常需要在包含数百万个数据样本的数据集上进行训练，才能在分类或回归任务中达到最高准确率。在处理较小的数据集时，这可能会带来挑战。

为了应对这一挑战，研究人员开发了两种对任何深度学习训练过程都非常有用的方法：数据扩增和迁移学习。数据扩增通过从现有实例中创建新的数据实例来增加训练数据集的大小。就图像数据集而言，具体做法是从数据集中提取一个现有图像然后对其进行操作（如缩放、旋转、扭曲、添加噪声等），从而改变图像的原始状态。修改后的新图像可用作新的训练示例。这种简单的技巧看似可疑，但已被证明能显著提高模型的准确性，并在城市健康分析的既有研究中得到广泛应用。

迁移学习是处理小型数据集（即数百到数千个数据点的数据集）时使用的另一种主要方法。迁移学习通过将为一项任务训练的深度学习模型重新用于另一项类似任务，从而节省大量计算时间。具体做法是使用在数百万个数据点上训练过的现有深度学习模型，然后只针对所需的分类或回归任务重新训练该模型的一小部分，这些任务与模型最初训练的任务相似但不同。迁移学习已经展示出令人印象深刻的能力并允许将从一个数据集上获得的分析见解迁移到其他数据集上。在城市健康分析方面的既有工作已经广泛使用了这种方法。

图 7.1 展示了一个使用迁移学习进行城市健康回归任务的判别式深度学习架构示例，该任务涉及根据美国人口普查区的卫星图像估算成年人超重率——这些普查区通常与单个社区的

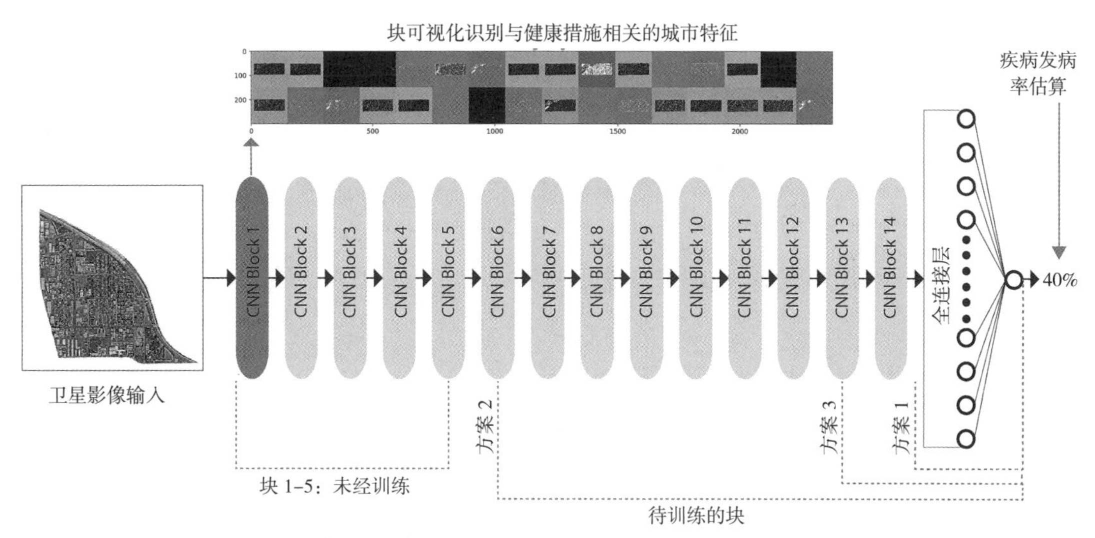


**图 7.1** Xception CNN 架构。图中显示在数据集上训练了以下 N 块：方案 1——仅最后一个全连接层；方案 2——第 13、14 块和最后一层；方案 3——CNN 第 614 块和最后一层。图中显示，块 1 的可视化是为了找到特定城市设计特征与估计健康结果之间的相关性。无需许可

规模相当。图中是 Xception CNN 架构。Xception 是一种在 ImageNet 数据库上进行预训练的架构，该数据库包含 1400 多万张图像，涵盖 2 万多个对象类别，原始架构由 14 个卷积块（每个积块由多个神经层组成）和最后一个输出分类值的层组成。为了调整模型以估算肥胖率，原始模型的最后一层被移除，取而代之的是一个新的层，它将输出回归值而不是分类值。如图 7.1 所示，该模型将人口普查区的卫星图像作为输入，通过卷积块提取特征，然后输出回归值，估算人口普查区成人超重率。

模型的训练包括冻结一定数量的神经层，并只对模型中的部分神经层进行训练。这种选择性训练可以节省时间，而找到要训练的层是一个关键问题。这种选择通常基于所需的数据集与训练模型的原始数据集的相似程度。在图 7.1 中给出的示例中，卫星图像与用于训练原始 Xception 架构的 ImageNet 数据库有很大不同。ImageNet 收录的是各种物体（如人、植物、动物、家具等）的近景仰视图，而不是俯视图。为了解决这个问题，通常会对多个选项进行测试。例如，第一个测试可能会探索通过只训练最后一层，Xception 架构的最小修改版能实现多好的性能。这一方案节省了最多的计算时间，但假设从 ImageNet 中学习到的低层和高层图像特征与分析城市的卫星图像相关。第二个测试可能会探讨这样一个假设，即从 ImageNet 中学习到的低层图像特征是有用的，但高层特征并不相关。因此，这种方法可能会训练 Xception 架构的最后两个卷积块以及最后一层。第三个测试可能会探讨这样一个假设，即高层特征和部分低层特征可能与卫星图像分析的特定健康指标无关。因此，可以训练卷积块 6 到 14 以及最后一层。随着训练层数的增加，训练所需的计算资源和时间也会随之增加。在本示例中，由于

鸟瞰图与仰视图差别很大，第三个测试架构在估计成年人超重率方面的误差最小，但所需的计算资源也最多。

本节介绍的现有研究确定了判别式方法在估算某些健康和社会福利指标方面的功效，但仍有许多领域需要进一步研究，以充分发挥这些模型在城市健康分析方面的潜力。这些领域包括：进一步了解哪些健康指标可以通过这些模型进行最佳估算；创建更有效地训练这些模型的方法，开发识别与健康指标相关的特定视觉特征的技术。下节将更详细地讨论最后一个问题。

## 分析深度学习模型发现相关性

深度学习模型通常被称为“黑箱模型”，因为它们的内部工作原理仍然被数十万有时甚至数百万个参数所掩盖。目前，开发分析方法来解决这一问题是深度学习学科面临的一个紧迫问题，因为这种方法可以让人们深入了解数据集特征与估计值之间的相关性。该领域以前的研究使用单个 CNN 层的可视化来识别相关特征。这种方法在使用卫星图像估算健康状况的工作中得到了广泛应用，但存在很大的缺点。具体来说，这些方法严重依赖视觉解读来识别感兴趣的特征，而对于特征组合如何与结果相关却提供不了多少信息。

机器学习领域的研究人员开发了多种方法来识别深度学习模型中数据集特征与预测结果之间可能存在的相关性。塞勒（Zeiler）和费格斯（Fergus）开发了一种涉及解卷积的定量方法，可突出显示图像中被特定神经单元激活的部分。阮（Nguye）等利用优化技术找到了导致不同神经层激活最高和最低的图像。盖蒂斯（Gatys）等利用格拉姆矩阵的计算方法找到了被一组给定图像激活最多的神经层。被识别的神经层随后可被可视化为称为特征图的图像，分析师可通过解读特征图来识别关键的视觉特征。

图 7.2 展示了最后一种方法的示例。在该示例中，首先将加利福尼亚州人口普查区的卫星图像数据集细分为代表肥胖、哮喘和心脏病三种不同健康指标的高发病率和低发病率的图像集，然后计算每个高发病率和低发病率图像集的平均格拉姆矩阵。计算方法是，从 Xception 架构的第一个卷积块中计算出每个人口普查区图像的格拉姆矩阵，然后求出每个图像的平均格拉姆矩阵，图 7.2 显示了为每个健康指标计算的平均格拉姆矩阵的可视化效果。这些矩阵是每个高发病率和低发病率集合中卫星图像的一种光谱图，可以对每种健康指标进行比较，例如，肥胖症和心脏病在高发病率图像中显示出相似的激活模式，而哮喘则明显不同。

矩阵的轴线显示了第一个卷积块中特定神经层（即特征图）的标识号。在格拉姆矩阵中，鲜艳的颜色代表了在特别高或特别低的发生率集合中平均最活跃的特征图组合，然后就可以对这些特征图进行可视化和解释，以确定与高发病率和低发病率相关的特定建筑和自然环境特征。格拉姆矩阵可以从 CNN 架构中的任何卷积块中计算出来，而选择在哪里计算则是一个

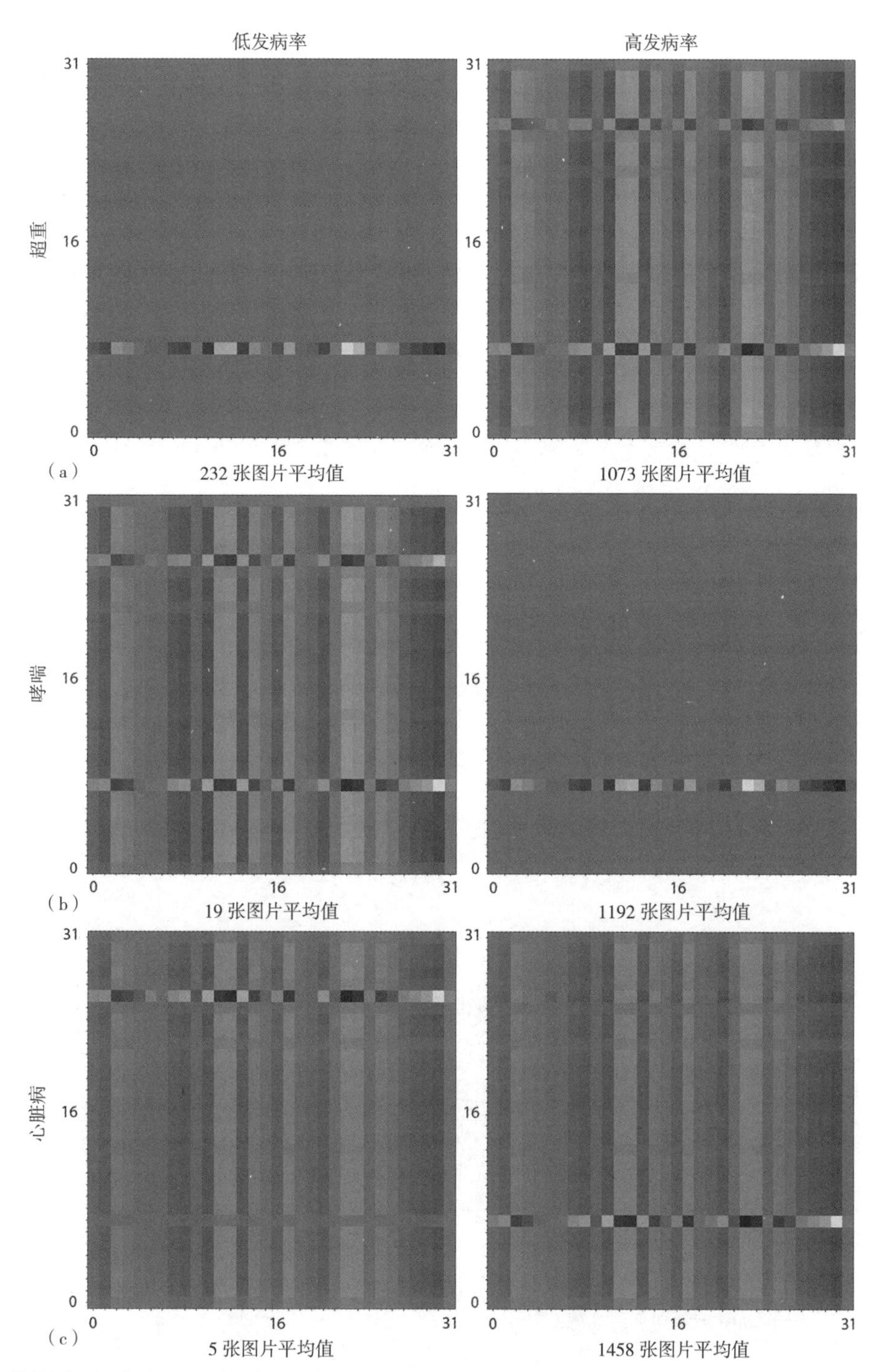


**图 7.2** 格拉姆矩阵。(a)显示了超重健康指标低发生率和高发生率人口普查区的平均格拉姆矩阵。(b)显示哮喘的平均格拉姆矩阵。(c)显示心脏病的平均格拉姆矩阵。无需许可

重要的问题。在本例中，我们选择了第一个卷积块因为它更容易进行直观解释。这种选择的缺点是，这一层的神经层参与识别的是低级图像特征（如边缘、角落等），而不是高级特征（如由多个低级特征组成的物体，如街道网络网格等）。

在图 7.3 中，显示了从超重成人高发病率和低发病率的平均格拉姆图谱中识别出的最活跃特征图组合。对于高发病率来说，活性最高的特征图是特征图 30 和图 24。图 7.3 显示了这些特征图的可视化以及分析。对特征地图 30 的可视化分析表明，在检测建筑物和街道的替代物（如南北向边缘和建筑物屋顶）时，它的激活率最高，尤其是与大型商业和住宅建筑相关的轻质屋顶材料。相比之下，特征图 24 的激活与建筑物之间的空间有关，特别是普查区外部景观中较暗的元素，如沥青表面（如街道和停车场）、植被和阴影。如图 7.3 所示，低入射率的最活跃地物图是地物图 24 和图 22。在高发生率和低发生率情况下，特征地图 24 都是最活跃的。

前 10% 的高发病率最活跃的特征地图

特征地图 30

特征地图 24

前 10% 低发病率最活跃的特征地图

特征地图 22

特征地图 24

**图 7.3** 格拉姆矩阵分析。成人超重率较高的人口普查区样本图像被用作 CNN 模型的输入。图中显示了通过格拉姆矩阵分析确定的最活跃的疾病高发和低发特征图。定性分析覆盖在特征图上，以识别激活模型的特定视觉特征。更亮的像素值表示图像中该区域的激活程度更高。无需许可

特征图 22 的激活行为与 24 相似，都是对外部空间作出反应。因此，这种激活模式比高发情况下更关注外部空间。这些结果表明，CNN 模型对街道、沿街阴影模式和停车场等步行性替代指标的反应最为灵敏。这些结果与城市规划和健康领域的先例研究一致这些先例研究发现步行能力与肥胖之间存在类似的相关性，但这种方法提供了一种识别这些相关性的新方法。

本示例展示了一种深度学习驱动的混合方法，用于识别卫星图像特征与疾病发病率之间的相关性，同时也展示了其局限性。第一个主要局限涉及选择 CNN 模型中计算格拉姆矩阵和检索特征图的位置。在这项研究中，选择了第一个卷积块，因为在模型的这一阶段，图像仍可通过以下方式轻松解读视觉检查。CNN 模型的第一块神经层学习如何发现低层次特征。虽然使用这些早期分析层可以使这些层生成的特征图具有人类可读性，但这一阶段的特征图仅学习了非常基本的表征。这就使得深入了解高层次特征（如街道网格模式、公园分布模式建筑密度差异等）与具体结果之间的关联变得更加困难，并且需要进行更高层次的解释。这个问题还涉及另一个局限性，即在格拉姆矩阵确定的特征图中，需要对激活模式进行一定程度的解释。要识别激活特定特征图的图像特征，需要逐个像素仔细评估特征图。对于某些特征图，可以直接解释其激活情况，但对于其他特征图，则需要更多的主观判断。因此开发更稳健的定量方法来分析 CNN 模型以识别这些特征是一个紧迫的问题，这已成为被称为可解释人工智能的研究领域的重点。该领域的最新研究表明，与之前的研究相比，该领域的工作有了显著改进，而且每年都有新的发展，解决这一问题的强大工具似乎指日可待。

## 生成式深度学习在城市健康分析中的应用

与用于城市健康分析的判别模型相比，现有研究对生成式深度学习模型的探索较少。这可能是由于它们不能提供直接的分类或回归值，从而无法进行快速的交互预处理，而是可以学习定义一类数据集与另一类数据集的统计相关性，并根据这些学习到的相关性创建新的数据实例。机器学习领域已开发出多种生成式深度学习架构，例如变异自动编码器和深度信念网络。古德菲洛（Goodfellow）等提出的生成对抗网络（GAN）是最流行的深度生成模型。之所以如此受欢迎，是因为它们能够在图像生成任务的灵活性和生成图像的质量方面优于其他竞争方法。

GAN 通过两个深度神经网络（生成器网络和判别器网络）的竞争来工作。生成器网络的工作是从噪声中创建新的数据。判别器网络的任务则是正确识别生成器网络从训练数据集中的真实图像中生成的假图像。两个网络以迭代的方式一起训练，如果训练过程成功，生成器将逐渐学会生成足以欺骗判别器网络的新数据实例。图 7.4 展示了一个说明这种深度学习架构

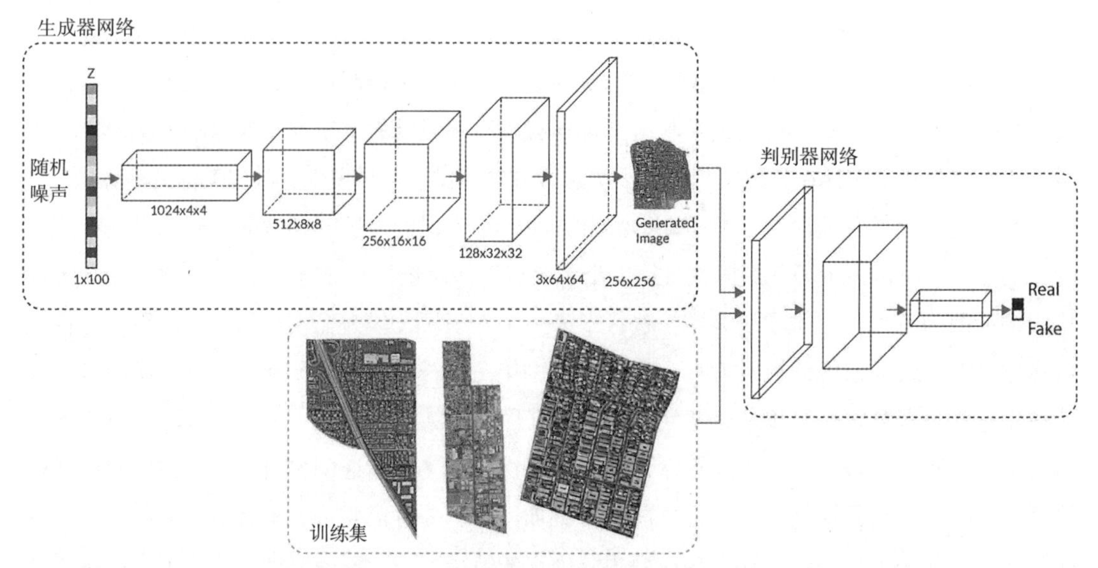


**图 7.4** GAN 架构。GAN 架构由生成器网络和判别器网络组成，两者相互竞争。通过这种竞争，生成器可以学习作为训练图像集基础的概率分布，并通过对该分布进行采样来学习创建新的图像实例。无需许可

的 GAN 架构示例。图中，GAN 正在人口普查区的卫星图像数据集上进行训练。生成器网络的任务是学习生成与训练集中的图像相似的全新图像因此，判别器网络必须学会准确区分真实训练中的数据实例和生成器人为创建的。

GANs 已被用于多种图像生成任务。例如，它们已被用于生成人脸图像、卧室布局和建筑外墙。它们还被用于设计新的三维物体，如椅子和桌子。然而，它们在城市健康分析方面的应用还很有限。该领域的研究可分为两类：（1）使用 GAN 架构创建全新数据实例进行分析的方法；（2）使用 GAN 架构在一个数据集和另一个数据集之间进行转换分析的方法。

第一类是在样本城区的卫星、航空或地图图像上训练 GAN，以创建从样本数据集中学习到新的城市规划图像。然后可以对这些图像进行定性评估，以深入了解可能支撑给定样本设计集的相关性。图 7.5 是这种方法的一个示例，其中对焦虑率较高的人口普查区的卫星图像进行了 GAN 训练，以生成可能与该健康指标相关的新人口普查区设计（Newton，2020）。通过对这些生成的图像进行定性视觉分析，可以发现可能与高焦虑率相关的城市设计特征。在图中的（a）部分，可以看到大片的阴影区域，表明自然光的可及性有限。在图（b）中，可以看到在一片橙色的污染雾霾中出现了密集的城市网格。在图（c）中，一条类似机场跑道或高速公路的对角线打断了密集的城市网格。

图 7.5 中（a）-（c）部分生成的图像密度很高，没有绿地或自然景观。相比之下图 7.6 显示了对焦虑程度较低的普查区图像进行 GAN 训练的结果。这些图像表明，自然景观特征（如绿地、开阔地、山脉、水景）、光照条件和中低密度可能与低焦虑率有重要的相关性。

GAN 实验：高焦虑

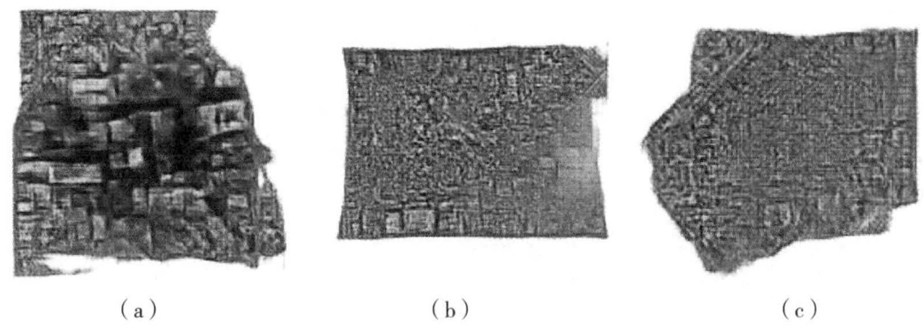


**图 7.5** 高焦虑 GAN 模型。显示了根据高焦虑率训练的 GAN 模型生成的样本。第（A）-（C）部分显示了密集的城市结构，没有自然空间，空气污染像雾霾。无需许可

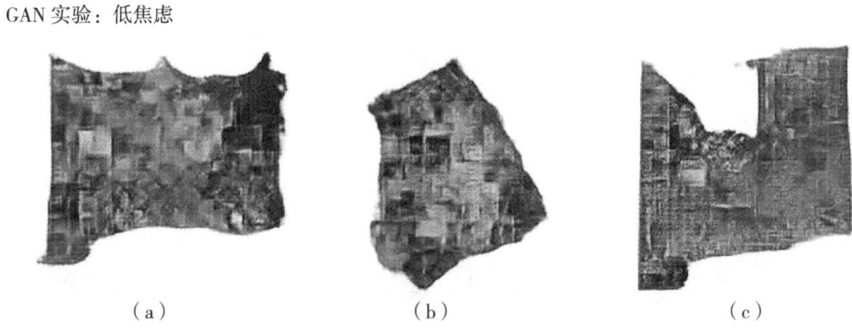


**图 7.6** 低焦虑 GAN 模型。显示了根据低焦虑发生率训练的 GAN 模型生成的样本。第（a）-（c）部分显示了以自然景观为主的人口普查区。无需许可

另一类方法是使用 GAN 训练模型，将一组示例图像转换为另一组图像。然后可以对这些转换进行研究，以确定可能与特定结果（如安全或健康）相关的城市设计特征例如，研究人员使用这种方法将自行车事故高发区的卫星图像转换为低发区的卫星图像，以识别可能与较低事故率相关的城市特征（如街道设计、人行道设计等）。

图7.7展示了一个使用CycleGAN架构完成抑郁症分析任务的示例。图中（a）、（d）和（g）部分显示的是加州一个抑郁症高发区的原始卫星图像。图中（b）、（e）和（h）部分显示的是 CycleGAN 对原始卫星图像进行的转换，使其更符合低发病率图像中的图像特征。（c）、（f）和（i）部分显示了原始图像和平移后图像之间的像素差异，突出显示了发生变化的主要特征。对这些 GAN 翻译结果的定性视觉分析表明，街道网格模式和绿地分布发生了变化。

将这两项 GAN 研究结果与现有研究结果进行比较，有助于验证所发现的潜在相关性。就焦虑而言，现有研究发现，城市化和污染水平的提高与精神疾病的高发率相关。此外，焦虑与接触自然光和自然景观之间也存在相关性。关于抑郁症，先前的研究也表明，抑郁症的低发病率与使用绿地之间存在显著的相关性。因此，这些 GAN 实验的结果与现有研究结果

**图 7.7**　抑郁症 GAN 模型。(a、d、g)显示了抑郁症高发的加利福尼亚人口普查区的原始卫星影像。(b、e、h)显示了 CycleGAN 对原始影像的转换，以便与低发病率的图像特征更加一致。(c、f、i)显示了原始影像和转换影像之间逐像素的差异，突出已改变的主要特征。无需许可

一致，但需要解决这种混合方法过程中固有的局限性，以更好地验证这些结果。这些局限性主要源于用于确定相关性的可视化。这一过程涉及很大程度的主观解释，也无法提供关于已识别特征与健康结果之间相关性的性质和程度的详细信息。整合其他定量统计方法（如皮尔逊相关法等）来验证已识别的相关性是解决这一问题的一个可行方法。其他方法包括开发定量分析 GAN 模型的方法，以确定 GAN 架构生成的哪些已学视觉特征与特定健康结果关联度最高。

该领域的现有研究正在探索如何将生成模型用于城市健康分析，但与判别式深度学习模

型一样，仍有许多未决问题，涉及如何使用这些模型来识别与健康指标相关的特定设计特征，以及开发最有效的数据集构建和模型训练方法。

## 挑战、机遇和下一步措施

现有的研究和介绍的实例表明，将深度学习与遥感数据结合起来用于城市健康分析任务具有潜在的作用，但未来的研究还需要应对许多重要挑战，才能充分发挥这项技术的潜力，为设计学科阐明建成环境与人类健康之间的联系。这些挑战存在于四个关键领域，下文将详细讨论：（1）克服使用深度学习的高门槛；（2）获取和准备深度学习所需的数据；（3）开发有效的方法来训练用于城市分析的深度学习模型；以及（4）从对相关性的不理解转向对因果关系的理解。

使用深度学习模型的一个关键挑战是如何克服有效训练和分析这些模型所需的高门槛。这一挑战在设计学科中尤为突出，因为在这些学科中，编程和机器学习知识非常缺乏。因此，要想在城市分析中更充分地发挥当前和未来机器学习技术的潜力培养这些领域的能力是相关设计学科的关键所在。除了介绍机器学习的出版物外还有大量的大规模开放式在线课程，可以有效地培养这些领域的基本能力，但如果采用更具战略性的方法，联合设计领域就能更好地塑造这些技术在建筑环境分析中的未来发展和应用。更具战略性的方法之一是将编程、数据科学和机器学习的核心能力与设计课程相结合。这将为联合设计领域未来的从业人员和研究人员打下必要的基础，使他们能够有效地引导讨论并开发方法，从不断扩大的建成环境数据流中提取有关人类健康和其他因素的重要见解。

利用深度学习进行城市健康分析的另一个重要挑战是获取必要的遥感和健康数据来训练深度学习模型。由于收集高质量健康数据的成本以及保护个人隐私所需的安全措施，对深度学习获取高质量健康数据是一项挑战。涉及健康数据的现有深度学习研究主要使用来自政府的批量匿名数据。这些数据集通常在地理覆盖范围和规模上受到限制。例如，在美国，健康数据通常记录在郡一级，而较小范围的数据（如人口普查区、邻里、社区等尺度）通常不可获取。

在遥感数据集方面，现有研究大多使用卫星或航空图像。就遥感数据集而言，现有研究大多使用卫星或航空图像。然而，这些图像只是许多其他遥感数据集（如激光雷达图像、雷达图像、高光谱图像、热图像等）中的一个数据源，可能对城市健康分析有用。还有一些非传统的遥感数据集，如社交媒体数据源的使用，已被证明可用于城市分析。这些数据集可通过私人（如谷歌地球、必应地图图像等）和公共来源（SGS Earth Explorer、NASA Earthdata

Search、DigitalGlobe Open Data Program 等）广泛获取。因此，处理这些数据的主要挑战是决定哪些数据源可能对特定的健康分析任务最有效，以及如何准备数据（例如，删除不完整/损坏的数据实例，对输入图像进行一致的裁剪等）。机器学习领域试图通过创建便于研究界使用的标准化数据集（如 ImageNet、MINST、ModeNet 等）来解决与分类问题相关的这一问题。这些共享数据集可让研究人员节省数据收集和准备的时间，同时还能提供更强大的能力，将一个研究项目的结果与另一个研究项目的结果直接进行比较。因此，为城市健康分析开发标准化数据集对于该领域的未来研究至关重要。

下一个挑战是，深度学习模型的训练可能非常耗费资源——需要大量的数据和计算时间。如前所述，迁移学习可以通过使用在其他图像数据集上训练的预训练模型，大大减少训练深度学习模型所需的数据量和计算资源，这些图像数据集在比例和视角上与目标图像数据集（如航拍图像、激光雷达图像等）相似。问题在于，与用于训练现有预训练深度学习模型的图像相比，遥感图像在比例和视角上往往非常不同，这种不相似性降低了迁移学习的效率。为了解决这个问题，需要一个在遥感数据集上训练过的预训练深度学习架构库。这些预训练模型应针对不同的遥感数据类型，如卫星图像、热图像和高光谱图像。

最后一个关键挑战涉及从对健康与建成环境之间相关性的理解转向对因果关系的理解。确定因果关系意味着要证明特定的健康结果是建成环境中某些设计特征的结果，而不是偶然的，或者是由于其他一些隐藏的因素造成的。这类工作需要大量的资金投入，因此需要各国政府重新树立起优先开展建成环境研究的紧迫感。为了促进这种关注，必须首先提出一个令人信服的循证案例，说明建成环境与人类健康之间的关系。深度学习框架可以提供帮助建立这一案例的手段。应对这些挑战可以开创公共卫生分析和土地利用规划的新时代。在这个新时代中，深度学习的能力将被用来更好地理解和预测人类健康与其物理环境之间的关系这些关系来自于我们的社区和城市中产生的各种数据源。这些预测模型可以为世界各国节省大量成本，帮助他们更好地应对大流行病等新出现的健康危机。因此，这其中的风险非常大，现在比以往任何时候都更迫切需要应对所概述的挑战，以实现一个数据驱动的建成环境规划新时代。

## 参考文献

Beyer，K.，et al.，2014. Exposure to neighborhood green space and mental health：evidence from the survey of the health of Wisconsin. Int. J. Environ. Res. Public Health 11（3），3453-3472. https：//doi.org/10.3390/ijerph110303453. MDPI AG.

Bolton，J.L.，et al.，2013. Maternal stress and effects of prenatal air pollution on offspring mental health outcomes inmice. Environ. Health Perspect. 121（9），1075-1082. https：//doi.org/10.1289/ehp.1306560. Environmental HealthPerspectives.

Braubach，M.，2007. Residential conditions and their impact on residential environment satisfaction and health：

results of the WHO large analysis and review of European housing and health status（LARES）study. Int. J. Environ. Pollut. https：//doi.org/10.1504/IJEP.2007.014817. Germany：Inderscience Publishers.

Chen，C.，et al.，2018. Ambient air pollution and daily hospital admissions for mental disorders in Shanghai，China. Sci. Total Environ. 613–614，324–330. https：//doi.org/10.1016/j.scitotenv.2017.09.098. Elsevier BV.

Cohen–Cline，H.，Turkheimer，E.，Duncan，G.E.，2015. Access to green space，physical activity and mental health：a twin study. J. Epidemiol. Community Health 69（6），523–529. https：//doi.org/10.1136/jech–2014–204667. BMJ.

Frias–Martinez，V.，Frias–Martinez，E.，2014. Spectral clustering for sensing urban land use using Twitter activity. Eng. Appl. Artif. Intell. 35，237–245. https：//doi.org/10.1016/j.engappai.2014.06.019. Elsevier BV.

Garrett，J.K.，et al.，2019. Coastal proximity and mental health among urban adults in England：the moderating effect of household income. Health Place 59，102200. https：//doi.org/10.1016/j.healthplace.2019.102200. Elsevier BV.

Gatys，L.A.，Ecker，A.S.，Bethge，M.，2016. A neural algorithm of artistic style. J. Vis. 16（12），326. https：//doi.org/10.1167/16.12.326.

Goodfellow，I.J.，Pouget–Abadie，J.，Mirza，M.，Xu，B.，Warde–Farley，D.，Ozair，S.，Courville，A.，Bengio，Y.，2014. Generative adversarial nets. In：Proceedings of the 27th International Conference on Neural Information Processing Systems–Volume 2（NIPS'14）. MIT Press，Cambridge，MA，USA，pp. 2672–2680.

Hoisington，A.J.，et al.，2019. Ten questions concerning the built environment and mental health. Build. Environ. 155，58–69. https：//doi.org/10.1016/j.buildenv.2019.03.036. Elsevier BV.

Jaad，A.，Abdelghany，K.，2020. Modeling urban growth using video prediction technology：a time–dependent convolutional encoder–decoder architecture. Comput. Aided Civ. Inf. Eng. 35（5），430–447. https：//doi.org/10.1111/mice.12503. Wiley.

Jean，N.，et al.，2016. Combining satellite imagery and machine learning to predict poverty. Science 353（6301），790–794. https：//doi.org/10.1126/science.aaf7894. United States：American Association for the Advancement of Science.

Li，F.，et al.，2009. Built environment and changes in blood pressure in middle aged and older adults. Prev. Med. 48（3），237–241. https：//doi.org/10.1016/j.ypmed.2009.01.005. Elsevier BV.

Linardatos，P.，Papastefanopoulos，V.，Kotsiantis，S.，2021. Explainable AI：a review of machine learning interpretability methods. Entropy 23（1），18. https：//doi.org/10.3390/e23010018. MDPI AG.

Liu，Y.，Wu，L.，2016. Geological disaster recognition on optical remote sensing images using deep learning. Prog.Comput. Sci. 91，566–575. https：//doi.org/10.1016/j.procs.2016.07.144. Elsevier BV.

Lopez–Zetina，J.，Lee，H.，Friis，R.，2006. The link between obesity and the built environment. Evidence from an ecological analysis of obesity and vehicle miles of travel in California. Health Place 12（4），656–664. https：//doi.org/10.1016/j.healthplace.2005.09.001. Elsevier BV.

Maharana，A.，Nsoesie，E.O.，2018. Use of deep learning to examine the association of the built environment with prevalence of neighborhood adult obesity. JAMA Netw. Open 1（4）. https：//doi.org/10.1001/jamanetworkopen.2018.1535. United States：American Medical Association.

Marshall，W.E.，Piatkowski，D.P.，Garrick，N.W.，2014. Community design，street networks，and public health. J.Transp. Health 1（4），326–340. https：//doi.org/10.1016/j.jth.2014.06.002. Elsevier BV.

May，D.，et al.，2009. The impacts of the built environment on health outcomes. Facilities 27（3–4），138–151. https：//doi.org/10.1108/02632770910933152. Emerald.

McConnell，R.，et al.，2006. Traffic，susceptibility，and childhood asthma. Environ. Health Perspect. 114（5），766–772.https：//doi.org/10.1289/ehp.8594. Environmental Health Perspectives.

Newton，D.W.，2020. Anxious landscapes：correlating the built environment with mental health through deep learning.In：Proceedings of the $40^{th}$ *Annual Conference of the Association for Computer Aided Design in Architecture*（*ACADIA*）：*Distributed Proximities*，*Virtual Conference*，*October 24-30*，2020. ACADIA，Delaware，pp. 130–139.

Newton, D., 2021. Visualizing deep learning models for urban health analysis. In: Proceedings of the 39th Annual Education and Research in Computer Aided Architectural Design in Europe (eCAADe) Conference: Towards a New Configurable Architecture, Faculty of Technical Sciences, Novi Sad, Serbia, September 8-10, 2021. vol. 1.527, 536.

Nguyen, A., Yosinski, J., Clune, J., 2019. Understanding neural networks via feature visualization: A survey. In: Samek, W., Montavon, G., Vedaldi, A., Hansen, L., Möuller, K.R. (Eds.), Explainable AI: Interpreting, Explaining and Visualizing Deep Learning. Lecture Notes in Computer Science. vol. 11700. Springer, Cham. https://doi.org/10.1007/978-3-030-28954-6_4.

Peen, J., et al., 2010. The current status of urban-rural differences in psychiatric disorders. Acta Psychiatr. Scand. 121 (2), 84-93. https://doi.org/10.1111/j.1600-0447.2009.01438.x. Netherlands.

Piaggesi, S., et al., 2019. Predicting city poverty using satellite imagery. In: IEEE Computer Society Conference on Computer Vision and Pattern Recognition Workshops. IEEE Computer Society, Italy. Available at: http://ieeexplore.ieee.org/xpl/conferences.jsp.

Rautio, N., et al., 2018. Living environment and its relationship to depressive mood: a systematic review. Int. J. Soc.Psychiatry 64 (1), 92-103. https://doi.org/10.1177/0020764017744582. SAGE Publications.

Renalds, A., Smith, T.H., Hale, P.J., 2010. A systematic review of built environment and health. Fam. Community Health 33(1), 68-78. https://doi.org/10.1097/fch.0b013e3181c4e2e5. Ovid Technologies (Wolters Kluwer Health).

Robinson, C., Hohman, F., Dilkina, B., 2017. A deep learning approach for population estimation from satellite imagery.In: Proceedings of the 1st ACM SIGSPATIAL Workshop on Geospatial Humanities, GeoHumanities 2017.United States: Association for Computing Machinery, Inc., https://doi.org/10.1145/3149858.3149863.

Simonyan, K., Zisserman, A., 2016. Very Deep Convolutional Networks for Large-Scale Image Recognition. arXiv.org.Available at: https://arxiv.org/abs/1409.1556.

Suel, E., et al., 2019. Measuring social, environmental and health inequalities using deep learning and street imagery.Sci. Rep. 9 (1). https://doi.org/10.1038/s41598-019-42036-w. Springer Science and Business Media LLC.

Tsagkatakis, G., et al., 2019. Survey of deep-learning approaches for remote sensing observation enhancement. Sensors19 (18), 3929. https://doi.org/10.3390/s19183929. MDPI AG.

United Nations, Department of Economic and Social Affairs, Population Division, 2019. Population Division. In: World Urbanization Prospects: The 2018 Revision (ST/ESA/SER.A/420). United Nations, New York.

WHO, 2016. World Health Statistics 2016: Monitoring Health for the SDGs Sustainable Development Goals. World Health Organization.

Yuchi, W., et al., 2020. Road proximity, air pollution, noise, green space and neurologic disease incidence: a population-based cohort study. Environ. Health 19 (1). https://doi.org/10.1186/s12940-020-0565-4. Springer Science and Business Media LLC.

Zeiler, M.D., Fergus, R., 2014. Visualizing and understanding convolutional networks. In: Lecture Notes in Computer Science (Including Subseries Lecture Notes in Artificial Intelligence and Lecture Notes in Bioinformatics). United States: Springer Verlag., https://doi.org/10.1007/978-3-319-10590-1_53.

Zhang, C., et al., 2019. Joint Deep Learning for land cover and land use classification. Remote Sens. Environ. 221, 173-187. https://doi.org/10.1016/j.rse.2018.11.014. Elsevier BV.

Zhao, H., et al., 2019. Unsupervised deep learning to explore streetscape factors associated with urban cyclist safety. Smart Innov. Syst. Technol. https://doi.org/10.1007/978-981-13-8683-1_16. Australia: Springer Science and Business Media Deutschland GmbH.

# 第 8 章

# 能源自给型社区的空间设计

米娜・拉希米安（Mina Rahimian），丽萨・尤洛（Lisa Iulo）和
何塞・平托・杜阿尔特（Jose Pinto Duarte）
斯图克曼建筑与景观建筑学院，艺术与建筑学院，建筑工程系，
工程设计技术与专业项目学院，工程学院，宾夕法尼亚州立大学，美国

## 城市与能源韧性

城市规划和决策取决于我们对社区需求和要求的理解。然而，问题在于，快速的城市化进程、不断变化的人口结构和发展重点正将社区事务推向超出其现有状态和资源限制的境地。乔纳森・巴内特在三十多年前提出的问题依然适用："……城市设计和规划技术必须改变，因为城市和郊区正在发生变化。十年前的城市已经不再是真实的，演变的过程仍在继续……"

变化的动力——无论是环境变化、发展变化还是政治变化——及其相关的复杂性导致了城市出现演变。依靠传统的城市发展理论和传统的分析手段来应对变化，以及了解变化对社区提出的要求和挑战是不切实际的。随着城市面临的环境、发展和政治环境的不断变化，当今的城市规划和发展实践需要对城市地区进行复杂的战略分析。这就需要改变我们理解城市的方式，更新我们研究城市的方法，提高我们绘制和监测复杂城市动态的能力。

例如，从环境方面考虑，很难忽视气候变化通过不同形式的自然灾害对城市造成的影响。飓风和野火等自然灾害，再加上当前电网的集中性和配电系统设备的老化，导致停电频繁，对城市居民的日常生活和工作构成威胁。

这并不是区域发电厂的唯一缺点。最新报告显示，截至 2014 年，全球有超过 50% 的人口定居在城市地区，预计到 2050 年，这一数字将增加 64%~69%。前所未有的城市化速度伴随着工业活动的增加，这与经济发展、收入增长以及随之而来的能源消耗和温室气体排放增加密切相关。

统计数据显示，城市化和工业化占全球能源使用量的 75%，占全球城市地区温室气体排放量的 80%。在回顾历史上的排放情况时，胡克（Hook）和唐（Tang）得出结论，高度依赖化石燃料发电厂是城市地区二氧化碳和其他温室气体排放的主要驱动力。

对环境的日益关注和自然灾害的频繁发生，提高了城镇和社区采用微电网技术的兴趣，以期过渡到能源独立的城市住区（《为新一代社区能源提供动力》，2015 年）。此类城市住区被称为社区微电网，通过在靠近能源消费点的地方生产能源，对能源生产行使更大的控制权。社区微电网是本地的分散式配电系统，使用太阳能电池板、柴油发动机等各种可再生清洁能源以及电池等存储设备为建筑物供电。电力在微电网基础设施中本地循环，因此无需远距离输电。微电网的主要特点是可以与主电网断开，以孤岛模式运行，无需主电网供电。因此，当主电网无法从其发电厂提供能源时，拥有微电网基础设施的建筑群就会从主电网中独立出来，并依靠其本地产生的电力运行。

与微电网提供本地化能源的主要优势相反，社区和城市住区一直依赖于主要来自集中化发电机的不可再生能源电力向大量用户的单向流动，只能处理非常稳定的输出而对来自环境或用户的波动反应迟钝。由于能源生产主要是一项区域性事业，因此现有电网的设计和工程都是为了由建在社区周围、远离主要需求区域的大型发电机组发电，不同子系统之间的界限非常清晰。因此，现有的配电系统对城市住区和社区的设计与发展的直接影响微乎其微。虽然到目前为止，城市地区的能源相关设计和开发可能还不是一个问题，但随着城市住区对实现能源自给自足和向社区微电网过渡的兴趣日益浓厚，现有社区的设计效率低下问题比以往更加明显。

## 设计能源自给自足的城市住区

自 20 世纪 70 年代以来，有关城市形态的不同空间结构如何改变邻里和社区的能源性能的研究已经取得了成果。任何能源系统（包括社区微电网）的能源性能都包括两个方面，即输入系统的能源和输出系统的能源。[①] 因此，文献中的研究分为两类：一些研究评估了利用各

① 在本研究中提到的社区微电网中，现场产生的太阳能和光伏能量是能量输入，用于运行建筑物的能量是能量输出。

种可再生能源作为城市形态衍生品的可行性，而另一些研究则评估了利用各种可再生能源作为城市形态衍生品的可行性，评估了城市形态对建筑运行所需能源的影响，特别是对空间供暖和制冷的影响，因为这些是建筑能耗的主要原因。

就现场能源生产而言，太阳能一直被视为可用于为社区微电网供电的主要可再生能源之一。许多研究探讨了城市形态对城市和社区内太阳能收集潜力的不同影响，以产生光伏能源。例如，萨拉尔德（Sarralde）等对伦敦不同社区的研究表明，对城市形态的九个空间属性（包括半独立式房屋比例、建筑平均高度、私家花园覆盖面积、场地覆盖率、建筑平均周长、建筑平均间距、建筑高度标准偏差、容积率和建筑平均间距）进行优化组合，可使屋顶的太阳能辐照度提高 9%，外墙的太阳能辐照度提高 45%。罗宾逊（Robinson）等的研究通过考察瑞士三个地区的天空视角系数、街道高宽比和城市地平线角度，研究了城市形态对辐射可用性的影响。孔帕尼翁（Compagnon）研究了瑞士弗里堡裴地区 61 栋建筑的布局如何影响建筑外墙和屋顶捕获太阳能的潜力。此外洛巴卡罗（Lobaccaro）和弗龙蒂尼（Frontini）的一篇论文研究了城市环境中建筑密度和阳光的属性认为这些因素会影响太阳能的可用性，从而影响某些社区和街区利用光伏电池板的潜力。

能源性能算法的另一面是关于城市形态对能源消耗影响的研究，这比能源生产的研究更具细微的复杂性。这种复杂性是由于快速的城市化导致土地利用模式和城市形态发生了显著变化，从而对城市的能源消耗模式产生了不同的影响。

政府间气候变化专门委员会第五次评估报告第三工作组的贡献将城市形态列为城市温室气体排放第五大来源[①]，原因是城市形态对移动模式以及建筑物供暖和制冷所需能源的影响。

纽曼（Newman）和肯沃西（Kenworthy）认为，多年来，关于城市形态和城市出行能源需求的研究已经非常深入。但迄今为止，专门探讨城市形态对建筑和社区能源需求影响的文献还不多。这方面的分析始于 20 世纪 60 年代剑桥大学的土地利用和建筑形式研究中心。虽然城市形态并不是建筑环境能源需求的唯一驱动因素，但有证据表明，其影响主要与城市热岛效应[②]、本地风向模式变化、热舒适度和节能有关。

由于密度对城市热岛的影响，密度一直是影响能源需求的城市形态的最重要指标。欧文斯（Owens）强调选址和布局是两个重要指标，因为它们可以进行调整，以便从场地的气候因素和免费的环境能源资源中获益。欧文斯还将聚落的总表面积（体积比）作为能源消耗指标，认为表面积越小的聚落能源消耗越少。此外，社区的朝向和布局会改变区域风向，从而影响

① 本报告将经济地理和收入、社会人口因素、技术和基础设施列为城市地区温室气体排放的前四位贡献者。

② 由于人类活动以及吸收和保持热量的建筑物、人行道和其他表面的发展，许多城市和郊区的气温与偏远的农村环境相比有所升高，农村环境保持了开阔的土地和植被；这种温差就是构成城市热岛的原因。

建筑物的被动冷却和自然通风率。除了密度、布局、选址和朝向之外，作者还发现了与建筑物能源需求相关的其他城市指标，包括多样性、绿地、被动性建筑和遮阳。在另一篇论文中，这些作者认为楼层数、用途组合和建筑面积是城市形态中与能源最相关的特征。拉蒂等对城市几何形状的影响进行了研究，发现其对能源需求的影响较小，但由于该研究是在与其他指标相分离的情况下进行的，因此有必要在更广泛的框架内探讨其重要性。

考虑到所有这些研究，以及越来越多的城市住区希望实现能源供应的分散化，研究和规划界一致认为，有必要对城市设计和规划如何支持社区的新能源需求有一个新的认识。因此，近期的文献强调了在作出城市规划和设计决策时考虑能源意识观点的重要性；相应地，城市规划师和设计师应考虑设计方案所提供的生活质量与其作为高性能能源系统（如社区微电网）的潜力之间的权衡。由于社区微电网以城市和城区为背景，因此必须考虑城市形态的空间结构如何影响空间供暖、制冷和照明所需的能源，以及采用现场可再生能源发电机（如光伏板和风力涡轮机）的可行性。本研究的目标是有助于理解城市形态如何影响社区的能源需求及其对社区微电网空间设计的意义。

## 城市形态与社区能源消耗

### 确定城市形态的能源相关属性和指标

这项研究的重点是城市形态对太阳能社区微电网能源需求的影响。在这种情况下不考虑每栋建筑的建筑类型或年代。由于计算能力的限制和缺乏数据丰富的环境，以往的研究并未对城市形态对能源需求的复杂影响进行严格和全面的评估。要找到城市形态对能源需求模式的影响，就必须对城市形态进行定量分析。从研究人员提出的所有属性中，我们选择了对太阳能社区微电网能源供应和需求有影响的属性，并对其进行了进一步研究。根据以往的文献，下文简要定义了这些属性以及相关的测量指标，目的是量化社区微电网中的城市形态。所选指标既包括先前研究表明对能源需求具有重要意义的指标，也包括尚未被认为具有重要意义的指标。之所以选择所有与能源相关的空间指标，是为了了解这些指标在交汇时的相互作用和影响而不是孤立地研究每个指标。

- *密度*：密度是研究最多的影响社区能源需求和太阳能捕获的城市指标。根据研究目的的不同，对密度有多种描述。这些定义各不相同，从物理建筑环境的密度到在特定区域生活或工作的人口密度。本研究中的密度涉及土地使用强度，以单位面积来衡量。密度通过影响城市热岛效应和城市环境中的风流，被视为能源需求的驱动因素。密度较高的城市环境会提高当地温度，从而增加制冷负荷。根据地理位置和具体地点的天气条件，城市热岛效应可能会对建筑物的能源需求产生建设性或破坏性影响。就社区微电网而言，密度较高的社区有利于在特定环境中引入热电联产系统（CHP）。

物理建成环境的许多密度测量值都是一个分数的结果，其中分母是被测量土地的总面积，而分子可以是总楼面面积和总建筑占地面积，也可以是房间数和建筑物数本文采用的密度测量方法来自 Spacemate 研究和 Silva 等引用的文献：

- *建筑面积指数*（*FSI*）：总建筑面积 / 总地面面积。
- *建筑密度指数*（*GSI*）：建筑物占地总面积 / 地面总面积。
- *开放空间比率*（*OSR*）：未建地面总面积 / 地面总面积。
- *层数*（*L*）：平均层数 / 总地面面积或（总层数 / 建筑物数量）/ 总地面面积。
- *网络密度*（*N*）：网络长度 / 地面总面积。
- *紧凑性*：密度和紧凑性的定义非常接近，有时可以互换使用。顾（Ko）将紧凑性描述为建筑物在场地中的紧密程度。紧凑性与密度的主要区别在于，密度的测量考虑的是总面积，而紧凑性考虑的是街道宽度、建筑物之间的距离以及建筑物的高度。

紧凑程度直接影响城市环境中的日照和风流模式，从而影响建筑物的热舒适度。例如，街道较宽的城区可增加太阳能利用和自然通风，而街道狭窄则会产生风洞效应。根据城市地区的气候带，社区或街区的紧凑程度会对微电网的运行产生不同的影响。例如，在寒冷地区，紧凑的布局会增加建筑物的供暖需求，因为它阻碍了太阳能的利用，同时也可能限制现场光伏发电，因为建筑物会对相邻建筑物造成阴影。在这种情况下，应仔细考虑社区设计和布局的其他方面，以管理太阳能利用，最大限度地实现被动供暖和潜在的光伏发电。一个社区的紧凑程度可以通过其长宽比来衡量：

- *长宽比*（*AR*）：平均建筑高度 / 平均街道宽度。

紧凑性也被用作建筑几何形状的指标。建筑的几何形状是影响能源需求的一个重要特征，因为建筑外露的表面会直接影响室内外的热量流动以及自然采光。研究人员称，建筑物的最佳形状是立方体，可以最大限度地减少热量损失，同时最大限度地增加日照，而偏离立方体形状则会导致供热负荷增加。研究人员提出了三种不同但相关的建筑紧凑性测量方法，这些方法也可应用于社区范围：

- *体积密实度*（*STV*）：围护结构表面积 / 建筑体积。
- *面积系数*（*SF*）：建筑体积。
- *外形系数*（*FF*）：围护结构表面积 /（建筑体积）。
- *多样性或土地使用组合*：这是影响城市地区能源需求的第二大城市形态属性。它指的是所选区域内土地用途和 / 或建筑类型（如住宅、商业等）的多样性。然而，大多数引用多样性的文献都是研究其对城市地区出行需求的影响。多样化的邻里或社区被认为可以减少机动车出行需求，因为它使城市活动更接近居住环境。本研究并不关注出行所需的能源，而是将多样性视为社区中不同土地用途的组合。在规划社区微电网时，多样性是一个重要特征，因为建筑负荷类型的多样性可能会调节能源需求。

因此，微电网基础设施不会面临高能耗时期。例如，具有土地用途互补组合的分散式共享能源系统被认为在经济上更有利，因为它能平衡能源消耗的高峰时段。土地使用组合的多样性是通过 van den Hoek 提出的混合使用指数来衡量的：

- *混合用途指数*（*MX*）：住宅总楼面面积 / 总楼面面积。
- *绿地*：绿地的存在并不完全是城市形态的空间特征，但被认为可以通过避免城市热岛效应来影响城市小气候，从而减少空间冷却所需的能源。根据城市地区的地理区域和绿地的种植位置，树木的存在也可以提供遮阳和太阳能增益，并在某些季节阻挡不必要的风。在社区微电网的规模上，席尔瓦等和蒙蒂罗（Vaz Monteiro）等采用的考虑宽度、大小和几何形状的简单度量标准可能有助于量化绿地面积：
- *绿地密度*（*GSD*）：绿地总面积 / 地面总面积。
- *绿地几何尺寸*（*GAG*）：总绿地周长 / 总绿地面积。
- *朝向*：这是一个很容易解决的建筑设计特征，对于确定建筑物的太阳能增益非常有用，特别是对于潜在的现场光伏发电和被动式太阳能供热。在北纬地区，朝南的外墙通常是最理想的，可以最大限度地利用太阳能。朝北的外墙获得的太阳辐射最小，而朝东和朝西的外墙则分别在上午和下午晚些时候直接获得太阳辐射。在黑斯麦（Hemsath）进行的研究中，模拟了 7000 个典型中西部郊区住宅在四个不同气候区的年能源使用量和成本。研究结果表明，单个住宅的朝向对成本的影响并不明显，而在社区范围内，无论气候区域如何，综合能源使用量和成本都有很大的节省。根据黑斯麦的研究成果，在规划和设计阶段优化社区微电网的太阳能朝向，可能会大大降低社区的净能源使用量和成本，从而可能导致更长时间的孤岛状态。

单栋建筑物的朝向是通过确定建筑物的最长轴线并计算方位角来测量的。在考虑一个社区的主要朝向时，除了测量所有建筑物的平均朝向外，考虑街道朝向也很重要，因为街道朝向据称会影响各种当地条件，如城市热岛效应、遮阳和城市峡谷的通风。街道的朝向是通过核实其方向来确定的。本研究采用的社区朝向测量方法如下：

- *社区建筑物朝向*：所有建筑物朝向之和 / 建筑物数量。
- *街道走向*：所有街道的走向总和 / 街道数。
- *遮阳*：这是衡量相邻建筑物遮挡效果的指标，因为它会对建筑物的能源需求以及现场光伏发电的潜力产生重大影响。贝克等和拉蒂等对城市环境中阴影的量化进行了大量研究。城市地平线角（*UHA*）和遮挡天空视线（*OsV*）是他们探索得出的两个指标。*UHA* 是指从所考的外墙中心看天际线的平均高度，*OSV* 则是对遮挡外墙亮度的量化，它们的测量方法如下所述。此外，计算遮阳时需要考虑的另一个重要因素是确定“平面从天空接收到的辐射与从整个半球辐射环境接收到的射之比”，也称为天空视线系数（*SVF*）的测量。*SVF*= 1 表示建筑表面释放的辐射完全被天空接收，*SVF*= 0 表示辐射完全被周围的障碍物阻挡。因此，*SFV* 值会受到城市形态和社区建筑分布的影响。米扎伊尔（Mirzaee）等发现了一种数学模型，可以计算出城市区域而非特定点的平均 *SVF*。该数学模型是一个社区平均建筑密度和平均建筑高度的系数。当建筑物的平均高度增加以及一个地区的建筑密度增加时，该地区的平均 *SVF* 也会增加。
- *UHA*：对面天际线 / 峡谷宽度的平均高度（*UHA*）。
- *OSV*：对面天际线 / 峡谷宽度 =cos（*oSv*）的平均高度。
- *天空视角系数（SVE）*：这是建筑物表面接收到的辐射值。*SVF* 值为 1 表示表面释放的辐射完全被天空接收，*SVF* 值为 0 表示辐射完全被周围的障碍物阻挡：
- 如果建筑物平均高度大于 25m，则 $SVF= 1.56 - (0.00572*HD)$ 如果建筑物平均高度 < 25m，则 $SVF= 0.9502 + (0.00042*H+0.0198*D) -0.0065*H*D)$。

其中，*H* 是社区建筑的平均高度，*D* 是地面空间指数。

- *被动性建筑*：这是城市形态的一种条件，它受益于场地的环境能源资源（太阳能和风能），可对建筑空间进行自然采光、通风和供暖。对被动性的测量表明了街区中被动区（建筑物中可自然采光、通风和供暖的部分）的比例。确定建筑物被动区的一个简单经验法则是，确定每栋建筑物（每层楼）距离外墙 6m（或天花板高度的两倍）以内的周边部分，这些部分可以自然采光和通风。要计算一个街区的被动性，需要考虑每栋建筑每层所有被动区的周长。此外，Steadman 等认为，除了被动性比率之外，建筑深度也是建筑物空调需求的一个重要指标。因此，本研究采用了两种公式来计算社区的被动性：

- *被动性比率*（*Passivity ratio*）：社区中所有被动区域的净周长 / 社区中所有非被动区域的净周长。
- *平面深度*（*Plan depth*）：社区中所有建筑的净体积 / 社区中所有外墙的净面积。

上述所有城市形态的属性，以及它们的指标和测量度量，已总结在表 8.1 中。

**城市形态的选定属性及其指标和度量单位** **表 8.1**

| 属性 | 指标 | 度量 |
|---|---|---|
| 密度 | 建筑面积指数 | （总建筑面积）/（总地面面积） |
| | 建筑密度指数 | （建筑占地面积的总面积）/（总地面面积） |
| | 开放空间比率 | （未建地面总面积）/（地面总面积） |
| | 层数 | （平均层数）/（总地面面积） |
| | 网络密度 | （网络长度）/（总地面面积） |
| 紧凑性 | 长宽比 | （平均建筑高度）/（平均街道宽度） |
| | 体积密实度 | （围护表面积）/（建筑体积） |
| | 面积系数 | 建筑体积 |
| | 外形系数 | （围护表面积）/（建筑容积） |
| 多样性 | 混合用途指数 | （住宅总楼面面积）/（总楼面面积） |
| 绿色 | 绿地密度 | （总绿地面积）/（总地面面积） |
| | 绿地几何尺寸 | （总绿色空间周长）/（总绿色空间面积） |
| 朝向 | 社区建筑物朝向 | （所有建筑物朝向的总和）/（建筑物数量） |
| | 街道走向 | （所有街道方向的总和）/（街道数） |
| 遮阳 | 城市地平线角（*UHA*） | （对面天际线的平均高度）/（峡谷宽度）= 棕褐色（*UHA*） |
| | 遮挡天空视线（*OSV*） | （对面天际线的平均高度）/（峡谷宽度）= *cos*（*OSV*） |
| | 天空视角系数 | 如果平均建筑高度 $> 25m$，则 $SVF = 1.56 - (0.005072 \times H \times D)$。如果平均建筑高度 $<25m$，则 $SVF = 0.9502 (0.0042 \times H) (0.0198 \times D) - (0.0065 \times H \times D)$，其中 $H$ 是社区建筑物的平均高度，$D$ 是地面空间指数 |
| 被动性 | 被动性比率 | （社区中所有被动区域的净周长）/（社区中所有非被动区域的净周长） |
| | 平面深度 | （社区内所有建筑物的净体积）/（社区内所有裸露墙壁的净面积） |

## 人工神经网络作为知识发现的一种手段

研究人员提出了三种不同的方法来开发解释建筑环境中能源绩效的关系模型：

- 工程方法：在这些方法中，物理原理可用于计算与建筑物物理性相关的整个建筑物（或其子层组件）的能源性能。该方法的基础是根据建筑物的结构和使用特征、环境因素和分层建筑构件，精确计算建筑物的热力学和物理性能。工程模型通常与很大程度的复杂性和细节相关联。这种方法的主要问题是，为了实现准确的模拟，需要有关建筑质量参数的详细信息，而许多组织和公众无法获得这些信息。工程方法被称为白盒模型。在对建筑物的研究中，白盒模型应用于单个建筑物或建筑物的一部分。对整个城市建筑存量使用白盒模型是非常复杂的，需要大量的时间和数据来处理需要考虑的与能源相关的城市尺度变量。
- 统计方法：也称为灰盒模型，它们将物理和工程方法与基于数据的统计建模相结合。灰盒模型通常有非常特殊的分析方法，包括线性相关、回归分析、逐步回归分析、logit 模型、方差分析、t 检验、因子分析、面板数据、结构方程模型和交叉表，目的是将能量指标与影响变量关联起来。
- 数据挖掘方法：数据挖掘是发现模式和“从数据中提取隐含的、以前未知的和潜在有用的知识”的计算过程。根据 Fayyad 等的说法，数据挖掘包括“应用数据分析和发现算法，这些算法在数据上产生特定的模式（或模型）枚举”。数据挖掘技术起源于一个名为机器学习的分支。机器学习是“计算机编程的科学和艺术，以便它们可以从数据中学习”，其中“机器”能够从大型数据集中识别和推广模式。塞缪尔（Samuel）将机器学习解释为赋予计算机（或“机器”）无需明确编程就能学习的能力。机器学习算法本质上是一种系统，它从收集的数据（不是立即显现的）中学习和发现关系模式和未预料到的新趋势，并作出数据驱动的预测和决策。机器学习方法被认为是一个“黑盒子”，其中机器学习算法被构建和“训练”，以发现输入数据集中的关系模式和隐藏结构。机器学习模型是输出的数学模型，它解释了输入数据集中发现的关系模式，可以进一步用于对未见过的示例进行数据驱动的预测和决策。换句话说，机器学习是构建算法，通过开发数学模型从数据中学习关系，并相应地作出数据驱动的预测或决策。

当感兴趣的问题多维而又复杂，用传统的工程或统计模型来解决它非常消耗时间和资源，采用机器学习方法是足够有用的。如前所述，在本研究中，研究人员指出了研究城市形态不同属性对能源需求的综合影响的重要性，而不是单个空间属性的影响。在研究城市空间属性的综合效应时，问题变得过于复杂，不能用封闭的解来解决。

吉尔（Gil）等将数据挖掘标记为分析城市环境多维关系复杂性的充分方法。由于在社区微电网中寻找城市形态的所有相关空间属性组合与能源需求之间的关系的高维数、复杂性和计算强度，为此选择了机器学习方法，更具体地说是人工神经网络（ANN）。由于人工神经网络可以处理非正态数据分布和非线性关系，因此被认为是处理复杂应用的有效方法，例如在本研究中。

本文将人工神经网络作为发现城市形态与能源消耗之间关系复杂性的知识手段，并作为处理非线性关系和非正态数据分布的有力工具。本文的综合分析是通过研究城市形态“所有”不同空间属性对能耗的综合影响，而不是单个空间属性对能耗的影响。由此产生的分析导致了一套一般规则和原则，用于空间设计社区微电网，以产生更高的能源性能。这项研究的综合性与以往的抽象和演绎分析模式相反，并为该领域提供了新的知识。

## 挖掘城市形态对能源消耗的多维影响

如前所述，使用机器学习模型的先决条件是拥有一个大型的结构化数据集。在这项研究中，关注点在于确定社区微电网中城市形态和能源消耗之间的关系模式，数据集需要将城市形态的可量化测量作为预测变量，并将能源消耗的测量作为其响应变量。在本研究中，加州圣地亚哥县被选为研究案例，有两个主要原因：首先，根据“圣地亚哥市气候行动计划”，截至 2019 年，圣地亚哥是美国太阳能总装机容量排名第二的城市，其雄心勃勃的目标是到 2035 年实现 100% 的可再生能源发电。其次，圣地亚哥是为数不多的拥有丰富的空间和能源数据库的城市之一。除了拥有一套代表该城市不同物理和基础设施层的综合 GIS 数据外，圣地亚哥的主要公用事业公司 SDG&E[①] 还汇总并发布了 2012 年以来整个县的能源消耗信息，并按邮政编码和客户类型（住宅、商业、工业和农业）进行了分配。

ANN 所使用的数据集需要测量圣地亚哥市 110 个邮政编码的城市形态和月能耗值。采用参数化算法和地理处理工具，对圣地亚哥所有邮政编码的 19 个城市形态指标进行了测量。此外，从 2012 年到 2018 年，通过圣地亚哥的主要公用事业公司获得了每个邮政编码的每月能源消耗数据值。部分数据集如图 8.1 所示，每一行是邮政编码，后面是代表城市形态的 19 个数字，然后是 12 个月的能源消耗值，最后是 1 年的总能源消耗。每个邮政编码重复 7 次，每行代表从 2012 年到 2018 年的 1 年数据。关于如何处理和清理该数据集的更多信息可以在 Rahimian 等的“挖掘城市形态对城市社区规模能源消耗多维影响的机器学习方法”中找到。

| Zip Code | Floor Space Index | Ground Space Index | Open Space Ratio | Layer | Network Density | Aspect Ratio | Volumetric Compactness | Size Factor | Form Factor | ... |
|---|---|---|---|---|---|---|---|---|---|---|
| 91901 | 0.001205 | 0.000432 | 0.999568 | 5.42E-10 | 0.000359 | 487.563149 | 0.991402 | 420.056228 | 416.444609 | ... |
| 91901 | 0.001205 | 0.000432 | 0.999568 | 5.42E-10 | 0.000359 | 487.563149 | 0.991402 | 420.056228 | 416.444609 | ... |
| 91901 | 0.001205 | 0.000432 | 0.999568 | 5.42E-10 | 0.000359 | 487.563149 | 0.991402 | 420.056228 | 416.444609 | ... |
| 91901 | 0.001205 | 0.000432 | 0.999568 | 5.42E-10 | 0.000359 | 487.563149 | 0.991402 | 420.056228 | 416.444609 | ... |
| 91901 | 0.001205 | 0.000432 | 0.999568 | 5.42E-10 | 0.000359 | 487.563149 | 0.991402 | 420.056228 | 416.444609 | ... |
| 91901 | 0.001205 | 0.000432 | 0.999568 | 5.42E-10 | 0.000359 | 487.563149 | 0.991402 | 420.056228 | 416.444609 | ... |
| 91901 | 0.001205 | 0.000432 | 0.999568 | 5.42E-10 | 0.000359 | 487.563149 | 0.991402 | 420.056228 | 416.444609 | ... |

| Zip Code | Mixed Use Index | kwh-04 | kwh-05 | kwh-06 | kwh-07 | kwh-08 | kwh-09 | kwh-10 | kwh-11 | kwh-12 | kwh-total |
|---|---|---|---|---|---|---|---|---|---|---|---|
| 91901 | 0.164667 | 1628495 | 1696036 | 1883073 | 2525349 | 3142081 | 2818045 | 2358746 | 2573347 | 3387368 | 23943788 |
| 91901 | 0.164667 | 3003970 | 3354659 | 3620557 | 4408138 | 4648182 | 4520802 | 5704204 | 6063564 | 6933314 | 51574865 |
| 91901 | 0.164667 | 5842737 | 8013901 | 8571344 | 10996885 | 11028397 | 12137559 | 9076297 | 8353464 | 9802152 | 100882572 |
| 91901 | 0.164667 | 7582986 | 7945450 | 9317607 | 9713128 | 11549307 | 10527516 | 2430824 | 2291552 | 2716079 | 88881788 |
| 91901 | 0.164667 | 907845 | 946058 | 1196945 | 11337912 | 11261558 | 8806578 | 9327471 | 8418730 | 9901345 | 76243126 |
| 91901 | 0.164667 | 6895892 | 7608524 | 8983617 | 11717806 | 11301569 | 9665343 | 8782920 | 9192398 | 8680018 | 109078731 |
| 91901 | 0.164667 | 3237940 | 3386157 | 3695892 | 12251954 | 11544396 | 9038465 | 3845338 | 4310910 | 5756585 | 101844061 |

**图 8.1**　数据集的前几行显示了圣地亚哥一个邮政编码 7 年来的城市形态和能源消耗数据

① San Diego Gas & Electric.

然后在数据集上训练人工神经网络，以识别城市形态与社区净能源消耗之间的关系模式，并提供预测模型。神经网络的强大之处在于它们在训练环境中的预测能力。当使用这样的预测建模时，我们得到了“预测什么”的答案，但是“为什么”作出某些预测，是一个具有挑战性的问题。这是因为神经网络通常被视为一个黑盒子，“其难以想象的复杂内部工作方式以某种方式神奇地将输入转换为预测输出”。在某些研究中，理解神经网络预测决策背后的“原因”是至关重要的。特别是在这项研究中，兴趣在于了解城市形态的哪些特征以及哪些相关性对估计社区净能源消耗的影响最大。有了这些知识，就可以开发出一套设计原则和框架，并提供给建筑师和城市规划者，以设计新的和改造现有的节能城市住区。然而，揭示神经网络如何作出某些预测决策一直是一个挑战，并且仍然是机器学习的一个发展领域。

## 打开黑匣子

在各种解释神经网络的方法中，Shapley 回归因其在模型推理中的一致性和局部准确性而受到高度重视。Shapley 回归为非线性机器学习模型的统计推断提供了一个框架，其中推理是基于 Shapley 值实现的，这是一种来自合作博弈论的方法。换句话说，使用 Shapley 回归，任何机器学习模型的输出都可以通过预测线性回归中的变量来解释。这是通过计算变量 / 特征的重要性来完成的，通过比较模型在每个组合中使用和不使用该特征的预测结果，来保证特征的重要性能被公平地比较。该方法为每个特征赋一个重要值，该重要值表示该特征对模型预测的影响，这个值被称为沙普利（Shapley）值。在这方面，沙普利值是特征值在所有可能的合作中的平均边际贡献。

正如 Lundberg 等所解释的那样，“……Shapley 值是通过将每个特征一次一个地引入模型输出的条件期望函数 fx（S）¼E [f（X）jdo（Xs¼Xs）] 来计算的，并将每一步产生的变化归因于引入的特征，然后在所有可能的特征顺序上平均这个过程。请注意，*S* 是我们条件作用的特征集，*X* 是表示模型 *M* 个输入特征的随机变量，*X* 是模型当前预测的输入向量，我们遵循因果 donotation 公式，该公式改进了原始 SHAP 特征摄动公式的动机。Shapley 值代表了广泛的可加性特征归因方法中唯一可能的方法，同时满足三个重要属性：局部准确性，一致性和缺失性[①]。”

这个框架的另一个优点，也称为 Shapley 可加性解释（SHAP），是一个能够解释任何机器学习模型的统一框架，不像其他模型可解释性方法。SHAP 框架已经在 Python 的 SHAP 库[②]中

① hLundberg 等人（2020）描述：局部准确性，相当于博弈论中的效率，说明当对特定输入 *x* 近似原始模型 *f* 时，每个特征 *i* 的解释属性值 *i* 应求和为输出 *f*（*x*）。一致性，相当于博弈论中的单调性，说明如果一个模型发生变化，使得某些特征的贡献增加，那么不管其他输入如何，它都保持不变；这种输入的归因不应该减少。缺失在博弈论中相当于无效效应。

② https://github.com/slundberg/shap

实现，这使得计算所有可能的特征组合成为可能。为了揭示城市形态的不同特征对社区净能源消耗的影响程度，我们在最终数据集上使用了 SHAP，并最终选择了一组特征。

图 8.2 显示了每个特征如何将模型输出从基值（训练数据集上的平均模型输出）推到模型输出。红色表示推高预测的特征，蓝色表示推低预测的特征。

图 8.3 通过绘制每个样本的每个特征的 SHAP 值，显示了每个城市形态特征或变量对输出（即能耗）的影响。在该图中，变量根据对整个社区净能源消耗的影响程度按降序排列，水平位置显示该值的影响是否与较高或较低的预测相关，颜色显示该变量在该观察值中是高（红色）还是低（蓝色）。从这个地块可以观察到不同的相关性，这可以在空间和建筑上进行解释。从高层次的角度来看，社区边界内建筑的紧凑度、建筑功能的多样性、建筑布置的遮阳和遮蔽以及与社区建筑相关的被动性等指标对社区规模的净能源需求有很大的影响。另一方面，与圣地亚哥社区（街道和建筑物）方向相关的指标对净能源消耗的影响最小。下面提供了对见解的解释和对综合因素的分析。

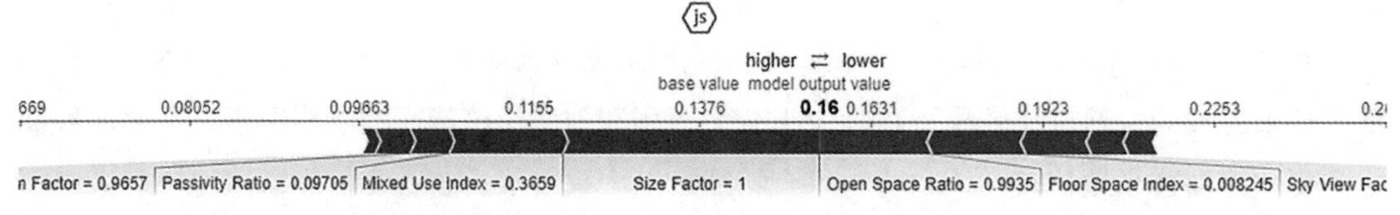


**图 8.2** 可视化显示特征对模型输出的影响

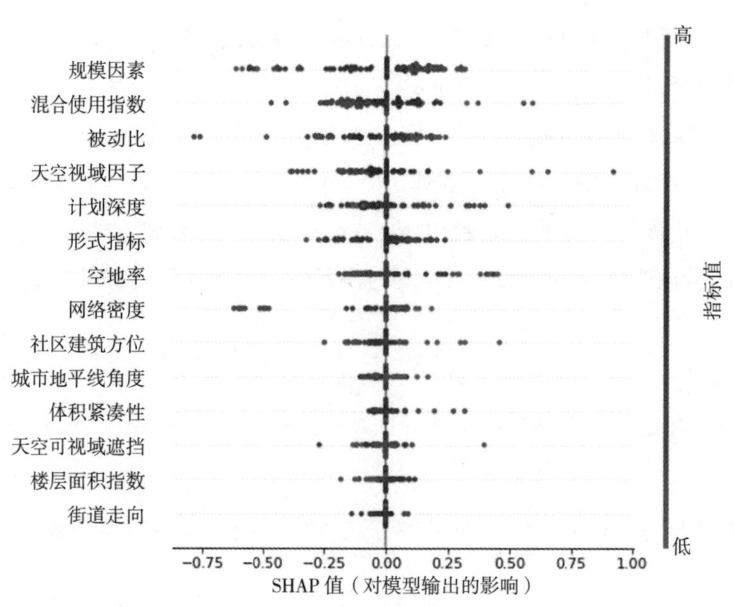


**图 8.3** 每个城市形态的量级层次特征的能源消耗

# 解读黑匣子

根据加州灌溉管理信息系统（CIMIS）（图 8.4），圣地亚哥县是不同气候带的所在地：

- 1 区－沿海：温和的海洋性气候，冬季温和，夏季凉爽，空气常年潮湿。
- 4 区沿海内陆：天气条件接近沿海，温度较高，湿度较小。
- 6 区中部高地：海拔较高，沿海空气潮湿，室内空气干燥，湿度适中，有风。
- 9 区过渡带：海洋向沙漠过渡带，这是温暖的热带带和冷空气盆地的组合，偶尔受到海洋的影响。
- 16 区－山区：日照和风力变化较大，降雨较多。
- 18 区沙漠：白天干燥炎热，夜晚寒冷，湿度低，降雨量少。

根据这张地图，该县城市化程度最高的地区位于 1 区、4 区和 6 区。因此，在本研究中，大部分的城市形态计算，以及随后的空间评估，都在这三个气候带。

天空视角系数（*SVF*）、城市地平线角（*UHA*）和遮挡天空视线（*OSV*）是城市形态的几何参数，与城市对天空的遮挡程度有关。

任何建筑立面所吸收的能量都来自天空和对面建筑立面反射的辐射。建筑物内的可用日光以及建筑物外立面吸收的辐射量由 *SVF* 和 *UHA* 测量。天空视角系数是建筑物表面接收到的辐射量，由有障碍物的天空可见量与无障碍物的天空可见量之比定义。*SVF* 值为 1 表示地表释放的辐射完全被天空接收，*SVF* 值为 0 表示辐射完全被周围障碍物阻挡。

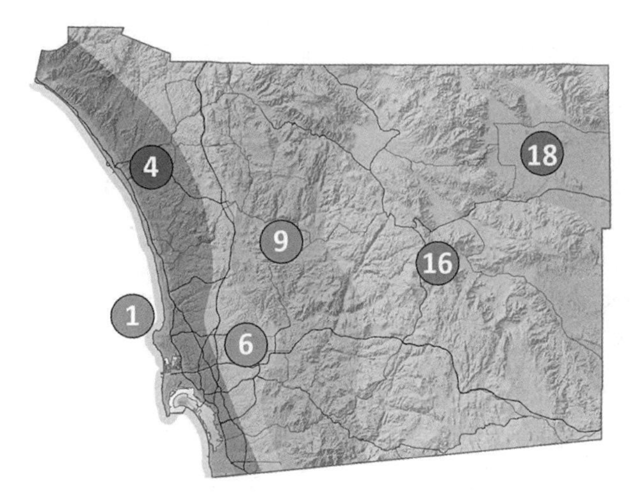


**图 8.4**　圣地亚哥县的不同气候带。圣地亚哥县水务局的（2021）。水资源新闻网。检索于 2021 年 9 月 24 日，来源：https://www.waternewsnetwork.com/

*UHA* 决定了相邻建筑的遮蔽效果，是建筑立面天际线平均高度的函数。较大的 *UHA* 值意味着周围建筑物的阻碍更大，从而产生更多的阴影。要估算由阻挡性建筑物反射的辐射，我们需要通过测量 *OSV*（*OSV* 与阻挡性建筑物的 *UHA* 大致相同），了解透过阻挡角度落在阻挡性建筑物立面上的辐射量。本研究中用于计算 *SVF* 的公式是在城市尺度（而不是特定点），并且是社区平均高度和密度（地面空间指数）的函数，这是在对附近几个点的 *UHA* 和 *OSV* 进行测量并取平均值的同时进行的。这可能是图 8.3 中 *UHA* 和 *OSV* 对邻域尺度能耗影响不太清楚的原因。

米扎伊尔等描述了 *SVF*、高度和密度之间的非线性关系（图 8.5）。

然而，通常可以解释为，那些建筑物较短且分散的社区比建筑物较高的密集社区具有更高的天空能见度。在 *SVF* 值较高的社区，自然景观以开发为主，来自天空的直接辐射或建筑立面的反射辐射被困在城市肌理中，放大了城市热岛效应。从这个角度来看，圣地亚哥县城市化程度最高的地区，如圣地亚哥市及其市中心，由于城市热岛效应，应该经历高温。

从理论上讲，这是正确的，但在实践中，圣地亚哥县的城市热岛效应受到当地沿海风模式的高度影响。这些从海洋吹来的西风有助于将沿海地区的热量分散到县城的内陆地区。从图 8.6 可以看出，城市热岛效应主要表现在县域南部，在县域东部呈递增趋势。这意味着圣地亚哥县沿海地区与城市热岛相关的温度上升，由于沿海风的影响而得到缓和，而第 9、第 16 和第 18 区则覆盖了较高的温度。圣地亚哥县沿海地区的城市发展更密集，因此具有更高的 *SVF*。

这解释了 *SVF* 与能耗之间的负相关关系，*SVF* 值越高，邻里尺度能耗值越低。圣地亚哥县的城市化地区通常经历一年的凉爽，微风，温和，宜人的天气条件，因此，该地区的大多

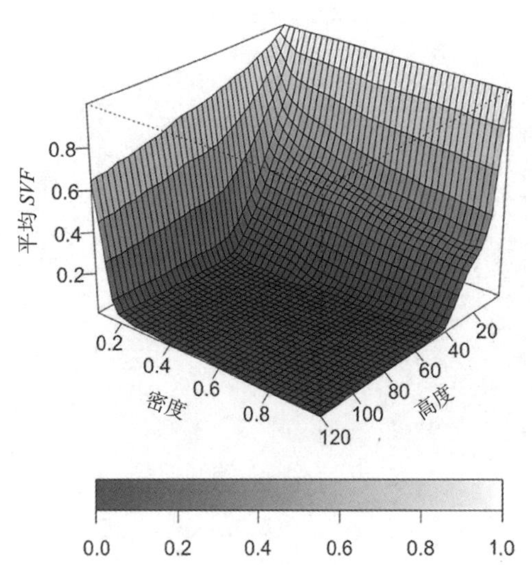


**图 8.5** 模拟平均 *SVF* 与小区平均建筑高度、平均密度关系的三维可视化。来自 Mirzaee，S.，Özgun，O.，Ruth，M.，Binita，K.（2018）。邻近尺度天空景观因子随建筑密度和高度的变化：波士顿的模拟方法和案例研究。城市气候，95-108

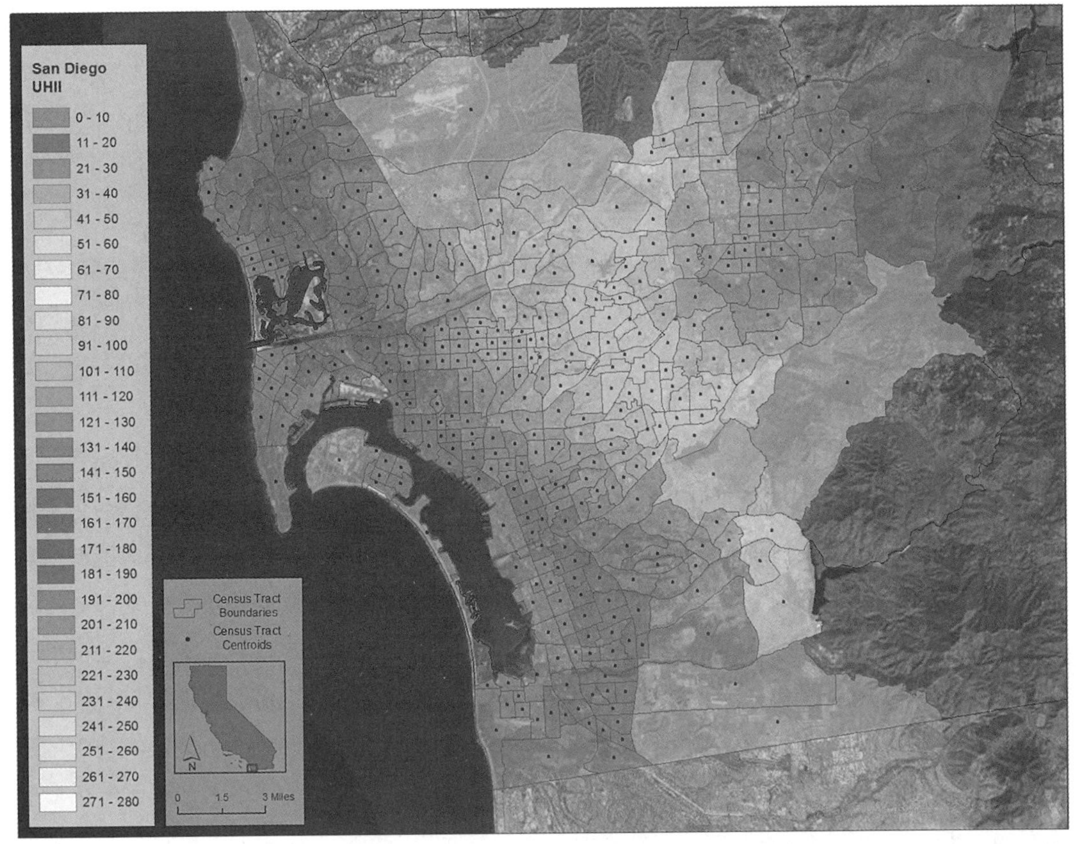


**图 8.6** 圣地亚哥县城市热岛指数来自加州环境保护署（2021）。城市热岛互动地图。检索日期：2021 年 9 月 24 日，网址：https：//calepa.ca.gov/climate/urban-heat-island-indexfor-california/urban-heat-island-interactive-maps/

数建筑，特别是住宅建筑，没有空调系统。这意味着大部分的能源被消耗在冬季的空间供暖上。然而，当一个社区的 *SVF* 高时，建筑物之间的相互阻碍较少，因此，建筑物表面接收到更多来自天空的直接辐射。当建筑表面吸收更多的辐射时，内部空间被被动加热，从而在寒冷的天气中将空间加热的能耗降到最低。

城市密度越高，*SVF* 值越低，则 *UHA* 值越高，从而导致相邻建筑的遮挡。在这种情况下，更多能源被消耗在社区建筑的供暖上。这在圣地亚哥的情况下是合理的，在那里，建筑中使用的大部分运营能源都是面向空间供暖目的的。

遮阴被动地冷却了建筑物，因此增加了社区对供暖的净能源需求。因此，在圣地亚哥开发基于太阳能的社区微电网的情况下，必须考虑到密集和紧凑的社区，建筑物之间的距离最小，增加了能源需求的速度，并减少了在建筑物和地面上安装光伏板的潜力。因为阴影的影响，虽然目前光伏板大多安装在建筑物的屋顶上，但不被相邻建筑物遮挡是一个重要的考虑因素。就位于北半球的圣地亚哥而言，即使在建筑立面用于安装光伏电池的情况下，重要的是要有朝南的立面，远离周围建筑的阴影，以最大限度地提高太阳能的产量。这就是社区的区位变得重要的时候。与能源消耗不同的是，社区规模的光伏能源生产高度依赖于建筑物的朝向，并且具有朝南的大型建筑立面，以增加安装光伏电池的潜力，从而增加太阳能生产。

考虑社区能源消耗的另一个重要因素是暴露在外部环境中的建筑围护结构表面的数量。建筑围护结构是建筑内部和外部之间的界面，这两个空间之间的能量传递发生在这里。为了最大限度地减少建筑尺度上的能量损失，建筑师通常选择建筑围护结构的材料，以防止内部和外部之间不必要的能量转移。然而，研究人员发现，考虑建筑表面和体积之间关系的指标在城市规模的能源消耗中起着重要作用。

本研究考虑的这一关系的一些指标是平面深度、体积密实度、面积系数和外形系数，所有这些因素都显示出不同程度的影响社区规模的能源消耗。事实上，这四个指标的综合影响了城市规模的能源消耗，这表明了建筑体积和暴露的建筑表面在减少圣地亚哥社区能源消耗方面发挥着重要作用。体积密实度、面积系数、外形系数和平面深度与聚落净能耗呈高度正相关。这意味着更大的建筑体量需要更多的能源，对于固定的体量，具有更大的外表面的建筑具有更高的能源消耗率。此外，图 8.3 显示，被动性比率——建筑物所有周边部分落在 6m（19.68 英尺）或两倍于天花板高度的距离，可以自然采光和通风——对能源消耗有很大的负面影响。这意味着有更多被动区域的建筑需要更少的能源。因此，为了降低能耗，室内空间需要大约 12m（或更少）的深度，如果空间（或建筑面积）更深，较短的高度可以帮助减少能源需求。

由图 8.3 可知，社区开放空间比例与净能耗呈负相关关系。这意味着一个社区的未建设面积越大，能源需求的比率就越低。另一方面，建筑面积指数，即总建筑面积与总建筑面积之比，与能耗呈正相关关系，这意味着建筑面积越大，楼层数越多，能耗越高。这两种关系背后的原因很清楚，因为在任何特定的区域边界，随着建筑物或建筑物内单元总数的增加，整个社区对能源的需求也会增加。然而，当涉及发展社区微电网时，在相同的微电网基础设施下运行的建筑物或运行单元的最佳总数是存在的。对于社区微电网中需要聚集多少运行单元或建筑物，并没有普遍的规则。这是因为在微电网环境中，使用能源运行的建筑物或操作单元的数量与它们的使用类型高度相关。混合用途指数是衡量社区内建筑用途多样性的指标，是住宅净建筑面积与地面净建筑面积的比值。该图显示混合使用指数与能源消耗呈高度负相关。这表明住宅社区或非住宅建筑较少的社区的能源使用率较低，因为非住宅建筑比住宅建筑需要更多的运营能源。但是，在考虑社区微电网的运行时，重要的是要有一个适当的混合建筑类型和互补的能源使用概况，以便在整个系统中保持相当一致的能源需求。当微电网为一系列免费的能源用户（例如住宅、学校和办公楼的混合）提供服务时，在 24 小时内观察到相对恒定的能源需求。对于微电网来说，这意味着电力需求的一致性和系统的经济稳定性。例如，当一个商业中心的高峰时间从早上 8 点到下午 5 点。作为同一微电网的一部分，在早晚高峰时段为居民区提供服务，这样的用户群提供了全天稳定的综合每日需求概况。因此，要发展具有最优运行机组或建筑物数量的社区微电网，首先要确定社区微电网区域边界的荷载类型组合，包括是否存在锚定荷载。确定站点上的主要能源用户非常重要，因为通过了解他们的能源消耗模式，可以确定在社区微电网中创建一致能源需求所需的互补负荷（如住宅和零售）的数量，考虑到站点可能产生的能源量。

# 结 语

解决城市规模的能源问题比解决建筑规模的能源问题更为复杂，主要是因为城市规模的项目涉及更多的利益相关者。随之而来的是扩大和模糊的权力关系，使城市问题不明确且多方面，特别是涉及与能源相关的问题及其内在的政治性质。在气候变化的原因和影响一直是政治家和科学家争论的话题的时代，实现低碳和能源自给自足的社区和城市的目标比 2011 年以前更加紧迫。实现低碳和能源自给自足的社区需要减少化石燃料的消耗，并通过采取行动建设具有弹性的社区和城市，减少污染和能源需求，从而减少温室气体排放。实现这一目标的一个主要行动项目是发展支持当地清洁能源供需的社区微电网。为了发展低碳和能源自给自足的社区微电网，本研究以过去的研究为基础，评估了城市规划在这些电网独立地区的能源绩效中的作用。通过这项研究，我们引入了一个新的框架来理解城市设计对社区和城市整体能源动态的重要影响。

我们的背景分析表明，与人们普遍认为的人口稠密的城市地区比周围的农村地区温度更高（由于城市热岛的影响）不同，圣地亚哥的市中心地区受到西风的高度影响，西风有助于分散热量。这就解释了为什么圣地亚哥市区的住宅建筑没有空调系统，因为该地区通常全年都是温和宜人的天气。我们分析的另一个意想不到的发现表明，在城市形态的其他指标存在的情况下，社区导向对圣地亚哥社区净能源消耗的影响最小。为了总结所讨论的分析，圣地亚哥社区空间设计的一些一般规则和原则可以最大限度地提高其底层太阳能微电网的能源性能，可以概述如下：

- 密集紧凑的社区，建筑物之间的距离最小，增加了能源需求的速度，并减少了由于相邻建筑物遮挡而在建筑物和地面上安装光伏板的可能性。特别是在建筑立面用于安装光伏电池的场景中，重要的是要使朝南的立面远离周围建筑的阴影，以最大限度地提高太阳能的产量。这就是社区建筑物朝向变得重要的时候。与社区规模的能源消耗不同，社区规模的光伏能源生产高度依赖于建筑的朝向。

- 更大的建筑体量需要更多的能源。
- 对于固定体积，具有较小外表面的建筑物需要较少的能量用于空间加热和冷却。
- 为了减少能源消耗，建筑空间需要大约 12m（或更少）的深度，如果空间较深，则较短的高度可以减少能源需求。
- 社区内更多的建筑或更多的运营单位导致社区消耗更多的能源，这反过来意味着社区需要更多的光伏能源。请注意，对于社区微电网需要聚集多少个操作单元，并没有统一的规则，因为这与微电网环境中的使用类型高度相关。具有一致能源需求的社区微电网需要适当混合具有互补能源使用概况的建筑类型，以保持整个系统的一致能源需求。

以上所讨论的城市指数组合影响着圣地亚哥的能源需求量，以及其特定的城市形态特征和气候条件。这项研究的结果不能推广到任何其他城市和 / 或气候。然而，所引入的框架可以用来发现每个地区对社区规模能源需求影响最大的城市形态指标的具体组合。

这项研究的重要下一步是纳入气候变化对社区整体能源行为的影响。这项研究是在假设未来圣地亚哥的天气不会因全球变暖而改变的情况下进行的。然而，事实并非如此，因为研究表明，到 2080 年，气候变化将广泛影响包括圣地亚哥在内的主要城市的天气。在这方面，未来城市设计和规划的措施和原则需要考虑到城市地区天气和气候条件的变化。

## 致谢

本研究由美国宾夕法尼亚州立大学斯图克曼建筑与景观建筑学院的 Hamer 社区设计中心和斯图克曼设计计算中心部分资助。作者感谢 Guido Cervone 在选择合适的方法和解释机器学习数据方面提供的帮助。

## 参考文献

Amado，M.，Poggi，F.，2014. Solar urban planning：a parametric approach. Energy Procedia 48，1539–1548.

Andreson，J.，Bausch，C.，2006. Climate Change and Natural Disasters：Scientific Evidence of a Possible Relation between Recent Natural Disasters and Climate Change. Policy Department Economic and Scientific Policy，p. 2.

Baker，N.，Hoch，D.，Steemers，K.，1992. The LT Method，Version 1.2：An Energy Design Tool for Non Domestic Buildings. Commission of the European Communities.

Barnett，J.，1989. Redesigning the Metropolis—the case for a new approach. J. Am. Plann. Assoc. 55，131–135.

Bastiononi，S.，Pulselli，F.，Tiezzi，E.，2004. The problem of assigning responsibility for greenhouse gas emissions. Ecol. Econ. 49，253–257.

Bettencourt，L.M.，et al.，2007. Growth，innovation，scaling，and the pace of life in cities. Proc. Natl. Acad. Sci. U.

S. A. 104 ( 17 ), 7301–7306.

Bourdic, L., Salat, S., Nowacki, C., 2012. Assessing cities: a new system of cross-scale spatial indicators. Build. Res. Inf. 40, 592–605.

Bourgeois, T., et al., 2015. Community Microgrids: Smarter, Cleaner, Greener. Pace Energy and Climate Center.

Bradford, A., et al., 2019. Shining Cities 2019 – The top U.S. Cities for Solar Energy. Environment America Research & Policy Center.

Cajot, S., et al., 2017. Obstacles in energy planning at the urban scale. Sustain. Cities Soc. 30, 223–236.

Castañeda-Garza, G., Valerio-Urenña, G., Izumi, T., 2019. Visual narrative of the loss of energy after natural disasters. Climate 7 ( 10 ), 118.

Chatzidimitriou, A., Yannas, S., 2015. Microclimate development in open urban spaces: the influence of form and materials. Energ. Buildings 108, 156–174.

Chen, L., Sakaguchi, T., Frolick, M., 2000. Data mining methods, applications, and tools. Inf. Syst. Manag. 17, 67–68.

Compagnon, R., 2004. Solar and daylight availability in the urban. Energ. Buildings 36, 321–328.

Coseo, P., Larsen, L., 2014. How factors of land use/land cover, building configuration, and adjacent heat sources and sinks explain Urban Heat Islands in Chicago. Landsc. Urban Plan. 125, 117–129.

Dodman, D., 2009. Blaming cities for climate change? An analysis of urban greenhouse gas emissions inventories. Environ. Urban. 21, 185–201.

Ewing, R., Cervero, R., 2010. Travel and the built environment. A meta-analysis. J. Am. Plann. Assoc. 76 ( 3 ), 265–294.

Fayyad, U., Piatetsky-Shapiro, G., Smyth, P., 1996. From data mining to knowledge discovery in databases. AI Mag. 17 ( 3 ), 37.

Garson, D., 1991. Interpreting neural-network connection weights. AI Expert, 46–51.

Geron, A., 2017. Hands-on Machine Learning with Scikit-Learn and TensorFlow: Concepts, Tools, and Techniques to Build Intelligent Systems. O'Reilly Media.

Gil, J., et al., 2012. On the discovery of urban typologies: data mining the many dimensions of urban form. Urban Morphol. 16, 27–40.

Grubler, A., et al., 2012. Chapter 18: Urban Energy Systems. Cambridge University Press, pp. 1307–1400.

Göuneralp, B., et al., 2017. Global scenarios of urban density and its impacts on building energy use through 2050. Proc. Natl. Acad. Sci. U. S. A. 114, 8945–8950.

Hemsath, T., 2016. Housing orientation' s effect on energy use in suburban developments. Energ. Buildings 122, 98–106.

van den Hoek, J., 2008. The MXI ( mixed-use index ) as tool for urban planning and analysis. In: Corporations and Cities: Envisioning Corporate Real Estate in the Urban Future.

Höök, M., Tang, X., 2013. Depletion of fossil fuels and anthropogenic climate change–a review. Energy Policy 52, 797–809.

Jebaraj, S., Iniyan, S., 2006. A review of energy models. Renew. Sustain. Energy Rev. 10 ( 4 ), 281–311.

Jie, W., Yufeng, Z., Qinglin, M., 2013. Calculation method of sky view factor based on rhino-grasshopper platform. In: Proceedings of BS2013.

Joseph, A., 2019. Shapley Regressions: A Framework for Statistical Inference on Machine Learning Models. arXiv preprint arXiv: 1903.04209.

Ko, Y., 2013. Urban form and residential energy use: a review of design principles and empirical findings. J. Plan. Lit. 28 ( 4 ), 327–351. CPL bibliography.

Lariviere, I., Lafrance, G., 1999. Modelling the electricity consumption of cities: effect of urban density. Energy Econ. 21, 53–66.

Lobaccaro, G., Frontini, F., 2014. Solar energy in urban environment: how urban densification affects existing buildings. Energy Procedia 48, 1559–1569.

Lundberg，S.，Lee，S.-I.，2017. A Unified Approach to Interpreting Model Predictions.
Lundberg，S.，et al.，2020. From local explanations to global understanding with explainable AI for trees. Nat. Mach. Intell. 2，56-67.
Magoules，F.，Zhao，H.-X.，2016. Data Mining and Machine Learning in Building Energy Analysis：Towards High Performance Computing. John Wiley & Sons.
Mirzaee，S.，et al.，2018. Neighborhood-scale sky view factor variations with building density and height：a simulation approach and case study of Boston. Urban Clim. 26，95-108.
Newman，P.，Kenworthy，J.，1989. Gasoline consumption and cities：a comparison of US cities with a global survey. J. Am. Plann. Assoc. 55（1），24-37.
Owens，S.，1986. Energy，Planning，and Urban Form. Pion Limited.
Pont，M.，Haupt，P.，2005. The Spacemate：density and the typomorphology of the urban fabric. Nord. J. Archit. Res.，55-68.
Powering a New Generation of Community Energy，2015. New York State Energy Research and Development Authority. Available at：https：//www.nyserda.ny.gov/All-Programs/Programs/NY-Prize.
Rahimian，M.，Iulo，L.，Duarte，J.，2018. A review of predictive software for the design of community microgrids. J. Eng. 2018，1-13.
Rahimian，M.，et al.，2020. A Machine Learning Approach for Mining the Multidimensional Impact of Urban Form on Community Scale Energy Consumption in Cities. Springer.
Ratti，C.，Baker，N.，Steemers，K.，2005. Energy consumption and urban texture. Energ. Buildings 37，762-776.
Reinhert，C.，et al.，2013. UMI—An Urban Simulation Environment for Building Energy Use，Daylighting and Walkability.
Robinson，D.，et al.，2007. SUNtool—a new modelling paradigm for simulating and optimising urban sustainability. Sol. Energy 81，1196-1211.
Samuel，A.，1959. Some studies in machine learning using the game of checkers. IBM J. Res. Dev.，210-229.
Santamouris，M.，et al.，2001. On the impact of urban climate on the energy consumption of buildings. Sol. Energy 70，201-216. Elsevier Science Ltd.
Sarralde，J.，et al.，2015. Solar energy and urban morphology：scenarios for increasing the renewable energy potential of neighbourhoods in London. Renew. Energy 73，10-17.
Seto，C.K.，et al.，2014. Human Settlements，Infrastructure and Spatial Planning. Cambridge University Press.
Silva，M.，Oliveira，V.，Leal，V.，2017a. Urban form and energy demand：a review of energy-relevant urban attributes. J. Plan. Lit. 32，0885412217706900.
Silva，M.，et al.，2017b. A spatially-explicit methodological framework based on neural networks to assess the effect of urban form on energy demand. Appl. Energy 202，386-398.
Steadman，P.，Evans，S.，Batty，M.，2009. Wall area，volume and plan depth in the building stock. Build. Res. Inf. 37，455-467.
Štrumbelj，E.，Kononenko，I.，2014. Explaining prediction models and individual predictions with feature contributions. Knowl. Inf. Syst. 41（3），647-665.
Taha，H.，1997. Urban climates and heat islands：albedo，evapotranspiration，and anthropogenic heat. Energ. Buildings 25，99-103.
Tardiolli，G.，et al.，2015. Data driven approaches for prediction of building energy consumption at urban level. Energy Procedia 78，3378-3383.
The City of San Diego，2015. City of San Diego Climate Action Plan. The City of San Diego.
Tsui，K.，et al.，2006. Data mining methods and applications. In：Springer Handbook of Engineering Statistics. Springer，pp. 651-669.
Vaz Monteiro，M.，et al.，2016. The impact of greenspace size on the extent of local nocturnal air temperature cooling in London. Urban For. Urban Green. 16，160-169.

Villareal, C., Erickson, D., Zafar, M., 2014. Microgrids: A Regulatory Perspective. CPUC Policy & Planning Division.

Wang, H., Chen, Q., 2014. Impact of climate change heating and cooling energy use in buildings in the United States. Energ. Buildings 82, 428–436.

Wilson, B., 2013. Urban form and residential electricity consumption: evidence from Illinois, USA. Landsc. Urban Plan. 115, 62–71.

## 拓展阅读

The European Commission, 2011. A Roadmap for Moving to a Competitive Low Carbon Economy in 2050. EU COM, p. 112.

第9章

# 机器推理眼中的城市意象

埃尔辛·萨里（Elcin Sari）[a]，肯吉兹·埃尔巴斯（Cengiz Erbas）[b]和
伊姆达特·阿斯（Imdat As）[c]
a 中东技术大学城市与区域规划系，土耳其安卡拉；b 土耳其安卡拉哈塞特佩大学 TUBITAK
国际研究员 TUBITAK；c 土耳其伊斯坦布尔技术大学国际研究员

## 引　言

据联合国称，目前世界上超过 55% 的人口居住在城市。预计到 2050 年底，将有 65 亿人，即 66% 的世界人口将居住在城市。随着人口的增加，城市布局日益扩大，也日趋复杂。考虑到城市规划设计需要处理影响生活质量（QoL）和城市绩效的复杂问题，如通勤时间、污染、安全、气候等，创新的工具可以帮助规划设计师创建新城市和重塑现有城市。几十年来，人们探索了各种城市设计方法，如模式设计或代码设计等，这些方法主要涉及城市的量化特征。然而，人工智能（AI）的最新发展也为探索定性问题提供了机会。将人工智能融入设计过程，可以帮助我们了解以前无法量化的城市空间的潜在特质。这些潜在特质在设计审查中常常被忽视。人工智能驱动的城市规划研究不在少数，如“人工智能辅助设计（AIAD）增强城市设计决策的智能设计框架”，或越南胡志明市规划局开发的“以用户为中心的人工智能全球土地覆盖绘图工具，帮助城市规划师作出决策”。然而，还没有彻底尝试去了解高生活质量城市中常见的潜在特质或模式。据《福布斯》杂志报道，在不久的将来，全球将建设数百个新城市。自 2013 年以来，仅中国就新建了约 400 座城市。因此，本章要解决的问题是我们能否利用人工智能发现少数城市中反复出现的城市模式，以及能否利用这些模式来建构新的城市布局。

我们开发了一种机器推理（MR）工具，使传统的机器学习能够处理更加结构化和组合化的数据。机器推理工具能够学习城市数据中底层函数、语法和关系的结构。我们的研究工作分为五个主要阶段：

- 第一阶段：利用选定城市的二维网格地图识别常见的建筑模式（基本概念）。
- 第二阶段：通过建立第一阶段中确定的基本概念的层次结构，生成与更高级别架构模式相对应的更高层次的概念。
- 第三阶段：通过组合第一阶段和第二阶段确定的城市模式，为给定区域生成建筑方案。
- 第四阶段：在提出建筑方案时考虑更广泛的城市背景。
- 第五阶段：将研究从二维城市布局扩展到三维城市形态。

如图 9.1 所示，第一和第二阶段的重点是发现潜在模式；第三和第四阶段涉及新城市布局的设计和构成。换句话说，在第一和第二阶段，我们将确定选定城市的通用设计模式；在第三和第四阶段，我们将在确定的边界条件下组合新的布局；最后，在第五阶段，我们将增加三维空间。不过，本章的范围仅限于第一阶段和第二阶段的工作和成果。

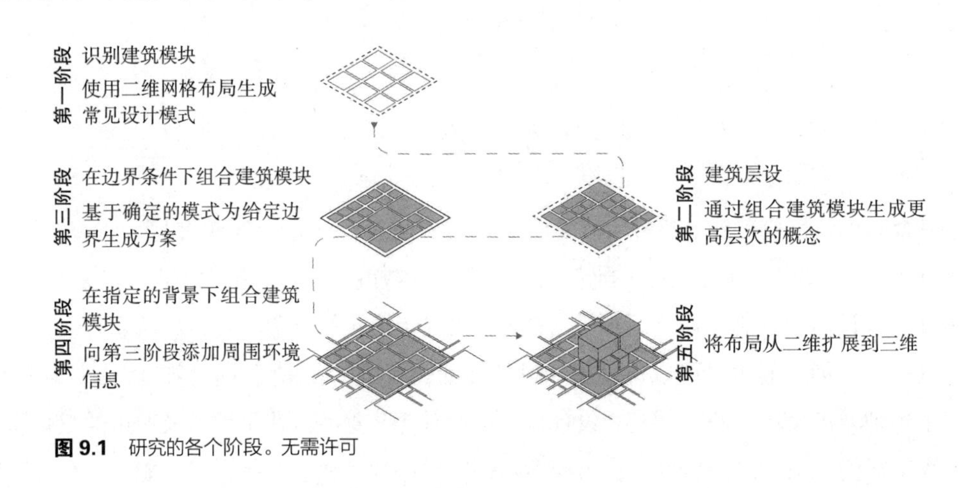


**图 9.1** 研究的各个阶段。无需许可

## 背 景

克里斯托弗·亚历山大（Christopher Alexander）在《形式综合论》中阐述了计算设计的基本原则。尼古拉斯·尼葛洛庞帝（Nicholas Negroponte）用“建筑机器”证明了在空间构图的创作中可以积极提供人机对话。后来，亚历山大在“模式语言”（A Pattern Language）中展示了计算如何帮助将设计模式的概念形式化。他提出，模式是应对复杂设计挑战的有效概念工具。与城市规划设计相关的计算设计领域的最新项目，包括麻省理工学院媒体实验室的“城

市矩阵”，该项目利用机器学习在给定的城市区域内生成多个城市模拟。模拟结果被用于训练卷积神经网络（CNN），以预测前所未有的城市布局的交通和太阳能性能。“城市诱导”旨在开发一种用于生成场地规划的城市设计机器。此外，麻省理工学院媒体实验室的另一个项目“城市范围”通过二维和三维界面促进了人与机器之间的交互。该项目在结合计算模型和物理模型方面为类似研究树立了榜样。此外，“城市设计优化”研究了城市设计层面的计算优化技术，以优化城市的各种性能标准，例如可达性。

凯文·林奇在《城市意象》中，从经验的角度用可读性和可意象性的概念来评估环境质量，以了解人们是如何认知城市的。林奇将可读性定义为“城市的各个部分能够被识别并组织成连贯模式的难易程度”，将可意象性定义为“物体的质量使其很有可能在观察者中唤起强烈的意象”。林奇进行了一项研究，要求参与者描述他们在波士顿、新泽西市和洛杉矶等城市的主要经历。参与者被要求描述他们在这些城市的经历在脑海中形成的主要元素。林奇发现，有五种主要元素组织了人类在城市中的体验：道路、边界、区域、节点和标志物（图 9.2）。林奇认为，这些元素共同构成了一种环境意象，从而在观察者的脑海中形成了令人满意的城市形态。

道路是主要的城市元素，通过支持城市中的定位来引导人们的行动。人们在道路上行走时会观察环境并与环境元素建立联系。道路的特点是连续性、方向性和坡度，如主要街道和林荫大道。而边界则是作为横向参照的线性元素，不被用作或视为道路。城市障碍，如海岸、铁路、切口和围墙，可能是区域的边界。区域是城市中相对较大的部分，具有形状、质地、阶级或种族等共同特征。这些特征决定了各种各样的区域类型，如边缘清晰的社区或街区。

节点被确定为街道网络中聚焦最高的中心点。它们可能是交叉路口、道路的交叉点或交汇处、中心广场或公园，在这里可以同时实现多种功能。最后，标志物是通过唯一性、单一性和专业性来识别的实物。标志物必须在远处可见，并代表城市内的参考点。各种重要的建筑物、雕像、纪念碑、尖塔、教堂塔楼等都可能构成标志物。在本章中，我们将介绍一种计算方法，具体来说是一种机器推理（MR）工具，可在给定的城市布局中自动检测林奇的五个核心元素。

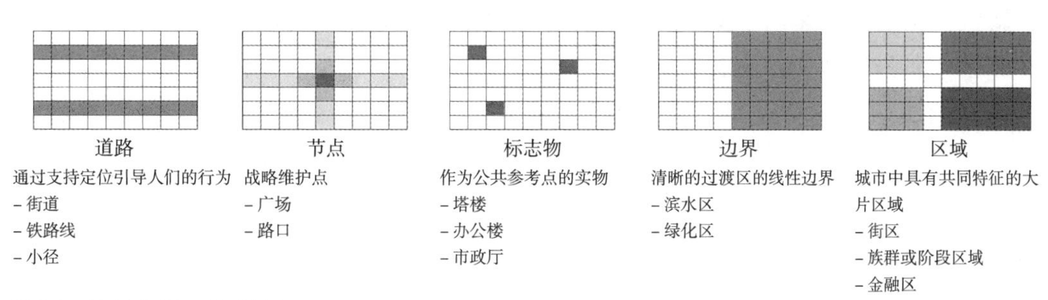


**图 9.2** 林奇五要素。无需许可

## 方法、工具和技术

机器学习（ML），尤其是深度神经网络（DNN），是现阶段人工智能革命的支柱。事实证明，机器学习技术可以成功利用大数据来回答围绕训练数据集提出的问题，特别是对于使用语音、图像和文本数据的应用程序。然而，与这些模式相比，城市的建筑数据更具结构化和组合性。我们可以利用 DNN 来识别城市中常见的设计模式，但缺乏大数据也是一个瓶颈。世界上的城市数量有数千个，而不是数以百万计，我们可能只能获得其中的少量作为训练集。因此，一种更有前景的方法是从少量城市样本中学习，以发现和生成城市模式。

从数据中发现设计模式这一研究目标的本质，要求具有抽象和概括的能力。尽管迁移学习取得了一些成功，但深度学习已被证明很难超越其初始的训练问题集。将人工智能的边界推向能够模拟城市布局的通用工具，需要一种新的方法来解决当今机器学习技术的不足。

在本研究中，我们使用 MR 引擎来识别城市中常见的设计模式。与 ML 类似，MR 引擎可用于以监督或无监督的方式训练 MR 模型。监督训练需要标注类别的数据，并学习识别哪些模式可将一个类别与另一个类别区分开来。例如，它可用于推理哪些特征使城市宜居。无监督训练不需要标注数据，用于识别常见模式作为中间词汇，从而在不丢失关键信息的情况下压缩数据。林奇的五大设计元素的发现就属于这一类。

MR 模型捕捉解释训练数据的基本模式，MR 引擎生成从简单到更复杂模式的输出，每个输出对应于一个 MR 模型。MR 引擎是可配置的，因为它可以使用不同的超参数集进行操作。它可以从少量示例中学习任意概念，也可以发现概念之间更高层次的认知关系。MR 引擎通过三种方式补充了现有的 ML 系统：

- 不需要针对具体问题进行模型开发；
- 可以用少量数据进行训练；
- 可以识别 ML 工具和技术无法识别的认知关系。

我们可以从 AI 框架的角度来看待 MR 引擎。图 9.3 展示了我们对如何在结合 ML 和 MR 模型和程序的基础上构建人工智能的展望。

如果我们从上往下看这张图，它囊括了构建人工智能能力的三种不同方式：

- 在最简单的形式中，智能功能可以通过编码方式开发程序。人工智能（包括专家系统）的早期工作就属于这一类。
- 或者，我们构建展示智能功能的 ML 模型。ML 模型可以使用借助程序提取的“特征”作为输入进行分类。然而，模型的输出并不在特征空间内。我们无法递归地将模型的输出提供给它自己来构建学习概念的层次结构。

- 另一方面，MR 模型没有这种限制，它们在“概念”层面运作。MR 模型的输入和输出都在概念空间内。MR 模型的输出可以递归地输入到同一个模型中，从而建立学习概念的层次结构。它们还能使用 ML 模型和其他程序作为输入，充分利用现有的人工智能系统。

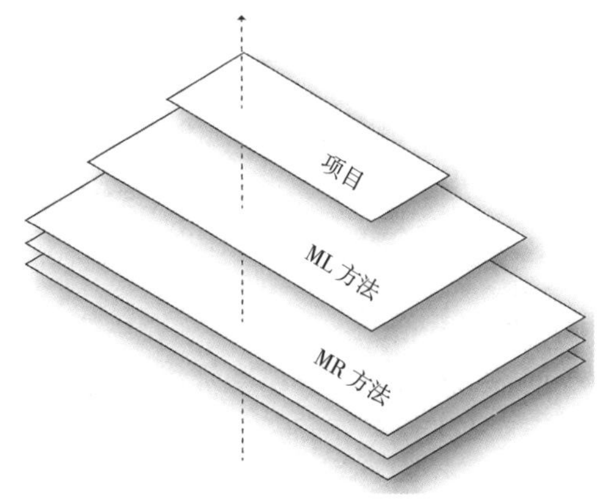


**图 9.3** 人工智能（AI）框架。无需许可

MR 引擎也是朝着构建更具解释性的 AI 系统迈出的一步。ML 模型是张量——巨大浮点数数组——不易于解释。另一方面，MR 模型可以以人类可以检查的形式呈现。我们可以调试这类模型的推理过程，了解某些测试数据被接受或拒绝的原因。MR 引擎提供以下主要功能：观察、归纳、演绎、假设生成、概念发现、标记化和抽象。下一节将详细介绍这些主要功能在案例研究中的应用。

# 案例研究

在案例研究中，我们将选定的六个城市的市中心区域转换成二维矩阵。在矩阵中填充了代表不同城市项目的 10 个符号，如商业、住宅等。我们考虑了林奇提出的城市环境意象性五大元素，并确定了三项政策：（a）频率、（b）范围和（c）覆盖策略，以自动发现它们。图 9.4 展示了工作流程。

## 选择城市并创建网格布局

我们根据 Numbeo 的生活质量指数（QoL）选择了六个城市。其中三个城市的排名非常靠前：澳大利亚阿德莱德（第 1 位）、新西兰惠灵顿（第 3 位）和美国罗利（第 4 位），如图 9.5 所示；另外三个排名垫底：肯尼亚内罗毕（第 230 位）、越南胡志明市（第 235 位）和菲律宾马尼拉（第 240 位），如图 9.6 所示。为了保持样本的一致性，我们选择了按网格布局建造的城市，并在其市中心区选取了约 $100hm^2$ 的区域。

除 Numbeo 指数外，还有其他各种指数对城市进行评估，如体育城市指数、全球城市指数、宜居指数等。我们决定使用 Numbeo 指数，因为它们的 QoL 指数更全面，使用的经验公

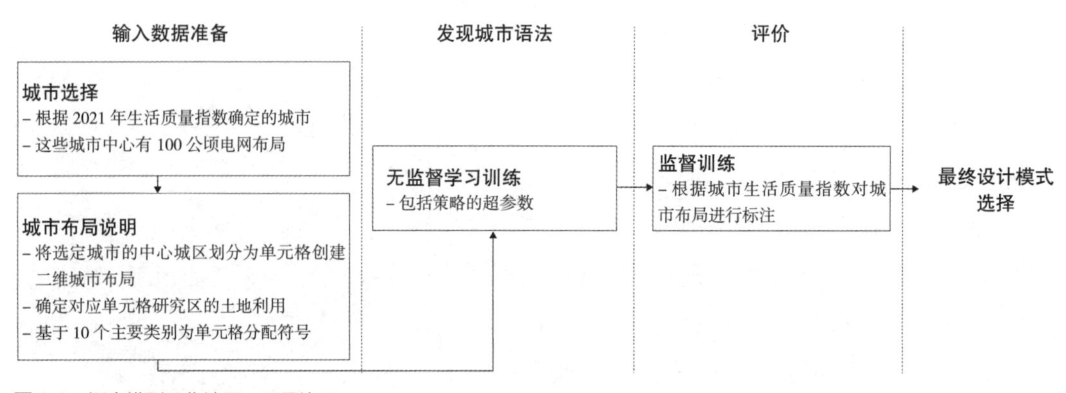


**图 9.4** 概念模型工作流程。无需许可

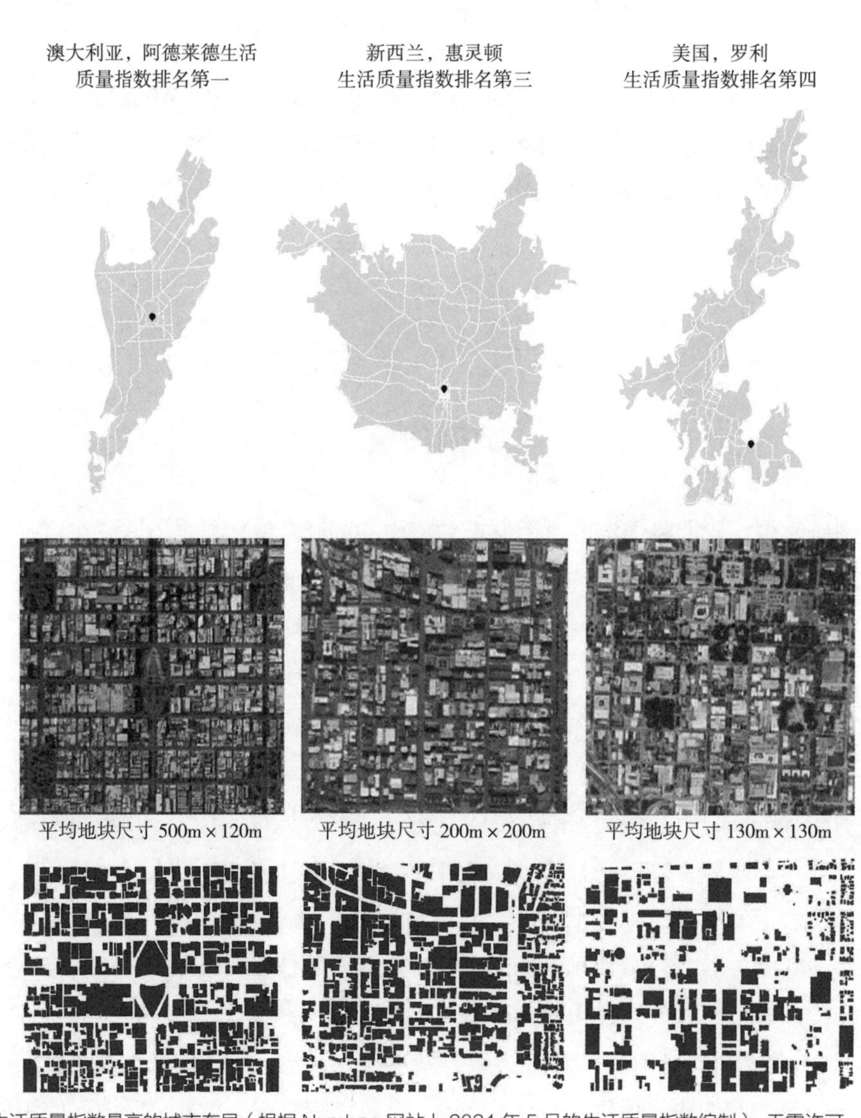


**图 9.5** 生活质量指数最高的城市布局（根据 Numbeo 网站上 2021 年 5 月的生活质量指数编制）。无需许可

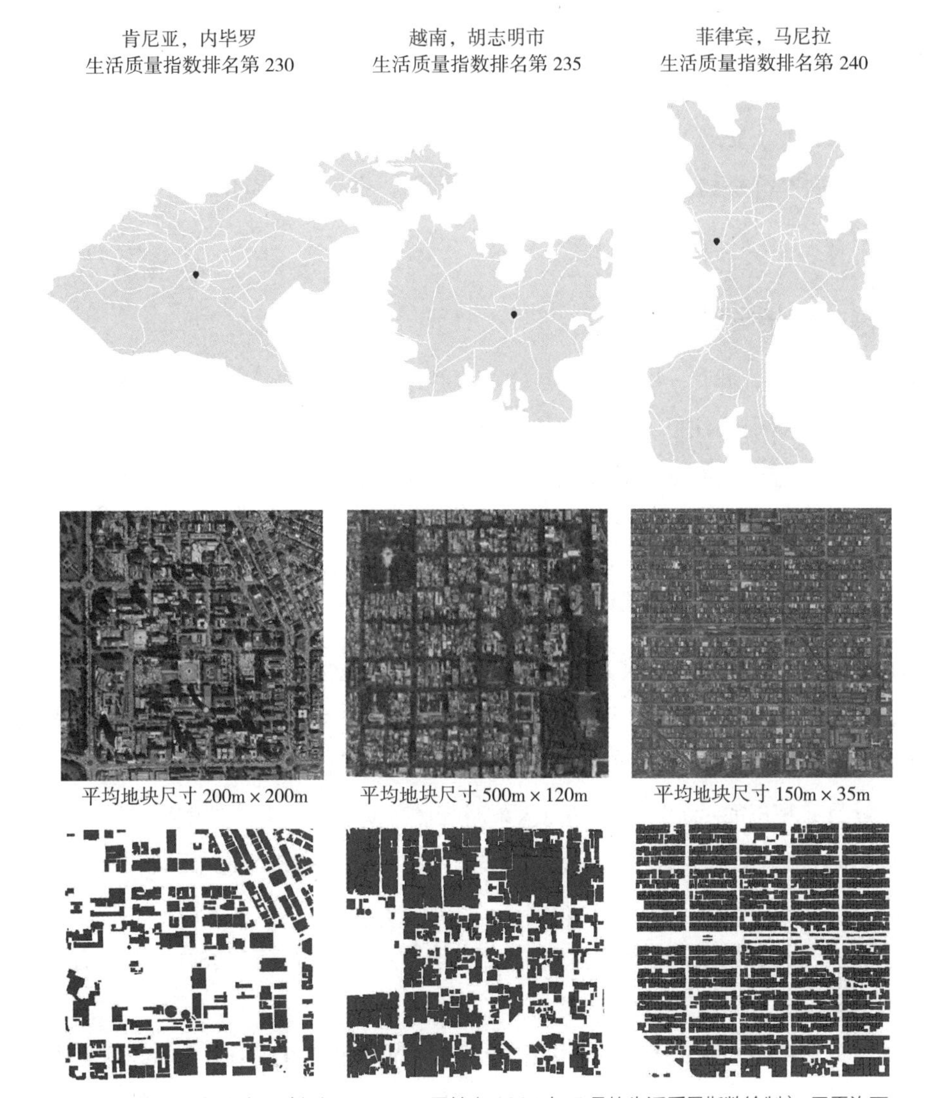


**图 9.6** 生活质量指数最低的城市布局（根据 Numbeo 网站上 2021 年 5 月的生活质量指数绘制）。无需许可

式考虑了购买力、污染、房价收入比、生活成本、安全、医疗保健、交通通勤时间和气候等因素。

$$QoL = Math.\max\left(0, 100 + \frac{ppi}{2.5} - (hpr \times 1.0) - \frac{cli}{10} + \frac{si}{2.0} + \frac{hi}{2.5} - \frac{tti}{2.0} - \frac{(pi \times 2.0)}{3.0} + \frac{ci}{3.0}\right)$$

其中 $ppi$ = 购买力（含租金）指数，$hpr$ = 房价收入比，$cli$ = 生活成本指数，$si$ = 安全指数，$hi$ = 健康指数，$tti$ = 交通时间指数，$pi$ = 污染指数，$ci$ = 气候指数。

我们将市中心区域划分为 10m × 10m 的单元格，以便将其转换为电子表格中的二维矩阵。每个单元格都用一个字符来表示该空间的功能，如住宅楼、交通、医疗中心等。我们确定了这些单元格中的城市项目，如住宅楼、交通、医疗中心等。我们为这六个城市划分了96个子类别，并将其归纳为十个主要类别，如M（混合用途）、R（住宅建筑）、G（开放区域）、H（卫生中心）、（交通）、E（教育建筑）、S（社会文化建筑）、P（公共建筑）、C（商业建筑）和O（其他）。这些符号构成了矩阵数据的基础词汇。在本研究范围内，我们将顶层类别限定为这十个符号。

## 发现设计模式的指导政策

正如林奇所指出的，有一些共同的主题可以帮助我们掌握城市的一般物理特征。特异性或图底分明是使元素引人注目和可识别的特质；形态简单化使我们能够轻松地将这些元素融入我们的感知中；连续性有助于感知相互关联的复杂性；主导性是指一个部分对其他部分起主导作用的特质；节点的连接清晰是结构的战略要点，表现出明确的关系和相互联系；方向性差异是通过不对称和梯度将一端与另一端区分开来；视觉范畴是通过使用透明、重叠、远景和全景来增加视觉的范围和穿透力；运动意识使观察者能够加强和发展运动中的感知形式；时间序列是被感知的序列；名称和意蕴是能够提高元素可意象性的无形特征。

同样，我们还引入了指导MR引擎的各种策略，包括（a）频率、（b）范围和（c）覆盖政策。在确定这三种策略时，我们将林奇提到的主题视为城市的共同物理特征，例如频率策略与连续性质量具有相似的特征、范围和覆盖策略与优势质量等具有相似的特征。

频率策略对候选模式的每次出现进行计数，并将出现频率最高的模式优先于出现频率较低的模式。

范围策略关注形态的大小。在该策略中，无论模式是否重复到其他区域，与最大区域关联的模式都会优先于其他区域。

覆盖策略将给定模式每次出现的区域相加，并优先考虑覆盖面积最大的区域（图9.7）。

MR引擎通过三个步骤来发现设计模式。首先，生成大量候选模式，每个候选模式都可以

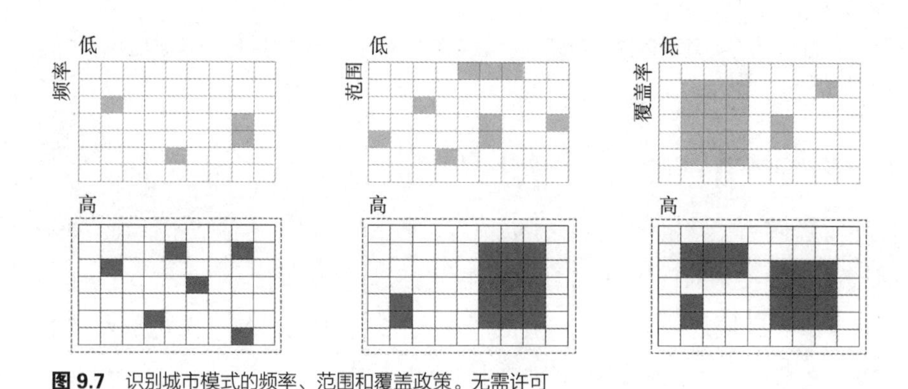


**图9.7** 识别城市模式的频率、范围和覆盖政策。无需许可

用正则表达式表示，根据可用策略对每个候选模式进行评估和排序。然后，对排名靠前的候选模式进行进一步评估，看它们是否适合以压缩的方式为城市语法的规范作出贡献。如果某个候选模式能更简洁地表示网格数据，那么它就会比其他模式更受青睐。

### 探索城市语法

当我们用城市数据对 MR 引擎进行训练时，它首先会尝试识别出表示城市布局的最佳词汇。词汇表由城市布局中出现的基本概念（R，G，H，…，O）以及我们发现的新概念组成，以实现简洁的整体表达。每个新概念都对应一个正则表达式表示的模式。第一层词汇包含训练数据中常用的简单设计模式。然后，它将发现更复杂的设计模式层次结构，不仅使用基本概念，还使用新发现的概念，从而逐步构建城市布局语法，如图 9.8 所示。例如，该工具可以发现住宅区（RA）作为住宅建筑（R）和公园（P）的函数以及商业区（CA）作为商业建筑（C）和学校的函数。这两个新概念（RA 和 CA）可作为城镇（TT）等更高层次概念的构建块，具体如下：

$$RA=f(R,\ P)$$

$$CA=g(C,\ S)$$

$$TT=h(RA,\ CA,\ *)$$

MR 引擎可以通过有监督和无监督的方式进行训练。无监督训练用于从无标注数据中检测常见模式。而监督训练则需要标注数据。在训练中，我们探讨了 MR 引擎能否发现林奇关于城市意象的组成部分，以及这些组成部分在低 QoL 分数和高 QoL 分数城市中的频率、范围和覆盖面是否存在差异。上述六个城市的数据样本根据是否属于两个布局类别进行标注。第一类包含高 QoL 城市，第二类包含低 QoL 城市，其余数据未标注。这里的目的是确定将城市分为两类的基本特征。该工具使用所有数据来捕捉常见的设计模式，但在生成新设计时，只使用标注数据来决定应使用哪些模式以及应避免哪些模式。训练会产生一个模型，该模型将高性能布局描述为所有输入、符号和新发现概念的函数（图 9.8）。该工具还提供了一个实用程序，可使用高性能布局模型生成数量不限的新设计。通过该工具可以进行实验来了解在数据集中添加新布局所产生的影响。

## 结　果

在本节中，我们将介绍与研究目标相关的初步结果，即使用 MR 引擎自动发现林奇的设计元素（如道路、边界、区域、节点和标志物）。图 9.9 是使用 MR 引擎进行的典型训练的总结。图 9.10 展示了为发现本研究的城市语法而进行的培训课程的命令行界面。

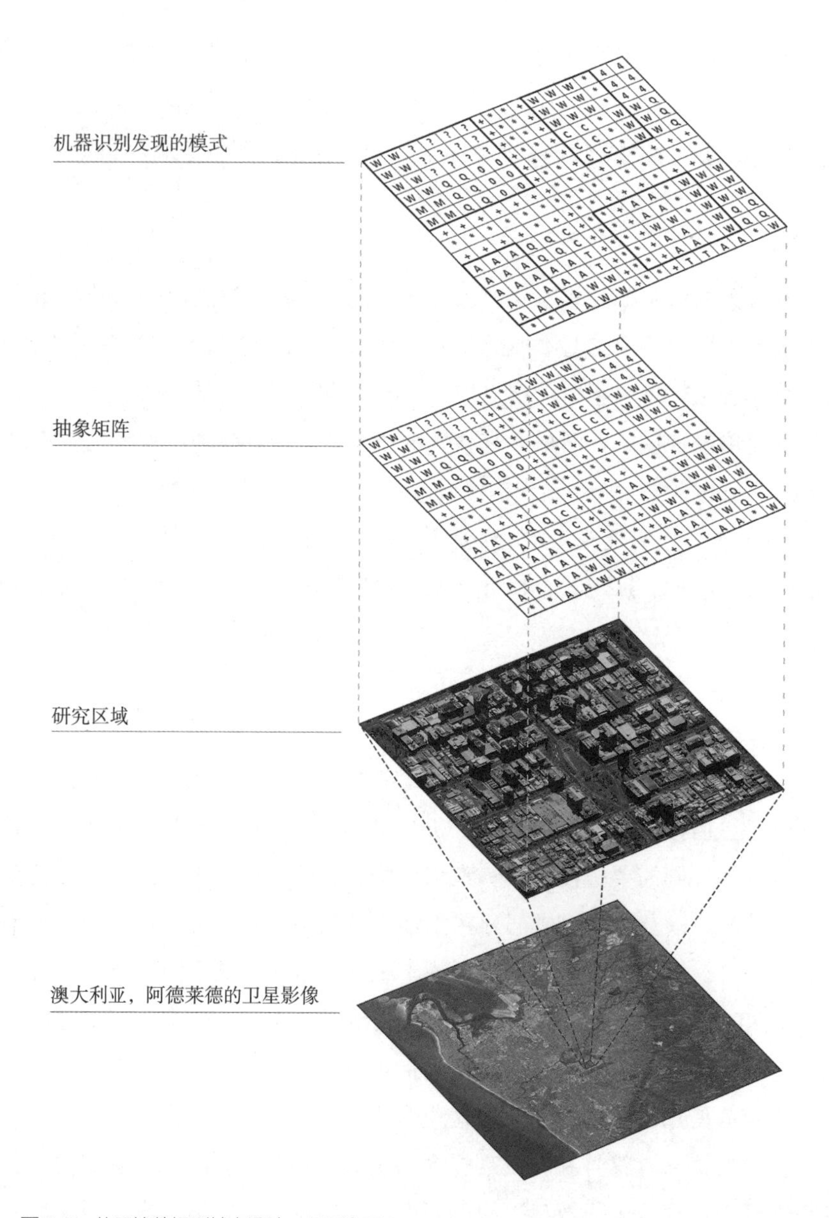


**图 9.8** 从原始数据到城市语法。无需许可

```
Create a new concept A and introduce positive training samples
Introduce negative training samples
Repeat (i=1...n)
        Set the hyperparameters
        Discover a patterns X(i) within A
        Visualize X(i)
        Express A as a function of X(i)
Generate a theory to express A as a function of X(0), X(1),..., X(n)
Visualize A=f(X(0), X(1), ..., X(n))
```

**图 9.9** 使用我们的磁共振引擎进行典型训练的伪代码

```
u L+ Adelaide.txt   /* Create a new concept L for "liveable cities" */
u L+ Wellington.txt /* Introduce Adelaide, Wellington and Raleigh */
u L+ Raleigh.txt    /* as positive samples */

u L- Nairobi.txt    /* Introduce Nairobi, Ho Chi Minh and Manila */
u L- HoChiMinh.txt  /* as negative examples */
u L- Manila.txt

s l C               /* Set the hyperparameters */
n f X L             /* Discover a pattern X within L */
c X                 /* Visualize X */
u L< X              /* Express L as a function of X */
n f Y L             /* Discover a pattern Y within L */
c Y                 /* Visualize Y */
u L< Y              /* Express L as a function of Y */
n f Z L             /* Discover a pattern Z within L */
c Z                 /* Visualize Z */
u L< Z              /* Express L as a function of Z */
```

**图 9.10** 培训课程的命令行界面。无需权限

请注意，训练 MR 引擎非常简单，只需引入数据（L）、设置超参数、连续几轮发现新概念（X、Y、Z 等），并将 L 表示为这些新概念的函数。通过这些训练，MR 引擎能够识别林奇的五个设计元素，如罗利市和马尼拉市的示例所示（图 9.11，图 9.12）。

道路元素是 MR 引擎发现的第一个设计模式。它将道路指定为分布在二维矩形区域中的"+"符号的函数。道路元素能很好地进行组合，用于构建城市语法，因为它能将网格数据分解成更小的模块化区域。图 9.11 展示了罗利网格数据的一次运行结果，看到网格中水平和垂直出现的道路。我们还可以看到林奇术语中对应于路径元素交叉点的节点。如图 9.11 所示，已识别的道路元素将城市地图划分为矩形区域，并作为构建城市语法的中间概念。

这些道路之间的矩形区域是未经处理的数据。请注意，凯文·林奇的区域对应于由道路元素分隔的矩形区域。MR 引擎不会立即为这些矩形区域分配任何符号（概念），而是将其视为原始数据，考虑用于进一步发现概念。在下一轮中，MR 引擎会识别出同时具有商业（C）和住宅楼（R）的区域作为一个新概念，这是一个区域的例子。请注意，各地区可能有许多不同的模式。MR 引擎的发现过程是基于发现策略，并优先考虑有助于最简洁表达的候选方案。

MR 引擎还能生成与林奇边界元素相对应的图案。从图 9.12 中可以看到边界元素的示例，如绿色区域和矩形区域其余部分之间的边界。从这种分析角度来看，标志物元素具有特殊的地位，因为它们并不对应于出现在许多地方的模式，而是作为只出现一次的独特实例。我们使用输入数据来标记标志物实例。

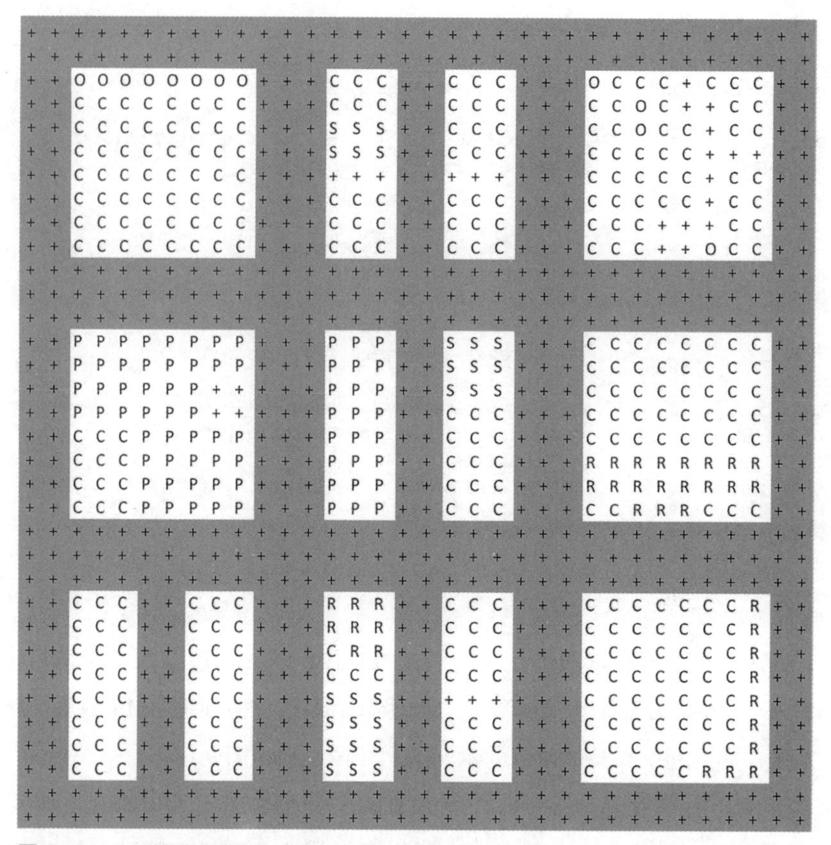

**图 9.11** MR 引擎在罗利市中心发现的图案。无需许可

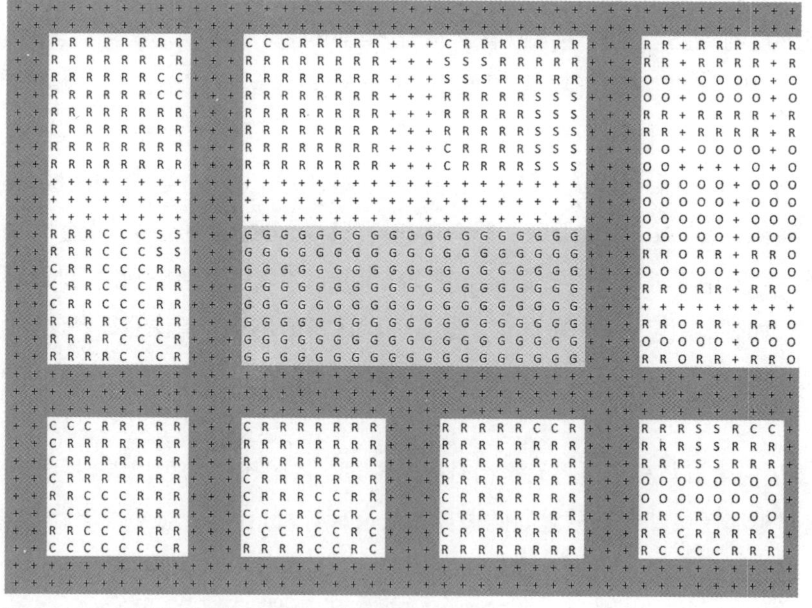

**图 9.12** MR 引擎在马尼拉市中心发现的图案。无需许可

这种结果并不是某个城市独有，在我们选择的所有城市中都可以看到。图 9.13 展示了我们在六个城市中自动识别出的设计元素示例。虽然 MR 引擎成功地识别了林奇的城市元素，但结果表明，在比较低质量生活水平和高质量生活水平的城市时，城市元素的频率、范围和覆盖面并没有大的差别。这可能是由于对城市进行评估的粒度不够，比如缺少第三维度。事实上，在本章中，我们只展示了第一阶段和第二阶段的结果，一旦我们进一步开展研究，即开发第三、第四和第五阶段，我们预计会看到更细致的结果，从而为对比城市提供更多启示。

## 结 论

城市设计过程在塑造我们的环境和城市方面起着至关重要的作用。然而，这一过程在实践中面临着许多挑战，传统的城市规划方法无法满足全球日益增长的城市扩张需求。人工智能为我们提供了机会，让我们了解高 QoL 分数的城市与低 QoL 分数的城市之间的区别，从而利用这些知识来促进未来城市的发展。

我们研究了人工智能能否通过从少量实例中自动发现城市中的常见设计模式，为开发新语言作出贡献。我们开发了一个可发现常见设计模式的 MR 引擎，并将其用于生成新的城市布局。MR 引擎使用一组策略识别城市布局中的潜在模式，并从直接观察到的低级模式开始生成城市词汇表，然后将这些模式分层组合，形成与更复杂的设计模式相对应的高级概念。为了创建和分析二维网格城市布局，我们根据 Numbeo 网站上 2021 年 5 月的数据，选择了六个 QoL 指数较高和较低的城市。与需要大数据的神经网络不同，我们的方法只需使用少数几个城市的数据就能训练 MR 模型，并能检测出这些城市的核心城市元素。

我们的研究路线图包括五个阶段，本章介绍了前两个阶段的初步成果，重点是从基本概念中发现设计模式，并建立表达更复杂模式的层次结构，最终目标是实现简洁的城市语法。我们设想这种语法将使我们能够区分 QoL 分数高的设计和 QoL 分数低的设计。在未来的研究中，我们打算通过考虑其他参数（如公共建筑、服务、便利设施和住房的区位），并考虑 MR 引擎预测设计模式与其环境的关系和适应性，来增加研究的复杂性。在第三阶段，我们将利用所发现的城市语法为给定的边界条件生成独特的设计。在第四阶段，我们将扩展方法，考虑城市的环境（尤其是邻近地区），以生成与更大环境兼容的设计。第五阶段将增强方法，从二维网格布局提升到三维空间形式。

世界各地建造了数百座新城市，中国自 1949 年以来建设了 600 多座城市，这一事实就是这一趋势的标志。MR 方法有可能为市政当局和政府机构扩大城市面积提供服务，并有助于世界各地城市的未来发展。

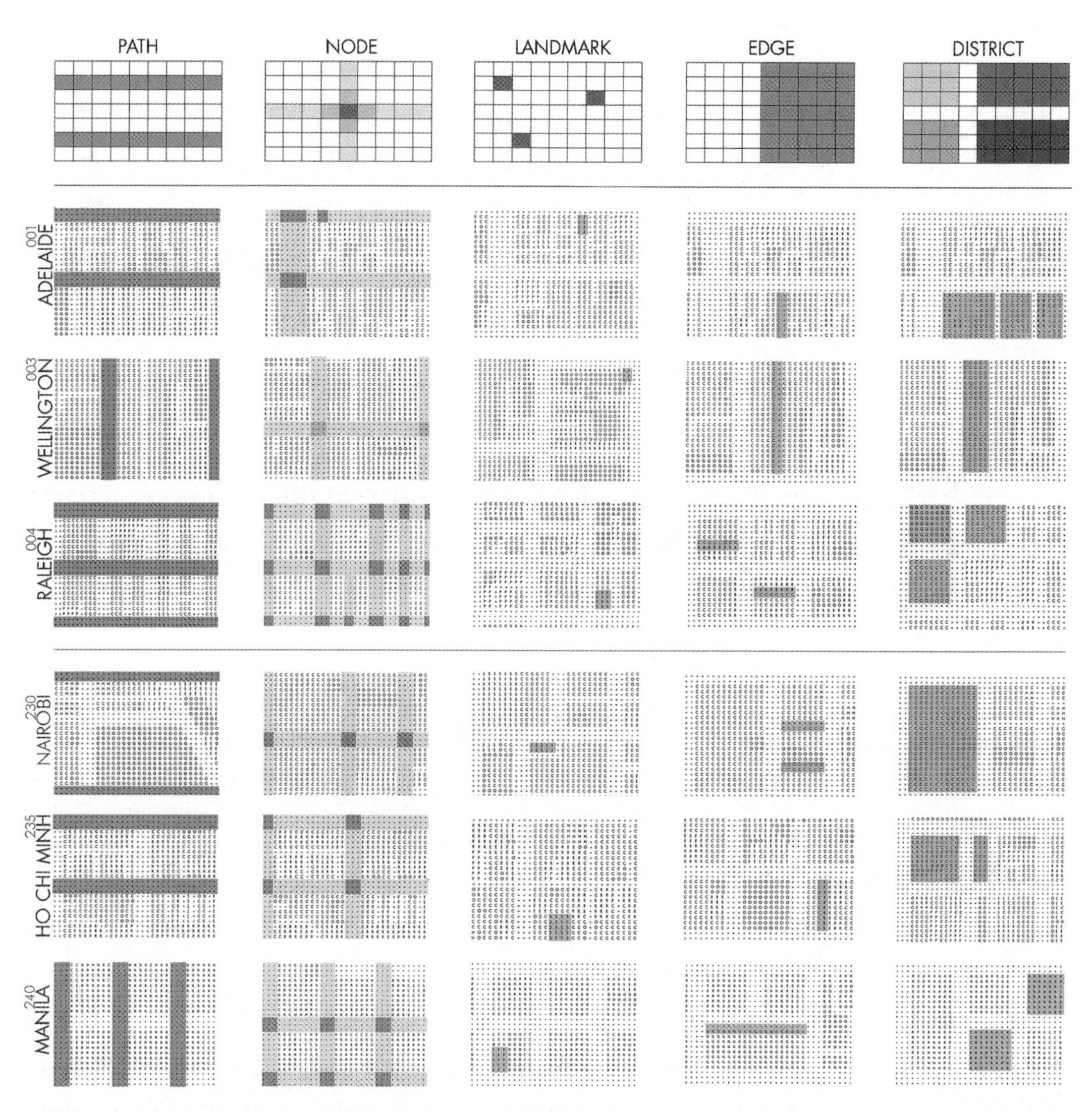


**图 9.13** 使用 MR 引擎自动发现林奇的设计元素样本。无需许可

## 致谢

感谢为本项目辛勤工作的实习生 Hulya Sacin 和 Seyit Semih Yigitarslan。本文的出版得益于韩国科学技术大学（TUBITAK）的“2232 杰出研究人员国际奖学金计划”（项目编号：118C228 和 118C284）。然而，本文作者对本文承担全部责任。从 TUBITAK 获得的财政支持并不意味着本出版物的内容在科学意义上得到了 TUBITAK 的认可。

# 参考文献


Alexander, C.W., 1964. Notes on the Synthesis of Form. Harvard University Press, Cambridge, Massachusetts.

Alexander, C., et al., 1977. A Pattern Language: Towns, Buildings, Construction. Oxford University Press, New York.

Alonso, L., et al., 2018. CityScope: a data-driven interactive simulation tool for urban design. Use case volpe. In: Unifying Themes in Complex Systems IX. ICCS 2018. Springer, Cham, pp. 253-261, https://doi.org/10.1007/978-3-319-96661-8_27.

As, I., Pal, S., Basu, P., 2018. Artificial intelligence in architecture: generating conceptual design via deep learning. Int. J. Archit. Comput. 16 (4), 306-327. https://doi.org/10.1177/1478077118800982. United States: SAGE Publications Inc.

Blum, R., et al., 2006. Design Coding in Practice, An Evaluation. DCLG, England.

Duarte, J.P., et al., 2012. City induction: a model for formulating, generating, and evaluating urban designs. In: Arisona, S.M., et al. (Eds.), Communications in Computer and Information Science. Springer, Berlin, Heidelberg, Portugal, pp. 73-98, https://doi.org/10.1007/978-3-642-29758-8_5.

Lima, F., Brown, N., Duarte, J., 2021. Urban design optimization: generative approaches towards urban fabrics with improved transit accessibility and walkability. In: Projections—Proceedings of the 26th International Conference of the Association for Computer-Aided Architectural Design Research in Asia, CAADRIA 2021. Hong Kong. 26th CAADRIA- International Conference of the Association for Computer-Aided Architectural Design Research in Asia.

Lynch, K., 1960. The Image of the City. The MIT Press.

Negroponte, N., 1970. The Architecture Machine: Toward a more Human Environment. The MIT Press.

Numbeo, 2021. Available at: https://www.numbeo.com/quality-of-life/. Accessed: May 2021.

Quan, S.J., et al., 2019. Artificial intelligence-aided design: smart design for sustainable city development. Environ. Plann. B Urban Anal. City Sci. 46 (8), 1581-1599. https://doi.org/10.1177/2399808319867946. South Korea: SAGE Publications Ltd.

Salingaros, N.A., 2000. The structure of pattern languages. Archit. Res. Q. 4 (2), 149-162. https://doi.org/10.1017/S1359135500002591. United States.

Shepard, W., 2017. Why Hundreds of Completely New Cities are Being Built Around the World. Available at: https://www.forbes.com/sites/wadeshepard/2017/12/12/why-hundreds-of-completely-new-cities-are-being-built-around-the-world/?sh=3839c7ac14bf.

Traunmueller, M., et al., 2021. In: Kaatz-Dubberke, T., et al. (Eds.), AI-Supported Approaches for Sustainable Urban Development: Analysis of Case Studies. Deutsche Gesellschaft fur Internationale Zusammenarbeit GmbH and Austrian Institute of Technology.

United Nations, 2018. The World's Cities in 2018, Statistical Papers—United Nations (Ser. A), Population and Vital Statistics Report., https://doi.org/10.18356/c93f4dc6-en.

Zhang, Y., 2017. City Matrix: An Urban Decision Support System Augmented by Artificial Intelligence. The MIT Press.

# 第10章

# 利用邻近指标优化城市网格布局

费尔南多・利马（Fernando Lima）[a]，内森 –C. 布朗（Nathan C. Brown）[b]，
何塞・平托・杜阿尔特（Jose Pinto Duarte）[c]
a 美国宾夕法尼亚州立大学艺术与建筑学院 Stuckeman 建筑与景观设计学院建筑系
b 美国宾夕法尼亚州立大学工程学院建筑工程系
c 美国宾夕法尼亚州立大学艺术与建筑学院 斯塔克曼建筑与景观设计学院 建筑系

## 引　言

从医疗诊断到自动驾驶汽车，从教育到社交媒体营销，人工智能（AI）依赖于优化、简化和扩展各种任务和知识领域操作可能性的理念。虽然人工智能一词是由达特茅斯夏季研究项目成员（Dartmouth Summer Research Project Members）于 1955 年提出来的，但由于大数据、先进算法以及计算和存储能力的改进，人工智能变得更加流行。在城市设计领域，人工智能系统作为一种技术被广泛接受，为解决复杂、动态问题提供了另一种途径。此外，人工智能具有巨大的潜力，通过执行复杂的迭代和快速准确地进行预测来促进基于性能的设计方法并改进决策过程。

尽管近年来人工智能在很大程度上已经被公众等同于机器学习（ML），但它还包含其他范式和方法，包括基于规则的系统以及搜索和优化，本章将对这些范式和方法进行探讨。计算优化（CO）方法越来越多地被用于解决具有挑战性的设计问题，尽管与建筑设计相比，计算优化在城市设计中的应用因其更高的复杂性和计算要求而受到限制。而多目标优化（MOO）则支持在两个或多个相互冲突的目标之间进行权衡决策。因此，它可以在探索复杂设计空间

的同时对多个目标进行管理和优先排序。几十年来，多目标优化在航空航天工业、机械工程和经济学等领域得到了广泛应用，而多目标优化的形式最近在设计领域变得更加常见。纳瓦罗 – 马特乌（Navarro-Mateu）等和 Makki 等的作品是最早探索 MOO 方法生成城市结构的少数案例之一。

计算优化系统需要可测量的设计目标来驱动自动化设计过程。目标可以通过描述城市积极方面的城市指标得出。在城市发展的整个过程中，无论是创造高人口密度区域还是为社区设定“理想”边界，邻近性在促进城市活力、影响城市形态和影响生活质量方面发挥了根本性的作用。此外，增加城市地区的邻近性和密度被认为有助于促进环境、社会和经济的可持续发展，因为交通可达性、密度、土地利用多样性和可步行性等重要的城市特征对缓解交通拥堵、减少二氧化碳排放和改善公共健康至关重要，可以通过邻近度指标进行评估或解释。

有两种性质的指标可用于估算城市结构的整体邻近度：物理（或维度）和拓扑。物理邻近度指标考虑以米、码、英里甚至时间为单位的距离，而拓扑指标则更关注连通性、特定路径上的转弯次数或结构配置产生的其他句法特征，如街道网络等空间元素之间的关系。希利尔和汉森提出的空间句法理论通过一组句法测量来描述给定地点的空间关系，这使得理解城市结构的基本方面成为可能，如可达性和连通性。因此大量研究从不同角度探讨了评估城市区域的物理或拓扑指标，从物理活动估算到城市规划中的环境和交通导向实践。尽管如此，优化物理指标并不一定意味着优化拓扑指标，通常会导致必须解决的权衡问题。

本章探讨了早期城市设计阶段的计算优化技术，旨在根据物理和拓扑邻近度指标改善城市网格布局。为此，本章探讨了进化多目标优化技术，以生成具有更好邻近性的城市结构，分析不同城市设计规则结果，以制定正交和非正交网格类型。因此，将专门设计用于测量给定城市结构中位置之间最短物理距离和评估句法度量（集成和连通性）的计算工具被耦合在计算多重优化框架中，以生成最优的城市网格布局，同时比较四种不同网格类型的优缺点：规则正交网格、不规则正交网格、不规则移位角网格和沃罗诺（Voronoi）形块网格。选择这些类型是因为它们更容易实现，而且代表了全球几种重要的结构配置，如曼哈顿、芝加哥、巴塞罗那 [ 包括塞尔达（Cerda's）规划和老城区 ]，以及巴西和印度的几个贫民窟。未来，我们打算解决其他类型的问题，如新德里等环形 / 弧形网格和其他更复杂的类型。

本研究的结构分为以下几个部分：资料和方法，包括研究框架的描述、邻近度指标的介绍以及多目标优化的简要讨论；案例研究，其中通过计算生成方法实现并优化了四种不同的网格类型；案例研究结果，包括对生成的城市网格的性能分析；以及总体讨论，涉及本研究的最后评论、局限性和未来发展。

# 资料和方法

## 研究框架

塞夫茨克（Sevtsuk）等研究了美国和澳大利亚规则网格中，街区大小、地块尺寸和街道宽度如何影响行人可达性（通过物理指标）。利马等使用一套工具来评估物理指标（距离）和句法指标。赵（Zhao）等得出结论，具有正交街道网格和高街道密度的城市区域具有良好的可达性到达目的地。最近，冯（Feng）和佩波尼斯（Peponis）从拓扑或句法的角度探讨了网格性能问题。

在最近的工作中，我们评估了不同优化算法的性能，并解决了城市网格类型的生成问题，这些网格类型能最大限度地提高交通可达性，根据城市区域与中心交通站的整体物理邻近度来估计。我们还探索了基于形状语法的优化方法在城市设计中寻找解决方案的适用性，重点关注行人可达性，通过物理邻近度和基础设施成本来衡量，并通过累计街道长度来估算。

本节以这一研究思路为基础，在多目标优化程序中同时采用物理和拓扑指标，以解决不同网格生成技术的问题。我们的目标是探索计算优化技术，根据物理和拓扑邻近度指标评估城市网格布局性能。我们利用生成不同的网格来解决以下问题：规则正交网格是否比不规则正交网格提供更大的接近度？非正交网格（如 Voronoi-shaped 网格）是否以较低的物理邻近度为代价，提供更大的拓扑接近度？考虑到物理指标，哪种生成方法表现更好？在考虑句法度量时会发生什么？是否有一种特定的方法能更好地平衡这两个指标？

## 物理指标：物理邻近指数

大量研究已经解决了用物理距离来估算城市特征，如特定城市区域的可步行性或交通可达性。然而，仅考虑 Rhinoceros/Grasshopper 平台（本研究采用的平台）中的算法参数环境通过提供位置之间距离的“最简单路径”算法工具包探索了可访问性测量。Dogan 等引入了一个计算工具箱，用于评估主动交通和行人对公共交通和城市设施的可达性。在类似的环境中，利马等介绍了本研究中使用的一套 Grasshopper 工具，该工具允许考虑物理（距离）和拓扑指标（如连通性和整合性）。

本研究采用了物理邻近度计算器，这是利马等推出的工具，可用于评估城市区域内目的地的物理距离。物理邻近度计算器（PPC）以考虑街道网络的 0–1 比例指数计算两个或多个目的地的最小距离。例如，两个兴趣点之间的距离为 400m（步行 5 分钟）或更短，则物理邻近度指数（PPI）为 1，随着距离接近 1600m（步行 20 分钟），物理邻近度指数逐渐减小，当距离大于 1600m 时，物理邻近度指数等于 0。在我们的研究中，为了评估特定结构的整体邻近度，我们将物理邻近度计算器设置为计算每个街道交叉口与其结构边界角之间的物理邻近度

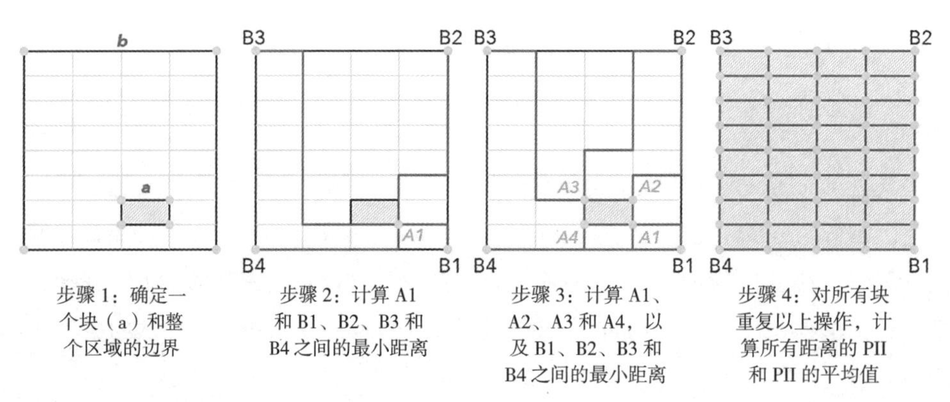


**图 10.1** 物理邻近指数的计算步骤。无需许可

指数。在之前的多项研究中，我们已经成功地将城市区域的平均 PPI 设置为适应度函数。虽然根据网格的大小、几何形状和目的地（角点）的数量，平均 PPI 对不同的网格有不同的含义，但平均 PPI 的微小变化都会对结果产生有意义的影响，因此平均 PPI 有助于推动优化过程向更接近的解决方案发展。例如，当考虑 Voronoi 形街区类型时，平均 PPI 提高 0.01 相当于将我们研究区域内所有角点之间的所有距离总和减少 457600m。图 10.1 介绍了 PPI 的计算方法。

## 拓扑度量：空间句法集成度和连通性

空间句法（Space Syntax，SS）由希利尔和汉森提出的一套理论和方法组成，用于模拟和分析空间配置并理解其所涉及的社会动态。SS 的主要思想是空间可以分解为以系统的组件，然后用地图和图表来表示，描述不同的属性（或句法测量）相关的空间。SS 依赖于三个基本的空间概念：（a）凸空间——可用多边形或凸实体表示的空空间；（b）轴向空间——可由从凸空间导出一条或多条轴线或线段合成；（c）等视线——由可见性多边形定义，该多边形表示特定位置观察的视场。

在 SS 逻辑中，城市区域的空间结构被理解为其城市布局，涉及构成城市空间物理结构的屏障和开放区域之间关系的总和。在这方面，一些著作探讨了城市网格的句法结构，从而认识到城市空间句法在行人和车辆的移动以及商业用地的分布等方面发挥着重要作用。然而，由于城市演变的复杂性和长时间周期，以及处理多种可选结构配置所需的计算要求等因素，研究通常侧重于将城市布局作为评估的最终产品，而不是在设计和规划过程中探索和评估城市结构的不同可能性。

本文探讨了多目标优化过程中作为适应度函数的两种句法测量方法：集成度和连通性。集成度是指一个空间与城市系统中其他空间的接近程度，即移动潜力。换句话说，集成度是系统中任何一个起点到其他所有点的距离的标准化度量，类似于网络科学中的接近中心性。

假设，集成度显示了到达街道的认知复杂性，从而可以预测行人的重要性。因此，简而言之，集成度反映了系统中一条街道与所有其他街道的距离。反过来，连通性衡量给定空间的直接连接数量；也就是说，每个空间的连通性由与其相交的空间数量决定。我们打算通过这两种句法测量方法来验证不同结构类型的表现。为此，我们将平均集成度和连通性度量值设定为拟最大化的适应度函数，以寻找更具连通性和集成的结构。图 10.2 解释了这些度量的逻辑，并展示了集成和连通性分段图。

## 多目标优化：物理和拓扑度量权衡

在有意义的多目标优化问题中，单个解无法同时优化每个目标函数。因此，当在不恶化其他目标值的情况下无法丰富任何目标函数时，就会出现 MOO 最优解，这称为帕累托最优解

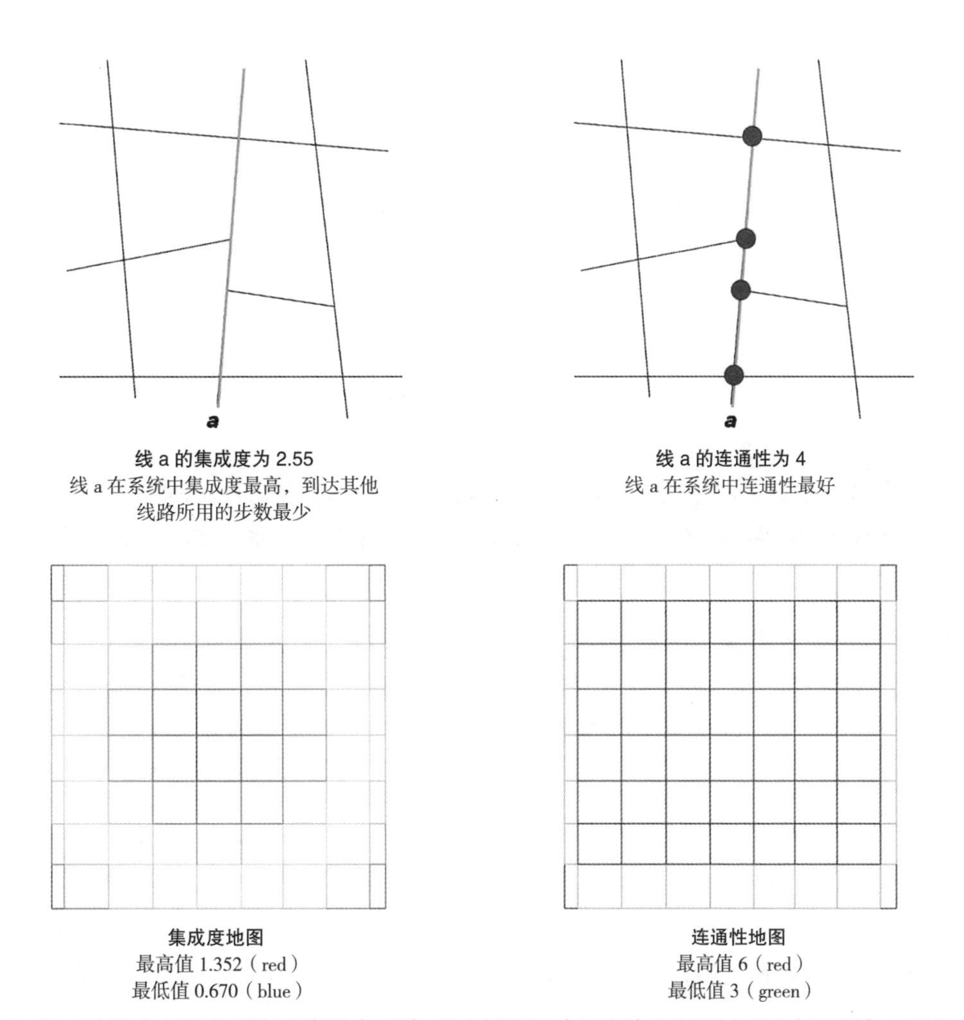


**图 10.2** 同一区域的集成度和连通性测量逻辑（上图）、集成度色段图（左下图）和连通性色段图（右下图）。无需许可

或非支配解，在没有附加信息或后帕累托分析的情况下，优化问题中的所有帕累托最优解都被认为是同样好的。

在此背景下，我们的目标是通过同步优化物理和拓扑邻近度指标，探索城市网格布局的性能。因此，这项工作采用进化多目标优化技术，生成具有不同形态的城市结构，同时评估其物理邻近度指数、集成度和连通性。对于某些网格情况，改进其中一个指标意味着降低其他指标的性能。因此，我们将优化作为一种工具来探索潜在的增强设计，甚至是进一步修改的方向，而不是作为选择单一完美解决方案的确定性方法。

考虑到我们工作中所使用的软件平台（Rhinoceros/Grasshopper），我们为本研究评估了四个多目标优化插件：Octopus 采用了强度帕累托进化算法 2（SPEA-2）和基于快速超体积多目标优化的算法（HypE）；Opossum 采用了非支配排序遗传算法 II（NSGA-II）和粒子群算法；以及同样采用 NSGA-II 的设计空间探索（Design Space Exploration）和 Wallacei X。

我们选择使用 NSGA-II 主要是考虑到以下三个方面：避免依赖初始解收敛到最优解、计算时间以及防止陷入次优解。Wallacei X 是我们的最终选择，因为它使用 NSGA-II 的方式与我们依赖基因库工具的网格生成算法兼容。此外，Wallacei 界面和数据访问的可能性也为我们提供了更大的分析自由度。

# 案例研究

## 方法

我们的案例研究包括四项实验，在多目标优化程序中探索复杂度不断增加的不同网格生成方法，这些优化程序同时使用物理（物理邻近度指数）和拓扑指标（集成度和连通性）作为目标函数。我们采用了一套算法，可为给定区域生成不同的网格布局类型。假设一个边长为 1600m 的正方形场地用于测试，以便在考虑步行阈值的同时，观察规则正交的形状样本。因此，我们打算分析优化后的网格类型的性能：（i）规则网格——包含长宽相同的四边形块的正交网格；（ii）不规则网格——包含不同尺寸的四边形正交网格块；（iii）移动边角—— 一种实验性网格生成方法，包括以非正交逻辑置换不规则网格输入的边角；（iv）Vorono 形块——一种受自然启发的实验性网格形状。

所有实验均在 Rhinoceros/Grasshopper 软件环境中进行，使用 Wallacei X 附件进行多目标优化程序。每个实验使用配备 128GB RAM 的 Intel Core i9-9900 × 3.5GHz 计算机来处理 10000 个解决方案的群体规模（200 代，每代 50 个人），总计算时间约为 54 小时，每种类型方法的计算时间不同。我们的目标是通过最大化物理邻近度指数以及集成度和连接性来找到最佳网格布局。

关于物理邻近度，在正交网格系统中，如实验 1 和 2 所示，无论块的大小如何，所有块角与场站点角之间的平均距离总是相同的，如图 10.3（上图）所示。然而，由于 PPI 并不考虑线性尺度上高于和低于规定阈值（小于 400m 和大于 1600m）的距离，因此整个邻域的平均 PPI 与角之间的平均距离略有不同。因此，最大化城市区域的 PPI 意味着寻找避免距离大于 1600m（PPI=0）的布局，同时不进一步优先考虑距离小于 400m（PPI=1）的布局。因此，PPI 最大化意味着获得更均匀的邻近值，在这种情况下，是到网格四角的距离，并为更多的区块和更多的人提供更均衡的邻近值。

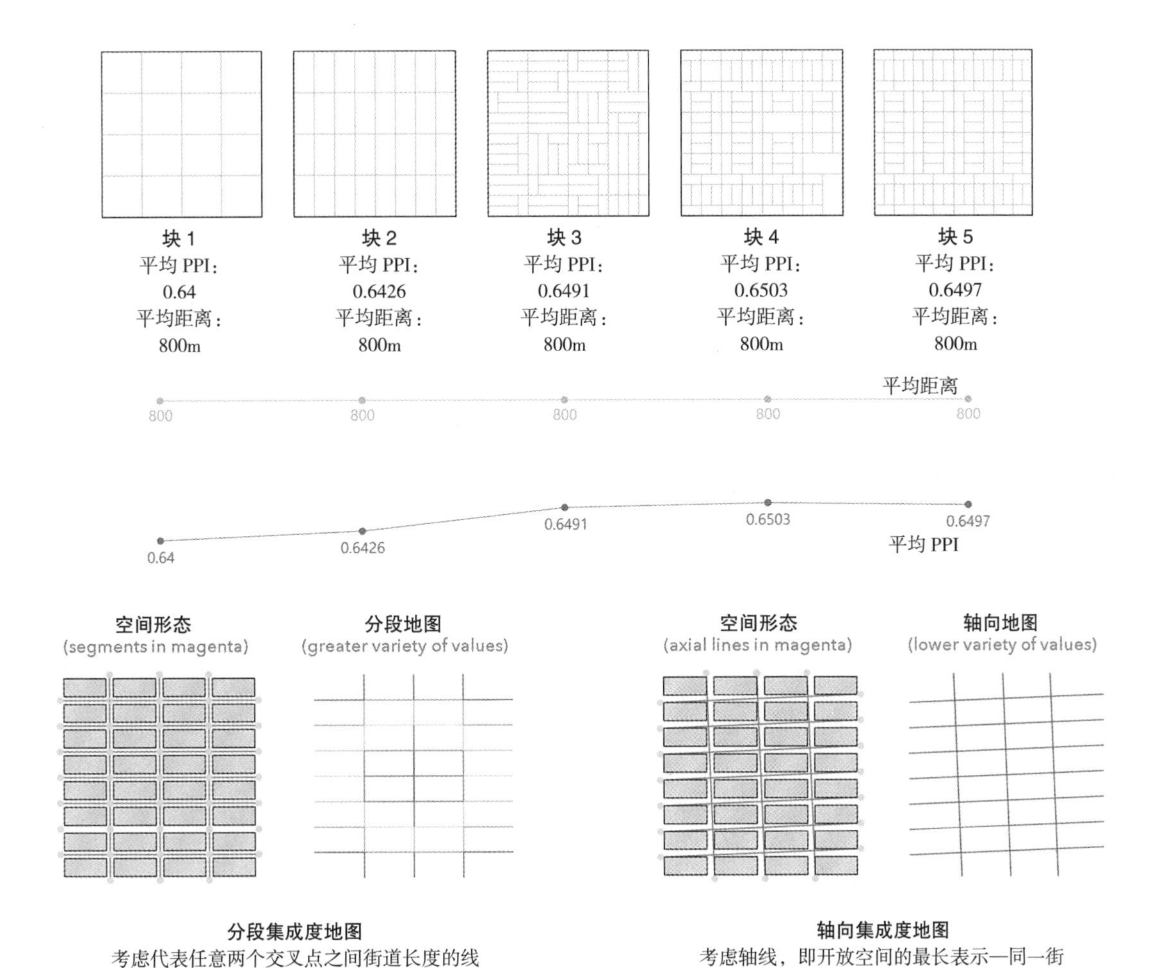


**图 10.3** 不同的正交结构布局——无论城市街区大小如何（上图），所有地块边角与网格边角之间的平均距离总是相同的（上图），以及根据地址类型（下图），使用分段图或轴向图计算集成的不同之处。无需许可

由于会在优化过程中自动生成轴向图以评估每个解决方案的计算成本，因此在计算集成度和连通性时考虑了分段图而非轴向图。分段图和轴向图之间的区别在于，前者考虑代表任意两个交叉口之间街道长度的分段。相比之下，后者考虑轴线，即街道在转弯之前的最长代表。因此，在处理分段图时，我们可以分别验证和理解街道的每个部分，从而提供更准确的集成分析，例如图 10.3（如下）所示。

## 实验 1：规则网格法

规则网格法包括将研究场地细分为具有相同宽度和长度的正交区块，这在城市规划中很常见。因此，本实验的输入变量包括：沿 X 轴和 Y 轴的街区数量（从 8 到 26 不等，即街区长度和宽度约为 60~200m）以及街道宽度（从 12m 到 20m 不等）。通过这些变量设置，设计空间大小为 3200 个解决方案。图 10.4 展示了不同的规则网格示例。

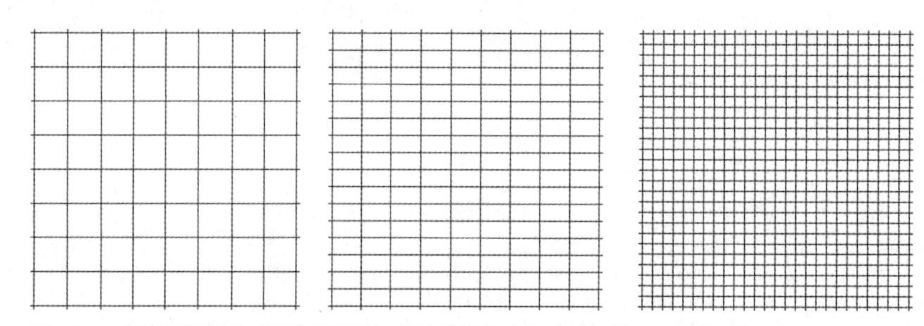

**图 10.4** 规则网格法生成网格的示例：所有块的长度和宽度相同。无需许可

## 实验 2：不规则网格法

不规则网格方法包括将研究场地细分为不同尺寸的正交区块，同时保持网络对齐。在这种情况下，输入变量的数量达到了 43 个，增加了问题的复杂性，使我们能够比较不同网格类型的性能。因此，本实验的输入变量为街区长度和宽度（两种情况下均为 60~200m 之间）以及街道宽度（12~20m）。通过这些变量设置，设计空间大小为 1.7e91 的解决方案。图 10.5 展示了不规则网格方法中不同的网络实例。

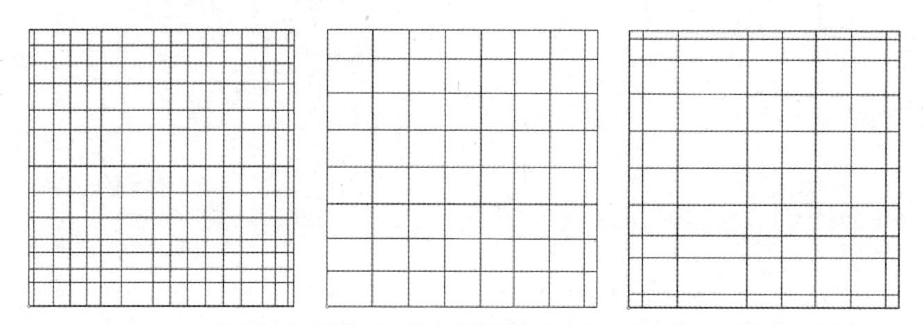

**图 10.5** 生成网格的不规则网格方法示例：在保持网格整齐的情况下，块的长度和宽度各不相同。无需许可

## 实验 3：移动角法

移动角法包括一种实验性的网络生成方法，旨在通过遵循非正交逻辑，移动不规则正交网格中区块的边角，验证不同临近性能可能性。在这种情况下，输入网格中的每个角都可以沿 X 轴移动 –15~15m。因此，本实验中的输入变量包括沿 X 轴和 Y 轴的街区数量（从 10 到 20 不等）、沿 X 轴和 Y 轴的角的位移（如上所述，两种情况下的位移范围均为 –15 到 15m）以及街道宽度（从 12 到 20m 不等）。这些变量的设置产生了巨大的设计空间（根据 Wallacei X 的说法，NaNeInfinity 解决方案）。图 10.6 展示了不规则网格方法中不同网络实例。

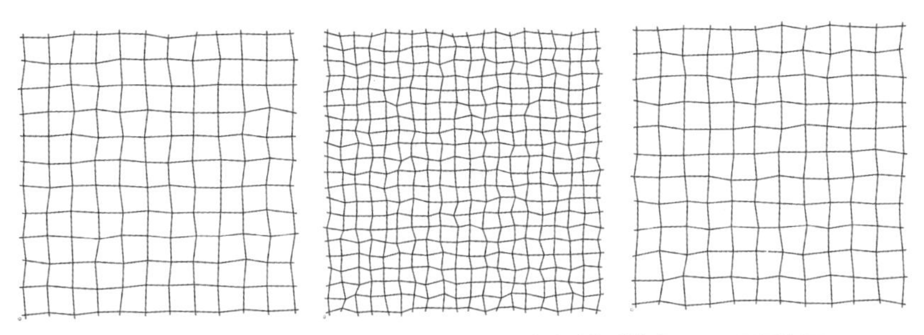

**图 10.6** 移动角法生成网格的示例：以不同的排列方式移动街道的交叉口。无需许可

## 实验 4：沃罗诺（Voronoi）形块方法

沃罗诺形块方法包括受自然启发的实验网格生成过程，探索了沃罗诺原理。这种类型的网格是通过在欧几里得平面上随机散布点而获得的。然后将平面划分为围绕每个点的单元或镶嵌多边形。Voronoi 单元是指平面上比其他任何点都更接近该点的区域。本实验的输入变量包括分散点的数量（100~400）、每个分散点沿 X 轴和 Y 轴的位移（–35~35m）以及街道宽度（12~20m）。这些变量设置产生了巨大的设计空间（根据 Wallacei X，也是 NaNeInfinity）。图 10.7 展示了 Voronoi 形块方法中不同网格实例。

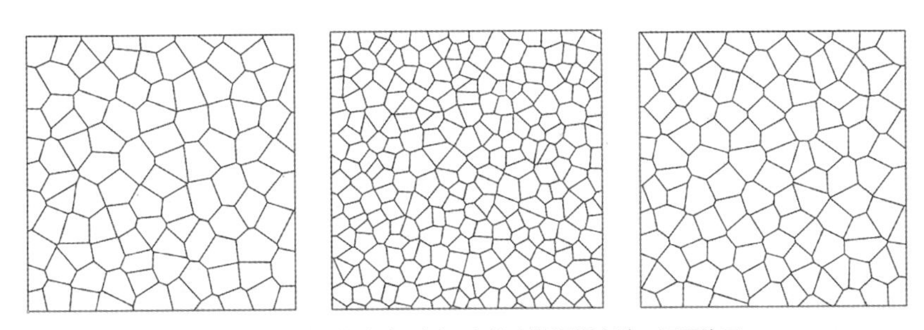

**图 10.7** 生成网络的 Voronoi 形块方法示例：自然启发逻辑实验。无需许可

# 结 果

## 实验 1 的结果

经过 19 小时 56 分的计算，实验 1 得出了 10000 个不同的解决方案，分成 428 个性能相同的设计集群，如图 10.8 所示。所获得的解决方案提供的物理邻近指数取值范围 [0.213，0.220]，集成度取值范围 [0.473，0.953]，连通性取值范围 [5.400，5.786]。反过来，实验 1 的帕累托前沿提出了 50 个非支配解决方案，平衡了 40 种不同性能输出的目标函数。帕累托解决方案提供的物理邻近指数取值范围是 [0.215，0.220]，集成度的取值范围是 [0.473，0.953]，连通性取值范围是 [5.400，5.786]。集成度的最佳方案和 PPI 的最佳方案的布局略有不同，前者追求更大的网格间距，而后者则最大限度地增加线的数量，进而增加了交叉点的数量。图 10.8 显示了实验 1 中的解决方案空间、帕累托前沿以及根据每个适应度函数得出的最佳解决方案布局。虽然我们最大化了所有适应度函数，但我们的乌托邦点位于设计空间的原点，因为我们最小化了负适应度值，这与 Wallacei 的经典优化逻辑是一致的。

## 实验 2 的结果

如图 10.9 所示，实验 2 的计算时间为 5 小时 48 分，得出了 10000 个解决方案，被分为 927 个性能相同的设计集群。获得的解决方案提供的物理邻近指数取值范围是 [0.220，0.258]，集成度的取值范围是 [0.683，0.983]，连通性的取值范围是 [5.342，5.628]。实验 2 的帕累托前沿则提出了 50 个非支配解决方案，平衡了 30 种不同性能输出的目标函数。帕累托解决方案提供的物理邻近指数取值范围是 [0.236，0.258]，集成度的取值范围是 [0.683，0.983]，连通性的取值范围是 [5.342，5.628]。集成度的最佳解决方案是采用对称布局，减少街道数量。而 PPI 的最佳解决方案是通过在外围区域插入一些街道，并增加与边界角落的连接来“适应”该解决方案。相比之下，连通性的最佳方案使结构更加密集，最大限度地增加了线路和交叉口的数量。图 10.9 展示了实验 2 中的解决方案空间、帕累托前沿以及根据各适应度函数得出的最佳解决方案布局。

## 实验 3 的结果

如图 10.10 所示，实验 3 计算持续了 15 小时 48 分，产生了 10000 个解决方案，被分为 1642 个性能相同的设计集群。该实验得出的解决方案提供的物理邻近指数取值范围是 [0.238，0.270]，集成度取值范围是 [0.569，0.802]，连通性取值范围是 [5.535，5.721]。帕累托前沿则提出了 50 个非支配解决方案，平衡了 20 种不同性能输出的目标函数。帕累托解决方案的物理邻近指数取值范围是 [0.262，0.270]；集成度取值范围是 [0.569，0.802]；连通性的取值范围

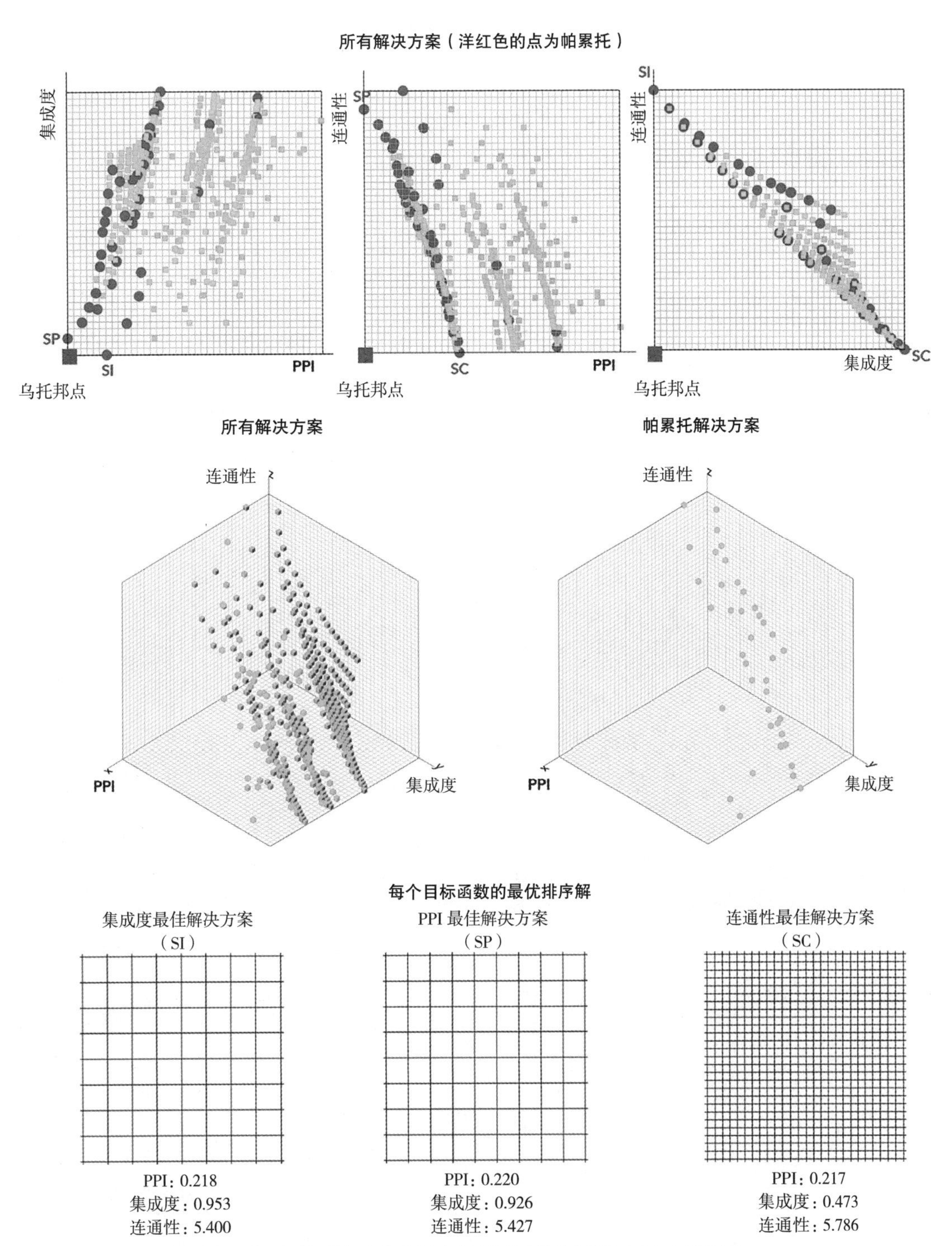


**图 10.8** 实验 1 的求解空间、帕累托前沿以及根据各适应度函数得出的最佳解的布局。无需许可

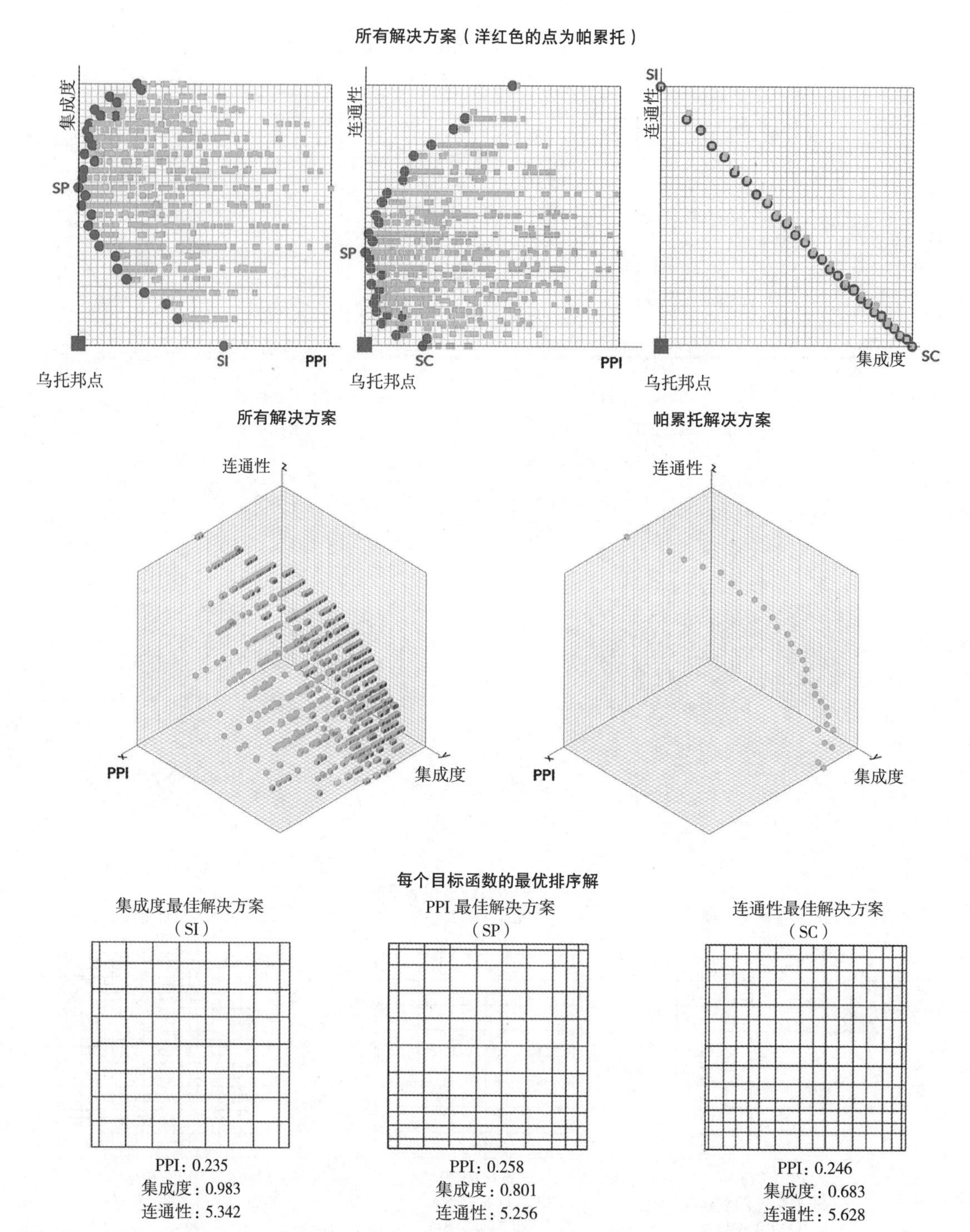


**图 10.9**　实验 2 的解决方案空间、帕累托前沿以及根据各适应度函数得出的最佳解决方案布局。无需许可

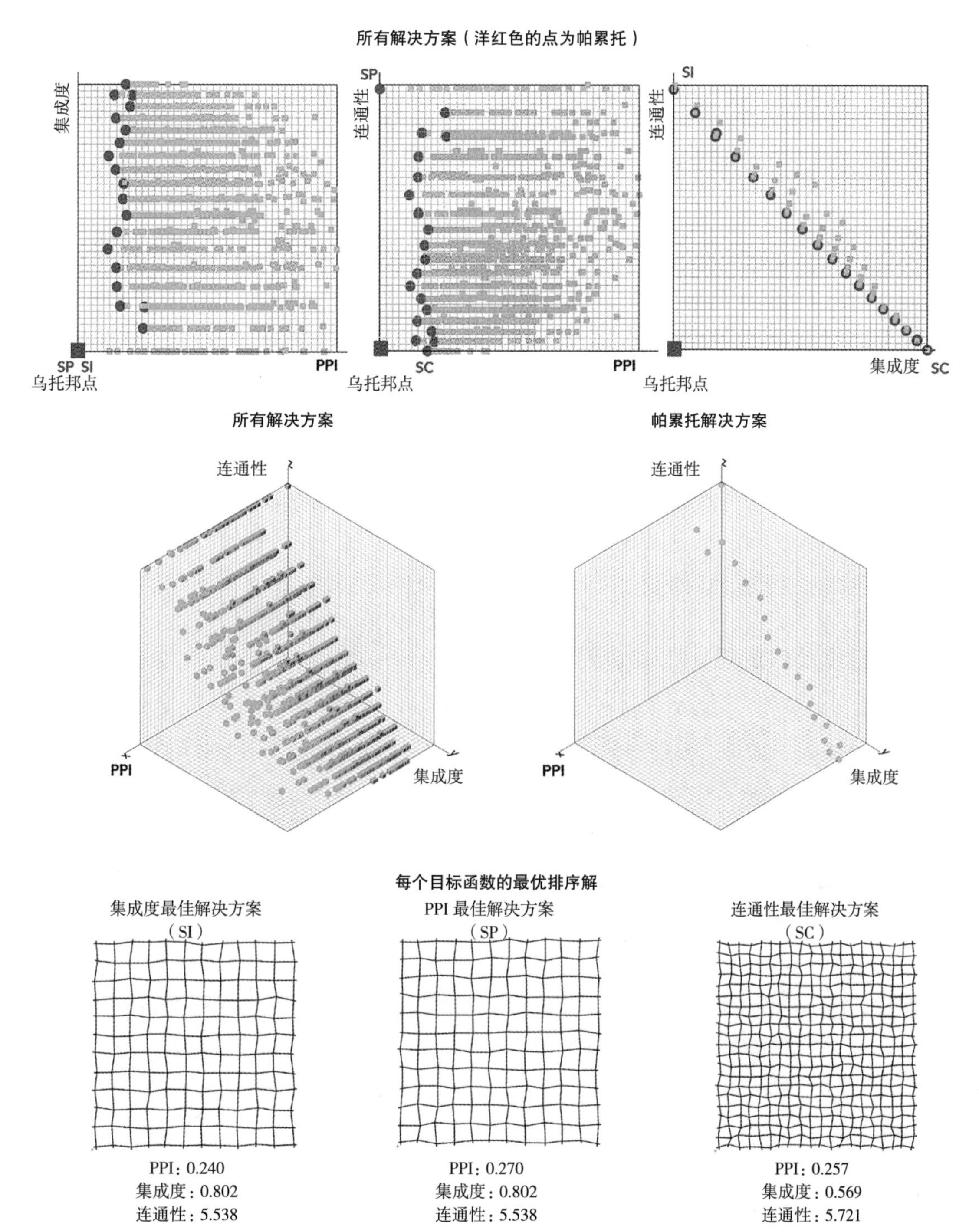


**图 10.10** 实验 3 的求解空间、帕累托前沿以及根据各适应度函数得出的最佳解的布局。无需许可

是 [5.538，5.721]。实验 3 的最佳解决方案与实验 1 的模式相同，集成度最佳解决方案和 PPI 最佳解决方案的布局略有不同，前者追求更大的网格间距，而连通性最佳解决方案则追求线条和交叉点数量的最大化。图 10.10 展示了实验 3 中的解决方案空间、帕累托前沿以及每个适应度函数的最佳解决方案布局。

### 实验 4 的结果

如图 10.11 所示，经过 11 小时 45 分的计算，实验 4 产生了 10000 个解决方案，被分为 1370 个性能相同的设计集群。实验 4 的解决方案提供的物理邻近指数取值范围是 [0.266，0.285]，集成度取值范围是 [0.423，0.665]，连通性的取值为 [3.973，4.005]。实验 4 的帕累托前线则提出了 50 个非支配解决方案，平衡了 46 种不同性能备选方案的目标函数。该实验的帕累托解决方案提供的物理邻近度指数取值范围是 [0.272，0.285]、集成度取值范围是 [0.473，0.665]，连通性的取值范围是 [3.973，4.005]。连通性的最佳解决方案再次最大限度地增加了直线和交叉点的数量，而 PPI 和集成的最佳解决方案则更为相似。图 10.11 展示了实验 4 中的解决方案空间和帕累托前沿以及根据每个适应度函数的最佳解的布局。

### 每个适应度函数的总体比较结果

如图 10.12 所示，所有帕累托解决方案的物理邻近性都呈现出明显的上升趋势，这遵循了类型的复杂性。因此，所有实验 4 解决方案的物理邻近度（[0.272，0.285]）都优于所有实验 3 解决方案（[0.262，0.270]），而实验 3 解决方案的物理邻近度又优于所有实验 2 解决方案（[0.236，0.258]），依此类推。此外，实验 2 解决方案提供的 PPI 值范围最广（[0.236，0.258]）。从这个意义上说，我们的结果表明，在考虑物理邻近性时，规则网格是最不推荐的城市结构类型，而沃罗诺形结构则是最推荐的。

如图 10.11 所示，在集成方面，不规则网格类型提供了最佳解决方案（0.983），略优于最佳规则网格解决方案（0.953）。然而，实验 1 提供的数值范围最广（从 0.473（整体最差之一）到 0.953），表明在此情况下灵活性更高。考虑到这一目标函数，移动角和 Voronoi 形状解决方案表现不佳（分别从 0.569 到 0.802 和从 0.473 到 0.665）。因此，我们的结果表明，正交类型（实验 1 和 2）往往提供更高的集成值。

目标之间的关系也值得注意。集成度和连通性在所有案例研究中具有近乎线性的权衡，实验 2 在这两个维度上产生了完全线性的集合。从最佳整体设计来看，这两个目标似乎在很大程度上取决于区块单元的大小，密度越大，连通性越好。虽然 PPI 和集成度的最佳结果相似，表明在某些情况下这两个指标可以合二为一，但它们在设计空间中的关系会发生变化。一些实验在 PPI 和集成之间的生物目标图中显示出清晰的边缘曲线，准确指出优化目标时其

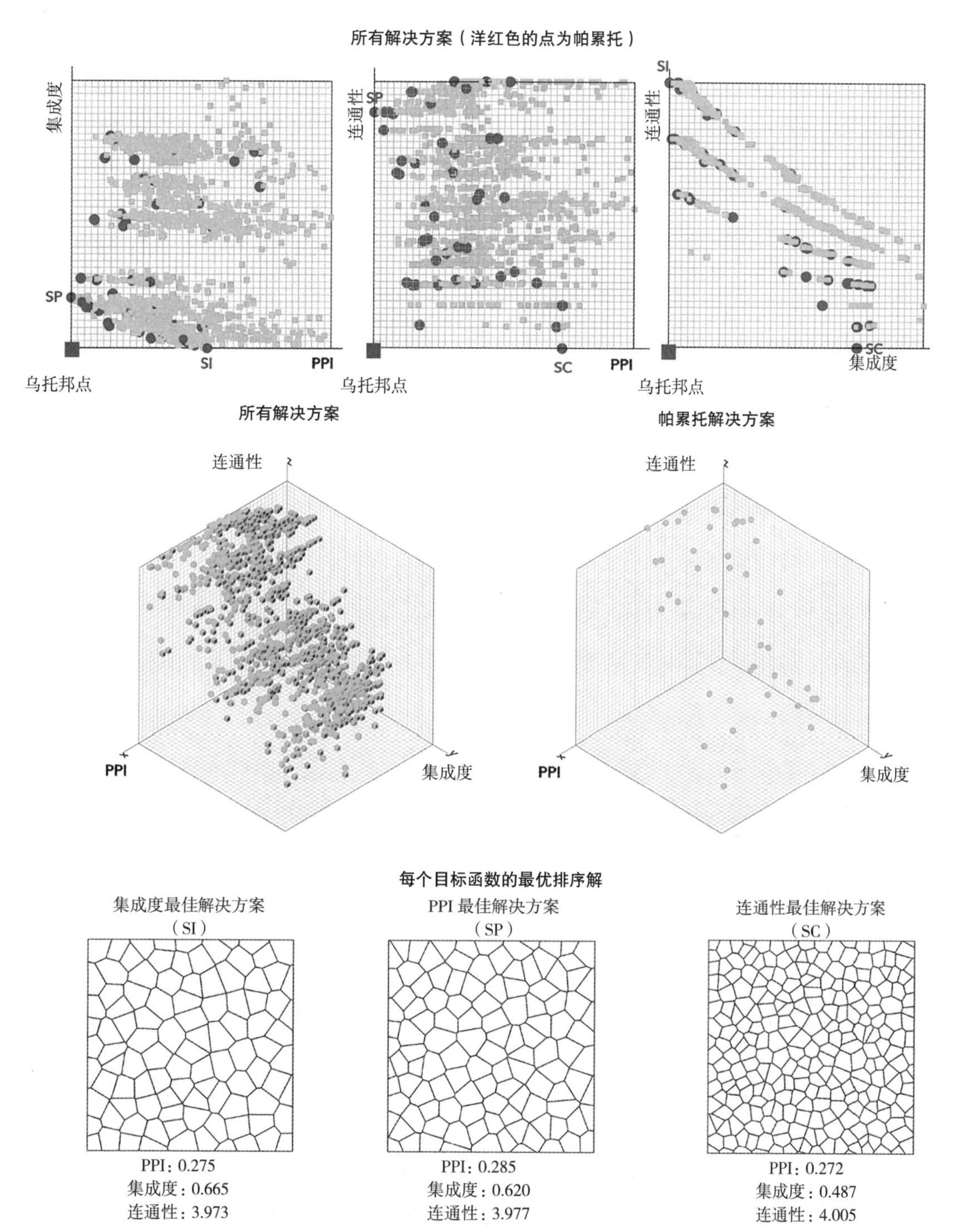


**图 10.11** 实验 4 的求解空间、帕累托前沿以及根据各适应度函数得出的最佳解的布局。无需许可

他目标通常所在的位置，而其他目标则没有。

最后，我们的结果表明，规则网格类型提供了最佳连通性解决方案（5.786）和最广泛的数值范围（[5.400，5.786]）。此外，需要强调的是，实验 1、2 和 3 提供的解决方案性能相似（分别为 [5.400，5.786]、[5.342，5.628]、[5.538，5.721]），而实验 4 的解决方案的性能明显较差（[3.973，4.005]），如图 10.12 所示。

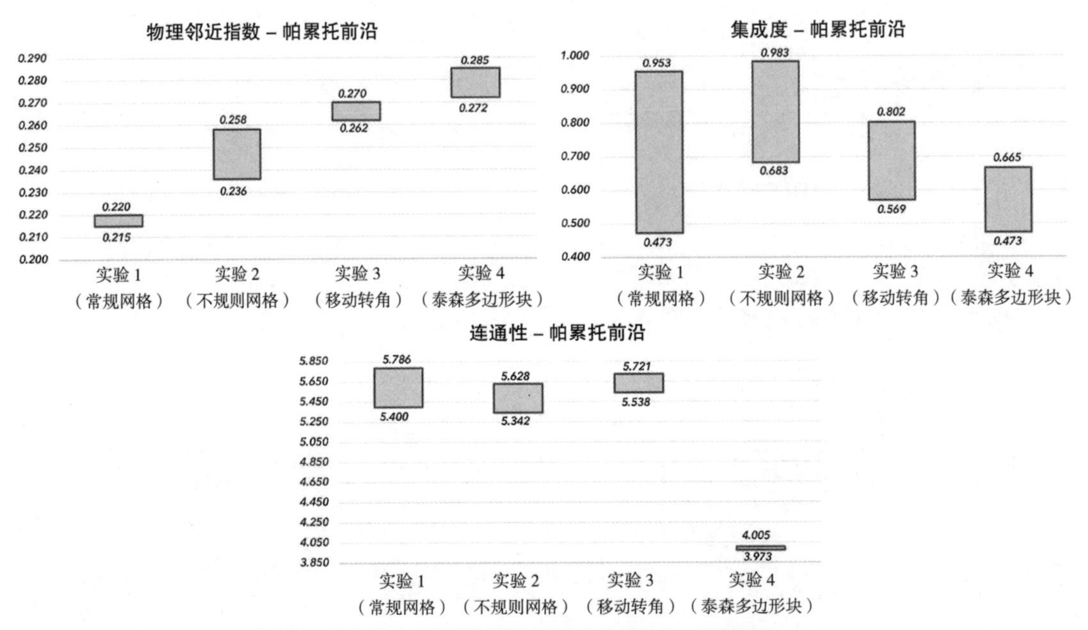


**图 10.12** 烛台图：根据所有实验中的各种适应度函数来比较解决方案的性能。无需许可

# 讨 论

这项工作涉及在多目标优化过程中使用物理和拓扑邻近度量，旨在探索和评估不同网格类型（规则正交网格、不规则正交网格、不规则非正交网格和沃罗诺形网格）的性能可能性，同时考虑物理邻近度和句法度量（集成度和连通性）。我们的目标是找出每种研究类型的优缺点。我们使用优化方法对 40000 个网格进行了评估，每种类型各 10000 个，同时比较了每种度量方法的三维（3D）帕累托前沿和最优设计。

我们的研究指出了关于城市结构评估和设计的不同可能性的几个有意义的发现。首先，我们的方法允许通过多目标优化过程过滤后比较各种类型的性能，这意味着我们评估的是权衡范围内的帕累托最优网格，而不是仅评估单一目标解决方案。其次，在某些情况下，我们的方法产生了具有相同性能的最佳潜在解决方案集群，为决策提供了极大的灵活性。最后，我们的结果表明，在考虑拓扑指标时，正交网格解决方案的性能往往优于非正交网格解决方案。从这个意义上说，如果拓扑测量优先考虑方向，而物理邻近性优先考虑人在网格中的步行程度，那么可以合理地推测，正交网格更适合汽车导向型城市，而非正交网格更适合步行区域。最后，考虑到物理邻近度，沃罗诺形网格呈现出明显更好的性能，但代价是句法性能（在集成和连通性方面）较差。换句话说，人们在沃罗诺形状的网格中可以少走很多路，但前提是他们必须避免在这些迷宫般的网格中迷路（比如在中世纪的欧洲城市和巴西的贫民窟中就会发生这种情况）。另一方面，尽管在世界范围内的城市中都普遍采用了规则正交类型，但就物理距离而言，规则正交类型的表现要差得多。

尽管取得了有意义的发现，但这项研究也揭示了一些局限性。为了获得更全面的发现，应该解决更多的类型，如有机网格、三角形网格和径向网格。从这个意义上讲，在生成不同类型时使用形状句法可能会有所帮助。此外，还应探索其他拓扑指标作为目标函数。例如，应考虑角度积分，根据每条路线上的角度变化总和来衡量每个路段与其他路段的接近程度。因此在未来的工作中，有广泛的探索可能性。我们打算纳入更多目标函数，以解决其他拓扑指标；通过考虑地形约束来增加模型的复杂性；解决与邻近性相关的其他权衡问题；以及探索能够生成更复杂的城市网格的不同形状句法。尽管如此，由于有些指标似乎在线性权衡中相互关联，我们可以研究折叠某些目标函数的可能性，以获得更容易理解的结果。

总之，这项工作旨在通过利用多目标优化过程中耦合物理和拓扑指标的潜力来解决城市设计早期阶段的权衡问题，从而为城市结构设计作出贡献。由于我们的研究提供了对不同类型的城市网格性能的总体表现，同时考虑到不同性质的指标，因此可以被认为是考虑邻近相关问题的更严格的城市结构设计和评估的第一步。

## 致谢

本研究的部分经费由美国宾夕法尼亚州立大学斯图克曼设计计算中心、建筑系和斯图克曼建筑与景观设计学院，以及巴西高级职员改进协调机构——巴西高级人员改进协调会（CAPES）资助，财务代码 001。

## 参考文献

Brewster，M.，et al.，2009. Walkscore.Com：a new methodology to explore associations between neighborhood resources，race，and health. In：137st APHA Annual Meeting and Exposition 2009.

Brown，N.C.，2016. Multi-Objective Optimization for the Conceptual Design of Structures. Massachusetts Institute of Technology. Available at https：//dspace.mit.edu/handle/1721.1/106367.

Brown，N.C.，2019. Early Building Design Using Multi-Objective Data Approaches. Massachusetts Intitule of Technology，Cambridge. Thesis. Available at https：//dspace.mit.edu/handle/1721.1/123573.

Brown，N.C.，Jusiega，V.，Muller，C.，2020. Implementing data-driven parametric building design with a flexible toolbox. Autom. Constr. 118，1-16. https：//doi.org/10.1016/j.autcon.2020.103252.

Carr，L.J.，Dunsiger，S.I.，Marcus，B.H.，2011. Validation of walk score for estimating access to walkable amenities. Br. J. Sports Med. 45（14），1144–1148. https：//doi.org/10.1136/bjsm.2009.069609.

Cichocka，J.M.，et al.，2017. SILVEREYE—the implementation of particle swarm optimization algorithm in a design optimization tool. In：Çağdaç，G.，et al.（Eds.），Communications in Computer and Information Science Book Series. Springer，pp. 151–169. Available at https：//link.springer.com/chapter/10.1007/978–981–10–5197–5_9.

Coello，C.A.，Romero，C.E.，2003. Evolutionary algorithms and multiple objective optimizations. In：Ehrgott，M.，Gandibleux，X.（Eds.），International Series in Operations Research & Management Science. Springer US，Boston，MA，pp. 277–331，https：//doi.org/10.1007/0–306–48107–3_6.

Deb，K.，et al.，2000. A fast elitist non–dominated sorting genetic algorithm for multi–objective optimization：NSGA–II. In：Schoenauer，M.，et al.（Eds.），Lecture Notes in Computer Science. Springer，Berlin，Heidelberg，pp. 849–858，https：//doi.org/10.1007/3–540–45356–3_83.

Dogan，T.，et al.，2020. Urbano：a tool to promote active mobility modeling and amenity analysis in urban design. Technol. Archit. Des. 4（1），92–105. https：//doi.org/10.1080/24751448.2020.1705716.

ETH，2018. PISA—A Platform and Programming Language Independent Interface for Search Algorithms. Available at：https：//sop.tik.ee.ethz.ch/pisa/. Accessed：September 19，2021.

Evins，R.，et al.，2012. Multi–objective design optimization：getting more for less. Proc. Inst. Civ. Eng. Civ. Eng. https：//doi.org/10.1680/cien.11.00014.

Feng，C.，Peponis，J.，2020. The definition of syntactic types：the generation，analysis，and sorting of universes of superblock designs. Environ. Plann. B Urban Anal. City Sci. 47（6），1031–1046. https：//doi.org/10.1177/2399808318813576.

Feng，C.，Peponis，J.，2021. Pathways to creating differentiated grids：types，benefits and costs. Environ. Plann. B Urban Anal. City Sci. https：//doi.org/10.1177/23998083211013818.

Gehl，J.，2010. Cities for People. Island Press，Washington，DC. Washington DC：Island Press. Available at https：//islandpress.org/books/cities–people.

Hillier，B.，2002. A theory of the city as object：or，how spatial laws mediate the social construction of urban space. Urban Des. Int. 7（3–4），153–179. Available at https：//discovery.ucl.ac.uk/id/eprint/1029/.

Hillier，B.，Hanson，J.，1984. The Social Logic of Space. Cambridge University Press，Cambridge，https：//doi.org/10.1017/CBO9780511597237.

Hillier，B.，et al.，1993. Natural movement：or，configuration and attraction in urban pedestrian movement. Environ. Plann. B. Plann. Des. 20（1），29–66. Available at https：//discovery.ucl.ac.uk/id/eprint/1398/.

Kaplan，A.，Haenlein，M.，2019. Siri，Siri，in my hand：who's the fairest in the land? On the interpretations，illustrations，and implications of artificial intelligence. Bus. Horiz. 62（1），15–25. https：//doi.org/10.1016/j.bushor.2018.08.004.

Koohsari，M.J.，et al.，2016. Street network measures and adults' walking for transport：application of space syntax. Health Place 38，89–95. https：//doi.org/10.1016/j.healthplace.2015.12.009.

Lima，F.，2017. Urban Metrics：（Para）Metric System for Analysis and Optimization of Urban Configurations. Federal University of Rio de Janeiro，Rio de Janeiro，Brazil. PhD Thesis.

Lima，F.，Paraízo，R.C.，Kós，J.R.，2016a. In：Amoruso，G.（Ed.），Algorithms–Aided Sustainable Urban Design：Geometric and Parametric Tools for Transit–Oriented Development. IGI Global，Hershey，pp. 875–897.

Lima，F.，Paraízo，R.C.，Kós，J.R.，2016b. Algorithmic approach towards transit–oriented development neighborhoods：（Para）metric tools for evaluating and proposing rapid transit–based districts. Int. J. Archit. Comput. 14（2），131–146. https：//doi.org/10.1177/1478077116638925.

Lima，F.，et al.，2017. Urbanmetrics：an algorithmic–（Para）metric methodology for analysis and optimization of urban configurations. In：Geertman，S.，et al.（Eds.），Lecture Notes in Geoinformation and Cartography. Springer International Publishing，Cham，https：//doi.org/10.1007/978–3–319–57819–4_3.

Lima，F.，Brown，N.C.，Duarte，J.P.，2022. A grammar–based optimization approach for walkable urban fabrics considering pedestrian accessibility and infrastructure cost. Environ. Plann. B Urban Anal. City Sci.

https: //doi.org/10.1177/23998083211048496.

Makki, M., et al., 2019. Evolutionary algorithms for generating urban morphology: variations and multiple objectives. Int. J. Archit. Comput. 17 (1), 5–35. https: //doi.org/10.1177/1478077118777236.

Makki, M., Weinstock, M., Showkatbajhsh, M., 2020. Wallacei. Available at: http: //www.wallacei.com. Accessed: September 20, 2021.

Marler, R.T., Arora, J.S., 2004. Survey of multi–objective optimization methods for engineering. Struct. Multidiscip. Optim. 26, 369–395. https: //doi.org/10.1007/s00158–003–0368–6.

McCarthy, J., et al., 2006. A proposal for the dart mouth summer research project on artificial intelligence, August 31, 1955. AI Mag. 27 (4), 12. Available at https: //doi.org/10.1609/aimag.v27i4.1904. http: //www–formal.stanford.edu/jmc/history/dartmouth/dartmouth.html.

Navarro–Mateu, D., Makki, M., Cocho–Bermejo, A., 2018. Urban–tissue optimization through evolutionary computation. Mathematics 6 (10), 89. https: //doi.org/10.3390/math6100189.

Nourian, P., et al., 2015. Config urbanist: urban configuration analysis for walking and cycling via easiest paths. In: Towards Smarter Cities. Towards Smarter Cities, eCAADe 2015 33rd Annual Conference 16–18 Sept. 2015.

Penn, A., et al., 1998. Configurational modelling of urban movement networks. Environ. Plann. B. Plan. Des. 25 (1), 59–84. https: //doi.org/10.1068/b250059.

Peponis, J., et al., 2007. Measuring the configuration of street networks. In: Proceedings of the Sixth International Space Syntax Symposium.

Peponis, J., Bafna, S., Zhang, Z., 2008. The connectivity of streets: reach and directional distance. Environ. Plann. B.Plann. Des. 35 (5), 881–901. https: //doi.org/10.1068/b33088.

Peponis, J., et al., 2015. Syntax and parametric analysis of superblock patterns. J. Space Syntax 6 (1), 109–141. Art and Design Faculty Publications. Available at https: //scholarworks.gsu.edu/art_design_facpub/.

Sevtsuk, A., Kalvo, R., Ekmekci, O., 2016. Pedestrian accessibility in grid layouts: the role of block, plot and street dimensions. Urban Morphol. 20, 89–106. Available at https: //urbanism.uchicago.edu/content/pedestrian accessibility–grid–layouts–role–block–plot–and–street–dimensions.

Wasserman, S., Faust, K., 1994. Social Network Analysis: Methods and Applications, Structural Analysis in the Social Sciences. Cambridge University Press, Cambridge, UK, https: //doi.org/10.1017/CBO9780511815478.

Wortmann, T., 2017. Opossum: introducing and evaluating a model–based optimization tool for grasshopper. In: Janssen, P., et al. (Eds.), Protocols, Flows and Glitches 22nd International Conference of the Association for Computer–Aided Architectural Design Research in Asia (CAADRIA) 2017. The Association for Computer–Aided Architectural Design Research in Asia (CAADRIA), Hong Kong.

Wortmann, T., 2019. Genetic evolution vs. function approximation: benchmarking algorithms for Architectural design optimization. J. Comput. Des. Eng. 6 (3), 414–428. https: //doi.org/10.1016/j.jcde.2018.09.001.

Zhao, P., et al., 2019. Analysis of urban drivable and walkable street networks of the ASEAN smart cities network. ISPRS Int. J. Geo Inf. 8 (10), 459. https: //doi.org/10.3390/ijgi8100459.

# 第四部分

# 案例研究

# 城市规划图像分析：以巴塞罗那超级街区为例

阿尔多·索拉索（Aldo Sollazzo）

IAAC，西班牙巴塞罗那；Noumena，西班牙巴塞罗那

## 新城市主义的紧迫性

环境污染将重新定义所有生态系统。

人类世的地质时代是影响气候、生物多样性、地貌以及我们的城市和建成环境的天气模式发生新变化的最终原因。

空气污染程度的不断上升最终损害全体人民的福祉，要求管理者和城市规划者采取紧急行动，使城市有机体适应悬浮在公园、学校、办公室和住宅上空的无形敌人。

许多研究表明空气污染与先天性异常有关，大多与暴露于交通气体排放有关。

在这方面，空气质量指数（AQI）根据不同的等级对空气污染物的相关风险进行分类。从51~100开始发出警告，201~300表示“对呼吸系统的影响显著增加”。301~500之间有可能检测到“心脏或肺部疾病严重恶化，以及过早死亡”。

为了应对这一前所未有的威胁，城市需要重塑城市格局，重新规划流动性、公共空间和城市基础设施，以实现更安全、更健康和更生态的解决方案。

伊德方索·塞尔达（Ildefonso Cerda）提出的巴塞罗那城市“扩展”计划最初是将建筑环境和自然环境重构为一种平衡照明、通风、公共空间、绿化和移动性的混合城市模式。

尽管如此，巴塞罗那如今已跻身欧洲污染最严重的城市之列。这部分归因于其地理位置；高交通密度，是伦敦的四倍；以及柴油动力车辆所占比例较大，目前为 50%。

为了扭转这一趋势，巴塞罗那于 2016 年推出了一种新的城市规划模式，称为“超级街区”，旨在为人们收回公共空间，减少机动化交通，促进可持续移动和积极的生活方式，提供城市绿化，缓解气候变化的影响。这种规划方法威胁到城市结构作为可编辑表面，规范公共街道上的汽车和车辆的通行，同时扩展步行区域和自行车道。

在制定新的城市战略的同时，新的数据驱动工具也不断涌现，为空间规划提供了不同的方法。

本章将重点介绍由计算机视觉和机器学习算法触发的几种技术，用于分析基于图像的数据，提取有意义的指标，为空间转换提供信息，并估算城市环境中的二氧化碳排放量。

将比较和评估不同的图像分析方法来作为确定正确分析和解释空间动态的最有效算法。

这些工具的应用将生成空间占用的地图和视觉表示，对城市环境中不同参与者之间的空间关联进行聚类和分类。

因此，将根据检测到的物体估算污染水平，计算分析场景中每个物体的碳足迹。

总之，这种方法可以更深入地了解城市动态，采用基于图像的信息对城市环境中多个参与者产生的空间动态进行聚类和分类，并最终计算其环境足迹。

这种方法可以丰富新兴的城市规划方法，例如超级街区，通过一套基于实时空间和碳足迹的新指标和标准来指导和定位未来的城市转型，最终改善更具韧性、生态和可持续的城市模式的实施。

## 迈向空间分析

随着技术的进步和功能的扩展，制定决策协议以建立更具弹性、参与性、响应性的公共空间变得更加重要，在公共空间中，城市布局可以由城市居民定义和重新定义。

随着多媒体数据产生和消费的增长，基于图像的数据分析在大数据系统中发挥着越来越重要的作用。除了已经建立的基于全球定位系统和移动数据的 TPA 数据集之外，这些方法还可以为空间动态提供更清晰的解释。

数百万人在城市中的日常活动留下了可识别的数字痕迹，使位置感知在城市体验中发挥新的、突出的作用。

尽管地理信息系统（GIS）的历史可以追溯到 20 世纪 60 年代末，但直到 2000 年 5 月克林顿授权将 GPS 数据更广泛地提供给民用，引发了新设备的实验浪潮。

在影响社会、经济和空间行为的数字和物理轨迹的影响下，GPS 数据的可访问性引发了无数的应用，塑造了一个新的混合环境。

定位传感器系统的普及引发了城市规划向动态、可编程表面的新定义转变，将任何携带设备的人转变为可能影响城市空间特征的实时光标。GPS 数据一直在影响着交通和移动基础设施的管理。GPS 被用于改善交通运营商的运营规划、风险评估以及利用时空依赖性的公共安全。

如今，在城市范围内，新技术的出现为监测和评估城市现象提供了各种数据集和解决方案，为确定城市空间的指标和转型提供了一系列新机会。在此背景下，大数据成为代表通过交易、运营、规划和社会活动产生的各种观测数据或非正式数据的参考领域。这些数据集建立了一个名为城市信息学的新业务领域，重点是通过利用新型数据源探索和了解城市系统。

城市信息学研究和应用的主要潜力体现在四个方面：（1）动态城市资源管理的改进策略；（2）城市模式和进程的理论洞见及知识发现；（3）城市参与和公民参与策略；（4）城市管理、规划和政策分析的创新。

这四个领域依赖于数据源，这些数据源可以根据两个主要领域进行分类：结构化数据和非结构化数据。结构化数据可定义为遵循预定义数据模型的所有数据输入，以特定格式和长度组织，因此易于分析；相反，非结构化数据指与现有结构无关的所有数据输入，导致内容难以分段、搜索、排序和分类。

绝大多数非结构化数据是指所有文本、可打印文件、数字视觉媒体（如图像和视频），这些数据本质上很难根据其内容进行标注和组织。现有研究表明，这些数据集估计占当今产生的数据总量的 80% 以上，到 2020 年将达到约 40ZB。

如前所述，非结构化数据无法像结构化数据那样进行排序、搜索、可视化或分析，因此需要新的工具和流程来提取信息、共享信息和实现价值。

传统的数据科学家必须掌握新的技能和知识来定义解释非结构化数据集的协议和方法。

随着多媒体数据产生和消费的增长，基于图像的数据分析在大数据分析系统中发挥着越来越重要的作用。对于图像分析，机器学习和计算机视觉算法为各种基于图像的应用提供了基础。

近年来，图像分析作为一种颠覆性技术出现，用于感知、捕获和描述复杂的空间动态。

事实上，当今最流行的空间动力学表示方法依赖于少数通用数据源。要深入了解空间动态，移动设备存储的数据是一个有限来源。由于 GPS 信号不准确，这些数据集的定位精度不高，无法提供有关传输手段或明确的个人行为的有用信息。

图像分析传感技术可以引入新的工作流程，通过空间传感数据为设计解决方案提供信息。信息丰富的行为描述可以为设计和可视化工具的开发提供支持，使建筑的开发能够根据对现有和类似互动的实际观察，考虑到居住者与空间之间的互动。

在下一节中，本章将介绍通过计算机视觉和机器学习从视频帧生成数据集的新兴解决方案，引入卷积神经网络来确定和分类视频和图像内容，从而为空间动态提供有用的见解。

### 深度学习和空间分析

公开可用的标注数据数量增加和GPU计算的出现，推动了深度学习算法的发展，提高了神经网络应用的性能和效率。

深度学习架构的重大突破可追溯到2006年，当时希尔顿（Hilton）等提出了无监督训练逻辑。这些改进为实现物体检测、图像识别、运动跟踪、姿态估计和语义分割等算法的许多计算机视觉应用铺平了道路。使用无监督学习指导中间级别表示的训练，在每个级别局部执行，是过去十年深度架构和深度学习算法激增的一系列发展背后的主要原则。

在空间分析方面，深度学习算法正得到广泛应用，利用图像数据对人群密集场景进行行为分析，如人群管理（Crowd Management），实施管理策略，避免人群相关灾难，确保公共安全；公共空间设计（Public Space Design），提供指标和衡量标准，为空间解决方案提供信息；虚拟环境（Virtual Environments），用于验证和改进数字表示和数字人群模拟的性能；视觉监控（Visual Surveillance），用于自动检测异常情况和警报；所有这些最终形成智能环境（Intelligent Environments）：在给定环境中重新组织人流量和人群分布。

在“超级街区”框架中，分析移动性和空间占用模式是校准激活小汽车和重型车辆通行受限区域所需工具的关键参数。

有必要开发一种移动模式和一个更可持续的公共空间，以保证公共空间更加便捷、舒适、安全和多功能，人们作为公民，除了移动的权利外，在公共空间中还可以行使交流、文化、休闲、表达和示威的权利。

通过这些技术，我们有可能采用一种反应灵敏的方法来调整、重新配置和扩展公共空间，并根据数据驱动的干预标准来调节移动性。

## 图像分析的新方法

### 操作设置

图像分析可以通过检测不同物体在空间中的位置和移动来呈现空间动态。

基于图像分析的现有方法可分为两大类：计算机视觉和机器学习方法。多种算法已被部署在基于计算机视觉的过程中，如光流、背景减除、边缘检测等。虽然这些方法能够检测不同物体的运动，但缺乏对个体的辨别，以及在不同光照条件下（如天气变化）的鲁棒性。

机器学习方法可以弥补这些问题，提高检测的准确性以及在不同光照条件下的鲁棒性。

图像分析中现有的机器学习方法包括图像分类、图像分割和目标检测。

本节将重点对最新的物体检测算法进行比较评估，以确定和校准最准确的可用解决方案来描述空间动态，描述公共空间中的移动性和行人行为。

实验将使用巴塞罗那市街道交叉路口录制的视频帧。这一环境可作为一个独特的试验场，用于确定空间动力学，评估检测算法性能，测量时间能力，类别识别，校准图像数据源，最后输出用于映射转置的空间分辨率（图 11.1）。

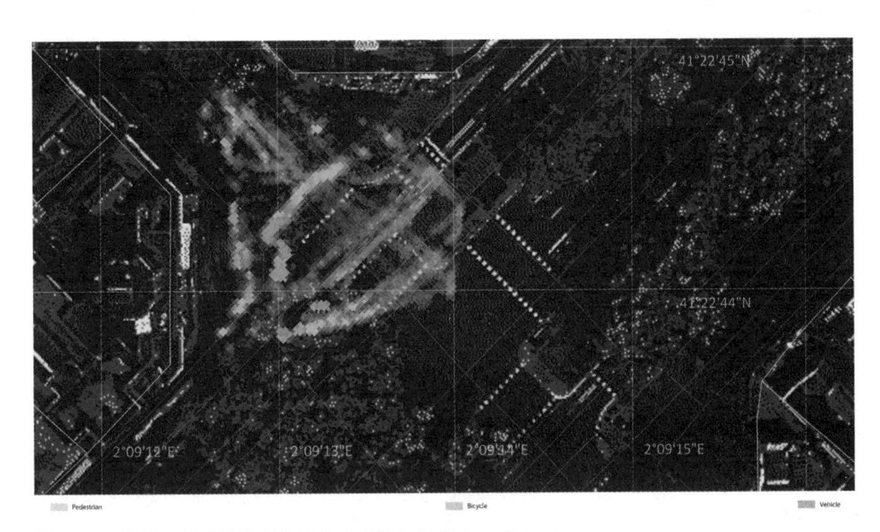


**图 11.1** 绘制罗马坎波德菲奥里广场的行人占道图。来源：*Noumena*

## 目标检测算法

深度学习技术已广泛应用于物体检测。

虽然深度学习技术极大地提高了目标检测的准确性，但我们也面临着计算时间长的挑战。

这些算法可根据两个主要特征进行分类。

第一类是单阶段检测器，如 YOLO（You Only Look Once）和 SSD（Single Shot MultiBox Detector，单次多框检测器），它们通过获取输入图像并预测类别概率和边界框坐标，将目标检测视为一个简单的回归问题。

第二类是双阶段检测器，如 Faster R-CNN 或 Mask R-CNN，它们使用 RPN（区域建议网络）在第一阶段生成感兴趣的区域，并将区域建议发送到管道中进行对象分类和边界框回归。

与单阶段检测器的边界框相比，双阶段检测器提供了分割对象的区域；然而，与单阶段检测器相比，这些算法也需要更多的计算时间。

在本章中，我们将重点讨论单阶段探测器，因为我们优先考虑实时能力以确保响应空间解决方案。

我们重点比较分析的主要算法如下：

- YOLOv4（( You Only Look Once）

一种用于实时目标检测的智能卷积神经网络（CNN）。该算法将单个神经网络应用于整个图像。

- MobileNet v2–SSD（单发多盒探测器）

单次多框检测（SSD），用于从一组默认的预测框开始识别场景中的对象。它使用多个不同比例的特征图（即多个不同大小的网格，如 4×4、8×8 等），以及每个网格 / 特征图中每个单元格不同长宽比的一组固定默认框。对于每个默认方框，模型都会计算“偏移”以及类别概率。

- FairMOT（MOT17）

多目标跟踪中检测和再识别的公平性研究。FairMOT 是一种一次性多目标跟踪器（MOT）。它结合并执行对象检测和跟踪任务。

跟踪的任务是获取一组初始的对象检测结果，为每个初始检测结果创建一个唯一的 ID，然后当每个物体在视频帧中移动时对其进行跟踪，维护 ID 分配。

## 比较：交并比

为了估算哪种算法性能更好，我们采用了一种名为交并比（Intersection Over Union，IoU）的比较方法来评估不同算法的检测结果。IoU 也称为 Jaccard 指数，一种用于衡量样本集相似性和多样性的统计方法，用于评估两个边界框之间的重叠程度。它需要一个真实边界框和一个预测边界框。通过应用 IoU，判断检测是否有效。

基于我们的数据集，对 YOLO、MobileNet SSD 和 FairMOT 等不同的单阶段检测器算法在准确性和速度方面进行了比较。在该比较中使用的 YOLO 和 MobileNet SSD 均在 MS COCO 数据集上进行了预训练的。因此，它们可以检测多达 80 种不同的类别，而这里使用的预训练 FairMOT 模型只能检测行人（图 11.2）。

为了评估每个模型的准确性，需要计算每个检测类别的平均精确度（AP）。AP 是介于 0 到 1 之间的分数（也可以用百分比表示），它综合了另外两个分数：精确度分数和召回率分数。精确度分数（有效检测 / 所有检测）评估的是模型仅检测相关对象的能力，而召回率分数（有效检测 / 所有基本事实）评估的是模型检测所有相关对象的能力。有效检测被定义为与地面实况对象的 IoU 高于 IoU 阈值（此处设置为 0.3）的检测。

MobileNet SSD 的输入分辨率固定为 300p×300p。FairMOT 使用的是数据集帧的原始分辨

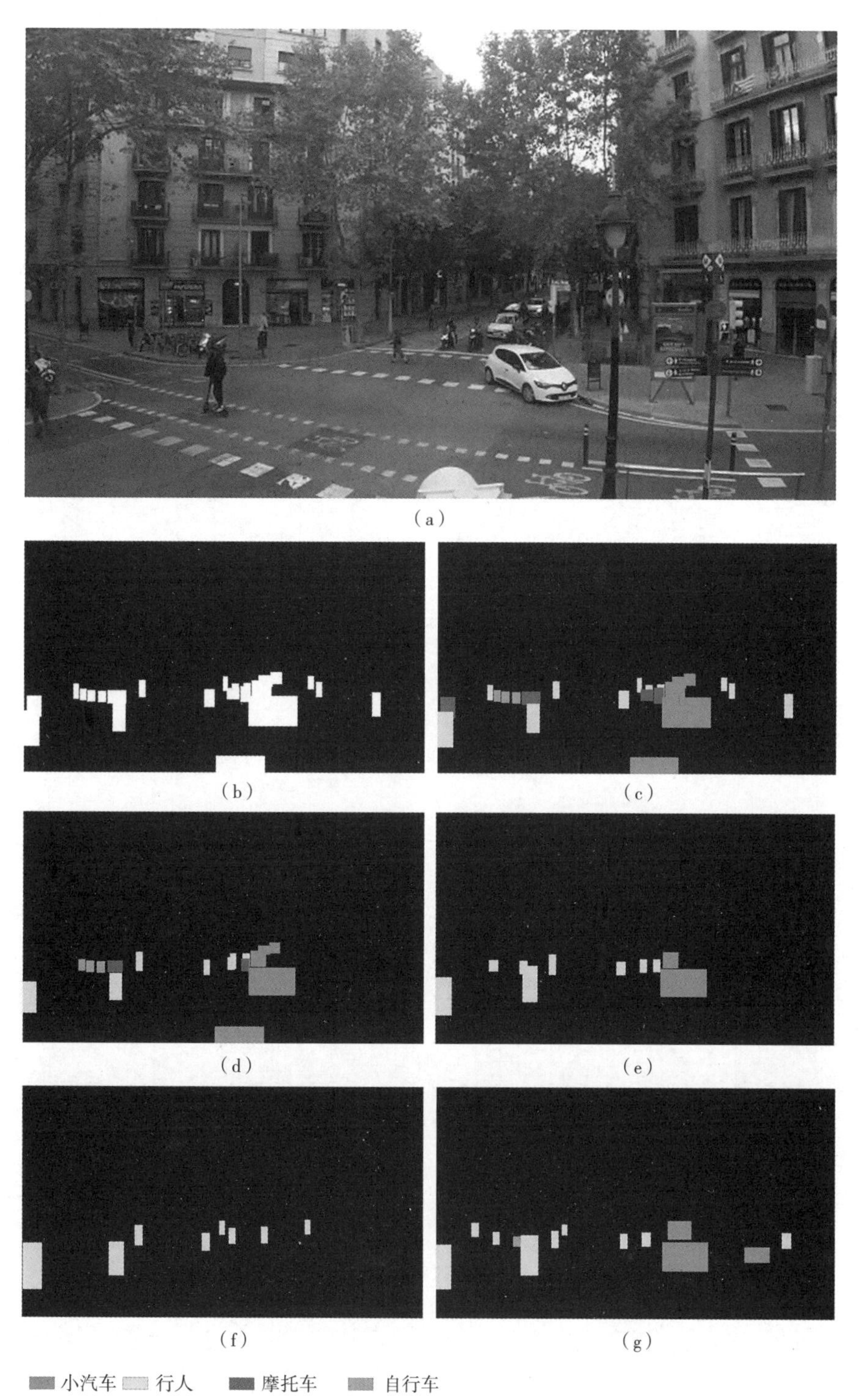


**图 11.2** 不同检测方法的比较:(a)进行检测的场景。(b)地面实况，人工标注的边界框。(c)不同类别物体的地面实况、人工标注的边界框。(d)YOLOv4-640 的检测结果，准确率为 66%。(e)YOLOv4-320 的检测结果，准确率为 56%。(f)FairMOT 算法的检测结果，准确率为 72%。(g)MobileNet SSD 的检测结果，准确率为 68%。来源: *Noumena*

率，即 640p × 320p。对于 YOLO，网络的输入分辨率可以配置，因此，为了更好地与其他模型进行比较，我们同时使用了 640p 和 320p 的输入分辨率（图 11.3）。

评估结果表明，在大多数情况下，如果分辨率提高，平均精度也会提高。比较这三个模型，FairMOT 的平均精度（AP）最好，为 0.39。YOLO-640 的结果也不错，平均精度为 0.35（图 11.4）。

比较的另一个方面是每秒帧数（FPS）速率，基于模型在单帧上执行所有检测所需的平均时间。该速率取决于所使用的硬件。MobileNet 是最快的模型，速率为 76FPS。FairMOT 的结果也优于 YOLOv4-640，前者为 18FPS，而 YOLOv4-640 为 8FPS（图 11.5）。

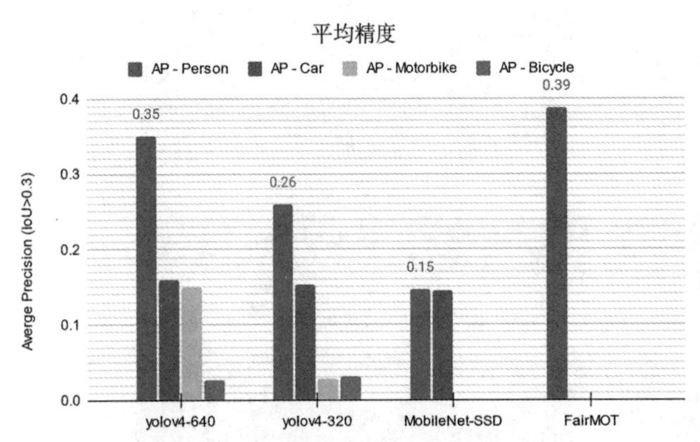


**图 11.3** 不同检测算法的（AP）平均精度比较。来源：*Noumena*

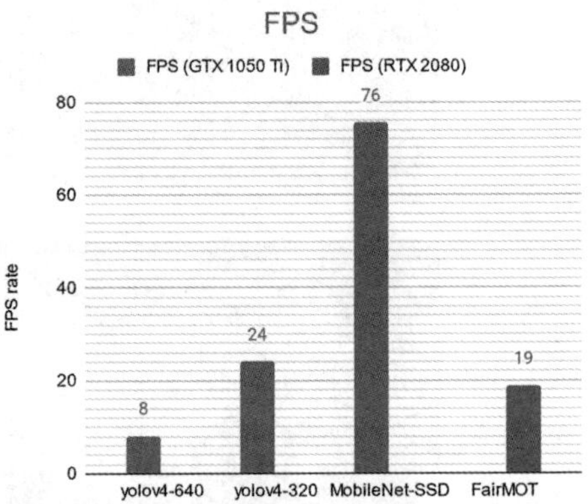


**图 11.4** 不同检测算法的每秒帧数（FPS）比较。来源：*Noumena*

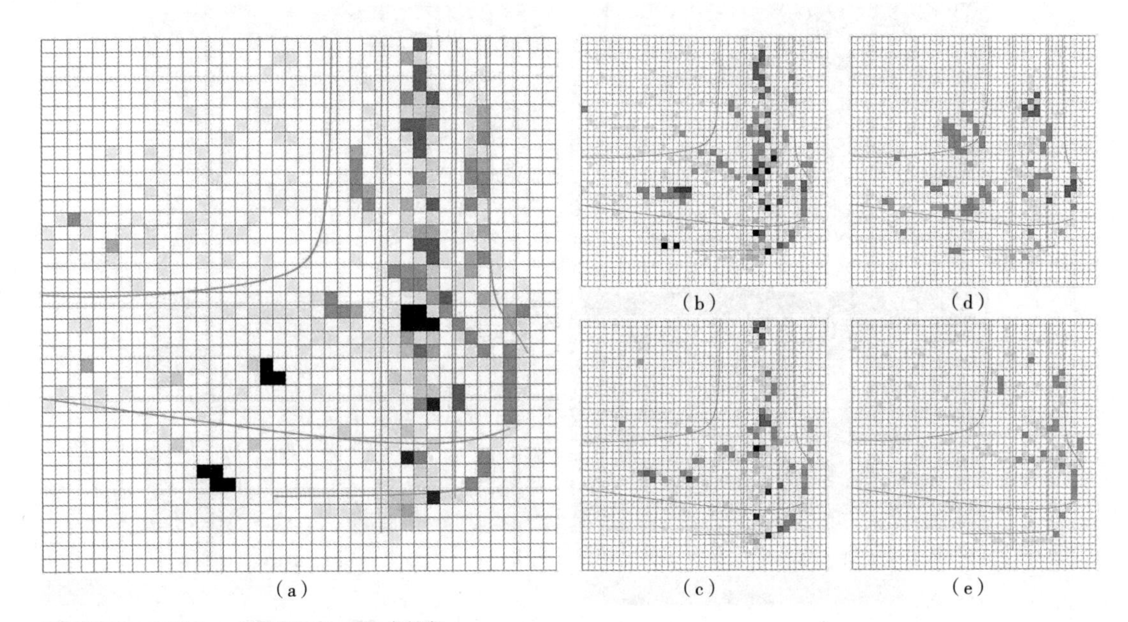


**图 11.5** 不同检测算法创建的热图结果。（a）地面实况：人工标注的检测结果，（b）YOLOv4-640，（c）YOLOv4-320，（d）MobileNet SSD，（e）FairMOT 算法。来源：*Noumena*

总之，本章所述实验表明，FairMOT 算法是确定空间动态的更精确工具，能产生更好的检测和跟踪精度，性能优于 YOLO 和 Mobilenet SSD 模型。

FairMOT 的局限性在于只是专注于行人检测的预训练架构。尽管如此，自定义训练仍然可以实现，并在项目存储库中进行了适当记录，其中描述了四个步骤，指向生成包含自定义训练标签的 JavaScript Object Notation（JSON）文件的。

YOLO 是一个很好的选择，它依赖于更广泛的预训练模型，并具有相关的检测精度能力。

在今后的迭代中，将对 FairMOT 模型的自定义训练进行测试，并对本章描述的计算中未进行比较的类别进行评估。

## 碳足迹计算

根据 ISGlobal CREAL 对包括巴塞罗那在内的 56 个城市进行的研究，空气污染每年导致 3500 人过早死亡，1800 人因心血管疾病住院，5100 例成人慢性支气管炎。31100 例儿童支气管炎，儿童和成人中有 54000 例哮喘发作。

目前，空气污染对健康的影响是现行交通模式所造成的所有问题中需要解决的主要问题。

我们的系统开发了一种稳健的目标检测方法，又引入了一种计算方法用于定义和估算城市场景中不同角色所产生的二氧化碳排放量。

为了最准确地计算二氧化碳，已检测出多个等级类别，并据此对排放量进行了如下估算：

### 步行

用于计算人类步行的二氧化碳排放量，标准速度为 5km/h。

休息时代谢率为 70kg 和 80W。

研究表明，呼吸熵（*RQ*）的定义是生物体内每消耗 1 摩尔 $O_2$ 与所排出的 $CO_2$ 摩尔数之比，即 *RQ*= 氧化过程中产生的 $CO_2$ 摩尔数 / $O_2$ 摩尔数。它总共消耗了 6 摩尔 $CO_2$ 和 6 摩尔 $O_2$。因此结果是 *RQ*=1。

如上所述，知道代谢率和每分钟释放的能量（Y），即 0.0048MJ，应用以下公式：

$$CO_2 \text{in g} = G = 100 \times RQ \times Y = 100 \times 1 \times 0.48 = 0.48\,\text{g}$$

以 5km/h 的标准速度计算，消耗的能量 EC 为 280W，根据以下公式，可得出 $CO_2$ 排放量，单位为 g/s

$$\text{步行} = \left(\frac{EC}{ER}\right) \times G \times s^{-1} = \left(\frac{280}{80}\right) \times 0.48 \times 60^{-1} = 0.028\,\text{g/s}$$

### 自行车

在代谢率标准值相同的情况下，知道以 13~18km/h 的速度骑行时所消耗的能量为 400W，用相同的公式计算出自行车每秒的排放量。

$$\text{自行车} = \left(\frac{EC}{ER}\right) \times G \times s^{-1} = \left(\frac{400}{80}\right) \times 0.48 \times 60^{-1} = 0.04\text{g/s}$$

### 汽车

一辆汽车每 100km 的平均耗油量大约为 5L，二氧化碳总排放量为 2640g/L。最后一个参数对以下车辆是相同的。

因此，依然有下面的公式：

$$\frac{L \times X \times V}{K \times S}$$

式中：$L$= 升；$X$ =g/L；$V$=km/h；$K$= 千米；$S$= 秒。

最终结果是，每辆汽车的总消耗量为 1833g/s。

### 摩托车

对于摩托车，上述公式适用于 50.4g $CO_2$ /km。

因此，每台摩托车的总消耗量约为 0.7g/s。

### 公交车 / 卡车

虽然每公里平均消耗 218g $CO_2$，但公交车 / 卡车的最终结果为 3.023g/s。

## 结　论

随着城市模式的发展，超级街区正在定义一种新的城市规划方法，以更健康、更安全的人居环境为目标的生态方法。

在这种日益复杂的背景下，有必要采用新的决策工具。

本章作为一个操作基础，推广机器学习技术来评估超级街区等城市模型的实施情况，根据在公共空间进行的实际观察，建立数据驱动的激活标准。

事实上，人工智能驱动的技术可以更深入地了解空间动态，提供与空间占用和碳排放相关的广阔洞见。尽管如此，在技术快速发展的背景下，越来越有必要采用类似的方法来估算更具性能的解决方案，并引入上述方法。

此外，随着技术为新型应用铺平道路，有必要在法律和行政框架内校准这些工具，以保证隐私、道德一致性和公民参与。

因此，评估应用这些工具所带来的机遇和影响，建立衡量新方法和运营战略的关键方法变得至关重要。

更重要的是，在技术改进的同时，有必要确保其应用与人类规范和价值观的一致性。评估和校准这些模型是当今机器学习研究的主要内容。对齐问题代表着新挑战的开始，以确保机器学习模型能够捕捉我们人类的规范和价值观。

迫在眉睫的气候危机提升了我们的决策水平，提高了对我们为调控人居环境而采取的行动的依赖性和影响的认识。

重塑城市以实现响应迅速、有弹性的解决方案是一项新的挑战。

## 致谢

特此鸣谢：作者衷心感谢 Soroush Garivani（Noumena 国际建筑与艺术学院）、Oriol Arroyo（Noumena）、Cosme Pommier（Noumena）、Maria Espina（Noumena）、Salvador Calgua（Noumena）的贡献。

## 参考文献

Ajuntament de Barcelona，2007. Barcelona，a City Committed to the Environment. Barcelona City Council，Barcelona.

Annamalai，K.，Thanapal，S.S.，Ranjan，D.，2018. Ranking renewable and fossil fuels on global warming potential using respiratory quotient concept. J. Combust. 2018. https：//doi.org/10.1155/2018/1270708. United States：Hindawi Limited.

Bochkovskiy，A.，Wang，C.-Y.，Liao，H.-Y.M.，2020. Yolov4：Optimal Speed and Accuracy of Object Detection. ArXiv：2004.10934 [Cs，Eess]. http：//arxiv.org/abs/2004.10934.

Chang，H.-Y.，et al.，2015. Feature detection for image analytics via FPGA acceleration. IBM J. Res. Dev. 59（2-3），8：1-8：10. https：//doi.org/10.1147/JRD.2015.2398631. IBM.

Cyrys，J.，Eeftens，M.，Heinrich，J.，Ampe，C.，Armengaud，A.，Beelen，R.，Bellander，T.，Beregszaszi，T.，Birk，M.，Cesaroni，G.，Cirach，M.，de Hoogh，K.，De Nazelle，A.，de Vocht，F.，Declercq，C.，Dėdelė，A.，Dimakopoulou，K.，Eriksen，K.，Galassi，C.，et al.，2012. Variation of NO2 and NOx concentrations between and within 36 European study areas：results from the ESCAPE study. Atmos. Environ. 62，374-390. https：//doi.org/10.1016/j.atmosenv.2012.07.080.

Eberendu，A.C.，2016. Unstructured data：an overview of the data of big data. Int. J. Comput. Trends Technol.，46-50. https：//doi.org/10.14445/22312803/IJCTT-V38P109. Seventh Sense Research Group Journals.

Eeftens，M.，Tsai，M.-Y.，Ampe，C.，Anwander，B.，Beelen，R.，Bellander，T.，Cesaroni，G.，Cirach，M.，Cyrys，J.，de Hoogh，K.，De Nazelle，A.，de Vocht，F.，Declercq，C.，Dėdelė，A.，Eriksen，K.，Galassi，C.，Gražuleviciene，R.，Grivas，G.，Heinrich，J.，et al.，2012. Spatial variation of PM2.5，PM10，PM2.5 absorbance and PMcoarse concentrations between and within 20 European study areas and the relationship with NO2—results of the ESCAPE project. Atmos. Environ. 62，303-317. https：//

doi.org/10.1016/j.atmosenv.2012.08.038.

Fast，K.，Jansson，A.，Lindell，J.，Bengtsson，L.R.，Tesfahuney，M.，2017. Geomedia：Networked Cities and the Future of Public Space. Wiley/Routledge. https://www.wiley.com/en-es/Geomedia%3A+Networked+Cities+and+the+Future+of+Public+Space-p-9780745660769.

Höanig，C.，Schierle，M.，Trabold，D.，2010. Comparison of Structured vs. Unstructured Data for Industrial Quality Analysis. Undefined. https：//www.semanticscholar.org/paper/Comparison-of-Structured-vs.-Unstructured-Data-for-H%C3%A4nig-Schierle/31e03c431e93fd246e1871ba932cbd761eb4770c.

Ho，T.K.，Matthews，K.，O'Gorman，L.，Steck，H.，2012. Public space behavior modeling with video and sensor analytics. Bell Labs Techn. J. 16（4），203-217. https：//doi.org/10.1002/bltj.20542.

Hoang，M.X.，Zheng，Y.，Singh，A.K.，2016. FCCF：forecasting citywide crowd flows based on big data. In：GIS：Proceedings of the ACM International Symposium on Advances in Geographic Information Systems. Association for Computing Machinery，United States，https：//doi.org/10.1145/2996913.2996934.

Howard，A.G.，Zhu，M.，Chen，B.，Kalenichenko，D.，Wang，W.，Weyand，T.，Andreetto，M.，Adam，H.，2017.Mobilenets：Efficient Convolutional Neural Networks for Mobile Vision Applications. ArXiv：1704.04861 [Cs]. http：//arxiv.org/abs/1704.04861.

Jørgensen，J.，Tamke，M.，Poulsgaard，K.，2020. Occupancy-Informed：Introducing a Method or Flexible Behavioural Mapping in Architecture using Machine Vision.

Kam Ho，T.，Matthews，K.，O'Gorman，L.，Steck，H.，2012. Public space behavior modeling with video and sensor analytics. Bell Labs Techn. J. 16（4），203-217. https：//doi.org/10.1002/bltj.20542.

Kunzli，N.，Pöerez，L.，2007. The Public Health Benefits of Reducing Air Pollution in the Barcelona Metropolitan Area. Undefined. https：//www.semanticscholar.org/paper/The-public-health-benefits-of-reducing-air-in-the-K%C3%BCnzli-P%C3%A9rez/58f8e45158eca9b2634483244b1da24a96fb939e.

Laranjeiro，P.F.，et al.，2019. Using GPS data to explore speed patterns and temporal fluctuations in urban logistics：the case of São Paulo，Brazil. J. Transp. Geogr. 76，114-129. https：//doi.org/10.1016/j.jtrangeo.2019.03.003. Brazil：Elsevier Ltd.

Liu，J.，et al.，2016. Estimating adult mortality attributable to PM2.5 exposure in China with assimilated PM2.5 concentrations based on a ground monitoring network. Sci. Total Environ. 568，1253-1262. https：//doi.org/10.1016/j.scitotenv.2016.05.165. China：Elsevier B.V.

Lu，S.，et al.，2019. A real-time object detection algorithm for video. Comput. Electr. Eng. 77，398-408. https：//doi.org/10.1016/j.compeleceng.2019.05.009. China：Elsevier Ltd.

Mueller，N.，et al.，2020. Changing the urban design of cities for health：the superblock model. Environ. Int. 134，105132. https：//doi.org/10.1016/j.envint.2019.105132. Elsevier BV.

Padilla，R.，et al.，2021. A comparative analysis of object detection metrics with a companion open-source toolkit. Electronics（Switzerland）10（3），1-28. https：//doi.org/10.3390/electronics10030279. Brazil：MDPI AG.

Reche，C.，Querol，X.，Alastuey，A.，Viana，M.，Pey，J.，Moreno，T.，Rodriguez，S.，González Ramos，Y.，Fernandez Camacho，R.，Verdona，A.M.，de la Rosa，J.D.，Dallósto，M.，Prevot，A.，Hueglin，C.，Harrison，R.，Quincey，P.，2011. New considerations for PM，black carbon and particle number concentration for air quality monitoring across different european cities. Atmos. Chem. Phys. 11，6207-6227. https：//doi.org/10.5194/acp-11-6207-2011.

Rueda，S.，2018. Superblocks for the design of new cities and renovation of existing ones：Barcelona's case. In：Integrating Human Health into Urban and Transport Planning：A Framework. Springer International Publishing，Spain，pp. 135-153，https：//doi.org/10.1007/978-3-319-74983-9_8.

Schembari，A.，et al.，2014. Traffic-related air pollution and congenital anomalies in Barcelona. Environ. Health Perspect. 122（3），317-323. https：//doi.org/10.1289/ehp.1306802. Spain：Public Health Services，US Dept of Health and Human Services.

Silveira Jacques Junior，J.，Musse，S.，Jung，C.，2010. Crowd analysis using computer vision techniques. IEEE Signal Process. Mag.，5562657. https：//doi.org/10.1109/MSP.2010.937394.

Thakuriah, P., Tilahun, N.Y., Zellner, M., 2017. Big data and urban informatics: innovations and challenges to urban planning and knowledge discovery. In: Springer Geography. Springer, United Kingdom, pp. 11–45, https: //doi.org/10.1007/978-3-319-40902-3_2.

Voulodimos, A., et al., 2018. Deep learning for computer vision: a brief review. Comput. Intell. Neurosci. 2018. https: //doi.org/10.1155/2018/7068349. Greece: Hindawi Limited.

Zhang, Y., et al., 2021. FairMOT: on the fairness of detection and re–identification in multiple object tracking. Int. J.Comput. Vis. https: //doi.org/10.1007/s11263-021-01513-4. Springer Science and Business Media LLC.

第12章

# 基于复杂性科学的 UNStudio/DP Architects 公司 SUTD 校区和 WOHA 公司金钟区空间性能分析

安贾娜·德维·辛塔拉帕迪·斯里坎斯（Anjanaa Devi Sinthalapadi Srikanth）[a]，
本尼·陈伟健（Benny Chin Wei Chien）[a]，罗兰·布凡奈（Roland Bouffanais）[b]，
托马斯·施罗普费尔（Thomas Schroepfer）[a]

a 新加坡科技设计大学，新加坡，新加坡；b 渥太华大学，渥太华，安大略省，加拿大

## 引 言

新加坡是东南亚沿海的一个国家，位于马来半岛南端赤道以北 1° 处，面积约 728km²。目前人口约 570 万，人口密度约为每平方公里 7810 人。新加坡的高人口密度促使其城市发展在空间上更加高效和便捷，以提高居民的生活质量。这就需要利用先进技术来改进城市规划设计。

在新加坡，人工智能在城市规划设计中的应用有五个方面：交通、家庭与环境、商业生产力、健康与老龄化以及公共部门服务。在新加坡的城市规划中，特别是在交通领域，目前正在探索将人工智能应用于移动模式、交通流量、设计主动学习和传感算法、开发实时数据的决策模型，以及增强自动安全系统等领域的研究中。虚拟新加坡是一个语义 3D 模型，虚拟复制了新加坡，并输入包括人口统计、气候和交通在内的实时数据，它的开发标志着新加坡对人工智能未来的愿景。

新加坡的土地稀缺和不断增加的城市密度，需要采用创新方法来进一步强化土地利用，这导致城市规划师和设计师尝试日益复杂的、通常是垂直整合的建筑类型。这些建筑往往将住宅、市政和商业项目与高架上的公共空间（如天桥、公园、露台和屋顶花园）结合起来，形成“垂直城市”。

## 两个垂直整合空间网络的分析

以下案例是由新加坡政府资助的城市与复杂性科学促进城市解决方案研究计划中的复杂系统研究项目的一部分。在本章介绍的甘榜金钟（KA）和新加坡科技设计大学（SUTD）校区两个案例研究中，前者是与城市重建局数字规划实验室、国家发展部、国家发展部宜居城市中心以及新加坡建屋发展局合作进行的。后者是 SUTD 推动的城市科学与密度设计研究项目的一部分。两个案例研究的基本统计数据见表 12.1。

KA 位于新加坡北部，毗邻地铁（MRT）枢纽金钟站，由新加坡建筑公司 WOHA 设计，是新加坡首个综合公共开发项目，以垂直排列的方式将公共设施、商店、开放空间、绿地和住宅组合在一起。该项目以“垂直甘榜”（“甘榜”在马来语中是“村庄”的意思）为概念，于 2017 年竣工，是解决新加坡土地稀缺和人口迅速老龄化这两个关键问题的建筑原型。该项目于 2018 年荣获世界建筑节“年度建筑”奖。

**两个案例的相关信息，包括地块面积、总建筑面积（GFA）、楼层数量、空间类型数量、空间数量（节点，N）、垂直街道数量（及占 N、VP 的百分比）、相邻链路数量、50m 可达链路数量以及括号内对应的网络密度（ND）** 表 12.1

| 指标 | KA | SUTD |
|---|---|---|
| 地块面积（$m^2$） | 8981 | Approx. 83000 |
| 总建筑面积（GFA）（$m^2$） | 32332 | 106000 |
| 楼层数量 | 13 | 8 |
| 空间类型数量 | 7 | 8 |
| 空间数量（节点） | 124 | 271 |
| 垂直街道数量（VP） | 69（55.7%） | 133（49.1%） |
| 相邻链路数量（ND） | 396（5.2%） | 560（1.5%） |
| 可达链路数量（ND） | 1566（20.5%） | 2319（6.3%） |

网络密度的计算方法是链路数量除以最大可能链路数量（节点对）。垂直街道包括楼梯和电梯厅。

SUTD于2009年与麻省理工学院（MIT）合作成立，是新加坡第四所自治大学。SUTD校园于2015年竣工，由荷兰建筑公司UNStudio与新加坡DP Architects共同设计。校园将非正式会议和工作空间融入一个适应性强、灵活的布局中，鼓励教师、学生和专业人员之间的跨学科互动。SUTD的校园中心是举办展览和活动的灵活空间，而院系和各种校园项目的空间分布则以连通性为重点。报告厅、教室、实验室和会议室目前位于原规划的四个主要街区中的三个，通过各种循环系统垂直和水平连接。

为了应对新加坡的热带气候和自然景观，建筑采用了自然通风和冷却原则，包括走廊和百叶窗立面，以及外墙种植槽、绿色屋顶露台和使用本地树木和开花植物的空中花园。校园设计获得了新加坡绿色标志白金评级，建筑能效比典型机构建筑高出30%。

## 方法和研究阶段

在这两项案例研究中，我们的研究分为两个主要阶段。第一阶段包括城市和建筑网络映射，通过审查规划设计概念和意图，由此产生的空间网络映射以及节点属性（如空间网络上的欧氏距离）叠加来提供信息。第二阶段包括利用人员计数器和蓝牙信标对人员移动性进行实证现场感知。使用ML算法对活动进行分类，以便对收集到的实际空间使用数据进行分析。这两个阶段的工作可以系统地审查KA和SUTD（图12.1~图12.5）在预期空间使用方面的有效性。

**图12.1** 甘榜金钟1层中庭的点云图像（点云数据使用FARO Focus 330D采集，并使用FARO SCENE可视化）。SUTD城市：城市科学与密度设计

**图 12.2**　甘榜金钟 4 层空中花园的点云图像（点云数据使用 FARO Focus 330D 采集，并使用 FARO SCENE 可视化）。无需许可

**图 12.3**　SUTD 校园中心的点云图像（点云数据使用 FARO Focus 330D 采集，并使用 FARO SCENE 可视化）。SUTD 城市：城市科学与密度设计

**图 12.4**　SUTD 3 层空中花园的点云图像（点云数据使用 FARO Focus 330D 采集，并使用 FARO SCENE 可视化）。SUTD 城市：城市科学与密度设计

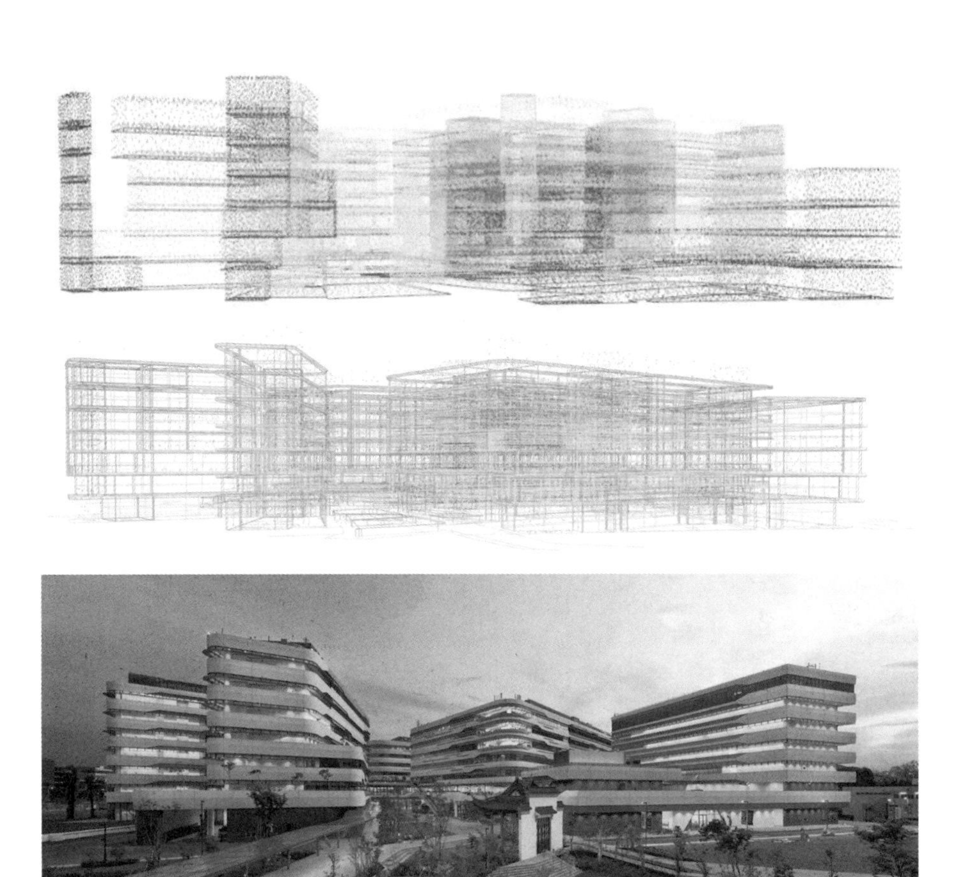

**图 12.5** 从建筑物到空间度量。网络中心度量：Rhinoceros Grasshopper 中的可视化“接近度图”和“间距图”，以及从东北方向观察的实际 SUTD 校园。摄影师：*Daniel Swee*

## 第一阶段：建筑网络映射

第一阶段包括根据各建筑师提供的信息，绘制建筑物流通和空间功能的节点和联系。其中包括说明空间分布的建筑图表和图纸，如预期的流通和流动、协作区域、建筑内部、建筑之间和建筑之间的连接，以及横向和垂直功能分布。

KA：建筑师垂直设计并整合了 KA 的公共空间，包括位于低层的社区广场和小型商业中心，位于中层的医疗和托儿中心以及活跃的老龄化中心（包括老年护理），以及位于高层的居民社区公园（图 12.6，图 12.7）。KA 包括两栋 11 层的住宅楼，共有 104 套公寓，供单身老人和夫妇居住。

SUTD：就校园而言，“循环”和“互动”是建筑师的两个主要概念指南——水平、垂直和对角线将四座建筑的各个空间连接起来（图 12.8，图 12.9）。SUTD 的设计建筑师 UNStudio 指定了两条轴线，即“学习轴线”和“生活轴线”，中心是一个大广场。

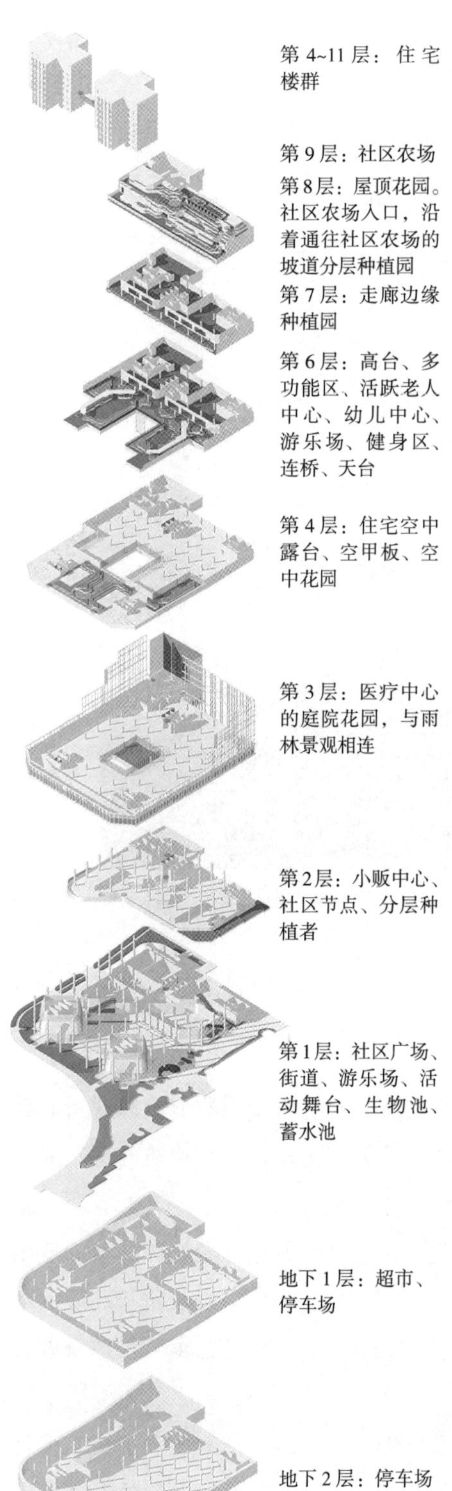


**图 12.6** KA 的剖面等轴测绘图，显示开发的各种程序。Gopalakrishnan，S. 等，2021 年。绘制垂直整合城市发展中的新兴移动和空间使用模式图

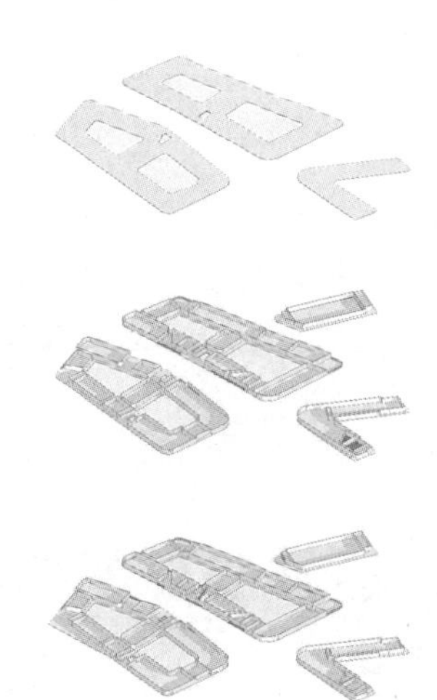


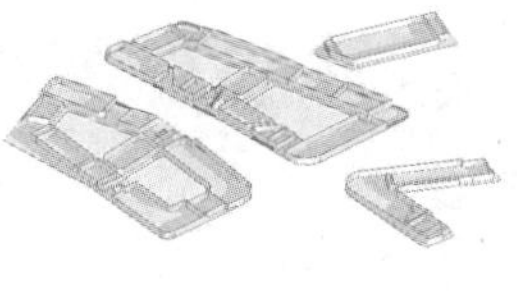


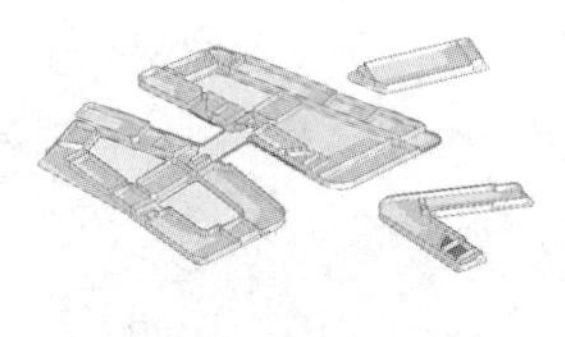


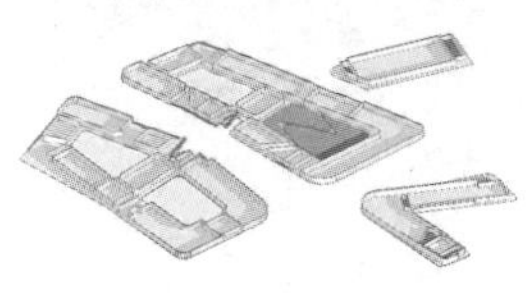


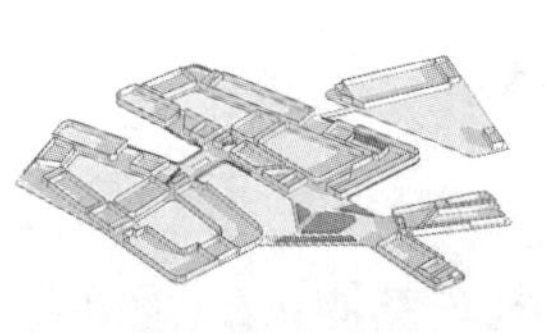


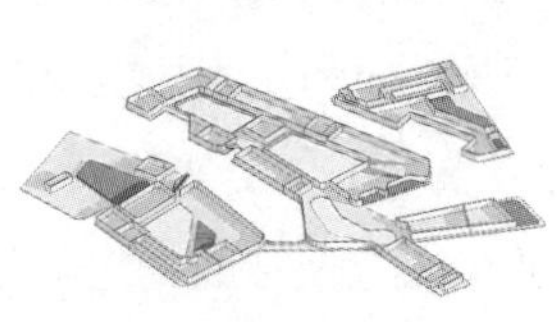


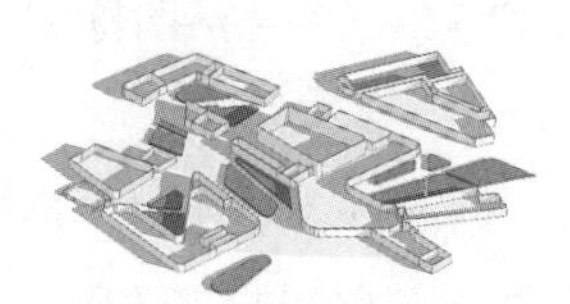


**图 12.7** SUTD 的剖面等高线图显示了开发项目的各种计划。SUTD 城市：城市科学与密度设计

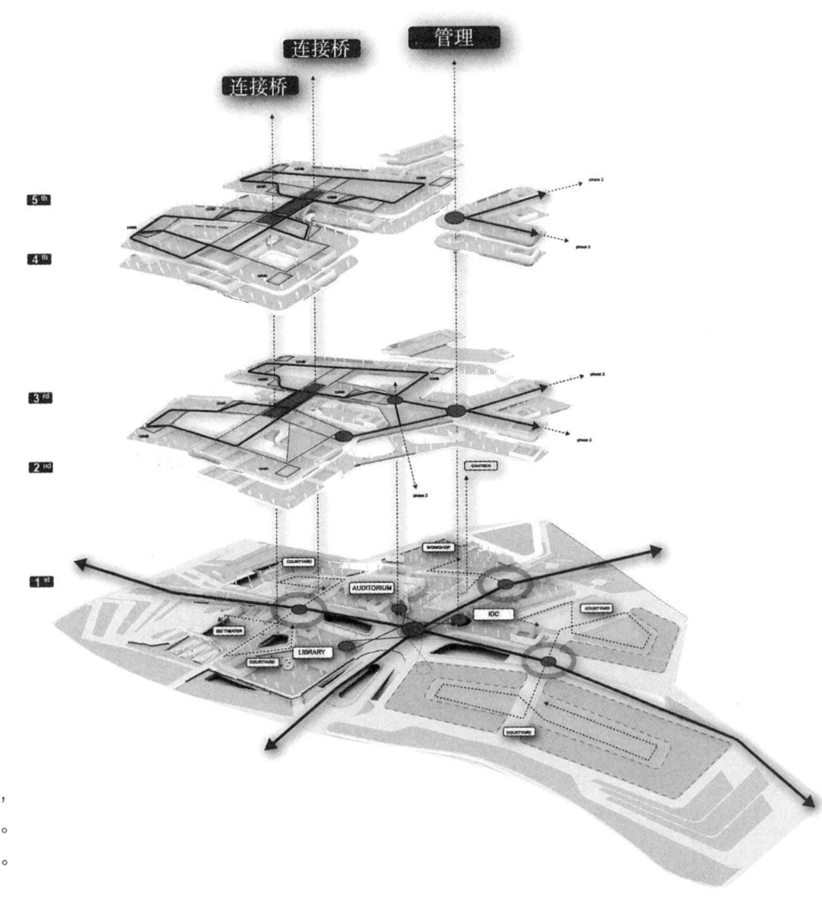


**图 12.8** 联合国工作室，新加坡 SUTD，2014 年。水平和垂直循环协作区。资料来源：UNStudio

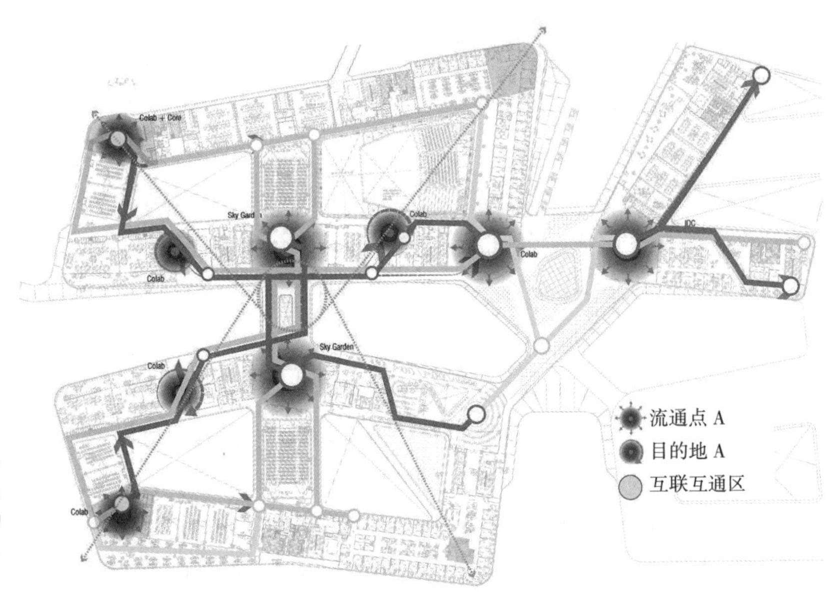


**图 12.9** 联合国工作室，新加坡 SUTD，2014 年。由循环路径连接的互动节点概念图。资料来源：UNStudio

为了进行分析，我们从两种情况下的主程序区域中提取了节点。通过将每个节点连接到空间上相邻和相连的其他节点（如通过门口和走廊）来定义边缘。我们从节点对应的链接计算节点之间的欧氏距离。然后，我们将电梯核心区和楼梯大厅连接为“垂直街道大厅”节点，并将它们与所有其他垂直相邻的电梯核心和楼梯大堂节点直接连接起来，将电梯和楼梯核心视为“垂直街道”。根据空间网络计算了各种网络中心性度量，包括度、紧密度和介数中心性。图 12.10 显示了两个案例研究的相邻网络和 50m 可达网络。节点颜色对应不同的楼层。

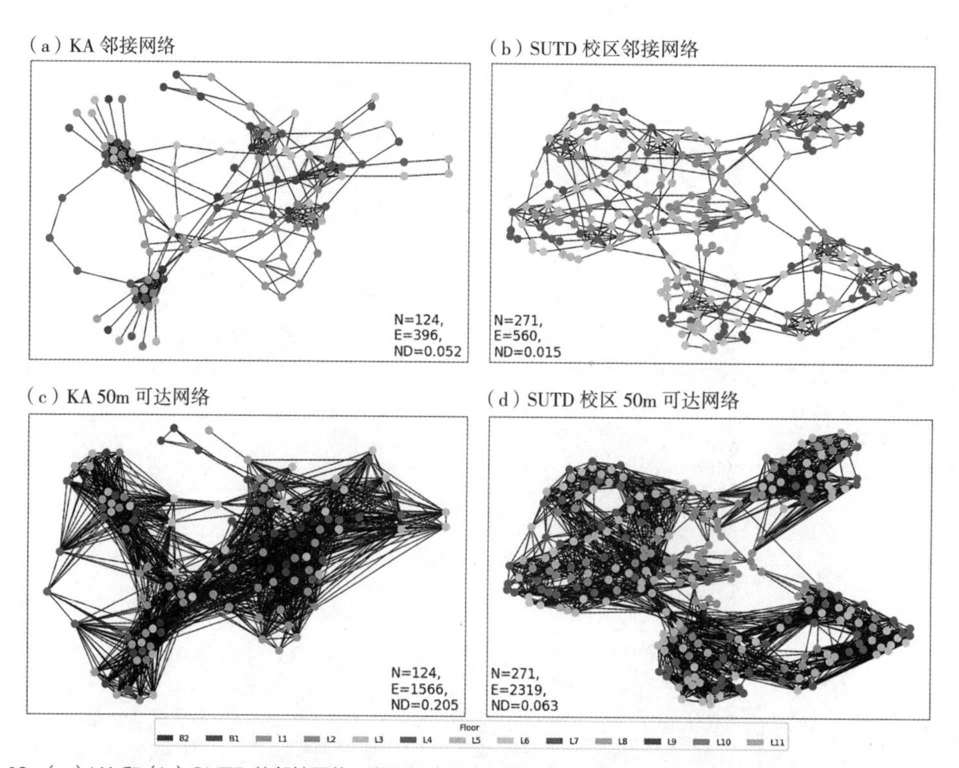


**图 12.10** （a）KA 和（b）SUTD 的邻接网络，以及相应的步行距离（50m 可达）网络 [ 分别为（c）和（d）]。角上的数字表示节点数（N）、链路数（E），以及网络密度（ND）。SUTD 城市：城市科学与密度设计

我们将空间网络分析措施映射到数字模型中，以直观地显示每个空间在空间网络中的连通性和可达性方面的相对重要性。图 12.11 和图 12.12 显示了 KA 的最中心空间。从那里出发，所有其他空间都可在 50m 的行驶距离内到达。图 12.13 和图 12.14 显示了所有空间的相对连接强度，通过节点度量的不同大小进行说明。

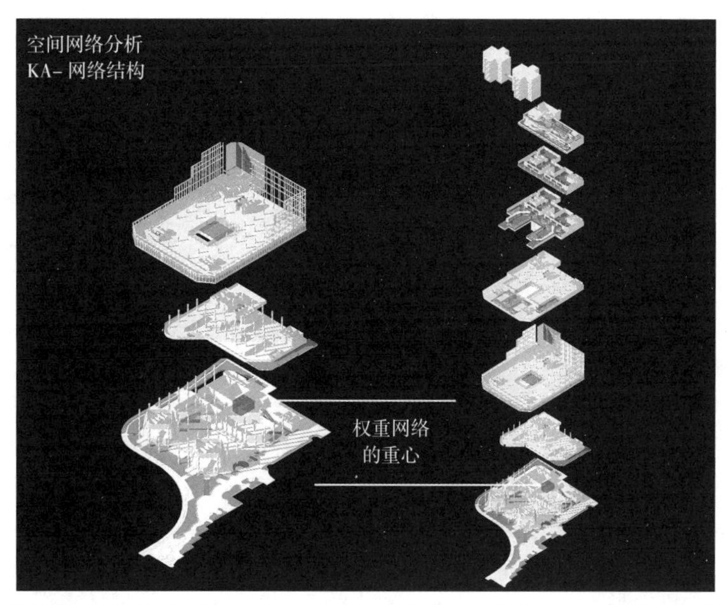


**图 12.11**　KA 的最佳位置。所有其他位置都在 50m 的最短行驶距离之内。SUTD：城市科学与密度设计

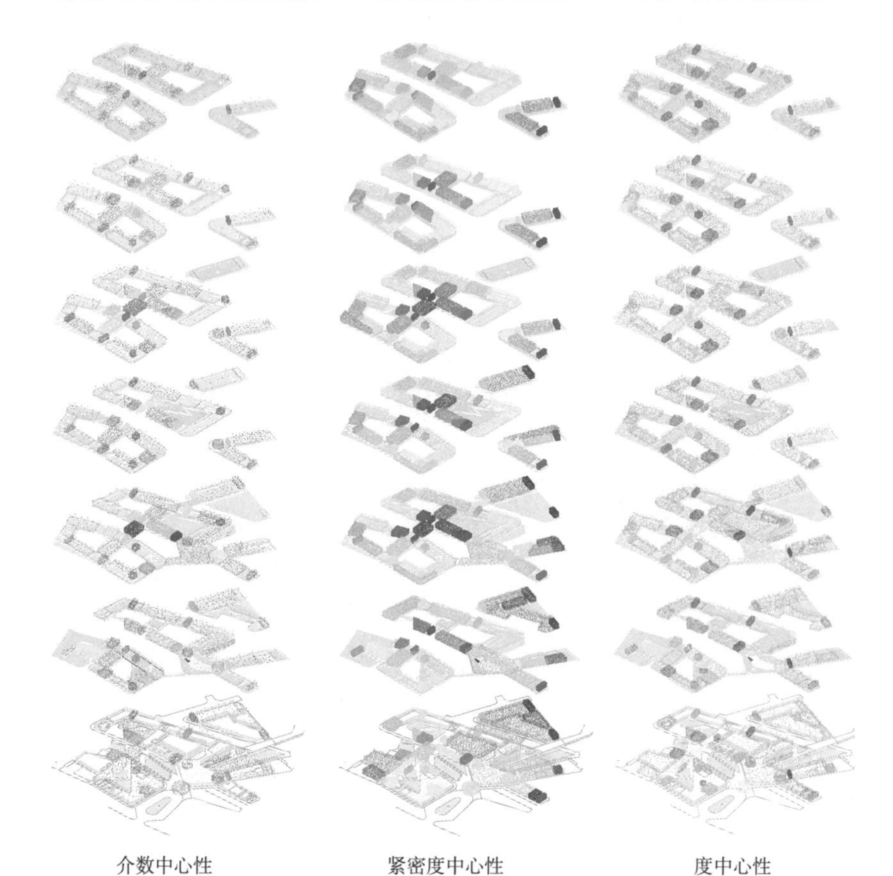


**图 12.12**　SUTD 的最佳位置。所有其他位置都在 50m 的最短行驶距离之内：城市科学与密度设计

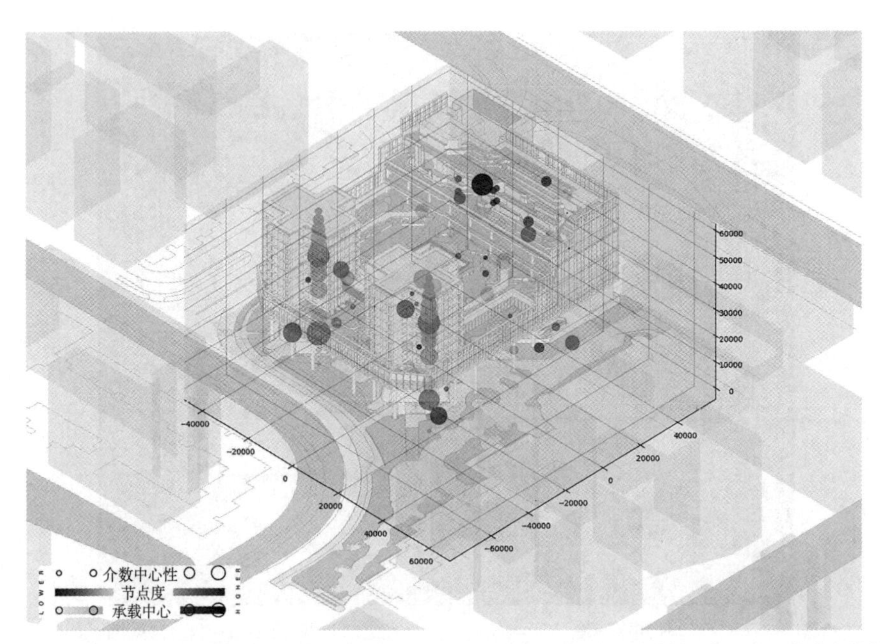


**图 12.13** KA 空间模型中可视化的中心性度量；圆圈的大小表示空间作为网络内关键连接器的重要程度（介数中心性），颜色表示每个节点直接连接到空间的数量（度中心性）。SUTD 城市：城市科学与密度设计

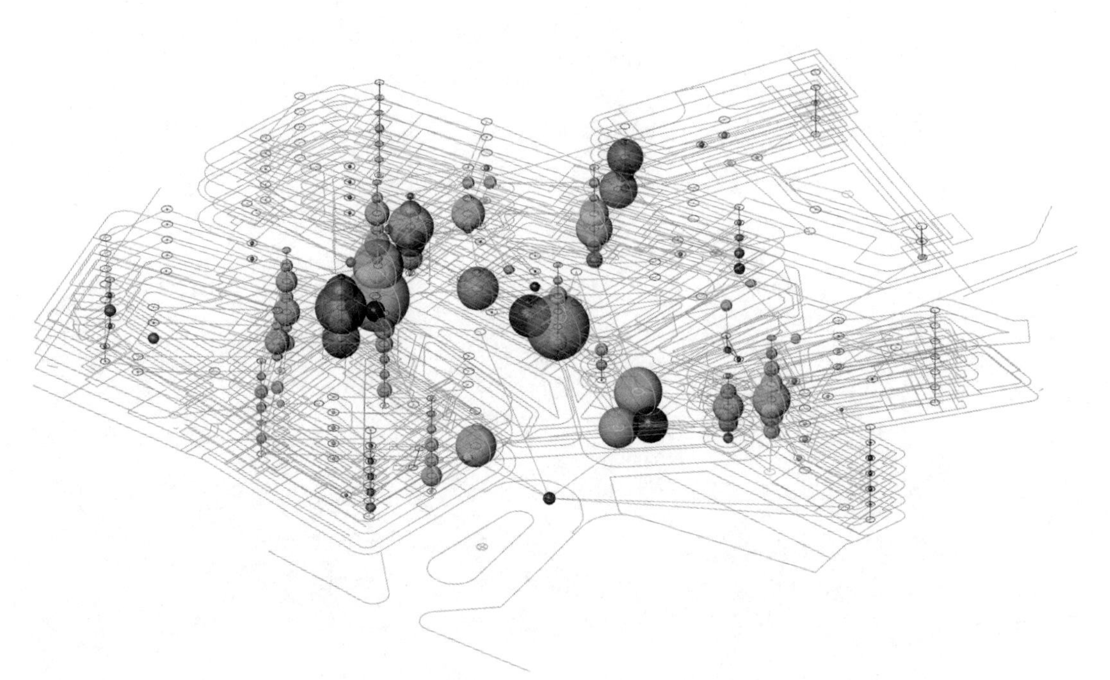

**图 12.14** SUTD 空间模型中可视化的中心性度量；圆圈的大小表示空间作为网络中关键连接器的重要性（介数中心性），颜色表示每个节点直接连接的空间数量（度中心性）。SUTD 城市：城市科学与密度设计

## 第二阶段：经验现场感知

### 通过带有 BLE 信标的智能手机应用程序进行跟踪

我们开发了一种低能耗蓝牙（BLE）跟踪和定位方法，在 KA 和 SUTD 中使用该方法来跟踪和定位研究参与者（图 12.15 和 12.16），包括 KA 的居民、员工和常客，以及 SUTD 的教职工、学生、员工和供应商。蓝牙定位由 4 个部分组成：（1）放置在研究地点周围的固定低能耗蓝牙信标；（2）当参与者在该区域移动时扫描信标的移动应用程序；（3）记录使用移动应用程序收集数据的云服务器；（4）处理数据进行分析。这种方法被称为“对等环境”传感系统。智能手机设备允许移动用户接收信标发送的数据。接收到的数据包含有关传输信标的信息，如唯一 ID、时间、遥测数据（温度、光线等）和传输距离（表明固定信标与移动应用程序之间

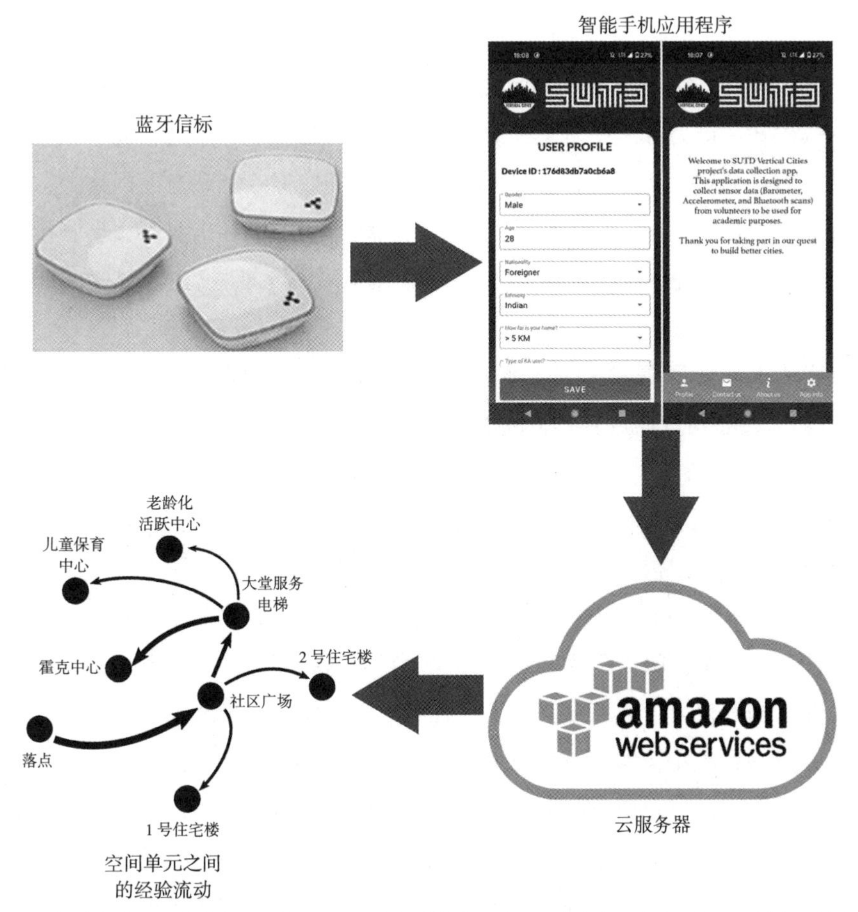


**图 12.15** 由低能耗蓝牙信标、移动应用程序和云服务器组成的蓝牙（BLE）定位和跟踪。SUTD 城市：城市科学与密度设计

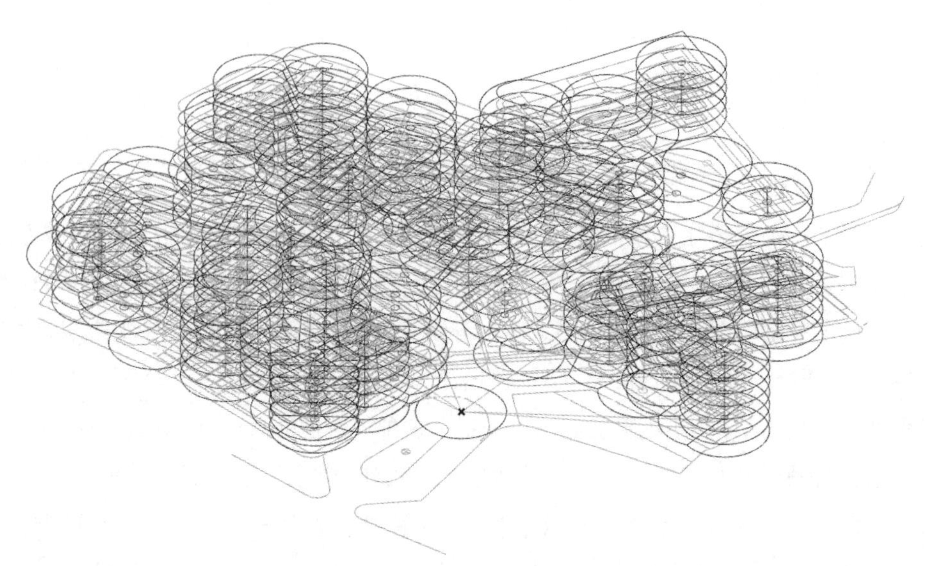

**图 12.16** SUTD 中 20m 的 BLE 检测半径。SUTD 城市：城市科学与密度设计

的距离）。智能手机构成了系统的对等组件。安装在运行 iOS 或 Android 系统的智能手机上的自定义应用程序在后台运行，并扫描 BLE 信标中的蓝牙数据。它临时存储了相关数据，然后将信息传输到云服务器。从参与者的蓝牙设备上收集的数据绘制到空间网络上，从而绘制出他们在研究期间的运动规律。然后，我们从空间网络分析中推导出实验数据测量结果，随后用真实世界的数据对其进行验证，设计与实际空间使用之间的相关性为 KA 和 SUTD 的性能评估提供依据。

在现场实验中，我们共招募了 73 名 KA 参与者来跟踪和记录运动模式。BLE 信标扫描共记录了 4260 万个传感器数据点，其中包括信标、加速度计、气压计和蓝牙数据（在撰写本章时，SUTD 研究仍在进行中）。

我们利用收集的 BLE 定位移动数据构建了社会空间网络，并分析了移动和占用的动态网络过程，以及网络拓扑、空间配置和网络过程之间的相关性。

此外，我们还根据 BLE 本地化移动模式构建了共现网络。在复杂性科学中，当两个或两个以上的人距离很近时，就被称为共现。共现是互动的必要条件，但不是充分条件。共现网络是一个由朋友和陌生人组成的社会网络，有助于分析作为动态过程的社会关系。在我们对 KA 和 SUTD 的案例研究中，参与研究的用户构成了节点，而相互接近花费的时间则构成了边。共现网络是时间网络，因为其边缘会出现和消失。随着时间的推移，共存网络会出现强联系和弱联系。用户之间的持续相遇表示同质性（强联系），而短暂和偶然的相遇表示异质性（弱联系）。较强的联系会影响社会行为，而较弱的联系则会完善网络内的连通性。当映射到建筑物的空间布局上时，社会空间网络揭示了用户交互模式及其随时间变化的相对强度。聚合网络还显示了不同社交空间的连通性，这些空间促成了同质性（活跃的社交互动），而基于高流动性的区域则为偶遇提供了更多机会。这些结果可为未来建筑和城市环境的规划设计提供重要的见解。

## 空间节点的移动和占用测量数据

图 12.17 和图 12.18 显示了按楼层和位置类型对 KA 的社会空间流动性分析。不同类型的用户表现出不同的移动模式。KA 的居民和员工的流动性“足迹”中位数高于常客。具有高度连通性的空间人流量较大，如 1 层社区广场、高架空中花园和垂直街道。

占用率分析显示了在不同 KA 空间中所花费的时间。随着时间的推移，按楼层和位置类型划分的开发总时间如图 12.19 和图 12.20 所示。我们研究了不同用户的占用模式来了解空间的有效使用，例如，用户在地面和高架的社交区域花费了大量时间。与其他区域相比，社区花园等活动场所的使用时间最长。

信标数据点在空间模型中可视化，以便对建筑空间内的不同节点和活动时间进行比较。

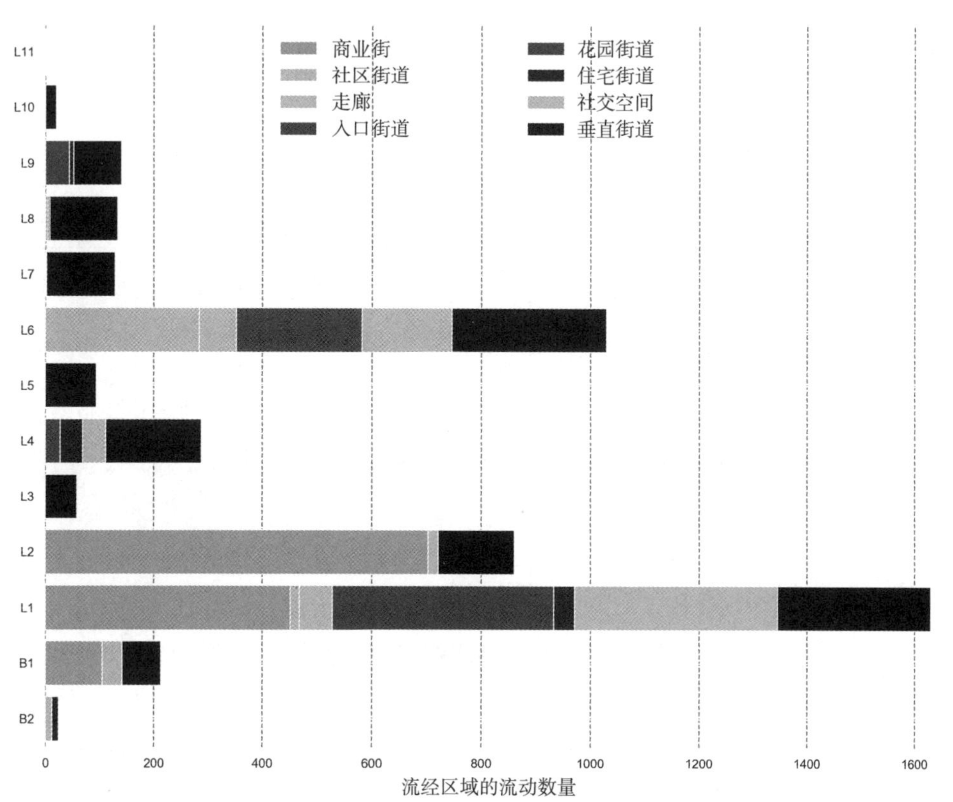


**图 12.17** 每位研究参与者每天在 KA 公共场所的总路程。（a）总体，（b）按性别，（c）按年龄组，（d）按 KA 用户类型。SUTD 城市：城市科学与密度设计

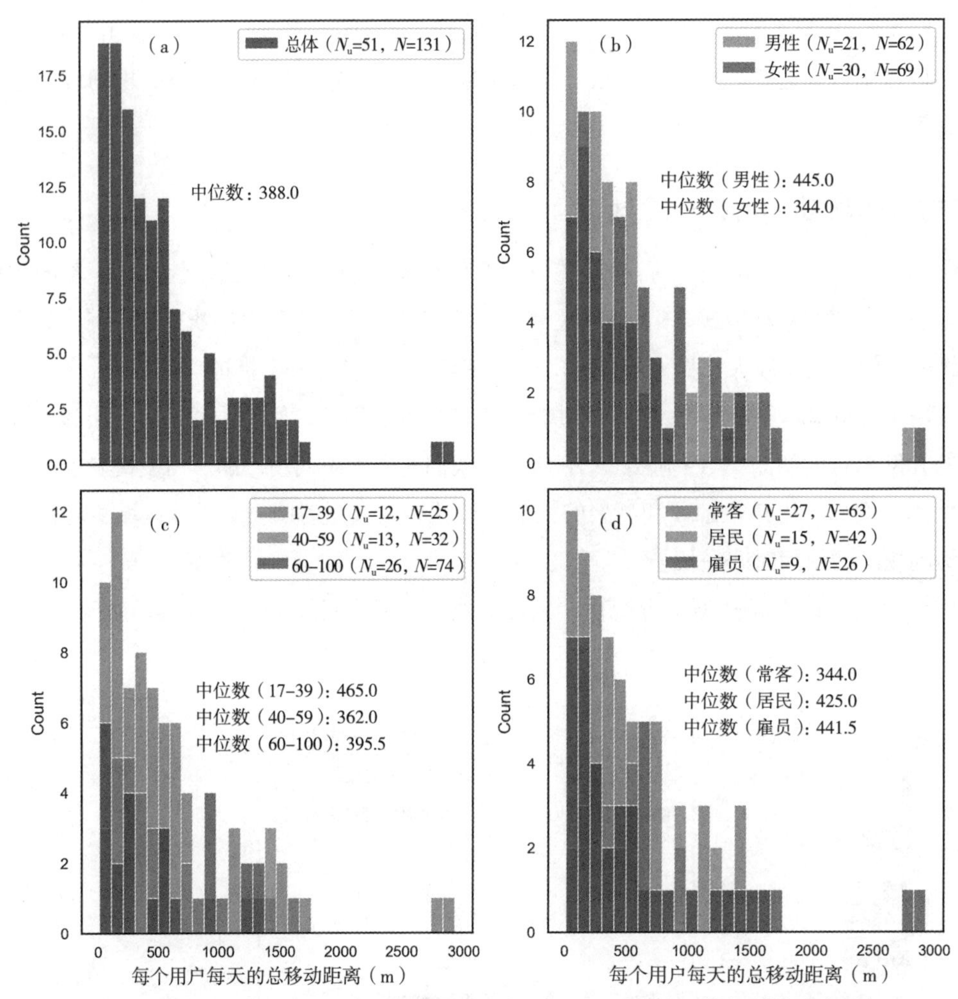


**图 12.18**　每个楼层和位置类型通过 KA 公共空间的流动流入量。SUTD 城市：城市科学与密度设计

图 12.21 显示了按星期几（周一至周日）划分的每日聚合信标读取热图的空间分布。不同地点和不同时间段的活动模式清晰可见，一周内的峰值和低值一致，从而揭示了有效的移动和空间使用模式。

## 利用雷达和红外双向人员计数器进行跟踪

在两个案例研究中，我们的移动测绘包括跟踪和记录重要的公共空间以及地面和高架关键协作区域的行人流动情况。我们使用雷达和红外双向人员计数传感器记录实际空间使用的频率和强度。人员计数器可以测量预定点和区域的人流流量和时间。这些装置安装在我们在第一阶段研究中确定的节点的关键接入点，以收集一天中不同时间的流入量和流出量数据。收集的数据为我们提供了所选空间的总人流流量。使用量的变化使我们能够识别数小时、数

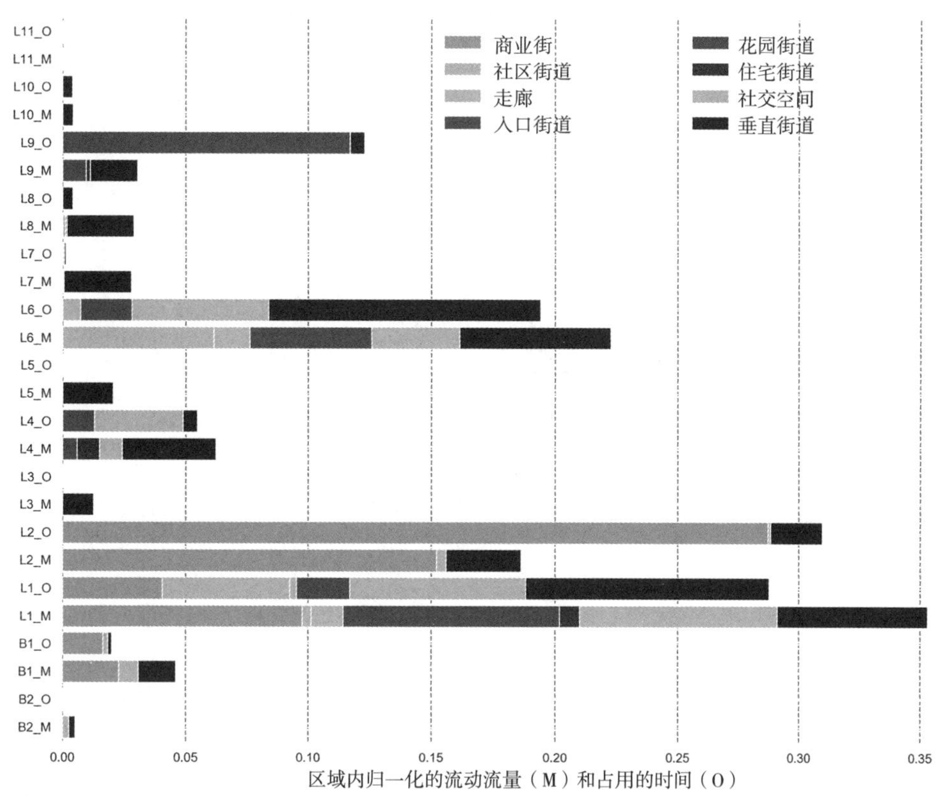


**图 12.19** 显示了 KA 各楼层和位置类型公共空间中流动性和占用率之间的相互作用。X 轴的数值也代表了位置类型的相对比例。SUTD 城市：城市科学与密度设计

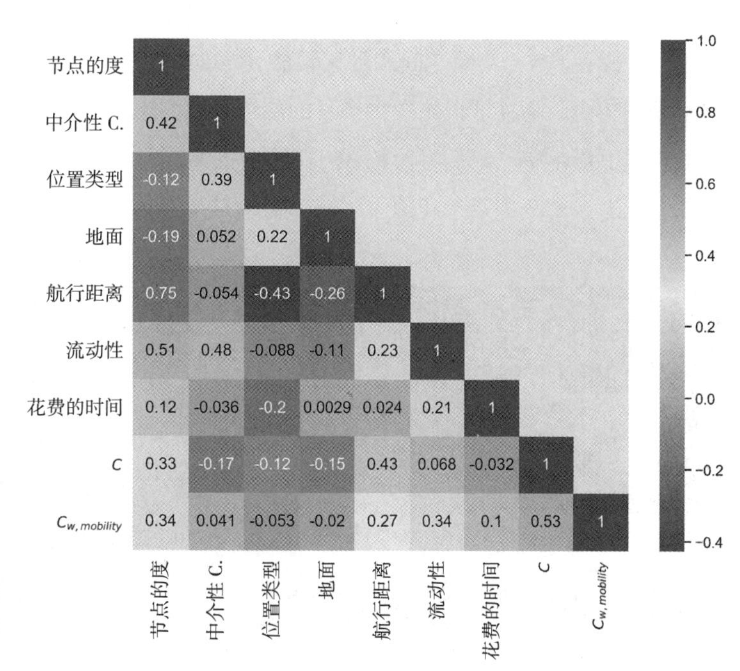


**图 12.20** KA 的网络拓扑、空间和网络流程之间的相关矩阵。SUTD 城市：城市：密度科学与设计

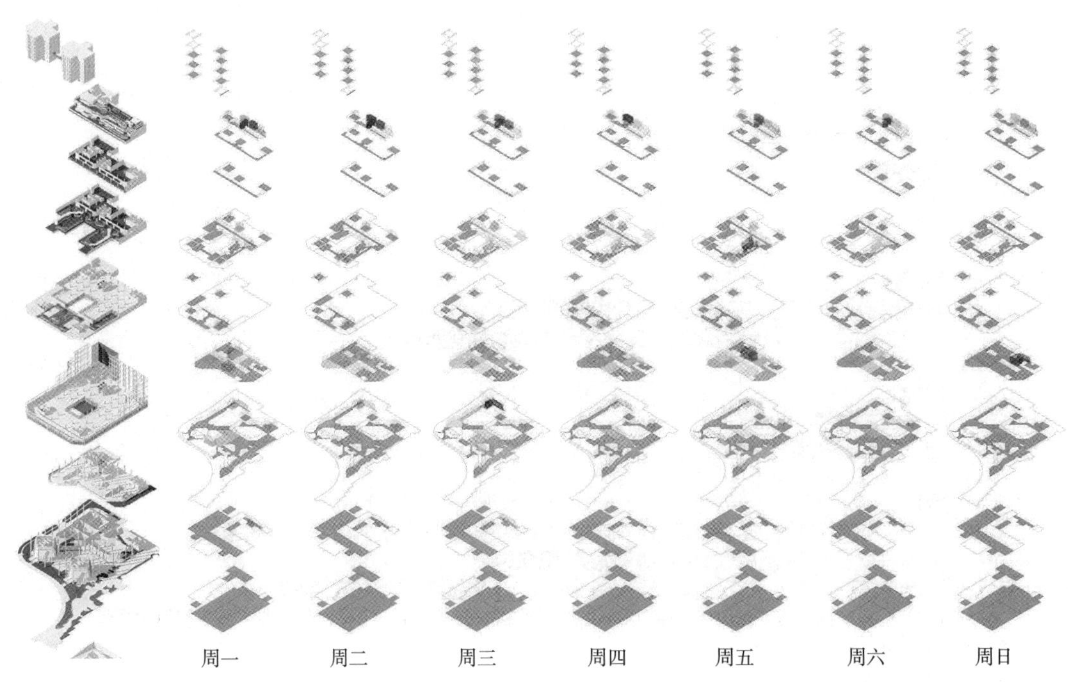


**图 12.21** 按星期汇总的每日信标活动热图可视化：（从左到右）从周一到周日。SUTD 城市：城市科学与密度设计

天和数周内的微观和宏观模式，从而衡量空间的实际使用情况和性能。图 12.22 和图 12.23 显示了人员计数器装置的照片和结果说明。

我们根据主要社交空间的移动模式和空间使用情况对人员计数器数据进行了分析。图 12.24 显示了 KA 花园空间和社区设施每小时的总使用情况。花园空间在白天经常被使用，晚上使用较少，而社区设施在工作日的使用频率高于周末。

在以下段落中，我们将比较 SUTD 两个重要空间的人流流动情况。区域 1 包括 1 层校园中心及其正上方的 3 层空中花园。区域 2 指的是 1 层社区广场和正上方的 3 层和 5 层天桥。

**图 12.22** Sensmax 人流计数器在 SUTD 的位置。SUTD 城市：城市科学与密度设计

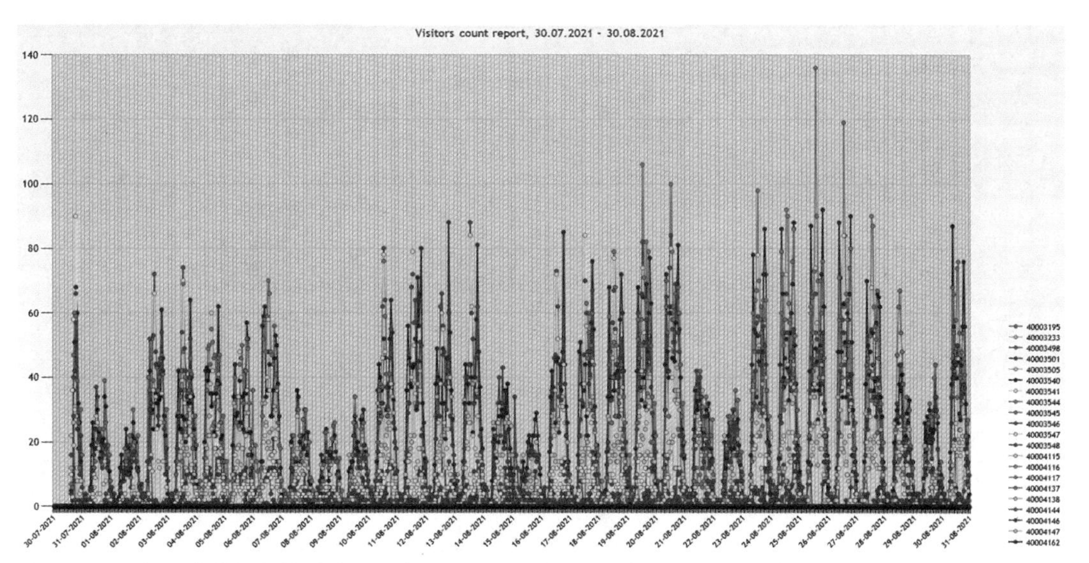


**图 12.23**　历时 7 周的游客统计报告（2021 年 7 月 30 日至 9 月 16 日）。SUTD 城市：城市科学与密度设计

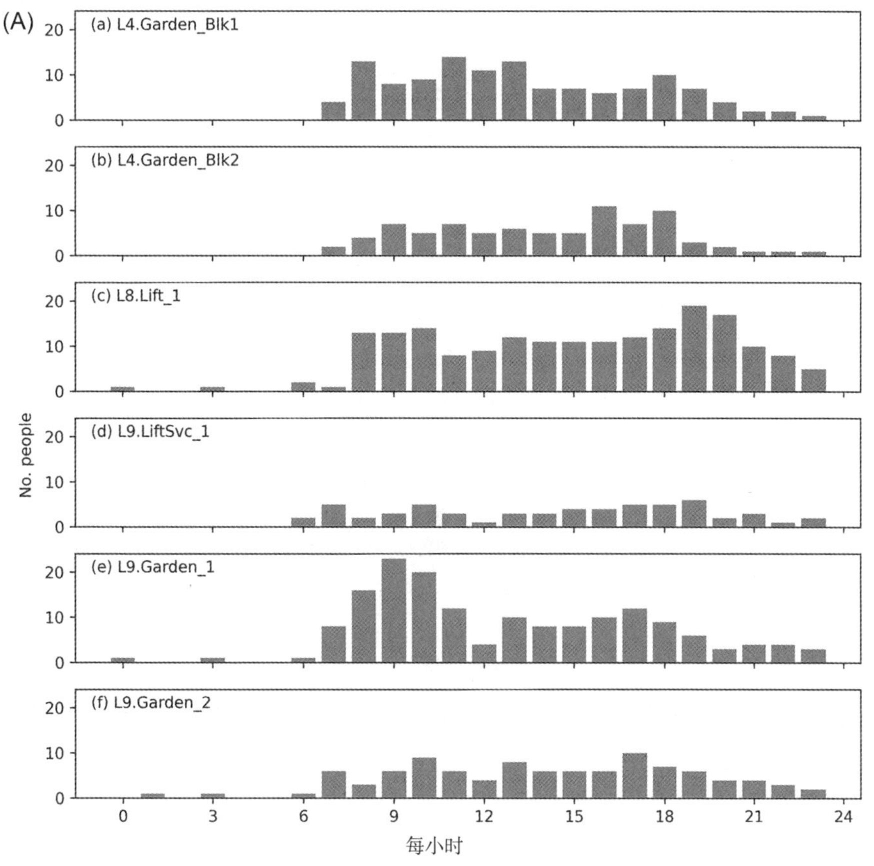


**图 12.24**　人流计数器数据汇总，显示花园每小时的使用情况（A）和所有社区设施每小时的使用情况（B）。SUTD 城市：城市科学与密度设计

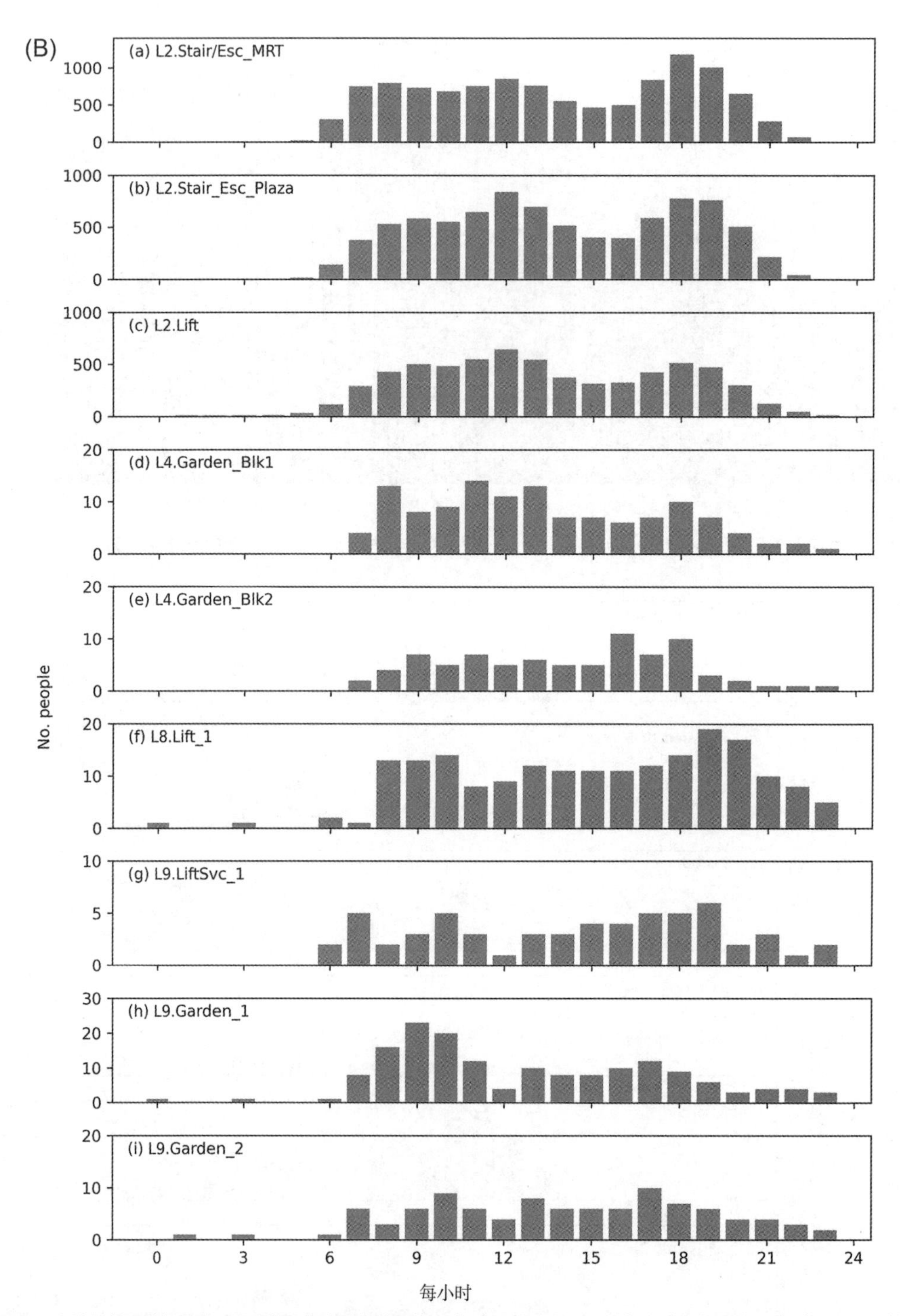


**图 12.24** 人流计数器数据汇总，显示花园每小时的使用情况（A）和所有社区设施每小时的使用情况（B）。SUTD 城市：城市科学与密度设计（续）

图 12.25 展示了工作日和周末四个不同时段（0 时至 5 时 59 分、6 时至 11 时 59 分、12 时至 17 时 59 分、18 时至 23 时 59 分）的流量情况，显示工作日和周末下午都会出现流量高峰，但周末各时段的流量都明显较低。高峰出现在午餐和晚餐时间，8 点之前和 19 点之后的总体使用量明显上升和下降。此外，下午的流量通常比上午更大（图 12.26）。

图 12.27 和图 12.28 显示了每个节点的人流量比例对比，我们可以看到，各节点一般在工作日达到峰值，然后在周末使用量急剧下降，但一层社区广场 / 研究区（区域 2）除外，尽管总体呈下降趋势，但该区域的人流量比例较大。

在周末，3 层和 5 层的高架路段的使用率都明显低于地面节点。这表明人们偏向于使用地面空间。3 层天桥（区域 2）的使用流量大于其他高架路段。工作日里，高架路段和地面节点的人流量每天都有小幅波动，其中 1 层校园中心（区域 1）的波动最大。

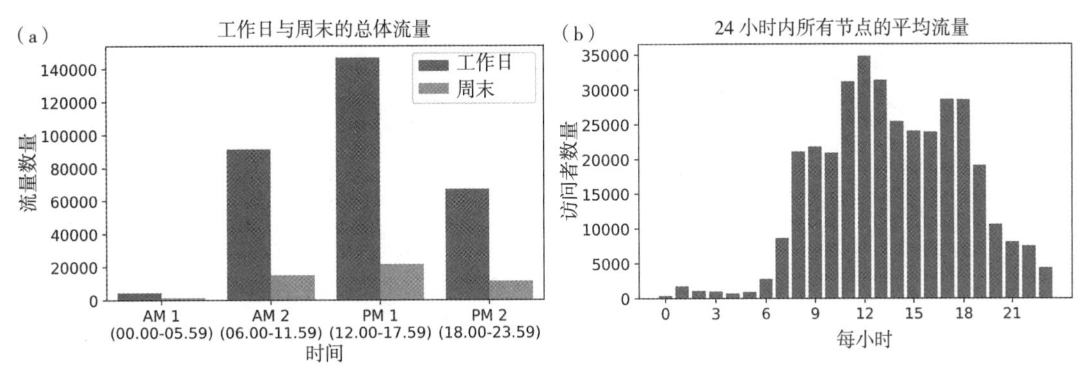


**图 12.25** 平日与周末总流量对比图（a）和 24 小时内区域 1 和区域 2 所有节点的平均流量图（b）。无需许可

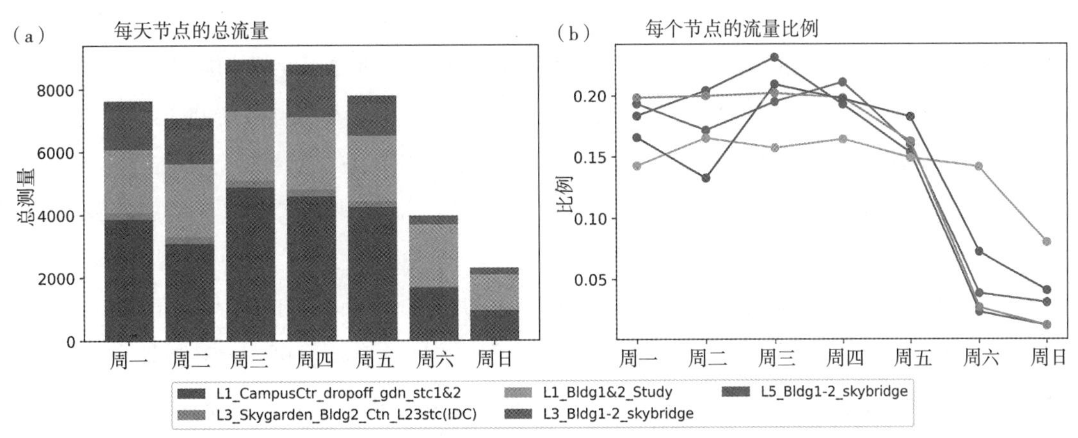


**图 12.26** 按天计算的节点总流量图（a）和每个节点流量除以同一地点总流量的比例图（b）。无需许可

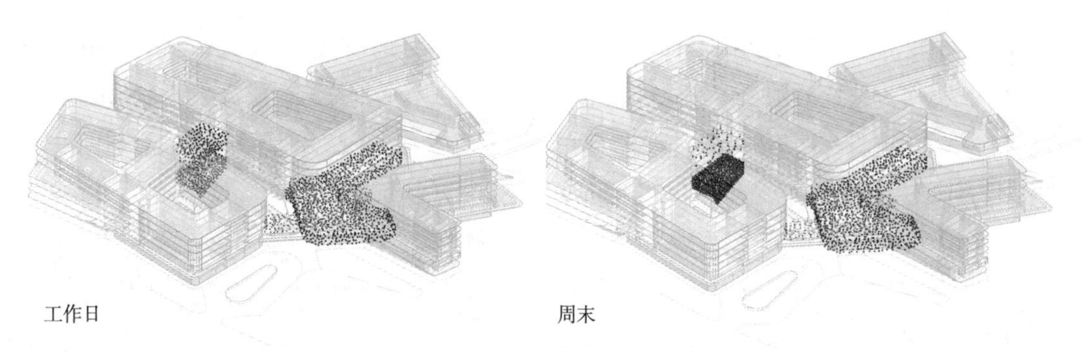


**图 12.27**　平日和周末相对流量的比较。无需许可

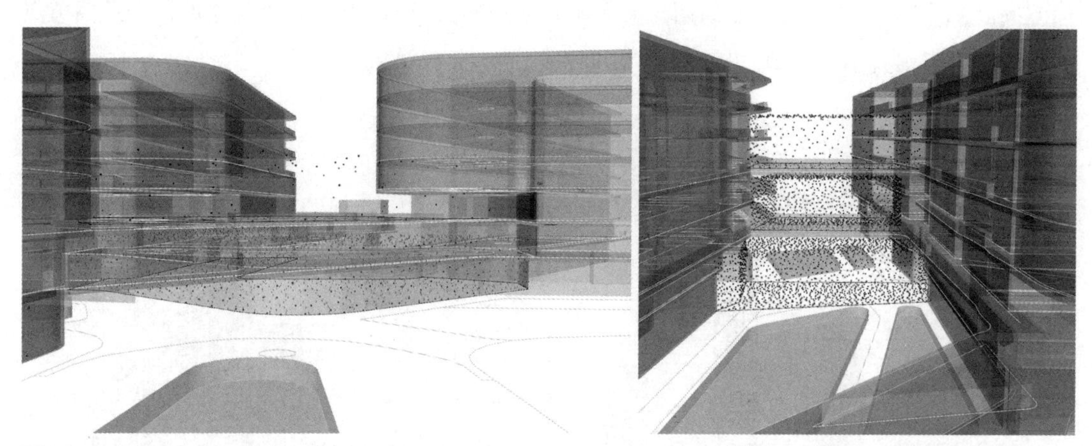

**图 12.28**　区域 1（左）和区域 2（右）地面和高架区域总体相对流量的比较。SUTD 城市：城市科学与密度设计

## KA 和 SUTD 网络空间等级的重要性

我们计算了 50m 可达网络的度中心性、紧密中心性、介数中心性、PageRank 和地理 PageRank。图 12.29 显示了这些网络指标按楼层和位置类型的分布情况。在左栏中，几乎所有相同案例的方框（显示 25%~75%）都重叠，表明楼层对节点重要程度的影响很弱。介数结果中存在一个例外。低层和高层的方框较低，即 KA 的地下室 1 层和 2 层以及 11 层，SUTD 的 1 层和 7 层。在右栏中，我们根据五种主要位置类型和其他组汇总了指标，包括主要地点（KA 为住宅，SUTD 为教育）、垂直街道（Ver）、社区设施（Fac）、社交空间（Soc）和商业空间（Com）。在 KA 网络中，垂直街道、社交空间和商业空间的度中心性、介数中心性和 PageRank 略高。在 SUTD 网络中，模式略有不同。商业空间的度、介数和 PageRank 均较低。在这两个网络中，垂直街道和社交空间的中介中心性都较高，表明这些位置可能比其他地点更常用。紧密中心性的结果与左栏类似。大多数方框相互覆盖。地理 PageRank 结果显示，垂直街道的得分均高于两个网络中的其他四个组。

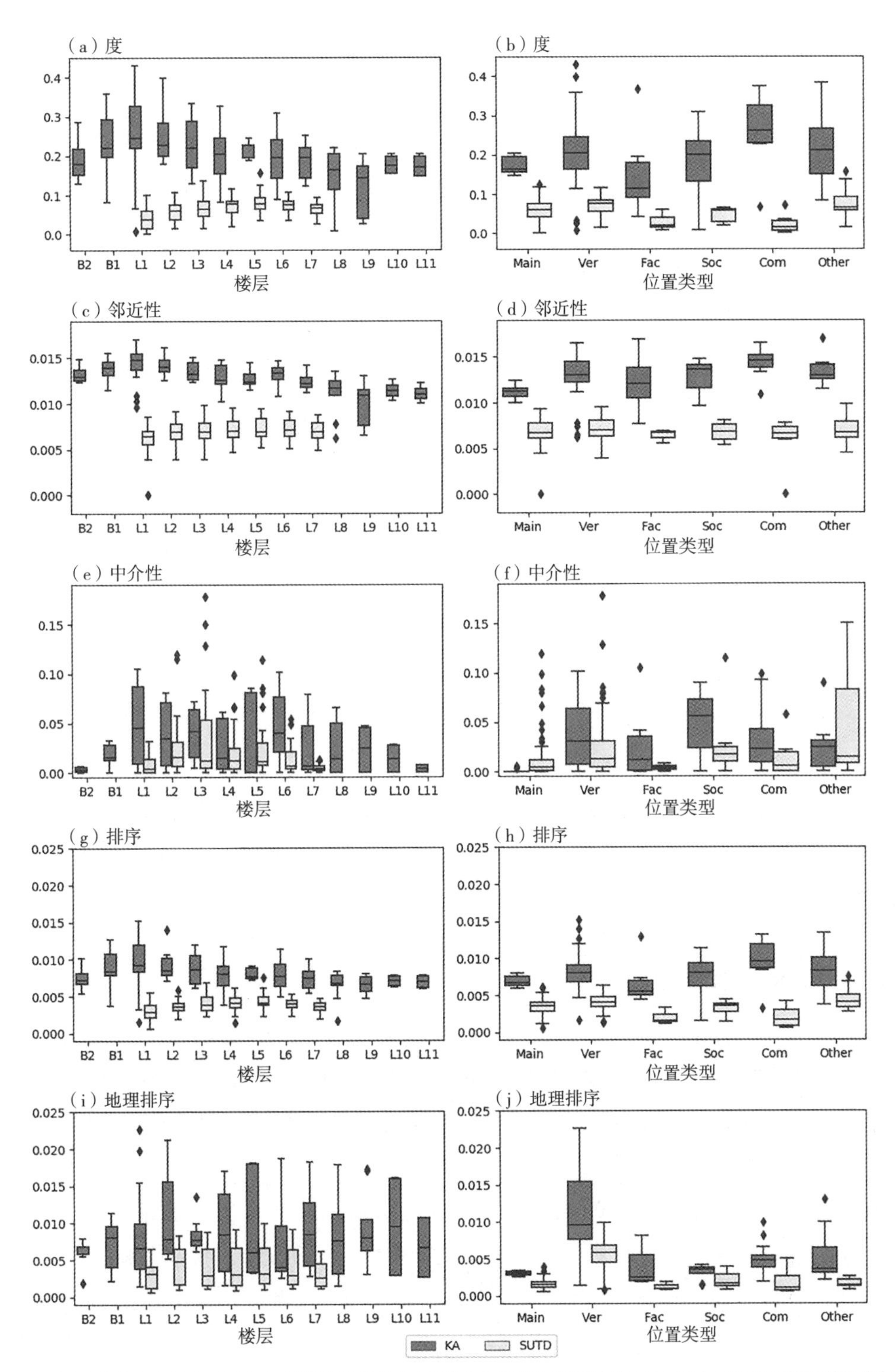


**图 12.29** 方框图显示了KA和SUTD不同级别的节点（左列）和不同位置类型的节点（右列）的五个网络指数的分布情况。方框表示第一和第三个四分位数，虚线表示四分位距（IQR）。请注意，右栏中的位置类型"Main"表示两个网络的主要项目，即 KA 的住宅项目和 SUTD 的教育项目。SUTD 城市：城市科学与密度设计

一个有趣的现象是关于垂直街道。在建筑物中，每一层的空间通常都是相连的，并形成节点（社区）集群，垂直循环或“街道”（包括楼梯、自动扶梯和电梯）将不同楼层连接起来。因此，我们期望垂直街道能够充当楼层之间的“桥梁”。然而，我们发现这些垂直街道（尤其是电梯大堂）不仅具有较高的介数，而且具有较高的 PageRank 和地理 PageRank。这表明垂直街道在这两个网络中也起着枢纽的作用。仔细观察 KA 网络结构发现，相连的电梯大堂构成了连接密集的社区核心，而其他空间（如住宅单元和社区设施）则连接到电梯大堂的核心节点。这一观察结果也凸显了存在枢纽式桥梁节点的垂直城市网络的独特性。

将网络中心性测量模式与 KA 和 SUTD 中的实际人流数据进行比较后，结果表明垂直街道（电梯和楼梯）是楼层群之间的主要连接节点。然而，值得注意的是，作为建筑物之间水平连接器或桥梁的几个垂直升高的节点也很突出，显示出大量的人流。在 KA，这些节点包括 6 层空中花园，是连接住宅项目楼群和商业 / 社会项目的桥梁。在 SUTD，它们包括 1 号楼和 2 号楼之间的 3 层和 5 层天桥，以及连接校园中心和 1 号楼图书馆的 3 层空中花园。

这两座建筑的共同特点是与位于地面和高架的社会和景观空间项目进行垂直整合，从而形成了连接建筑群的垂直街道的共同特征。尽管这两个开发项目是不同的建筑类型，一个是混合用途，另一个是机构项目。这说明垂直一体化建筑中空间使用的可能相关性。

总之，将预测的空间使用和移动模式与实际的用户空间交互进行比较，为我们提供了有关社交空间性能的重要见解。通过研究网络指标、节点配置、属性、邻接关系以及各自网络中的拓扑结构，我们能够确定影响 KA 和 SUTD 公共空间性能的关键因素。对各种社会空间网络测量的分析为我们提供了有关在进一步开发基于复杂性科学的预测规划和设计方法时应考虑的参数的重要见解。

## 研究的局限性和未来计划

在撰写本文时，我们仍在进行 SUTD 研究的数据收集工作。在未来研究中，我们计划捕捉季节性事件，如寒暑假。对额外数据的分析将有助于更好地了解长期空间使用模式。一旦获得额外的蓝牙跟踪数据，我们将使用机器学习算法对其进行处理。这将使研究结果的粒度更加精细，从而对网络测量与实际空间使用情况进行更详细的比较。

本章介绍的研究结果是基于 2020~2021 年受 COVID-19 大流行影响时收集的数据（图 12.30）。建议新加坡居民尽量待在家里，减少户外活动和聚会，居家办公和学习，并尽可能减少身体接触。虽然在新加坡的“断路器”（从 2020 年 4 月开始到 6 月结束的封锁措施）之后，大部分人类活动在一定程度上恢复了，但这里讨论的人类活动模式应被假设为不固定的。例如，由于只能通过大学校园中心进入，因此 SUTD 高层的通行受到限制。这种情况导致校园中心和其他主要出入口的实际空间使用测量值增加。同样，在 KA 的情况下，保持社交

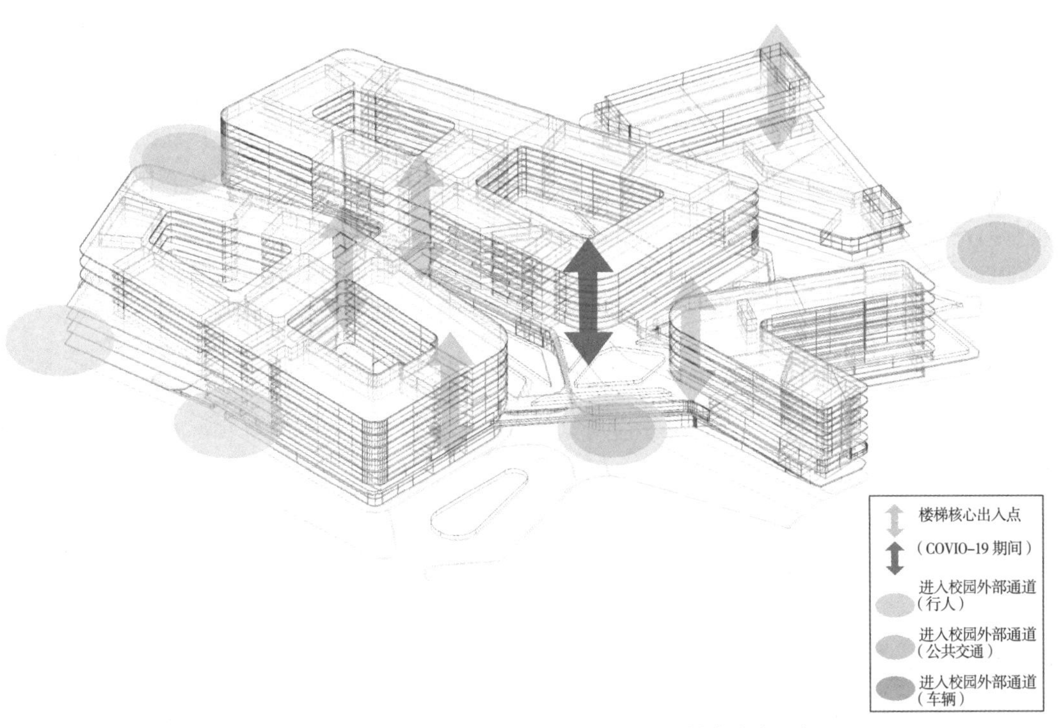


**图 12.30** SUTD 中与 COVID-19 相关的垂直循环限制。SUTD 城市：城市科学与密度设计

距离的做法影响了社区设施中的活动（特别是社区聚会、过去在 1 层公共空间举办的各种活动、过去由老年人活动中心举办的活动等）。

应进一步详细分析收集到的经验流量数据、流量网络和共现网络分析。此外，通过对流量数据的分布分析，应获得合适的分布参数。这将有助于今后进行基于代理的模拟和大规模情景测试分析，例如：如果采取某些流动政策（即不同阶段的封锁措施，如根据年龄组或家庭户数进行流动控制），受影响人口的规模会有多大。

最后，由于移动应用程序、社交媒体和政府的 COVID 追踪健康计划已经捕捉到了表面上用于活动模式分析的专有运动，因此遵守道德标准对我们的方法至关重要。在过去的几个月里，澳大利亚的 COVIDSafe 和新加坡的 TraceTogether 等接触者追踪应用程序中围绕这些问题进行的大量辩论和讨论。因此，匿名和退出选项至关重要，必须予以实施。

## 结 论

本章讨论的基于复杂性科学和人工智能的研究，使我们能够在科学的基础上研究日常的空间使用。该方法的可扩展性为分析和评估多种空间性能指标以及未来规划设计提供了新的方法。通过提供城市环境社会空间性的经验模型，帮助我们更好地了解城市环境的实际表现。

我们的研究方法利用无处不在的智能设备，并使用人工智能技术对用户活动的新兴模式进行聚类，随后将其嵌入建筑环境的特定维度和空间参数中。进一步利用我们目前正在开发的人工智能工具和技术进行活动分类，将使我们能够更好地了解人流和空间使用如何形成与空间节点及其属性相关的新兴集群和模式。最终将促进更完整的空间分析，包括时间和共现模式及因素，帮助我们理解规划设计意图与建筑环境实际性能之间的关联。

迄今为止，基于复杂性科学的城市规划设计方法主要应用于大尺度，利用统计数据了解资源的新兴模式和流动，如城市新陈代谢或财富、创新和犯罪的规模效应。人工智能辅助的流动性研究方法主要用于提供商业服务，如网络和社交媒体平台上的广告地理定位、交通管理和传感系统（如自动驾驶车辆）以及智能交通（如拼车系统和城市出行地图），但不用于分析建筑物及其与城市环境的关系。我们的方法旨在填补这一空白，为规划设计决策过程提供更全面的信息。将设计意图与空间网络分析结果和实际现场测量结果进行比较，可以为空间性能提供重要见解。这包括但不限于将重要的社会城市和建筑空间放置在与高度中心性相关的位置，在具有高接近度和高中心性的节点处提升连接，以及提供支持节点功能的程序。这些对空间性能的见解，表明了复杂性科学和人工智能在未来城市规划设计过程中的应用潜力。

## 致谢

作者感谢 Srilalitha Gopalakrishnan、Chirag Hablani 和 Daniel Kin Heng Wong 为本章所作的贡献。

## 参考文献

Bettencourt，L.M.A.，et al.，2010. Urban scaling and its deviations：revealing the structure of wealth，innovation and crime across cities. PLoS One 5（11）. https：//doi.org/10.1371/journal.pone.0013541. United States.

Gopalakrishnan，S.，et al.，2021. Mapping Emergent Patterns of Movement and Space Use in Vertically Integrated Urban Developments.

Kennedy，C.，Pincetl，S.，Bunje，P.，2011. The study of urban metabolism and its applications to urban planning and design. Environ. Pollut. 159（8–9），1965–1973. https：//doi.org/10.1016/j.envpol.2010.10.022. Canada.

Kong，L.，Woods，O.，2018. The ideological alignment of smart urbanism in Singapore：critical reflections on a political paradox. Urban Stud. 55（4），679–701. https：//doi.org/10.1177/0042098017746528. Singapore：SAGE Publications Ltd.

Liceras，P.，2019. Singapore and Its Digital Twin，an Exact Virtual Copy. Available at：https：//www.smartcitylab. com/blog/digital-transformation/singapore-experiments-with-its-digital-twin-to-improve-city-life. Accessed：January 6，2021.

Mark，S.，2016. SG MARK GOLD. Singapore University of Technology and Design. Singapore Good Design

Awards. Available at: https: //sgmark.org/blog/winners/singapore-university-of-technology-and-design/. Accessed: January 26, 2021.

Schroepfer, T., 2017. Singapore University of Technology and Design: Crossing Disciplines by Design. vol. 287 Singapore Architect, pp. 76-86.

Schropfer, T., 2020. Dense + Green Cities: Architecture as Urban Ecosystem. Birkhäuser, Basel.

UNStudio, 2019. Singapore University of Technology and Design, 2010-2015. United Network Studio. Available at https: //www.unstudio.com/en/page/12103. Accessed: January 260, 2021.

Varakantham, P., et al., 2017. Artificial intelligence research in Singapore: assisting the development of a smart nation. AI Mag. 38 (3), 102-105. https: //doi.org/10.1609/aimag.v38i3.2749. Singapore: AI Access Foundation.

第13章

# 了解城市休闲步行行为：街区特征与健身追踪数据之间的相关性

巴拉班（Özgün Balaban）

荷兰代尔夫特理工大学建筑与建筑环境学院设计信息学系主任

## 引　言

城市的形态、设计和便利设施对居民健康的影响在18世纪就得到了承认，当时城市规划成为增强公共健康的一种手段。20世纪，城市规划与公共卫生之间的这种联系大多被忽视。然而，许多研究人员最近重新说明了公共卫生在城市规划中的重要性，因为越来越多的证据表明，郊区扩张、公共绿地不足和基础设施落后导致缺乏运动、肥胖和心理健康不佳。缺乏运动是全球第四大死亡原因，每年造成320万人死亡。因此，增加定期体育活动成为许多政府机构的首要任务。

在众多体育活动中，步行最受欢迎。学术界非常关注出于交通或功利目的的步行，并形成了可步行性研究的基础。可步行性研究旨在通过创建多样化、精心设计、安全且密集的社区，并在步行距离内提供大量目的地，从而增加步行在社区日常互动中的使用。有影响力的城市设计师强调步行街区的价值。

休闲步行是提高身体活动水平的一种简单方法。然而，人们周围的环境可能会成为休闲步行的潜在促进因素或障碍。精心设计的城市环境可以促进体育锻炼和积极的生活方式，并让人们接触到自然环境。人行道、林荫小道或充足的照明可以提供舒适的体验，而过度拥挤、糟糕的设计、交通和污染则会降低人们进行休闲散步的意愿。

城市规划设计是一个复杂的过程，高度依赖于许多不同来源的信息和知识，如经验、专业知识、新数据收集以及与其他决策者的互动。当城市规划设计师作出设计决策时，他们需要利用这些信息和知识，并辅以“关于用户和用例的假设”。为了创建这些假设，规划师依赖现有场所的证据，从现有情况中获得见解，或为新的规划项目提出新的愿景。然而，仅有证据并不能保证规划结果成功，因为设计是一个复杂的过程，影响决策的因素很多。尽管如此，定量证据通过基于案例的假设和提供直接的性能衡量来支持规划者。

最初对行人移动的研究依赖于专业知识和资料，但缺乏这些移动的实际数据。例如，简・雅各布斯（Jane Jacobs）在《美国大城市的死与生》一书中依赖于她的轶事以及一些访谈和第三方资料，这导致一些批评者指责她不科学。如今，智能手机和健身追踪器的使用越来越多，产生了大量有关人们休闲步行活动的公开数据。这些数据在时间上（随着时间的纵向变化）和空间上（世界上的任何地方）都与传统方法有很大不同。此外，由于智能设备的数据是被动收集的，用户可以按照自己的惯常生活方式使用，因此数据更加真实。

可步行性有许多不同的定义，侧重于概念的不同方面。福赛斯（Forsyth）将这些不同的定义归纳为三个主题：可步行性所需的“手段或条件”、可步行环境带来的“结果或表现”，以及可步行环境作为“更好城市场所的代表”。在本章中，我们旨在找出哪些城市环境特征能为休闲步行带来积极的作用。

随着健身追踪应用程序（FTA）数据的普及，我们希望利用这些数据来识别影响休闲步行活动的城市特征。在确定休闲步行活动的指标后，我们开发了一个机器学习模型来预测特定地点的活动水平。

本章重点介绍新加坡。大多数可步行性研究都是从欧洲和美国的角度撰写的。本章提供了不同的解释，新加坡是一个亚洲国家，规划良好、活跃的热带“花园城市”。这些特点在以往的研究中并不常见，因为以往的研究主要集中在西方非热带环境。

本章内容安排如下：

- 在“休闲步行”部分，我们讨论影响休闲步行行为的城市特征；
- “方法和数据”部分介绍了验证这些特征效果的数据和方法；
- “结果”部分提供研究结果；
- 在“目的地”部分，我们结合所获得的结果对城市特点进行讨论；
- 最后，在“结论和未来工作”部分，我们总结并提出未来的机遇。

# 休闲步行

“休闲步行”是指非功利性的步行，即不是为了完成购物或通勤等目的而进行的。休闲步行的原因可以是锻炼、放松或社交，所有这些都有利于个人的整体健康。在这项工作中，休闲步行是指使用运动追踪器追踪的任何步行活动，包括跑步、散步、健步走、远足和慢跑。

建成环境中的休闲步行与城市环境的联系非常相似，就像功利性步行一样。不过，休闲步行活动也有一些独特的考虑因素。首先，在休闲步行中，人们通常没有固定的目的地。其次，休闲步行者倾向于选择让自己感觉更舒适的路线。因此，通过查看城市居民的路线，可以了解哪些空间更适合步行活动。有证据表明，人们会在支持体育活动的环境中参与体育活动。

在文献中，有六个指标主题得到了验证，将在这项工作中进行测试：目的地和多样性、自然度、街道类型、感知、人口密度和便利设施。

目的地和多样性确保有足够的地点可供步行往返，从而增加步行发生的可能性。Cervero和 Kockelman 提到了密度、设计和多样性（3D）对步行性的影响，Ewing 和 Cervero 在原有 3D基础上增加了目的地和距离。大量研究表明，均衡的土地利用提高了功利性步行和休闲步行的可步行性水平。在本研究中，我们主要关注住宅和休闲两类空间，以了解两种空间的组合如何影响休闲步行活动。

正如生物学家爱德华·威尔逊（Edward O. Wilson）提出的“亲生命假说”（Biophilia hypothesis）所述，人类在进化过程中对自然和生物产生了感情。因此，周围环境的自然性是公认的提高步行能力水平的最受欢迎的指标之一，也就不足为奇了。在 Ode Sang 等的研究中，较高的自然度会使城市绿地附近的居民产生更多的活动、更高的审美价值和幸福感。在城市研究中，自然度的概念与绿地的概念交替使用。然而，可能还有其他元素，比如水元素，也会让人感受到一个区域的自然度。

街道类型对休闲步行有很大影响，因为有些街道的布局不适合舒适的跑步。例如，高速公路的车流速度很快，可能会有危险，而辅路通常缺乏舒适的人行道，白天可能挤满了送货卡车。在新加坡，公园联道是经常用于休闲活动的道路。

尽管街道的物理特征在使街道更有利于步行方面发挥着重要作用，但行人对这些特征的感知也同样重要。衡量感知是一项艰巨的任务，因为它通常涉及许多不同的因素。Ewing和 Handy 对这一现象进行了研究，他们检查了人们如何感知客观特征，进而影响他们的步行行为。

适合步行街区的一个关键指标是足够的人口密度。为了使街区适合步行，需要有一定数量的人与之互动。尽管这取决于城市形态，但人口密度要求在每平方公里 5000~10000 人之间。

最后，诸如前往某个地区的交通方式、喷泉的可用性以及夜间散步的光源等便利设施，也会增加居民在该地区参加休闲活动的意愿。我们将通过数据对这六项指标进行研究，找出它们与休闲步行活动之间的相关性。

# 方法和数据

## 数据

在本研究中，因变量是特定地区的休闲步行次数。FTA 数据是确定某一地区休闲步行次数的主要数据来源。FTA 的工作原理是记录一个人在活动中的动作。用户完成锻炼后，其设备会自动将锻炼数据上传到数据库。锻炼情况是按顺序全局记录。因此，可以制作一个脚本，循环记录锻炼次数，并将这些数据存入文件。只有当用户选择公开存储时，才能访问锻炼数据。可以使用手机、智能手表或计步器收集 FTA 数据。这些设备可以收集各种体育活动的数据，以及活动期间的 GPS 轨迹（前提是活动在户外进行或用户的设备具有 GPS 功能）。在这些活动中，只有健步走、远足、跑步、越野跑和步行在本研究中被视为休闲步行。

任何使用外部数据源的研究都会有一些固有的误差或限制，无法代表整个人群。本研究使用的样本是：使用 Endomondo 作为个人 FTA 并被标注为居住在新加坡（在 Endomondo 上）的人。这个样本会有一定程度的偏差；智能手机的拥有量、记录锻炼的兴趣或使用 Endomondo 公开分享数据的意愿等因素都会影响总体结果。此外，本研究收集的锻炼次数并不属于大数据。不过，数据量足以对新加坡的休闲步行活动作出推断。未来，我们可以通过开发更好的搜索算法在新加坡收集更多数据。我们只收集了居住在新加坡的 Endomondo 用户的锻炼数据，因为当时收集所有 Endomondo 数据并检查锻炼地点的数据量太大。许多 Endomondo 用户（包括新加坡用户）可能没有在用户设置中设置自己的位置。为保护用户身份，收集到的数据首先进行了匿名处理，然后清除错误数据。

自变量被聚合到覆盖新加坡全市的 400m × 400m 网格单元中。研究尝试了 100m × 100m、200m × 200m、400m × 400m 和 800m × 800m 的不同单元尺寸，其中使用 400m × 400m 单元尺寸的结果最佳。

为了考虑休闲步行的六项指标的影响，我们收集了不同来源的数据。首先，为了检验目的地和多样性的影响，我们从新加坡政府的开放数据门户网站 data.gov.sg 收集了土地利用数据。地块的土地利用类型分为五类：住宅、休闲、商务、商业和其他。我们使用了两种不同类型的熵指数：土地利用混合指数和休闲土地利用混合指数，范围从 0（均匀使用）到 1（平均分配使用）。归一化香农得分用于表示土地利用组合，根据公式（13.1）计算：

$$LUM = -\sum_{i=1}^{k} \frac{p_i \times \ln(p_i)}{\ln(k)} \tag{13.1}$$

其中 $k$ 指土地利用类别的数量，$p_i$ 指网格单元中每种土地利用类别的比例。在土地利用组合中，我们考虑了四种不同的土地利用类别，而在休闲土地利用组合中，我们只考虑了休闲和住宅用地，以重点研究住宅区绿地的不同使用方式对休闲步行行为的影响。

植被指数是量化一个地区植被比例的常用方法。它是利用卫星遥感监测植被水平随气候变化而产生的差异。归一化植被指数（NDVI）利用了光反射原理。植物与人造物体反射的光谱不同。捕获某个区域反射光的卫星图像可用于测量近红外光的量，以显示该区域的植被数量。

NDVI 的测量结果范围为 -1~1。负值表示该位置存在水体。水体越深，数值越小。正值表示陆地。极低的正值（0.1 及以下）表示岩石、沙子或建筑物等造结构。0.2~0.3 范围内的数值表示草地和灌木，0.3~0.5 表示森林，0.6~0.8 表示温带和热带雨林。我们拍摄了 Landsat 8 卫星的图像（USGS，n.d.）。

为了研究街道类型对休闲步行活动的影响，应按类型划分街道。由于我们使用 OpenStreetMap（OSM）数据，因此没有使用新加坡陆路交通管理局（LTA）的道路分类，而是使用了 OSM 的道路（表 13.1）。使用 OSM 道路类型的另一个好处是，将来可以通过使用相同的道路类型将其他任何城市与新加坡进行比较。表中列出了道路类型标签。

为了量化感知的城市环境，我们收集了 GSV 的图像，并使用机器学习工具提取了该点的特征。首先，我们根据 OSM 中定义的类型划分了新加坡的整个公共空间网络。其中一些类型只有人类才能访问。还有部分类型（如辅路）有很多路段，但人流量较少，因此，为了将模型保持在合理的点数范围内，我们没有将它们包括在内。我们选择了四种类型来检测 GSV 图像：住宅、一级、二级和三级道路。

**OSM 公路字段中标记的道路类型** **表 13.1**

| 道路等级 | 道路类型 |
|---|---|
| 主要标签（从最重要到最不重要排列） | 高速公路 |
| | 国家道路 |
| | 主干道 |
| | 次干道 |
| | 辅路 |
| | 住宅区道路 |
| | 设施服务道路 |
| 连接道 | 高速公路连接线 |

续表

| 道路等级 | 道路类型 |
| --- | --- |
| 连接道 | 主干道连接线 |
| | 一级道路 – 连接 |
| | 二级道路 – 连接 |
| | 三级道路 – 连接 |
| 特殊道路 | 生活街道 |
| | 步行街道 |
| | 小路 |
| | 公共汽车导轨 |
| | 安全通道 |
| | 赛道 |
| | 不知名道路 |
| 小径 | 人行道 |
| | 马道 |
| | 阶梯 |
| | 小道 |

下一阶段是从上一阶段保存的图像中提取特征。为此，我们使用了 Google 开发的深度学习框架 Tensorflow。深度学习从算法的训练开始，训练和评估需要标注数据。一方面，创建一个用于训练深度学习算法的数据集，需要对许多取自同一上下文的图像进行标注，这项任务需要人工花时间处理。另一方面，有一些现成的数据集包含标注数据，我们使用 Cityscapes 作为我们的数据集，因为它包含在一天中不同时间从不同欧洲城市获取的更多标注数据。理想情况下，深度学习算法应使用实际网络中的图像进行训练。然而，这需要对数百张图像进行人工标注。使用欧洲城市的图像的准确度约为 0.9，足以成功识别区域。

Cityscapes 有 29 种不同的标签，可以在 GSV 图像中找到不同的特征。有些特征很少出现在 GSV 图像中，例如大篷车，它代表大篷车类型的车辆，因此，模型中没有包含这些特征。另一方面，有些特征（如汽车、人物等）取决于照片的访问时间，因此不能用于模型中。经过初步试验，我们在模型中加入了道路、人行道、建筑物、植被、地形和天空。植被代表图像中的树木。地形代表开阔的场地，通常有草地。

所有准备用于特征提取的 GSV 图像都被加载到用标注数据训练的 Tensorflow 模型中。该模型可从图像中提取上述特征。提取特征的示例如图 13.1 所示。提取完成后，Python 脚本会计算每张图像的像素类别百分比。最后，对于所有网格单元，我们取不同特征百分比的平均值，得出每个网格单元每个特征的得分。

**图 13.1** 谷歌街景图像。背景为 GSV 图像；前景色为带有标签的分类图像。无需许可

## 空间回归

为了探究每个指标对休闲步行行为的影响，我们建立了一个回归模型。然而，普通的回归模型是行不通的，在网格设置中，相邻单元格的值与其邻近的值相关，因为区域特征具有连续性，其值与相邻单元格的值相似。有不同的方法可以包含相邻单元的空间信息。最后，如果一个单元格的残差影响到邻近单元格的残差，这种情况被称为空间自相关。在这种情况下，方程式为：

$$\gamma=\sum_{k=1}^{n}\beta_{k}X+u$$
$$u=\lambda W_{u}+\varepsilon$$

其中，$\gamma$ 是网格单元中发生的休闲步行次数，也是因变量；$k$ 是每个自变量 $X$ 的回归系数；$u$ 是空间滞后误差；$W$ 是权重矩阵；$\lambda$ 是空间误差系数；$\varepsilon$ 是不相关误差。我们使用了 queen 空间相关性，即只要有休闲活动，所有相邻的网格单元都包含在权重矩阵中。因此，所有以空间配置定义的回归模型都必须检查空间关系的影响。为了检查空间依赖性，需要将模型与相同大小的假设随机分布模型进行对照检查。这种检查就是 Moran's I。在 Moran's I 中，值为 1

表示数值在空间上聚集，0 表示随机性，-1 则表示值分散。我们的模型具有较高的正值，这意味着它们具有空间相关性。

### 神经网络

根据分析部分研究的参数值，我们使用机器学习模型来预测选定网格单元中的休闲步行活动水平。神经网络（NN）作为机器学习模型，模拟生物神经元的工作机制。神经网络有三层：输入层、隐藏层和输出层。神经网络的工作原理是通过隐藏层中数学运算来操作输入变量，从而成功估计输出层的值。

## 结 果

本章使用的数据集包括从 Endomondo 的 FTA 收集的 30853 条休闲散步（图 13.2）。这些是速度低于 30km/h、距离超过 1km 但短于 50km 的休闲步行，被归类为我们认为的休闲步行活动之一。数据显示有 613 名用户。休闲步行活动次数最多的用户有 2150 次活动。然而，有 566 位用户的休闲活动少于 200 次。

在空间杜宾模型中，rho 值为 0.736（表 13.2）。这意味着，在观测特定单元格时，如果其相邻单元格的平均跑步次数为 100，则在没有任何参数影响的情况下，观察到的单元格中将发生约 73 次休闲散步。换句话说，无论观察到的单元格的质量如何，在其邻近单元中 73% 的跑步也会参与到观察的单元格中。

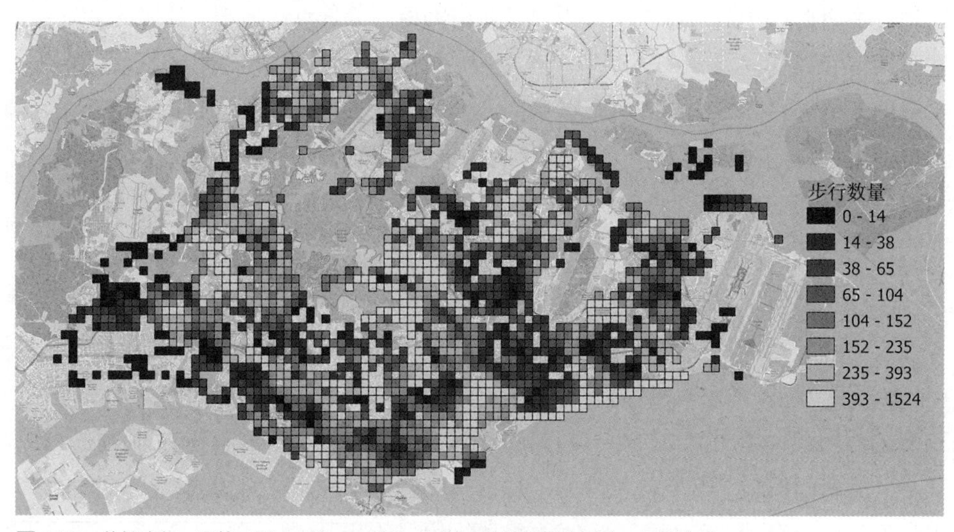


**图 13.2** 休闲步行 - 网格 400。400m × 400m 网格内的休闲散步活动。无需许可

接下来，影响表显示了每个变量单位变化的直接影响（局部影响）、间接影响（邻近单元格的影响）以及两种影响的总和（表 13.3）。

**400m×400m 网格单元的休闲步行行为空间杜宾模型** 表 13.2

| 变量 | $\beta$ | Sign. | $\theta$ | Sign. |
|---|---|---|---|---|
| **土地利用** | | | | |
| 休闲比例 | 0.2643 | 0.1063 | −0.08146 | 0.77654 |
| 住宅比例 | −0.0307 | NA | 0.02439 | NA |
| 商务比例 | 0.2442 | 0.10512 | −0.59889 | 0.00532 |
| 休闲用地组合（熵） | 0.3556 | 2.919E−07 | 0.04656 | 0.67903 |
| **街道** | | | | |
| 交通灯 | 0.0029 | 0.03499 | −0.00498 | 0.08200 |
| 公交站 | 0.1048 | 1.437E−13 | −0.04730 | 0.12469 |
| **道路类型数量** | | | | |
| 高速公路 | −0.00020 | 0.01579 | −0.00023 | 0.11605 |
| 主干道 | 0.00025 | 2.693E−06 | −0.00027 | 0.00545 |
| 未分类道路 | −0.00016 | 0.00018 | 0.000018 | NA |
| 住宅区道路 | −0.00016 | 0.00018 | 0.000018 | NA |
| 自行车道 | 0.00121 | <2.2E−16 | −0.00060 | 0.00036 |
| 步行道 | 0.00018 | 6.393E−06 | 0.00004 | 0.54462 |
| 小径 | −0.00009 | 0.25115 | 0.00022 | 0.14556 |
| **设施** | | | | |
| 路灯 | 0.00483 | 4.349E−06 | −0.00178 | −0.45561 |
| 街道上的树 | 0.00043 | 0.0303 | −0.00018 | 0.75433 |
| **密度** | | | | |
| 绿化率 | 0.42535 | 0.35899 | −0.74773 | 0.32751 |
| 水景 | −0.00049 | 0.19979 | 0.00027 | NA |
| 人口密度 | −0.00023 | NA | 0.00031 | NA |
| 截距 | 0.6724 | 7.199E−07 | | |
| Rho | 0.73672 | | | |
| AIC | 8102.6 | | | |
| 伪 R 平方 | 0.60803 | | | |

各预测变量单位变化的直接影响（本地影响）、间接影响（邻近单元的溢出影响）和总影响 表 13.3

| 变量 | 直接影响 | 间接影响 | 总影响 |
|---|---|---|---|
| **土地利用** | | | |
| 休闲比例 | 2.88E–01 | 0.40587 | 6.94E–01 |
| 住宅比例 | –3.03E–02 | 0.00642 | –2.39E–02 |
| 商务比例 | 1.55E–01 | –1.50122 | –1.35 |
| 休闲用地组合（熵） | 4.21E–01 | 1.10560 | 1.53 |
| **街道** | | | |
| 交通灯 | 2.32E–03 | –0.01013 | –7.81E–03 |
| 公交站 | 1.11E–01 | 0.10725 | 2.18E–01 |
| **道路类型数量** | | | |
| 高速公路 | –2.84E–04 | –0.00135 | –1.63E–03 |
| 主干道 | 2.35E–04 | –0.00031 | –7.37E–05 |
| 未分类道路 | –1.91E–04 | –0.00046 | –6.57E–04 |
| 住宅区道路 | –1.834E–04 | –0.00036 | –5.44E–04 |
| 自行车道 | 1.28E–03 | 0.00106 | 2.34E–03 |
| 步行道 | 2.20E–04 | 0.00062 | 8.39E–04 |
| 小径 | –6.85E–05 | 0.00052 | 4.56E–04 |
| **设施** | | | |
| 路灯 | 5.21E–03 | 0.00638 | 1.16E–02 |
| 街道上的树 | 4.67E–04 | 0.00051 | 9.80E–04 |
| **密度** | | | |
| 绿化率 | 3.33E–01 | –1.55625 | –1.22 |
| 水景 | –5.15E–04 | –0.00032 | –8.40E–04 |
| 人口密度 | –2.07E–04 | 0.00049 | 2.90E–04 |

# 目的地

目的地和土地利用休闲区的影响对休闲步行次数有积极影响。例如，休闲区比例每变化10%，休闲步行次数就会增加 6.9%。这在意料之中，因为大多数休闲步行都发生在休闲区。另一方面，居住区和商业区对休闲步行活动有负面影响：居住区和商业区比率每增加 10%，休闲步行次数就会分别减少 0.23% 和 13.5%。指定为商业区域的休闲步行的次数大幅减少。就新加坡而言，这可能是因为商业区通常位于外围，或者这些区域存在交通、污染和噪声等外部条件。与之前的模型一样，最紧密的联系出现在休闲土地利用组合上；10% 的变化会使休闲步行的次数增加约 15%。

可步行性研究主要关注目的地。我们假定目的地对休闲步行的影响较为简单。为了研究对目的地的依赖性，我们在模型中加入了不同的土地用途。休闲用地在所有模型中都有显著影响。其他土地用途，如商业、商务和住宅，则没有显著影响。此外，在记录的 2.02 亿 m 距离休闲步行中，有 8700 万 m 步行发生在规划和分配用于休闲的土地上。这一高比例以及我们在基于网格的分析中发现的休闲区与休闲步行的显著正相关性，证实了休闲区作为休闲步行目的地的重要性。另一方面，与功利性步行不同，我们没有观察到其他土地使用区域的影响。

商业和商务用地区域的缺乏影响也削弱了在步行性中广泛使用的土地利用组合。在我们的模型中，我们没有观察到任何土地利用组合的积极影响。然而，修改后的土地利用组合值（熵值中只包括居住区和休闲区，不包括其他土地利用）在模型中提供了更好的结果。休闲用地组合的重要性指出，完全由休闲用地组成的区域可能超出了人类的范围，而完全由住宅区组成的区域提供的活动空间太少。这两种土地利用方式的平衡可以更好地满足休闲步行的需要。

自然度与休闲步行的关系更为复杂。树木数量对休闲步行没有影响。然而，NDVI 绿度值与休闲步行有很强的负相关关系，NDVI 绿度值每增加 10%，休闲步行的次数就会减少 12%。这种负面影响可能是由于 NDVI 值较高的区域是远离居住中心的空地。

自然度是娱乐活动的一个重要特征。然而，生成自然度分数并不是一件容易的事。我们尝试了三种不同的方法来检测自然度对休闲步行的影响。我们使用了基于卫星的绿度值，结果发现其相关性显著为正。此外，水特征在较大的网格单元中呈正相关。水景通常位于大型公园和公园联道旁边的运河中。因此，预计这将产生积极影响。

道路类型从两个方面影响休闲步行。不难理解，等级越高的道路，休闲散步的次数越少，因为这些道路嘈杂、不安全、不舒适。大多数休闲步行都发生在只有行人和自行车可以通行的道路上。一级道路、未分类道路和住宅区机动性道路的数量会减少休闲步行的次数，而自行车道、人行道和小路则会增加休闲步行的次数。

某些类型的休闲步道比其他类型的多。最突出的特点是自行车道。新加坡的自行车道包括公园联道，因此自行车道的 $\beta$ 值很大。现有数据证实，新加坡公园覆盖率高，并通过公园联道将公园与密集住宅区连接起来的目标对居民产生了积极影响，鼓励他们使用这些公园进行休闲步行。

在我们的模型中，较高等级的道路类型对休闲步行的影响各不相同。大多数情况下，它们不会影响休闲步行行为。然而，特别是在较长的步行路程中，主干道和一级道路对休闲步行有积极影响。

信号灯控制的交叉路口对休闲步行活动的总量没有太大影响。交通信号灯数量增加 10%，休闲步行量略微减少 0.08%。通过观察系数，可以发现交通信号灯的局部效应为正，这可能表明道路的连接性更好，交通更安全。

公交车站的数量对休闲步行活动有着深远的影响。模型显示，公交站点数量每增加 10%，休闲步行次数就会增加 2.2%。这证实了之前的分析，也很好地说明了交通便利性对休闲步行的影响。

路灯数量略有积极影响：路灯数量每增加 10%，休闲步行的次数就会增加 0.11%。这种影响在夜间活动中更为明显。

人口密度对休闲步行的数量有轻微的正向影响。但从局部来看，存在负面影响，可能是因为在拥挤的地区休闲散步较少。然而，邻近单元格的人口密度会对休闲步行活动产生积极影响，因为有些人需要进行一些休闲步行活动。

最后，对所有特征进行缩放，以显示哪些特征对休闲步行行为的影响更大。根据尺度空间杜宾模型（表 13.4），自行车道类道路的数量对休闲步行次数的影响最大。其次是公交车站、路灯、休闲用地组合、人行道数量以及道路的主要类型。而住宅类道路的数量则会对其产生负面影响。这些结果证实了之前的模型。

**400m×400m 网格单元的休闲步行行为空间杜宾缩放模型** **表 13.4**

| 变量 | $\beta$ | Sign. | $\theta$ | Sign. |
|---|---|---|---|---|
| **土地利用** | | | | |
| 休闲比例 | 0.058 | 0.0066111 | –0.020 | 0.4091902 |
| 住宅比例 | –0.0001 | 0.5543044 | –0.002 | NA |
| 商务比例 | 0.035 | 0.0480567 | –0.083 | 0.0013434 |
| 休闲用地组合（熵） | 0.086 | 2.050E–08 | 0.010 | NA |
| **街道** | | | | |
| 交通灯 | 0.035 | 0.0223404 | –0.060 | 0.0124655 |
| 公交站 | 0.118 | 1.201E–13 | –0.054 | 0.0891218 |
| **道路类型数量** | | | | |
| 高速公路 | –0.034 | 0.0186063 | –0.039 | 0.1031357 |
| 主干道 | 0.067 | 1.931E–06 | –0.073 | 0.0025256 |
| 未分类道路 | –0.024 | 0.8521 | –0.002 | 0.6234093 |
| 住宅区道路 | –0.064 | 0.0001922 | 0.007 | NA |
| 自行车道 | 0.168 | <2.2E–16 | –0.083 | 0.0006416 |
| 步行道 | 0.068 | 3.842E–06 | 0.014 | 0.5703057 |
| 小径 | –0.016 | 0.2121247 | 0.036 | 0.2129856 |
| **设施** | | | | |
| 路灯 | 0.111 | 5.548E–08 | –0.041 | 0.1885274 |
| 街道上的树 | 0.053 | 0.0039382 | –0.022 | 0.5053441 |
| **密度** | | | | |
| 绿化率 | 0.022 | 0.2983943 | –0.043 | 0.1344342 |

续表

| 变量 | $\beta$ | Sign. | $\theta$ | Sign. |
|---|---|---|---|---|
| 水景 | −0.012 | NA | 0.006 | NA |
| 人口密度 | −0.009 | NA | 0.012 | NA |
| 截距 | −0.017 | 0.1317712 | | |
| Rho | 0.73667 | | | |
| AIC | 5468.1 | | | |
| 伪 R 平方 | 0.60605 | | | |

交通便利性是可步行性的一个重要特征。就休闲步行而言，在基于网格的模型中，公交车站与休闲步行呈正相关。然而，地铁站的影响并不明显。从步行起点到最近的公交站点的平均距离为 157m；同样，从步行终点到最近的公交站点的平均距离为 166m。尽管预计部分休闲步行者会乘坐公共交通工具到达休闲区，但很难从数据中读取这些信息。此外，公交站产生积极影响的原因可能是公交站位于交通便利的位置。

在这项研究中，我们得到的结果是针对新加坡的，尤其是不同城市居民对不同道路类型的休闲步行的偏好不同。每个城市都有不同类型的道路。不难理解，在新加坡，大多数休闲步行都是在公园联道上进行的，这些道路在 OSM 中被标记为自行车道。如前所述，在新加坡，这些道路明确规划为休闲活动和主动交通。从结果中我们可以得出结论，在新加坡，城市规划师成功地将公园联道纳入了居民的活动范围。值得注意的是，新加坡未来计划扩展公园联道网络。

同样，新加坡维护良好的公园也是休闲步行的主要目的地。然而，一些地点的休闲步行次数要多于其他地点。这一现象的部分原因在于休闲用地的混合价值，即休闲区和住宅区混合的地区，其混合价值更高。有些公园可以从密集的住宅区到达，而有些则不能。

## 结论和未来工作

了解居民在休闲步行时是如何使用公共空间的，对于创建一个能提高居民散步意愿的空间网络至关重要。步行水平的提高将改善居民的健康和精神状态，从而提高他们的生活质量。这一认识需要“经过充分验证的、持久的成功结果标准”。在本章中，我们旨在使用 FTA 数据来量化一些物理特征对休闲步行的影响。本研究还考察了功利性步行指标是否适用于休闲步行，结果表明，其中一些指标适用于休闲步行，而另一些指标则没有显著影响。在本节的最后讨论中，我们总结了研究结果，并讨论了它们如何影响城市规划师对休闲步行空间需求的理解。

最重要的是，这项研究的重点是新加坡。大多数可步行性研究都是从欧洲和美国的角度撰写的。本研究提供了不同的解释，即新加坡是一个亚洲国家，规划良好、活跃的热带“花园城市”新加坡的这些特点在以往的研究中并不常见，因此，本研究为文献带来了新颖性。

首先，本研究设计的方法提供了一种利用多源数据的新方法。在讨论城市规划研究的证据来源时，本研究使用了大数据作为证据来源，这样做的潜在优势是可以在更大范围内捕捉到更多的休闲步行活动。从网络上获取数据无需为研究寻找志愿者，而志愿者的成本可能很高，不利于规模的扩大。在本研究中，我们使用 FTA 数据作为休闲步行轨迹的来源。不过，网络抓取也可用于从许多不同来源（如社交媒体或 GSV 图像）中创建数据。

对公共空间网络上的休闲步行进行调查，旨在了解道路的布局如何促进休闲步行。此外，还利用 GSV 图像对街道景观的便利性和感知进行了更精确的调查。

这项研究证实了作为目的地的休闲区、休闲用地组合、自然度和某些道路类型对休闲步行的影响，并推翻了一些广泛讨论的特征，如城市布局。这项研究为推断新加坡居民的活动提供了可能性。然而，这些结果并不是因果关系。例如，居民走自行车道的原因并没有在这项研究中体现出来。为证实结果的有效性并加深对休闲步行行为的理解，应通过访谈来补充居民的运动轨迹。

尽管这项研究捕捉到了城市居民在休闲散步时的一些行为，但并不总是能够为某些行为创造积极的环境。例如，在新加坡，空间往往是限制因素。尽管公园联道对休闲步行有很大影响，但不可能为每个社区提供公园联道。然而，即使是微小的改变也能提高休闲步行的比例，从而改善城市的整体健康状况。

随着居民在日常生活中越来越多地使用智能设备，现在可以收集数据，在更大范围内评估居民对城市空间的使用情况，这在以前是不可能实现的。这将帮助城市规划设计师了解居民如何利用某些场所进行休闲步行。

本研究开始时，健身追踪应用程序用于追踪用户特别想要记录的锻炼数据。其他一些日常活动则没有记录。正因为如此，收集到的数据存在许多空白。在很短的时间内，持续收集居民运动数据的设备变得流行起来。如今，这些设备已被许多人广泛使用，为规划师提供了几乎无限量的证据。尽管大数据方法在捕捉人们的活动方面提供了几乎无限的数据源，但我们需要将研究限制在对休闲步行的合理观测数量上。造成这种限制的原因是计算能力不足以及时间和资源匮乏。如果有更多的资源，就有可能用更多的数据重复这项研究，从而提供更好的分辨率。

通过与不同城市的比较，我们可以进一步完善这项研究。新加坡是一个为活跃人群提供精心设计环境的国家。与那些历史较悠久、集中控制程度较低、活跃度较低且气候不同的城市进行比较，会发现不同的特征对休闲步行活动更为重要。例如，在一个存在安全问题的城市，居民可能会避开公园，尤其是在夜间。

最后也是最重要的是，在这项研究中，对于特征与休闲散步活动之间的关系，研究结果是关联的，但不是因果关系。例如在结果中，绿化率的影响是复杂的。从数据中无法得知绿化对休闲步行的影响，这可能是由于绿化的美感或环境平静。如果居民喜欢绿地是因为其美观性，那么绿地密度的相关性就会降低。为了纳入因果关系，我们需要有无效条件来评估休闲步行特征之间的复杂关系，这在城市研究中很难做到。不过，随着时间的推移，通过开展涉及许多不同城市的交叉研究，并纳入用户反馈，城市规划师将更加了解城市特征对休闲步行的影响。

## 参考文献

Abadi，M.，et al.，2016. Tensorflow：a system for large-scale machine learning. In：12th {USENIX} Symposium on Operating Systems Design and Implementation（{OSDI} 16）.

Alexander，C.，1965. The city ls not a tree. In：Arrlritectuml Forum I.

Anselin，L.，2013. Spatial Econometrics：Methods and Models. Springer Science & Business Media.

Arbia，G.，2014. A Primer for Spatial Econometrics：With Applications in R. Springer.

Ball，K.，et al.，2001. Perceived environmental aesthetics and convenience and company are associated with walking for exercise among Australian adults. Prev. Med. 33（5），434–440. Elsevier.

Ballagas，R.，et al.，2006. The smart phone：a ubiquitous input device. IEEE Pervasive Comput.（1），70–77. IEEE.

Beaglehole，R.，et al.，2011. Priority actions for the non-communicable disease crisis. Lancet 377（9775），1438–1447.Elsevier.

Boarnet，M.C.，Takahashi，L.M.，2011. Interactions between public health and urban design. In：Companion to Urban Design. Routledge，London and New York，pp. 198–207.

Booth，M.L.，et al.，1997. Physical activity preferences，preferred sources of assistance，and perceived barriers to increased activity among physically inactive Australians. Prev. Med. 26（1），131–137. https：//doi.org/10.1006/pmed.1996.9982.

Briffett，C.，et al.，2004. Green corridors and the quality of urban life in Singapore. In：Proceedings 4th International Urban Wildlife Symposium.

Brown，B.B.，et al.，2009. Mixed land use and walkability：variations in land use measures and relationships with BMI，overweight，and obesity. Health Place 15（4），1130–1141. https：//doi.org/10.1016/j.healthplace.2009.06.008.Mixed.

Cervero，R.，Kockelman，K.，1997. Travel demand and the 3Ds：density，diversity，and design. Transp. Res. Part D：Transp. Environ. 2（3），199–219. https：//doi.org/10.1016/S1361–9209（97）00009–6.

Choi，E.，2013. Understanding walkability：dealing with the complexity behind pedestrian behavior. In：Proceedings of the Ninth International Space Syntax Symposium，p. 14. Available at：http：//www.diva-portal.org/smash/record.jsf?pid=diva2：677835.

Doran，B.J.，Burgess，M.B.，2011. Putting Fear of Crime on the Map：Investigating Perceptions of Crime Using Geographic Information Systems. Springer Science & Business Media.

Edwards，P.，Tsouros，A.，2006. FACTS Promoting Physical Activity and Active Living in Urban. World Health，p. 66.Available at http：//www.euro.who.int/document/e89498.pdf.

Ewing，R.，Cervero，R.，2010. Travel and the built environment. J. Am. Plan. Assoc. 76（3），265–294. https：//doi.org/10.1080/01944361003766766. Routledge.

Ewing，R.，Handy，S.，2009. Measuring the unmeasurable：urban design qualities related to walkability. J.

Urban Des.14（1），65–84. https：//doi.org/10.1080/13574800802451155.
Forsyth，A.，2015. What is a walkable place? The walkability debate in urban design. Urban Des. Int. 20（4），274–292.Springer.
Frank，L.D.，Andresen，M.A.，Schmid，T.L.，2004. Obesity relationships with community design，physical activity，and time spent in cars. Am. J. Prev. Med. 27(2)，87–96. https：//doi.org/10.1016/j.amepre.2004.04.011.
Frank，L.D.，Kavage，S.，2008. Urban planning and public health：a story of separation and reconnection. J. Public Health Manag. Pract. 14（3），214–220. LWW.
Gehl，J.，2011. Life Between Buildings：Using Public Space. Island Press.
Giles–Corti，B.，Whitzman，C.，2012. Active living research：partnerships that count. Health Place 18（1），118–120.Elsevier.
Handy，S.L.，et al.，2002. How the built environment affects physical activity：views from urban planning. Am. J. Prev.Med. 23（02），64–73. https：//doi.org/10.1016/S0749–3797（02）00475–0.
Hoehner，C.M.，et al.，2003. Opportunities for integrating public health and urban planning approaches to promote active community environments. Am. J. Health Promot. 18（1），14–20. SAGE Publications Sage CA：Los Angeles，CA.
Jacobs，J.，1961. The Death and Life of Great American Cities. Random House.
Koohsari，M.J.，Badland，H.，Giles–Corti，B.，2013.（Re）Designing the built environment to support physical activity：bringing public health back into urban design and planning. Cities 35，294–298. https：//doi.org/10.1016/j.cities.2013.07.001. Elsevier Ltd.
Krizek，K.，Forysth，A.，Slotterback，C.S.，2009. Is there a role for evidence–based practice in urban planning and policy? Plan. Theory Pract. 10（4），459–478. Taylor & Francis.
Marshall，S.，2012. Science，pseudo–science and urban design. Urban Des. Int. 17（4），257–271. Springer.
Ode Sang，Å.，et al.，2016. The effects of naturalness，gender，and age on how urban green space is perceived and used.Urban For. Urban Green. 18，268–276. https：//doi.org/10.1016/j.ufug.2016.06.008. Elsevier GmbH.
Speck，J.，2012. Walkable City：How Downtown Can Save America，One Step at a Time. Farrar，Straus and Giroux.
Talen，E.，Koschinsky，J.，2013. The walkable neighborhood：a literature review. Int. J. Sustain. Land Use Urban Plann.1（1），42–63. https：//doi.org/10.24102/ijslup.v1i1.211.
Tan，K.W.，2006. A greenway network for Singapore. Landsc. Urban Plan. 76（1–4），45–66. https：//doi.org/10.1016/j.landurbplan.2004.09.040.
Urban Redevelopment Authority，2007. Annual Report 2006–2007. Available at：https：//www.ura.gov.sg/–/media/Corporate/Resources/Publications/Annual–Reports/PDFs/AnnualReport_2006–2007.pdf.
USGS，n.d. Earthexplorer. Available at：https：//earthexplorer.usgs.gov/.
Van Dyck，D.，et al.，2010. Neighborhood SES and walkability are related to physical activity behavior in Belgian adults. Prev. Med. 50（Suppl），74–79. https：//doi.org/10.1016/j.ypmed.2009.07.027.
Weier，J.，Herring，D.，2000. Measuring Vegetation（NVDI & EVI）. NASA Earth Observatory，Washington，DC.
WHO，2009. Global health risks：mortality and burden of disease attributable to selected major risks. Bull. World Health Organ. 87，646. https：//doi.org/10.2471/BLT.09.070565.
WHO，2010. Global Forum on Urbanization and Health. Available at：http：//www.gfuh.org/docs/WHO_UrbanForumReport_web.pdf.
Wilson，E.O.，1984. Biophilia. Harvard University Press，Cambridge，MA.
Yamada，I.，et al.，2012. Mixed land use and obesity：an empirical comparison of alternative land use measures and geographic scales. Prof. Geogr. 64（2），157–177. https：//doi.org/10.1080/00330124.2011.583592.
You，L.，Tuncer，B.，2017. Informed design platform：interpreting 'big data' to adaptive place designs. In：IEEE International Conference on Data Mining Workshops，ICDMW，pp. 1332–1335，https：//doi.org/10.1109/ICDMW.2016.0197.

# 第 14 章

# Spacemaker. Ai：使用人工智能开发城市街区变化

杰弗里·兰德斯（Jeffrey Landes）

Autodesk Spacemaker.ai，美国马萨诸塞州剑桥市

优先考虑速度和效率一直是技术的本质。珍妮纺纱机是工业革命的象征，实现了棉纺业的大规模生产机械化，使纺织工人的工作速度提高了 8 倍。最近，摩尔定律的发展（即高密度微芯片中的晶体管每两年增加一倍）使计算机的运行速度不断提高，从而使流媒体和数码相机等技术变得更加普遍。

那么，当技术和人工智能与设计（特别是建筑和城市设计）发生碰撞时，会产生什么影响？毕竟，设计需要细致入微的考虑，并在某一领域内涉及众多领域。此外，建筑、工程和施工（AEC）领域非常复杂，速度本身不足以将这个以抽象推理为主的行业机械化。这些问题影响了生成式设计中的许多对话和应用，其中机器（包括人工智能系统）可以生成设计（图 14.1）。

在过去的十年中，设计界见证了生成式设计方法和应用的激增。虽然很清楚是什么促成了这种变化的发生（计算能力和人工智能的进步），但没有一种公认的生成式设计方法。在本章，我将讨论过去和现在的一些机器驱动设计方法，然后通过一个案例来详细介绍驱动 Spacemaker 生成设计引擎的工具。

**图 14.1** 利用 Spacemaker 生成的真实方案。挪威 AART 建筑师事务所在 Spacemaker 生成设计工具的帮助下设计的项目方案。摘自 Widing，G.（2018）Skal utvikle 70.000 kvadratmeter i Ski. 网址：https：//www.estatenyheter.no/skal-utvikle-70000-kvadratmeter-i-ski/240478（访问日期：2021 年 7 月 9 日）

## 生成式设计

在设计工作流程中利用生成式设计工具一般有三个优势。首先，生成式设计引擎使设计师能够观察到比以往更多的选择。想象一下，一个人画出数千种椅子需要花费多长时间。而机器没有这样的时间限制。生成式设计的另一个好处是明确维护某些参数。在建筑设计领域，可能包括明确限制建筑高度以适应当地法规，确保建筑之间有足够的分隔，或保证场地有足够的停车位来满足潜在居民的使用。在传统的设计工作流程中，要考虑所有这些因素是很乏味的。最糟糕的情况是，设计师设计出一个很棒的网站，却发现它不符合某些规定。生成式设计的最后一个好处，与它能为用户提供速度和多样性有关：通过了解哪些有效、哪些无效，设计师可以将不同方案的优点结合起来，实现比最初目标更多的可能性。

### 生成式设计方法

虽然有很多方法可以用来构建生成式设计工具，包括越来越多地使用神经网络，但最成功的方法还是基于规则和参数化设计。

#### 基于规则的系统 / 设计

基于规则的系统是一种计算工具，由用户设定的规则来定义系统。任何与规则冲突的设计都是无效的。该系统中的生成设计引擎将根据这些规则输出方案。因此，规则的产生可能会很挑剔，一条要求建筑物内部必须有一定量的日照的规则可能会大大限制选择。另一方面，只要求建筑物层数少于八层的规则，几乎不会限制引擎，并且可能会产生不变的选择。

Spacemaker 在设计之初就采用了一种基于通用规则的生成式设计方法，只需按一下按钮，就能生成成千上万个方案。这些规则包括法规要求和用户指定的目标。虽然仍有一些成功案例，包括本章开头所示的项目，但最初的反馈发现，设计师很难与这种引擎交互——他们只是充当了评论者的角色，而没有贡献自己的原创性。此外，他们往往失去工作中最值得喜欢的部分：从头开始设计并将头脑中的概念具体化的机会。最后，虽然有些生成的方案确实表现不错，但其中许多在视觉上没有吸引力或不可行。

### 参数化设计

参数化设计定义了一个由相互依存的元素组成的系统。这些元素（或参数）与控制它们如何相互交互的规则相结合。因此，通过对某些元素进行操作——无论是手动操作还是向系统中注入随机性——就可以实现生成工作流程，从而产生相对于系统中参数数量呈指数级增长的设计。

参数化设计的一个精彩应用来自西班牙建筑师安东尼·高迪（Antoni Gaudí），他通过用子弹对相互连接的绳子进行加权来设计了（尚未完成的）科洛尼亚奎尔教堂。通过改变教堂中某个拱门的形状或位置，相互连接的弦将影响周围拱门的形状和位置。

虽然参数化设计的应用确实在世界各地创造了几座精美的建筑，但各组件之间的相互作用并不能优先考虑空间条件，而且可能会因依赖初始参数而对输出结果造成过多限制。

## 早期建筑设计中的生成式设计

值得注意的是，生成式设计的替代方法会根据相关内容产生不同的效益：设计一把椅子不同于设计一栋建筑，而设计一栋建筑又不同于设计一系列建筑。那么，设计对于 Spacemaker 意味着什么？由于 Spacemaker 的核心业务是住宅建筑群的早期设计，因此他们的设计空间涉及多个建筑布局。更具体地说，包括建筑物的位置、高度以及在特定地形下相关公寓布局和建筑的技术可行性。由于早期住宅设计的高度复杂性——开发商要建造许多建筑，但并非所有建筑都相互连接——这一领域成功的生成式设计尝试并不多。

在创造一台能够提供逼真设计的机器时，人们普遍认为设计师在最终输出中发挥着关键作用：他们的建筑直觉包含了数百个有助于设计实用性的潜在因素。就建筑设计而言，这些因素可能包括感知场地如何与周围环境交互、人们如何与场地交互，以及重要的是，场地随着时间的推移会变成什么样子。

将生成式设计工具引入用户工作流程可能是一个微妙的过程。具体来说，传统的一次性方法可能会出现很多问题，因为用户只能看到性能最佳的设计。想象一下，让机器发挥它的魔力，然而，根据某些标准表现最好的设计在许多无形因素方面却表现不佳——我敢说，它在视觉上没有吸引力。相反，想象一下设计师在挑选出最佳的设计之前，要浏览成千上万个生成的设计，时间真的节省了吗？更重要的是，设计师的创意冲动和技能是否得到了最佳利用？

我们将在研究 Spacemaker 的生成设计工具时重新考虑这些问题，但首先让我们考虑一下定义 Spacemaker 核心产品的辅助工具。

## Spacemaker 工具

Spacemaker 提供了许多工具，使用户能够更深入地了解场地环境和设计质量。该软件允许用户轻松获取场地级别的数据，并以低细节级别绘制建筑物。这样，用户就可以快速了解特定设计在各种生活质量和面积统计方面的表现。

### 分析工具

Spacemaker 核心分析工具的完整列表如下：

#### 风

风力分析工具测量给定方向的风速和场地地面的风速。此外，每种风向和风速的组合，再加上特定区域内的概率，可对整个场地进行单一的“风舒适度”分析。

#### 噪声

根据当地交通水平和火车站和线路位置的数据，噪声分析将计算整个场地地面以及每个立面的噪声水平。对于挪威等市场来说，这是一项特别重要的分析，因为挪威对新建建筑区域的噪声水平有严格的监管要求。

#### 自然光

日照分析测量的是一年中某一天，阳光到达场地地面和立面各点的日照时数。

#### 日光

垂直天空分量（VSC）分析表明沿立面各点的日光潜力。具体来说，它测量的是相对于水平无遮挡表面上的可用光线，有多少光线从天空到达立面。VSC 的最高得分接近 40%。

### 视线区域

在设置场地时，用户可以指定居民希望能够从公寓中看到的景点，如埃菲尔铁塔或特定的峡湾。该分析可确定场地内能看到指定景点的立面。

### 视线距离

该工具可测量从某一点沿立面所能看到的平均距离。

### 面积统计

Spacemaker 分析工具中的一整套面积统计信息可提供有关给定场地内可建设或出售的面积信息。

### 室外区域

该工具可测量场地内室外区域（即未被建筑物覆盖的区域）的总面积。此外，用户还可以分析这些室外区域的质量，以进行上述多项分析。

总的来说，这些分析工具（未来还会有更多）可以让用户了解特定设计的性能，这使得 Spacemaker 软件适用于生成式设计引擎，因为方案之间可以有效地相互比较。

## 探索——Spacemaker 的生成设计工具

上一节介绍了 Spacemaker 最初采用的方法所遇到的困难，再加上对生成式设计的优点的仔细考虑，Spacemaker 重新设计了自己的引擎，将重点放在了用户参与度和多样性上。Spacemaker 探索了一种设计师仍然拥有控制权的过程，但可以在设计过程中的任何时候使用生成设计工具。这为用户提供了判断，以便利用机器的计算能力与设计师的直觉和经验来创建最佳方案。

Spacemaker 的生成式设计工具名为“探索”（Explore），提供了数百个方案，用户可以在方便的时候选择并迭代改进。在设计流程的初始阶段，用户可以利用该引擎生成各种现实的方案，而在设计流程的最后阶段，他们可以利用该工具的迭代改进功能。

生成式设计的一个常见问题是设计空间的复杂性。即使在设计建筑布局的二维空间中，也有无数个可以想象的方案。其中许多方案都是不可行的，或者彼此过于相似。因此，在设计生成式设计引擎时，缩小设计空间的大小，同时提出足够相关和多样的方案是考虑的一个重要因素。图 14.2 显示了 Explore 工作流程，试图自动将一个场地分割成相互影响的可构建部分来实现不同方案的目标。这种分割考虑了空间布局和连通性等定性原则，引擎确保建筑

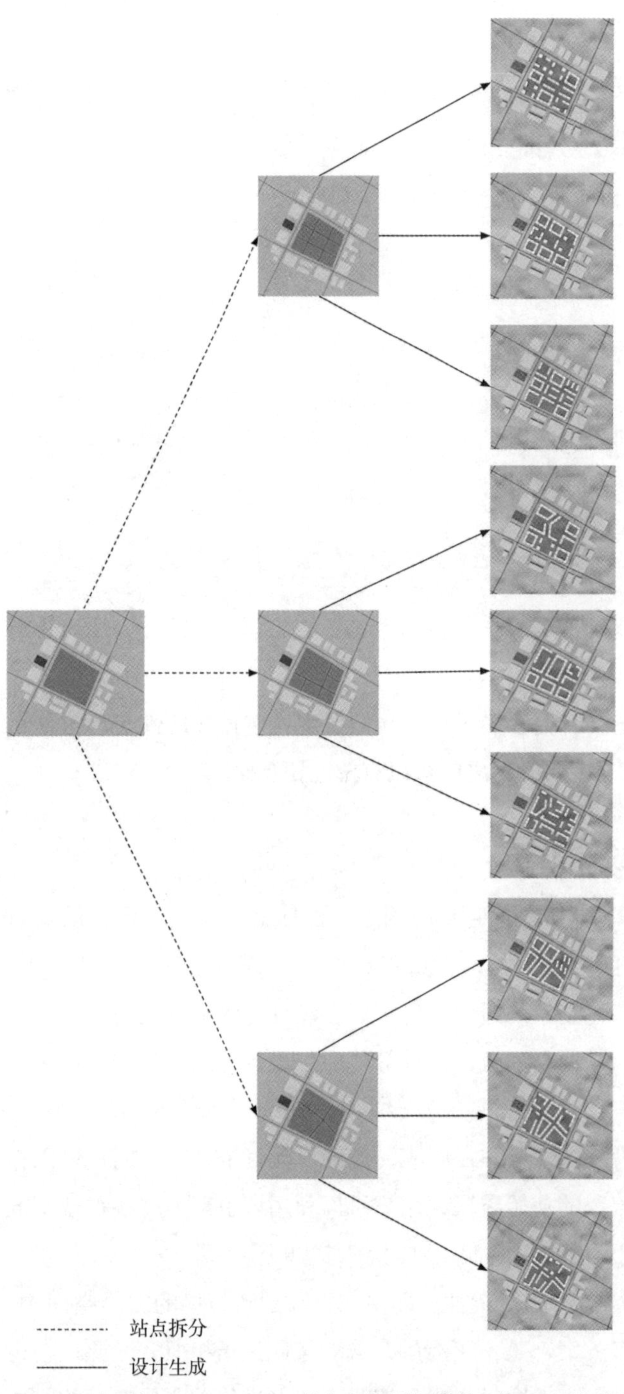


**图 14.2** 探索树。Spacemaker 的生成式设计引擎的工作原理是先以不同方式分割场地，然后再根据每个场地分割的布局类型生成方案。无需许可

物之间有足够的空间和舒适的空间交互。一般来说，场地分割的大小大致相同，但形状和可建造空间不同。

图 14.3 将剖面显示为稍暗的线条。值得注意的是剖面分割的变化：即使建筑类型保持不变，这种变化也会促进明显不同的地块布局。因此，当用户考虑所生成的方案时，负空间（即场地中未开发的空间）的特征相对于建筑布局同样重要。Spacemaker 试图通过允许用户自行分割场地，为设计师提供将设计选择纳入生成引擎输出的灵活性。

除场地划分外，“探索”引擎还允许用户输入宽度和高度等建筑物特征以及建筑物之间的可接受距离。最后，用户可以选择希望让生成式设计工具输出的布局类型（图 14.4）。如果用户希望布局与周围环境相协调，比如无处不在的城市街区的新开发区域，这一点可能很重要。另外，激进的设计师可能会选择将生成的选项限制在行列式建筑上。图 14.5 显示了根据城市街区布局规范生成的方案。

在本章的其余部分，我将通过一个案例研究详细介绍 Spacemaker 的生成式设计引擎。

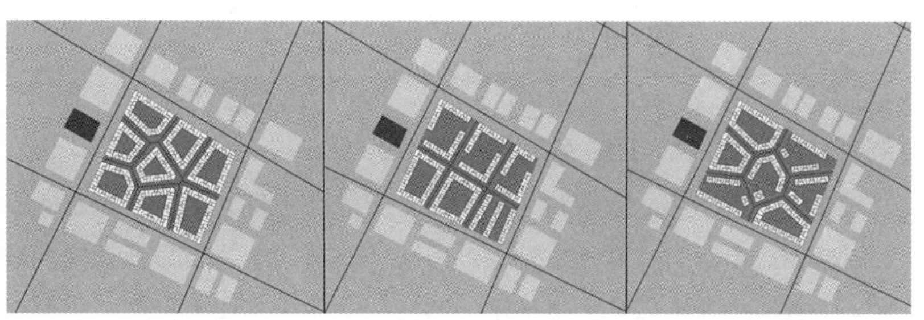

**图 14.3** 三个不同的生成方案。每个生成的方案都有不同的场地划分和相应的建筑布局。无需许可

建筑属性

居住

建筑宽度 12 m

塔楼建筑尺寸 18 m

分割线宽度 12 m

布局类型

默认为线性块，无法放置所选的布局

**图 14.4** 生成设计输入参数。用于向生成设计引擎输入参数的用户界面。无需权限

**图 14.5** 生成的城市街区方案。生成的 15 个方案，仅限于输出城市街区布局。无需许可

# 案例研究

本案例研究考虑了城市发展部通过设计智能实验室（CIDDI）开发的未来城市项目，该实验室是一个探索未来城市发展的研究团队。该项目（图 14.6）设想在土耳其伊斯坦布尔的埃森勒区建设一座可持续、便捷的智能城市。CIDDI 的团队与土耳其工业和技术部以及环境和城市规划部合作，力求在设计该地区时既能满足未来城市的需求，又能为目前人口稠密的周边地区提供居住地。

为了给项目区域创造兼容的场地规划，我们对场地区域进行了网格变形（图 14.7），形成了由九个街区组成的超级街区。每个超级街区内部都优先考虑行人，而整体规划则优化了连接和交通。

根据本案例研究目的，我们设想一个已开发的超级街区，围绕着一个未开发的超级街区（图 14.7 中的红色部分），开发商计划在其中开发住宅。该超级街区可供开发的总建筑面积为 $59281\text{m}^2$。

在大多数情况下，设计师希望同时取悦与他们合作的建筑开发商和建筑物的未来居民。更具体地说，他们希望设计出既能提供大量可出售公寓（对开发商而言），又能保持良好的生

**图 14.6** 土耳其伊斯坦布尔的 CIDDI 项目。伊斯坦布尔埃森勒区智慧城市规划位置的卫星地图。无需许可

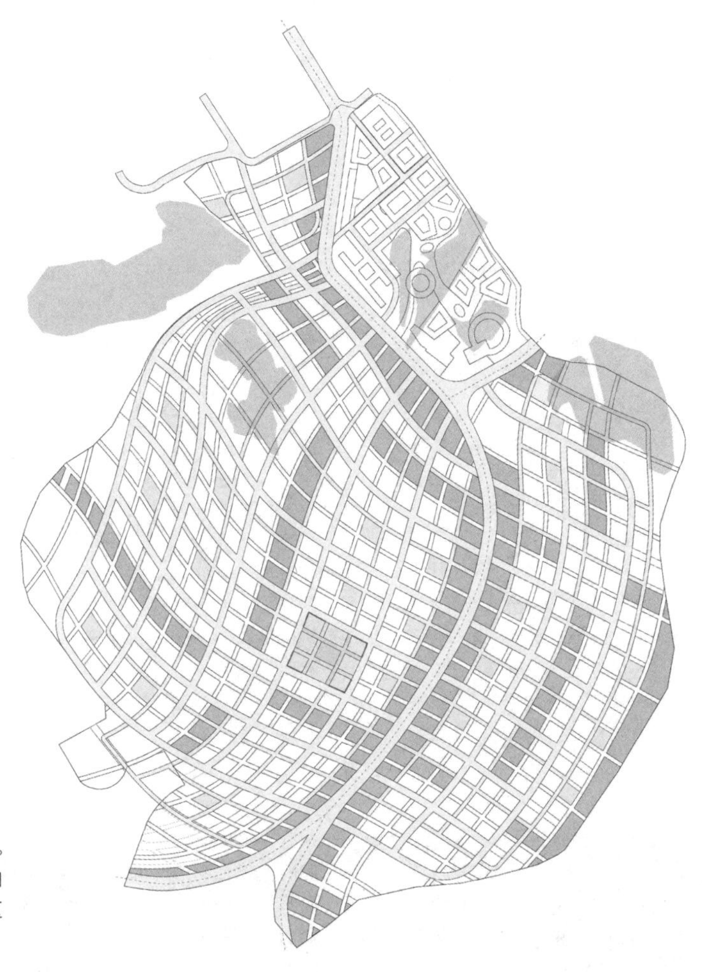

**图 14.7** 案例研究项目的超级街区结构。伊斯坦布尔 NAR 创新区总体规划图，由 40 个超级街区组成。一个完整的超级街区由 9 个独立街区组成。无需许可

活质量，即良好的日光质量（对居民而言）。为了便于理解，我们假设希望满足日光要求，并对其进行深入描述。Spacemaker 使用的日光分析计算了沿立面各点的垂直天空分量（VSC）。这直接测量了相对于水平无障碍表面上的可用光，有多少光线从天空到达立面。最大 VSC 得分约为 40%，理想得分高于 27%。因此，该方案中的日光要求规定 80% 的立面必须达到 27% 及以上的得分）。让我们看看如何利用 Explore 来实现最佳场地。

## 在工作中探索

在本案例研究中，我们首先要定义一个区块分割，其行为与周围的超级街区类似——即定义为 3×3 网格的区块集合。此外，我们将把中间部分排除在外，使其成为公共空间（图 14.8）。现在我们已经指定了可建区域并分割了场地，可以让机器开始工作了。

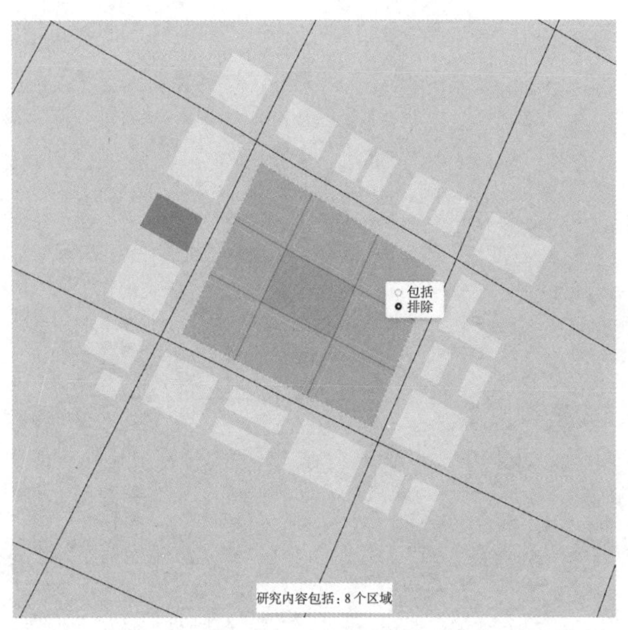


**图 14.8** 案例研究生成设计配置。我们希望将场地的中间部分排除在生成设计之外。无需许可

按下蓝色的“生成”按钮几分钟后，用户屏幕上就会出现几十个基于云计算的方案，如图 14.9 所示。这些方案将根据建筑面积等统计数据进行排序。在筛选这些方案时，用户可以保存自己喜欢的地块，以便在闲暇时进一步分析。如果他们想更新建筑物或场地划分的参数，可以很容易地在不同的研究中比较他们喜欢的方案。最后，如果设计人员对当前方案感到不确定，可以继续生成更多方案。

值得注意的是，在设计流程的这一阶段，设计师可能会出于各种原因选择使用 Explore。他们可能会在自己

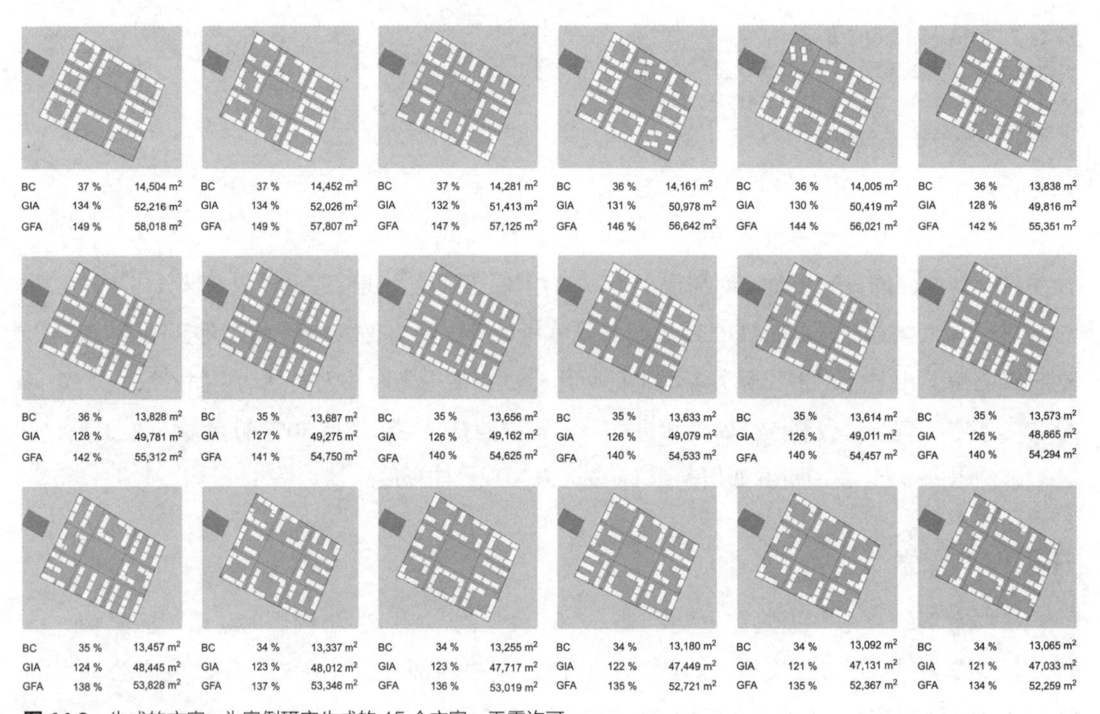


**图 14.9** 生成的方案。为案例研究生成的 15 个方案。无需许可

开始绘图之前，是在 Explore 生成的设计中获得灵感。或者，他们希望定义在给定空间中运行良好的建筑布局。在本案例研究中，我们假设设计师正在使用 Explore 生成他们想要认真追求的场地方案。在这个例子中，出于不同的原因，我们发现了三种最喜欢的设计。图 14.10 展示了这三个方案，相应的区域统计显示第一个方案优于其他方案。

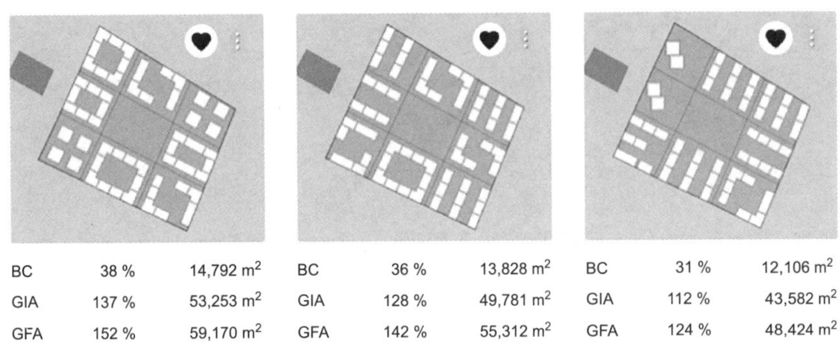


**图 14.10** 三个最喜欢的生成方案。我们最喜欢的三个生成方案，希望对其进一步分析。无需许可

这三幅图（图 14.11~ 图 14.13）展示了每个生成的设计，以及周围的场地环境和更精细的建筑细节。虽然了解区域统计数据是非常重要的（尤其是对开发商而言），但我们对这些设计性能的整体了解仍然不全面。具体来说，我们希望研究立面的日光条件，以实现我们的崇高目标。

**图 14.11** 第二次生成的方案及周边环境。无需许可

**图 14.12** 第三次生成的方案及周边环境。无需许可

**图 14.13** 首次生成的方案及周边环境。无需许可

## 将生成式设计与分析相结合

如果没有精确的方法来比较各种方案，生成式设计就毫无意义。设计直觉固然重要，但有些方面却无法通过研究或评估场地来推断。Spacemaker 的部分核心产品能够分析早期设计的各种因素，包括视距、区域视角、日照、日光、室外区域、噪声和风力。这样，用户就可以以多目标方式定量比较最喜欢的方案。通常，政府法规也会要求特定分析具有一定的性能。例如，挪威（Spacemaker 的总部）规定，新建筑的外墙必须有特定的噪声限制。

在这种情况下，我们希望优化立面的可售面积和日照。虽然 Explore 可以轻松比较生成方案之间的区域统计，但其他分析必须针对每个方案明确排序。因此，我们保存上一节中最喜欢的三个方案并开始分析！

一旦我们收集了所需的场地分析，我们就能在 Spacemaker 中对方案进行更严格的比较。

## 视距

图 14.14~ 图 14.16 展示了三个方案的立面视距。

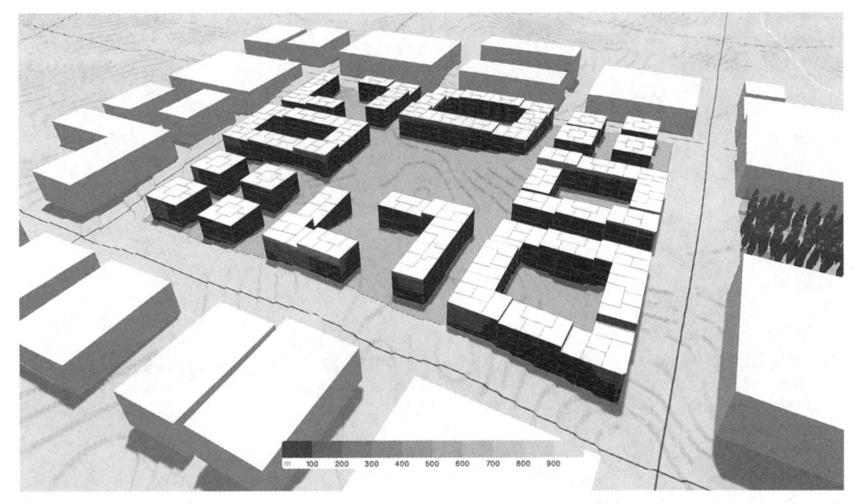


**图 14.14** 第一个方案的视距。深色区域表示视距较小，浅色区域表示视距较深。从深到浅的刻度为 0~1000m

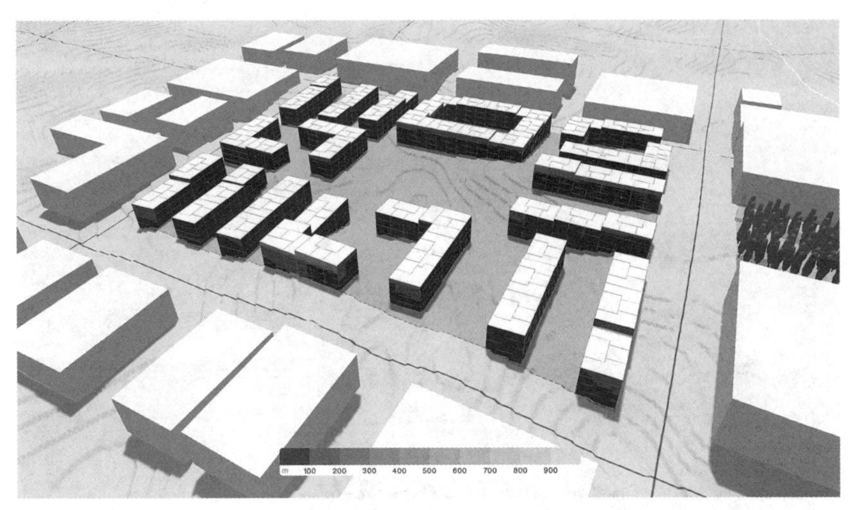


**图 14.15** 第二个方案的视距。深色区域表示视距较小，浅色区域表示视距较深。从深到浅的刻度为 0~1000m

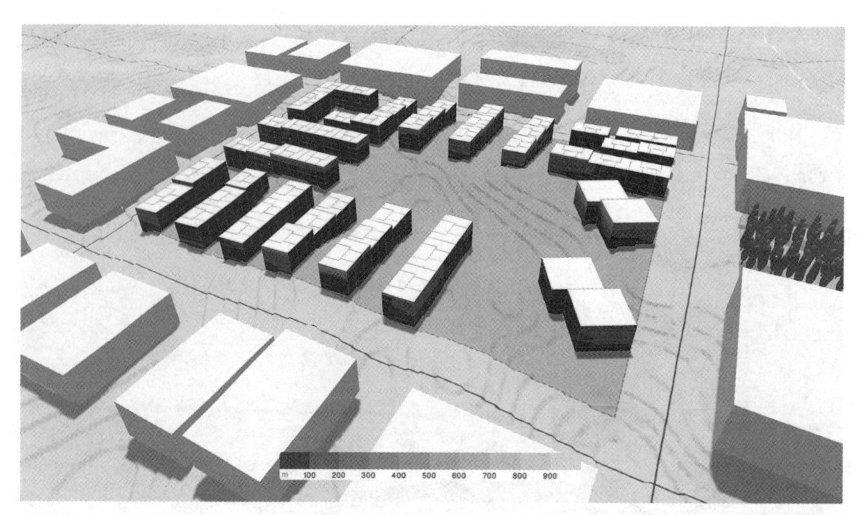


**图 14.16** 第三个方案的视距。深色区域表示视距较小，浅色区域表示视距较深。从深到浅的刻度为 0~1000m

## 自然光

图 14.17~ 图 14.19 展示了三个方案中每个方案的地面和外立面的日照情况。

## 日光

图 14.20~ 图 14.22 分别显示了三个方案的日照条件。

**图 14.17** 第一个方案的日照情况。较暗的区域表示阳光照射较少，而较亮的区域表示立面阳光照射时间较长。从深到浅的刻度为 0~10h

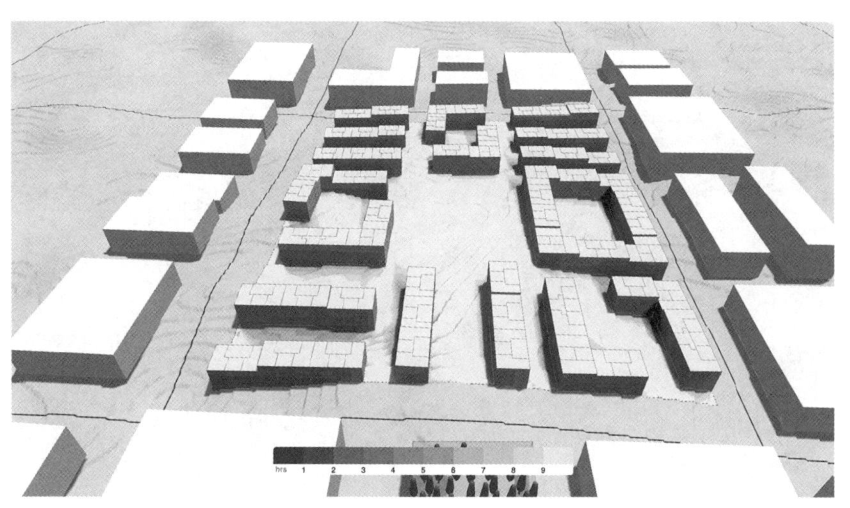


**图 14.18** 第二个方案的日照情况。较暗的区域表示阳光照射较少，而较亮的区域表示外墙阳光照射时间较长。从深到浅的刻度为 0~10h

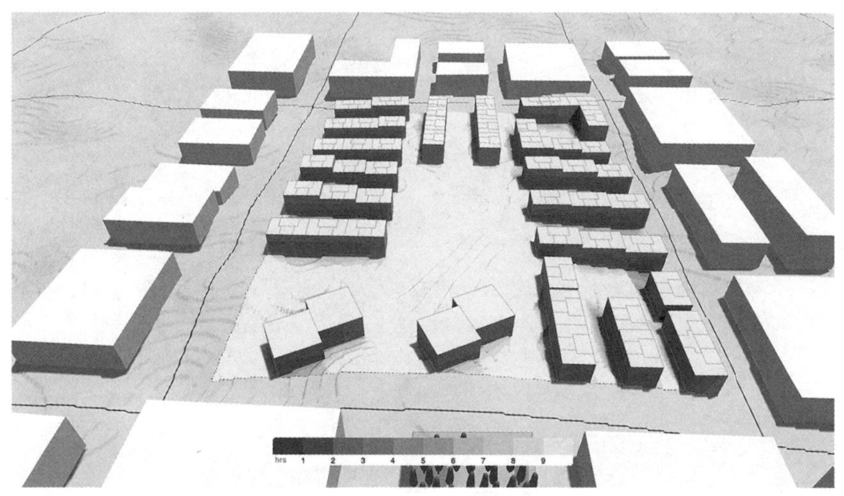


**图 14.19** 第三个方案的日照情况。较暗的区域表示阳光照射较少，而较亮的区域表示外墙阳光照射时间较长。从深到浅的刻度为 0~10h

其中包括从视距、太阳和日光分析中收集的三个场地的图像。虽然这些图像有助于考虑单个场地的表现以及可以改进的地方，但要解译方案之间的相互衡量标准是一个困难且耗时的过程。相反，我们将使用 Spacemaker 的 Compare 应用程序，可以对比不同设计之间的总体统计数据。

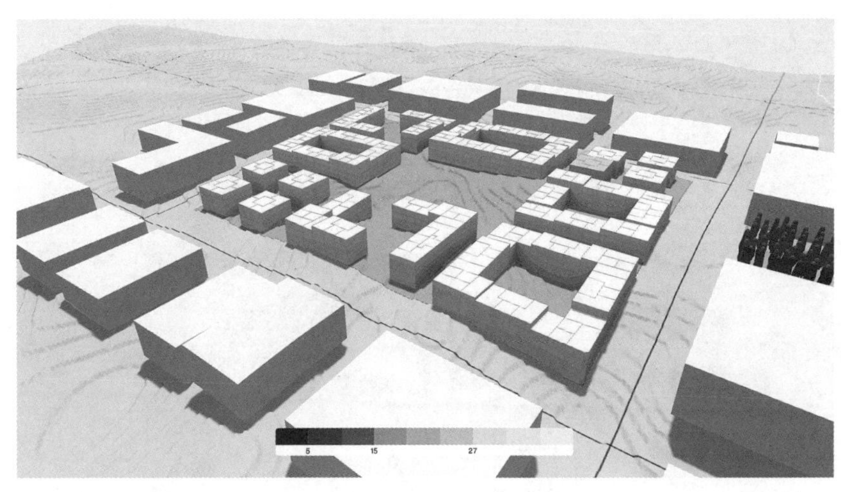


**图 14.20** 第一个方案的日照条件。颜色较深的区域日照较少，而颜色较浅的区域日照较多。无需许可

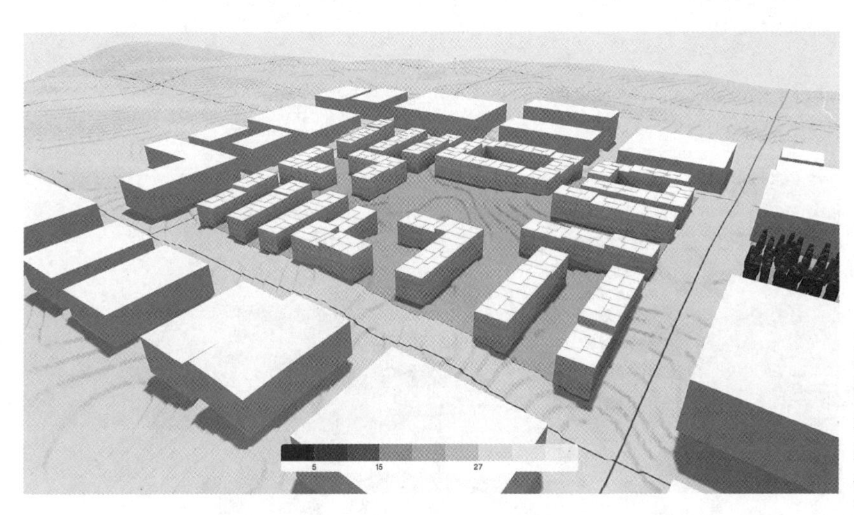


**图 14.21** 第二方案的日照条件。较暗区域显示日光照射较少，而较亮区域显示日光照射较多。无需许可

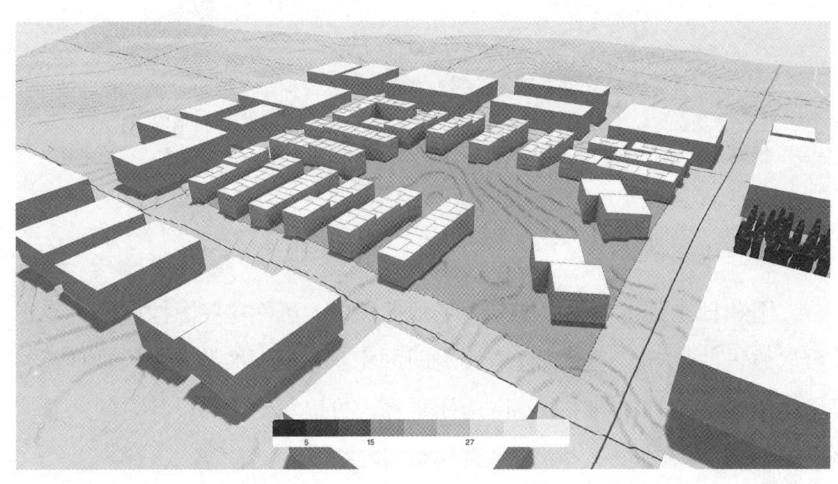


**图 14.22** 第三方案的日照条件。颜色较深的区域日照较少，颜色较浅的区域日照较多。无需许可

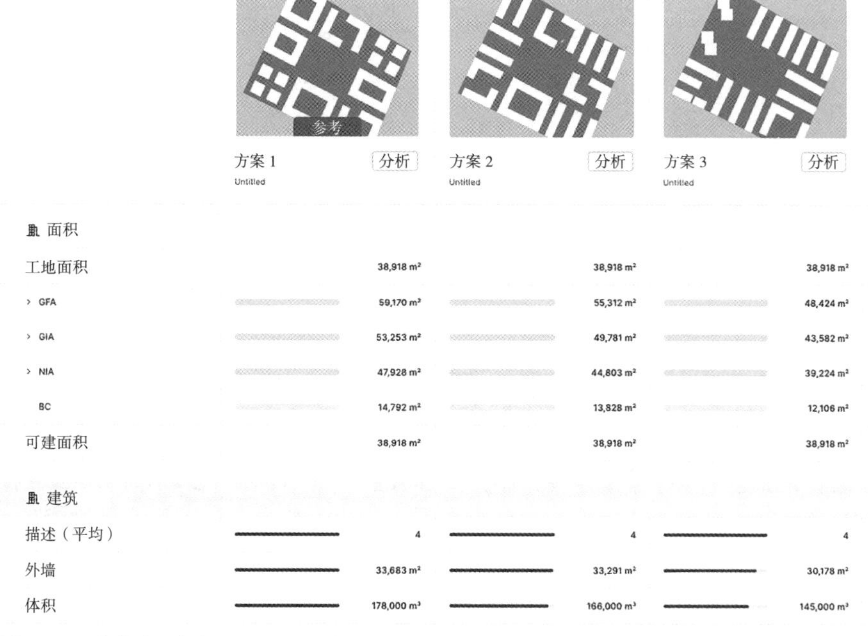


**图 14.23** 比较我们生成的三个方案中每个方案的面积统计数据。无需许可

图 14.23 比较了不同设计的面积统计数据。在生成方案时，我们已经看到第一个方案的建筑面积优于其他方案。

从图 14.24 中可以看出，相对于其他方案，第一个方案的外墙具有更好的日照条件。具体来说，在第一个方案中，38% 的外墙拥有超过 7 小时的日照时间（6 月 21 日），而在其他两个方案中，这一比例只有 36%。

最后，在日光方面，我们试图优化分析，发现第一个方案表现不佳（图 14.25）。在其他两个方案中，有 80% 的外墙达到了 27% 的理想垂直天空分量，从而满足了本案例研究定义中提到的法规要求。但第一个方案没有达到要求，只有 76% 的外墙达到了这一分数。

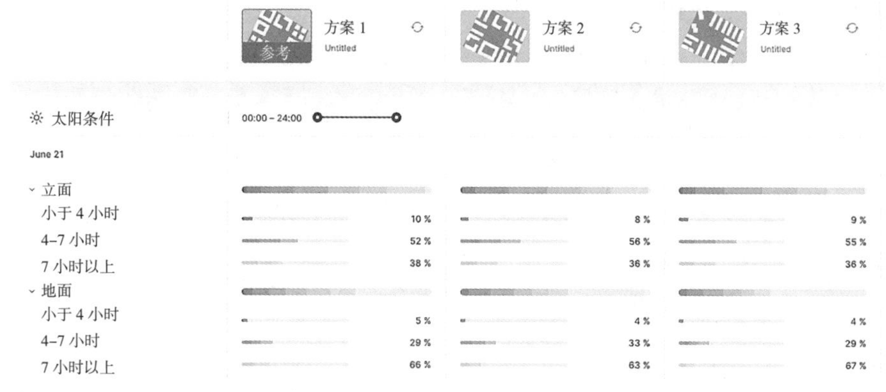


**图 14.24** 比较我们生成的三个方案中每个方案的太阳条件。无需许可

| | 方案 1 Untitled（参考） | 方案 2 Untitled | 方案 3 Untitled |
|---|---|---|---|
| 日照条件 VSC 所有楼层 一楼 | | | |
| 立面 | | | |
| 小于 5% | 0 | 0 | 0 |
| 5%~15% | 0 | 0 | 1 % |
| 15%~27% | 23 % | 20 % | 19 % |
| 27% 以上 | 76 % | 80 % | 80 % |

**图 14.25** 比较三个方案的日照条件。无需许可

目前的关键问题是：我们接下来该何去何从？很不幸，在一个令人垂涎的因素上表现最好的方案，在另一个因素上却是表现最差的方案。同样不幸的是，这是 AEC 行业中一个非常普遍的问题，因此也是生成式设计领域的一个问题：一个没有明显赢家的多目标优化问题。为了解决这一复杂问题，Spacemaker 为用户提供了连续迭代的选项。

## 局部改进

Spacemaker 生成设计引擎的最后阶段，允许用户改进场地中不符合自己喜好或在任何分析中表现不佳的部分。这与典型的一次性方法不同，后者是对所有生成的方案进行分析，只有表现最好的建议才会被推进。为了理解这一决定的动机，请考虑这样一种情况：由于单个部分的视距较差，因此场所整体表现不佳，而场所的其余部分却表现出色。通过让用户可以选择生成的方案中他们想要保留的部分，为迭代和局部改进敞开了大门。

这种改进可以通过多种方式实现。用户可以根据自己的喜好手动更新方案，这种灵活的选择可能无法体现本文开头所述的生成式设计的好处。另一种选择是使用 Spacemaker 的生成设计引擎来改变预先指定的建筑物高度，以优化某些分析。这就要求用户保持建筑布局的一致性，因此最适用于早期设计过程的末期。最后，用户可以继续使用建筑布局生成引擎，选择性地“冻结”场地的某些部分。

在本研究中，我们将采用后两种方案来优化我们的场地。接着，我们看到，第一个方案实现了最佳总建筑面积，但具有适当日照量的外墙比例最低。在本案例研究中，我们选择使用该方案，目的是利用生成式设计引擎，使该方案最终在日照条件方面优于竞争对手。

在设计过程的这一阶段，我们依靠用户的建筑直觉来更好地理解场地表现不佳的位置和原因。通过对日光分析进行更仔细的目视检查，我们发现场地的左下和左中部分反映了较差的条件。因此，我们将其他部分排除在外，不再进行进一步的分析，并为新的、更好的方案敞开大门。

图 14.26 展示了一些新生成的提案。

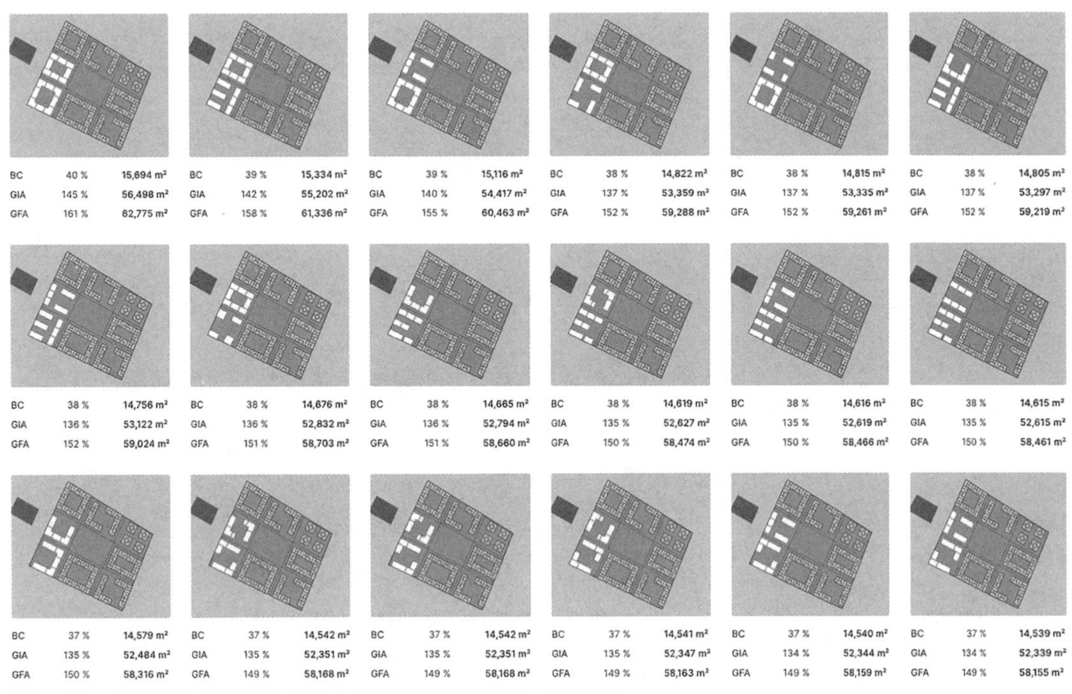


**图 14.26** 15 个新生成的方案，其中大部分不在生成范围内。无需许可

图 14.27 展示了新的提案集。

现在，我们可以分析这些更新的建议，看看该场地中较令人失望的部分的日光是否有所改善。

回想一下，最初方案中有 76% 的外墙具有最佳日照条件。从图 14.28 中我们可以看到，新生成的方案略微提高了这一比例，同时在可售面积方面保持了与其他方案的竞争优势。遗憾的是，即使是表现最好的场地，也只有不到 80% 的外墙达到了良好的日照条件。

为了实现我们的目标，我们现在考虑早期设计中的建筑高度，目前为止，它一直被有意忽略。Spacemaker 的高度优化工具能够优化以下三个因素之一：日光、外墙阳光和区域视野。

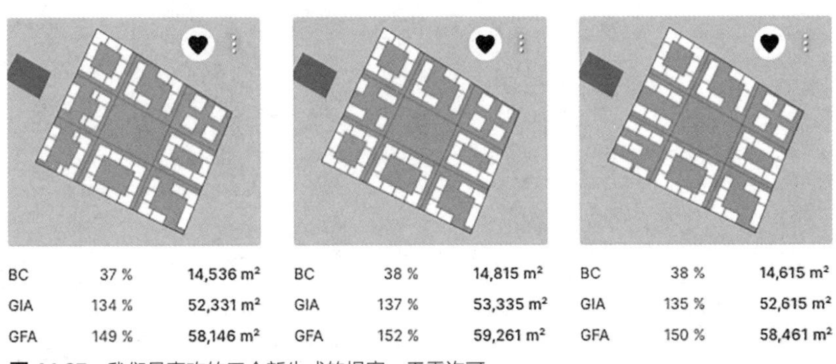


**图 14.27** 我们最喜欢的三个新生成的提案。无需许可

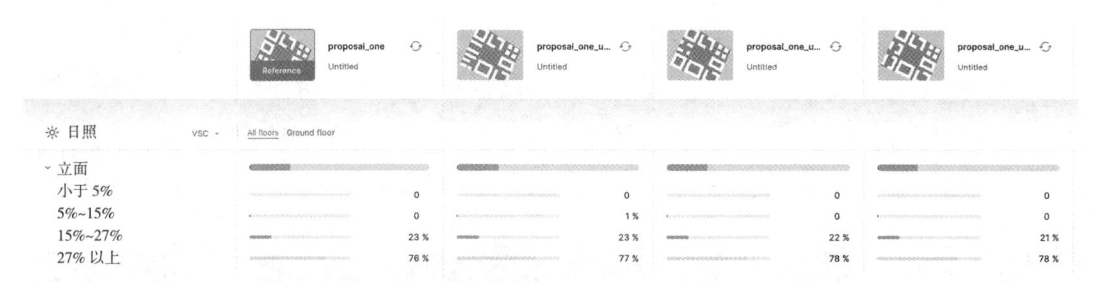


**图 14.28**　新生成的日光条件。图中显示了原始方案与新生成的方案对比，所有方案的日照条件均优于原始方案。无需许可

图 14.29 为用户界面，其中参数化了建筑部分可能偏离其原始高度的层数。此外，用户还可以指定建筑面积的变化范围，我们将利用这一点来确保我们的方案在这一领域保持竞争优势。

图 14.30 展示了五个与原始设计不同但改善了日光条件的方案。重要的是，这五个方案都达到了法规要求。在这种情况下，我们将选择最后一种方案，因为它也会增加总建筑面积。在图 14.31 中，可以看到建筑物高度增加的部分（见深色阴影）与高度减少的部分（见浅色阴影）形成对比。考虑高度优化所

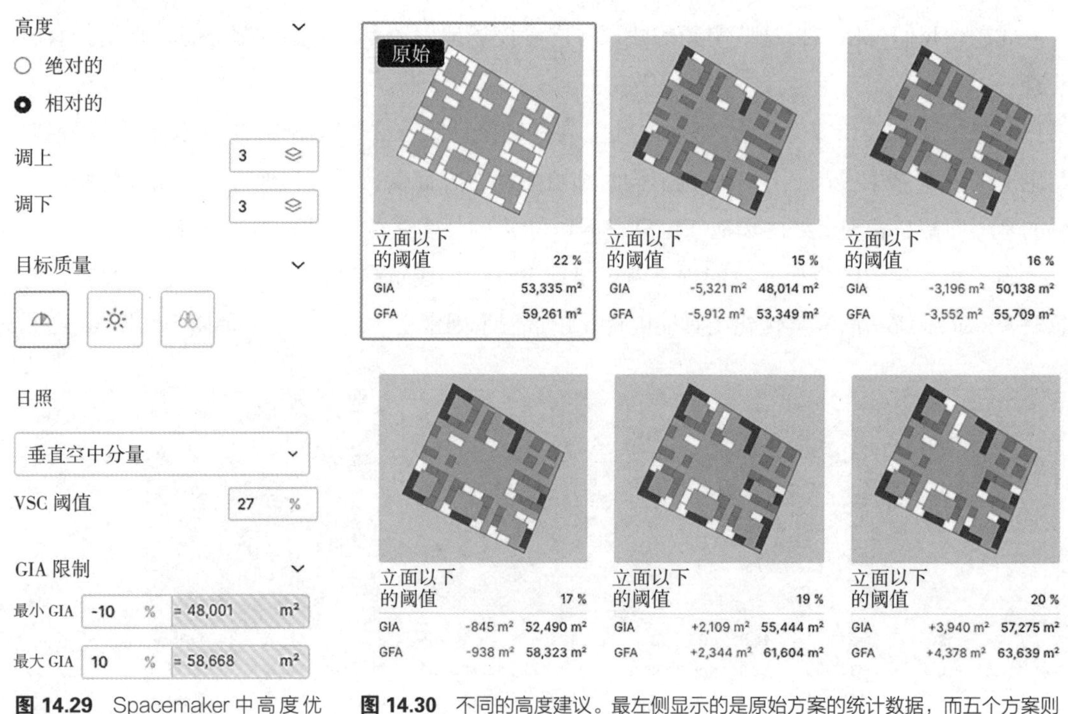


**图 14.29**　Spacemaker 中高度优化的输入。无需许可

**图 14.30**　不同的高度建议。最左侧显示的是原始方案的统计数据，而五个方案则显示日照条件有所改善。无需许可

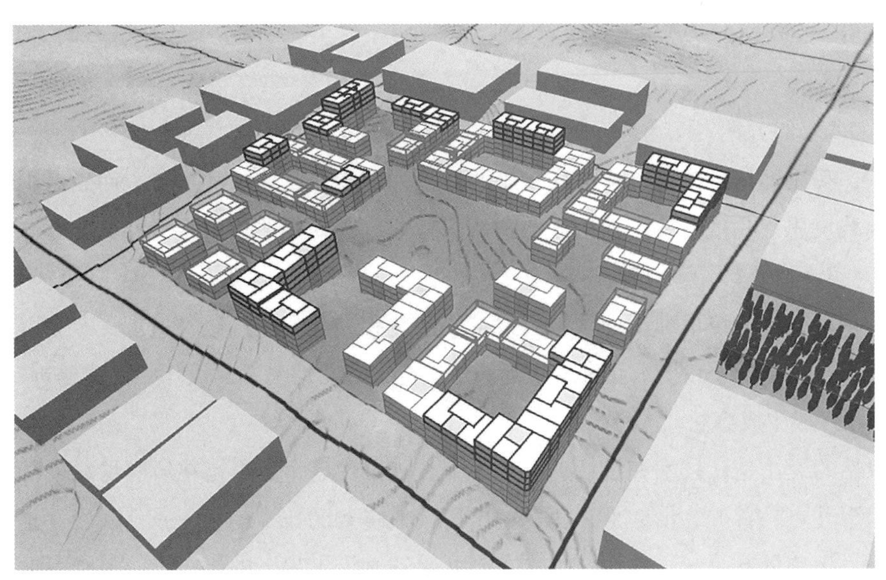

**图 14.31** 高度优化工作。我们最喜欢的方案的高度优化显示了整个场地的高度增加和限制情况。无需许可

带来的不同趋势是一项有趣的工作，例如左下方建筑物的持续缩短。从这一实践中获得的启示可能会反过来促进场地划分和建筑布局的不断迭代。

在图 14.32 中，我们可以看到场地的最终日照质量，81% 的外墙具备可采光条件。

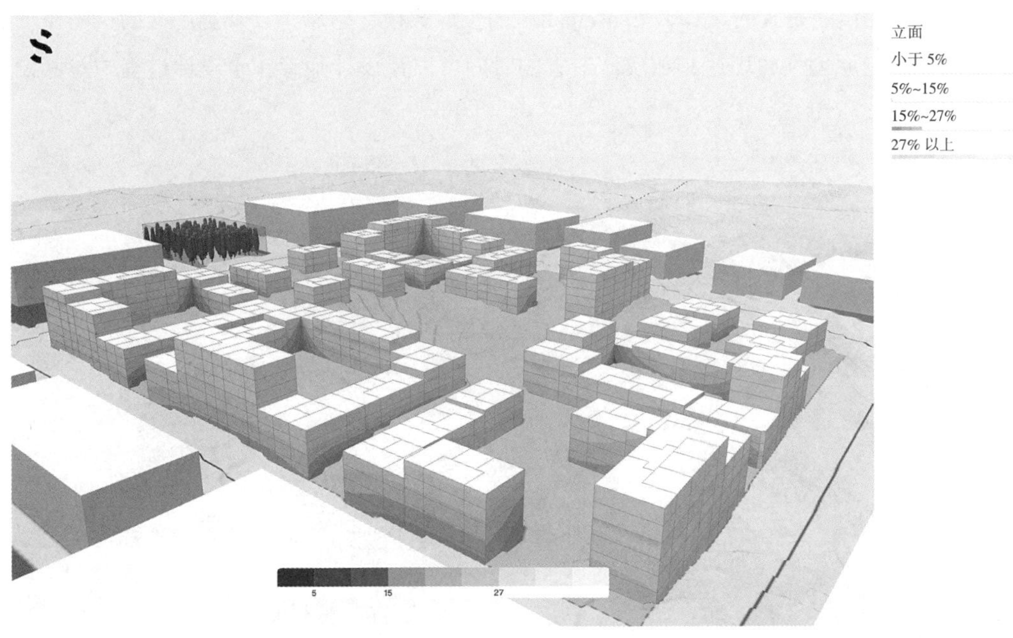


**图 14.32** 优化方案的最终日光结果。无需许可

# 结 论

图 14.33 是我们的最终方案。

在本章的开头，我质疑技术与设计碰撞所带来的后果。前者追求速度和进步，而后者则注重细节并不断自我反思。我现在要承认的是，这两个行业有着共同的价值观，使其能够和谐地协同发展。

与大多数其他领域相比，技术和设计领域更追求原创性和进化。虽然这种追求肯定会以不同的方式表现出来，但设计师和技术专家的职责都是创造，当前情况下，设计师创造建筑，而技术专家则创造软件或生成算法。

一个更具争议性的说法是，技术和设计追求平等主义。虽然这肯定不是在所有情况下都正确，但请考虑以下几点：首先，请注意，我们这个时代最重要的技术创新——互联网，是一个由数十亿台设备组成的系统，这些设备加在一起几乎连接了世界上的每个人。另外，世界上许多最受人尊敬的建筑都是共享的公共空间，或者向许多公众开放。

我的观点是人工智能与建筑之间的结合，在和谐共处的情况下，能够维护这些价值观。也就是说，这两个行业之间的共生关系在为每个人设计的同时，也为创新创造了广阔的空间。

本文中的案例研究，设计师与机器合作，在短短几分钟内就探索出了数十种有效、多样的设计方案。这使设计师比以前更全面地了解项目的潜力。也许设计师会考虑到他们通常可能会忽略的细节；也许设计师会在开始绘图之前更好地了解建筑布局如何在特定空间内相互作用。如果我们相信这是真的，那么 Spacemaker 的生成式设计引擎（以及更广义的机器驱动设计）并没有限制原创性的表达；相反，节省的时间可以让设计师专注于设计过程中对其设

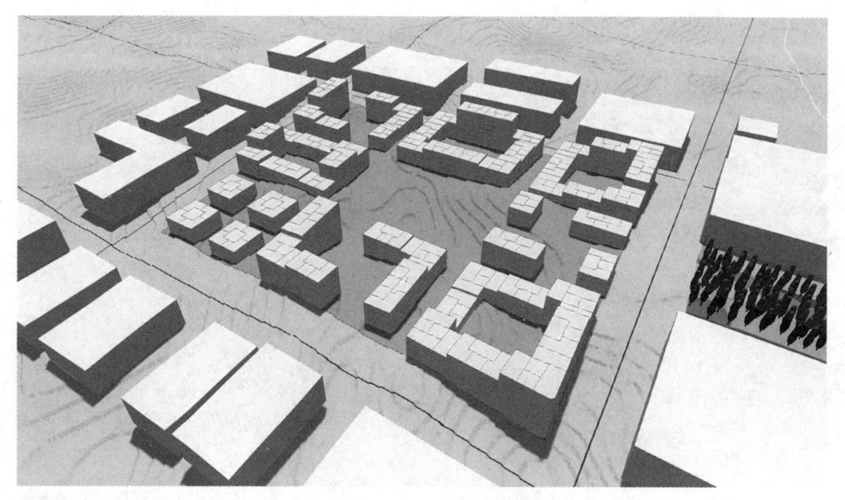

**图 14.33** 最终方案。Spacemaker 生成式设计引擎的最佳结果。无需许可

计直觉贡献最大的部分。此外，当与适当的分析工具配合使用时，生成式设计工作流程还能代表公众运行。设计师可以利用他们对周围环境的理解，结合生成式设计引擎，对未来居民的生活条件产生积极影响。

正如技术和设计日新月异一样，Spacemaker 的生成式设计引擎也将不断发展，以满足用户的需求，并为其软件的受益者提供价值。虽然无法预测这种演变的轨迹，但足以说明，它将充分体现 Spacemaker 关于人工智能和城市设计的口号：在一个包含数十个其他领域的领域中，最有价值的人工智能就是你口袋里的人工智能。

# 第 15 章

# 莫比乌斯进化器：城市规模战略的竞争性探索


帕特里克·杨森（Patrick Janssen），裴东斗（Tung Do Phuong Bui），

王立凯（Likai Wang）

新加坡国立大学建筑系，新加坡


## 引 言

自 20 世纪 90 年代以来，研究人员一直在研究如何使用进化算法来支持基于性能的设计探索和优化。这种方法通常要求设计师定义生成过程和评估过程。生成过程通常以三维模型的形式生成设计变体。评估过程通过分析某些性能标准来计算适合度得分。该过程通常被称为适应度函数。然后使用进化算法来进化设计群体，目的是找到能产生高适应度分值设计变体的参数值。

在过去的二十年中，开发了一系列用户友好的参数化建模工具。这些工具允许设计师使用可视化编程定义生成和评估过程。基于这些工具，建立了各种设计优化系统，包括 Galapagos 和 Octopus。

以往的研究成果前景广阔。在研究实验室中，进化算法已成功应用于不同规模，从建筑构件到整个城市区域。然而，尽管取得了这些重大成就，设计优化方法在实践中的应用却非常有限。

一些研究人员对设计优化的潜在挑战和机遇进行了调查。阿提亚（Attia）等对 28 名从业者进行了访谈，重点关注近零能耗建筑设计的优化。尽管该研究侧重于能源优化，但一般结论更广泛地适用于设计优化的其他领域。该论文积极评价了使用进化算法来支持设计探索，但也强调了其主要局限性，包括较高的学习成本和较长的计算时间。

关于计算时间，论文指出，多个平台支持并行执行，从而大大加快了算法的整体计算时间。然而，对于大多数设计师来说，这些平台仍然无法访问。首先，它们需要访问大规模并行计算或网格计算基础设施。其次，安装和使用必要的软件是一项复杂的任务。我们注意到阿提亚等的研究结果是基于对学者或研究人员的访谈得出的，他们几乎都有工程或其他技术背景。对于建筑师和其他实际工作中的设计师来说，较高的学习成本很可能会加剧。

## 竞争战略

本节重点探讨设计过程早期阶段的城市体量配置。这种体量配置可以针对各种目标进行优化，涉及日照、日光、能源、景观等。之前有几项研究侧重于对城市体量进行进化优化。然而，这些都存在学习成本较高、计算速度缓慢等问题。

在过去的二十年里，作者开发了多个旨在解决类似问题的设计优化系统。杨森（Janssen）开发了 Dexen 系统，通过在云端并行执行来解决计算速度慢的问题。Wang 等和 Wang 等开发了 EvoMass 系统，通过创建适用于多种设计场景的通用程序来解决较高的学习成本问题。

除了较高的学习成本和缓慢的计算速度外，设计师还发现，现有系统不够灵活，无法支持对根本上定义不明确、结构不良的棘手问题进行早期设计探索。

在设计探索的早期阶段，一种常见的方法是制定应对设计场景的备选策略。每种策略都由一套设计规则和设计目标组成，也被称为“设计模式”或“主要生成器”。规则划分了一个可能性的空间，目标则定义了评估这些可能性的方法。然后，设计师对这些策略进行测试，以发现哪些策略可以产生最有前途的设计。在测试这些策略过程中，他们会根据得到的反馈意见对策略进行修改，而修改后的策略也可能值得进一步研究。这就是一个对相互竞争的设计策略进行探索和修改的复杂而又混乱的迭代过程。在这个过程中，会有一种策略存活下来，逐渐产生一系列有前途的设计。

我们的目标是开发一种进化搜索系统，为这种探索性设计过程提供支持。我们设想的系统能让设计师在竞争中探索，在不破坏设计流程的情况下，以迭代和流畅的方式实现多种设计策略。为了实现这一目标，我们主要关注三方面要求：

- 迭代探索：通过修改设计策略，不断质疑和挑战搜索结果的能力；
- 竞争进化：基于竞争设计策略，进化出异质设计变体群体的能力；
- 快速执行：利用云计算能力，使进化搜索过程可以在喝咖啡休息的时间内并行执行。

本章提出了一种旨在满足这三个要求的设计方法，我们将其称为竞争性进化设计探索（CEDE）。

“CEDE 方法”部分将概述 CEDE 设计方法、CEDE 进化算法以及一套 Web 应用程序，使设计师能够在实践中应用 CEDE。“CEDE Web 应用”将演示如何使用 CEDE Web 应用程序来探索城市体量设计方案。最后，“讨论”和“结论”将讨论结果并得出结论。

## 竞争性进化设计探索

本章提出了一种竞争性进化设计探索（CEDE）的设计方法。CEDE 方法旨在通过人与计算机之间的循环交换来增强设计者的智能。在这种交换中，每个参与者都有特定的任务要执行。

- 设计师的任务是制定设计策略，并将其编码为生成和评估脚本；
- 计算机的任务是获取生成脚本和评估脚本，并搜索高性能的设计变体。

在这个过程中，设计师和计算机轮流执行各自的任务。设计师首先上传一组初始脚本。然后计算机将执行搜索过程，并返回一批优化设计。设计师随后将对优化设计进行分析，很可能发现某些不足之处。随后他们可能会更新自己的策略，并将更新后的脚本传回计算机。计算机将执行新的搜索过程，从而产生更优化的设计。这种情况会一直持续下去，直到设计师认为他们已经合理地了解了设计的可能性空间。

所提出的循环过程是基于阿吉里斯（Argyris）和朔恩（Schon）提出的双环学习概念。双环学习认为，定义和解决问题的方式可能是问题的根源。在我们的案例中，内环是由计算机执行的搜索过程，而外环则是由设计师控制的策略定义。这种循环过程有时也被称为“人在回路”方法。然而，我们发现这一说法颠倒了权力结构——我们更倾向于“循环中的计算机”。

这种设计探索的主要目的不是发现单一的“最佳”设计。最优的概念很容易受到质疑，因为正在优化的性能标准仅代表影响设计质量的复杂因素中的一小部分。进化设计探索的目的不是最优性，而是更好地了解各种可能性。例如，阿提亚等指出：“试图找到最优方案的想法是无稽之谈……优化与其说是为了找到‘最佳’解决方案，不如说是为了探索设计空间的替代解决方案。同样，布拉德纳（Bradner）等对使用优化技术的建筑师和设计专业人士进行了一项研究，发现“计算出的最优值通常被用作设计探索的起点，而不是最终产品。”

## CEDE 方法

利用 CEDE 方法，可以开发出相互竞争的设计策略组。为了能够竞争，设计规则可以不同，但设计目标必须相同。然后，设计者将这些策略编码为一组计算脚本。对于每种策略，设计规则都被编码为一个生成脚本。对于整个小组来说，设计目标被编码为一个评估脚本。生成脚本创建设计模型。评估脚本处理这些模型并计算适应度分数。评估脚本应能处理任何设计模型，与创建模型时使用的生成脚本无关。这样才能确保计算出具有可比性的适应度分数，进而允许设计策略相互竞争。

然后，这些脚本被用来演化出不同的设计变体。设计策略的成功取决于其设计变体相对于其他策略的表现。强大的设计策略所产生的设计变体要优于其他竞争策略所产生的设计变体。这些设计变体将有更高的存活和繁殖机会，因此该策略可能会逐渐开始在群体中占据主导地位。相反，弱策略产生的设计变体存活和繁殖的概率较低。对于这类策略，它们在种群中的占比会逐渐减少，最终可能会灭绝。

在 CEDE 方法中，我们使用单目标优化方法。采用这种方法，评估脚本只需为每个设计模型计算一个适应度得分。应当注意，评估脚本仍然可以计算多个性能标准的得分。不过，脚本随后需要将这些分数合并为最终的适应度分数，可能使用加权总和或加权乘积。

另一种方法是采用多目标优化方法。在这种情况下，需要定义多个目标，然后使用 Goldberg 的非支配帕累托排序法对设计模型进行排序。单目标优化与多目标优化的优缺点是一个持续研究的领域。沃特曼（Wortmann）和费舍尔认为，对于设计优化问题，多目标方法有许多缺点。我们开发多目标优化系统的经验也得出了类似的结论。我们发现，搜索效率会大大降低。此外，最终的群体往往包含大量帕累托最优解方案，这可能会让设计师不知所措。因此，我们决定从单目标优化开始，看看效果如何。

## CEDE 算法

为了支持 CEDE 方法，我们开发了一种新型 EP 算法，该算法支持基于竞争设计策略不断演化的异构设计变体群体。

四种主要的进化算法范式是遗传算法（GA）、进化策略（ES）、进化规划（EP）和遗传规划（GP）。这些算法大致相同，都是通过选择和变异的循环过程，演化出一组解决方案。选择过程模拟自然选择（或“适者生存”）的机制，适应度较高的解决方案有更大的生存和繁殖机会。变异过程模仿了繁殖机制，即后代解是从父代解中生成的，并继承了父代解决方案的特征。

变异过程通过应用两种主要类型的算子来产生后代：“重组”和“突变”。重组算子通过随机组合来自两个或多个亲本的信息来产生子代（例如遗传算法中常用的交叉算子）。突变算子通过随机修改来自亲本的某些信息来产生子代。

繁殖算子需要多个亲本，这意味着群体需要是同质的，所有设计变体都有相同的表现形式。而变异运算符则不然，因为它只需要一个父代。变异算子复制父代信息，然后修改其中的某些片段，形成新的子代。这仍然意味着父代和子代必须共享相同的表征。但群体可以是异质的，由使用不同表征的解组成。

与其他类型的进化算法相比，EP 的变异过程不使用任何重组算子。相反，每个父代仅使用变异算子产生一个子代。这使得 EP 算法特别适合我们的竞争进化方法。

CEDE 算法是基于标准 EP 算法，其主要区别在于需要维护设计变体的异质群体。这需要将适应度函数分成两个子函数：一个用于生成设计模型，另一个用于评估设计模型。这些子函数是设计者定义的生成脚本和评估脚本。

每个生成脚本代表不同的设计策略，并有自己独特的表现形式。根据不同的生成脚本，在群体中创建设计变体的子种群。随着进化的发展，这些子种群会根据种群中设计变体的存活率动态地增长和缩小。当子种群中的所有设计变体都消亡时，该设计策略就会消失。

算法主循环的伪代码如下：

1. Define one or more generative scripts（GS1，GS2）
2. Define one evaluative script（ES）
3. Set search settings：
maximum number of generations（e.g.，max=10）
population size（e.g.，ps=50）tournament size（e.g.，ts=10）
mutation standard deviation（e.g.；c=0.1）
initial number of design variants for each GS（e.g.，gs1=40，gs2=40）
4. Set generation number to 0（t=0）
5. Create the initial randomized population，P（t）
6. While t<max，Do
7. t=t+1
8. Create a new population，P（t），from the previous population，P（t-1）
9. End While

该算法首先由设计师指定用于进化搜索的生成脚本和评估脚本（第 1 行和第 2 行）。此外，设计师还为进化搜索过程设置了一些参数（伪代码第 3 行）。表 15.1 概述了这些脚本和设置。

首先创建一个初始种群（第 5 行），然后通过重复创建新种群（第 6~9 行）来进行搜索。下面将详细介绍这些步骤。

### 创建初始种群

在第 5 行，生成了设计变体的初始群体。作为搜索初始设置的一部分，设计者指定了每个生成脚本要生成的设计变体数量。这就定义了初始设计变体库的大小。

对于初始库中的每个设计变体，定义随机参数值，生成设计模型，并计算适应度得分。如果初始库大于种群规模，则采用循环赛选择法（下面将详细介绍）选出幸存者。幸存者会不断加入初始种群，直到达到种群规模。

随机设置参数值的过程基于与每个参数相关的三个设置：最小值、最大值和步长。这些设置定义了一个允许值列表。然后从允许值列表中随机选择参数值进行设置。

**演化算法的设置** **表 15.1**

| 设置 | 说明 |
|---|---|
| 生成脚本 | 一个或多个用于生成设计模型的脚本 |
| 评估脚本 | 用于评估设计模型的脚本 |
| 子代数 | 进化搜索的代数 |
| 种群数量 | 每一代设计变体的数量 |
| 初始子种群规模 | 每个生成脚本的子种群大小 |
| 赛事规模 | 用于比赛选拔的人才库规模 |
| 突变标准偏差 | 用于突变参数值的标准偏差 |

### 创建新种群

第 8 行从现有群体中创建新的设计变体群体。第一步是创建子种群。现有种群中的所有设计变体子代被视为父代。每个父代都会产生一个新的子代，继承与父代相同的生成脚本。子代的参数值通过改变父代参数来定义。为每个突变的设计变体生成设计模型，并计算适应度得分。然后，将父代和子代种群合并为一个种群库，并使用循环赛选择（如下所述）从中挑选幸存者。在达到种群规模之前，幸存者会不断加入新种群。

突变过程将通过扰动父设计变体的参数值来创建一组新的参数值。参数值的扰动采用高斯函数。这确保了小扰动比大扰动具有更高的概率。高斯“钟”的宽度由标准偏差控制。突变标准差是用户自定义的搜索设置，范围为 0.01~1。当标准差设置为较低值时，大多数扰动都很小，但由于分布尾部永远不会为零，因此出现大扰动的概率也不会为零。如果将其设置为高值，扰动的分布将更加平均，从而导致发生大扰动的概率较高。

### 保持多样性

对于设计师来说，必须保持群体的多样性。拥有许多完全相同或几乎完全相同的设计变体是没有用的。因此，我们的目标是确保设计变体的参数显著不同。

根据步长使用一组离散的允许参数值，可以有效地保持这种多样性。它能确保参数值之间至少相差一个步长。不过，使用离散参数值确实会增加群体中多个设计变体最终具有相同参数值的概率。因此，在创建子代时需要增加一个步骤，在更改父代的参数值后，系统将检查子群体中是否已存在具有相同参数值的设计变体。如果发现重复，则丢弃所有变异参数值，并重复变异过程。此操作最多可重复 20 次。

### 赛事选择

锦标赛选择是从种群中选择设计变体的一种方法。在 EP 中，循环赛选择通常用作幸存者选择方法。该方法的工作原理是举行配对比赛，每个设计变体根据从合并的亲代和子代种群中随机选出的其他设计变体进行评估。不同设计策略的设计变体之间没有区别。

比赛规模是设计者可以设定的搜索设置之一。如果比赛规模较小，弱设计变体的存活概率就较高，从而导致选择压力较低。扩大比赛规模会增加选择压力。然而，如果选择压力过大，那么搜索过程过早收敛于局部最优的概率就会增加。弱设计变体的存活可以使搜索过程更加发散，有助于摆脱局部最优。这对于通常又大又复杂的设计搜索空间至关重要。

## CEDE Web 应用程序

CEDE 方法由两个开源 web 应用程序支持，分别称为莫比乌斯建模器和莫比乌斯进化器。这些 web 应用程序旨在让设计师能够使用 CEDE 方法。

莫比乌斯建模器使编程能力有限的设计师能够创建自己的生成和评估脚本。莫比乌斯进化器采用 CEDE 算法，旨在支持介绍中提出的三个要求：迭代探索、竞争进化和快速执行。

### 莫比乌斯建模器

莫比乌斯建模器是一款用于创建 3D 参数模型的 web 应用程序。图 15.1 显示了最新的莫比乌斯建模器用户界面。莫比乌斯建模器作为客户端 web 应用程序运行，对服务器端资源没有任何要求。使用莫比乌斯建模器的唯一要求是使用基于 Chromium 的浏览器。

该应用程序允许设计师使用可视化编程方法创建生成和评估脚本。这就要求设计者定义一个流程图来构建整个脚本。对于流程图中的每个节点，都会使用“点击并填空”编码创建计算程序。脚本执行时，生成的 3D 模型可以在集成的三维浏览器中看到。为支持编码过程，

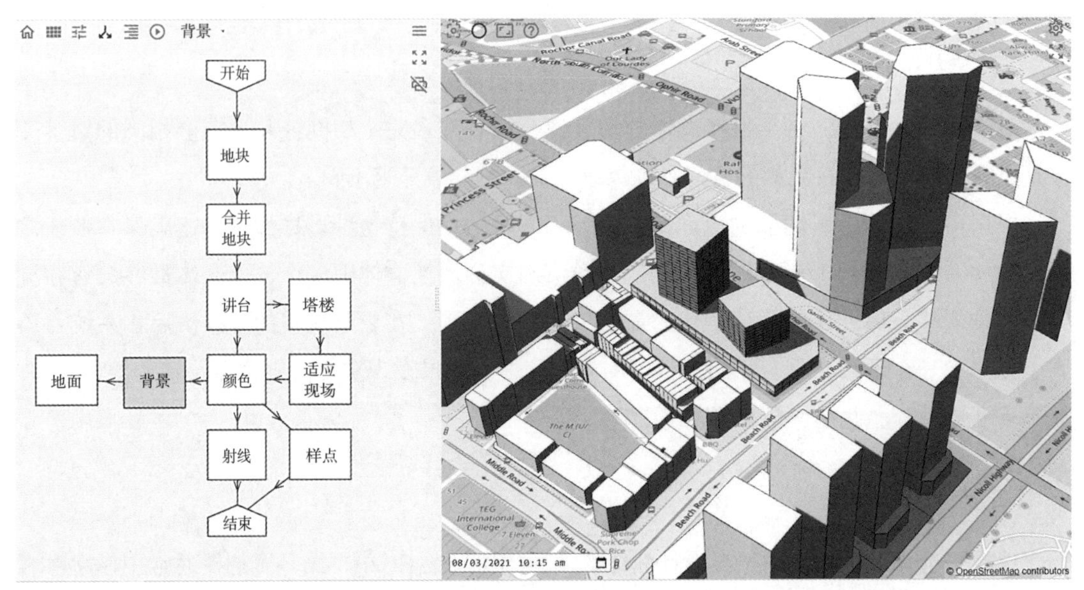


**图 15.1** 莫比乌斯建模器用户界面，展示了一个流程图和地理空间背景模型中生成的三维模型。无需许可

还提供了许多其他功能，包括自动错误检查和调试。

## 莫比乌斯进化器

莫比乌斯进化器是一款 web 应用程序，用于优化使用莫比乌斯建模器创建的参数模型。设计人员完成生成脚本和评估脚本后，可使用莫比乌斯进化器应用程序上传这些脚本。设定搜索设置后，设计师即可执行搜索过程。

莫比乌斯进化器提供了一个带有图表的用户界面，用于查看进化进程。进度图是一个折线图，显示每一代的最佳、最差和平均适应度得分。得分图是一个条形图，显示种群中每个设计变体的单独条形图，条形图的高度代表适应度，条形的颜色代表设计策略。将鼠标悬停在条形图上会弹出一个显示模型图像的框，而点击条形图则会将三维模型加载到嵌入在莫比乌斯进化器应用程序中的交互式三维查看器中。然后，设计人员可以与选择的 3D 模型进行交互。最后，当搜索过程执行完毕后，设计人员可以修改设置并继续搜索。

莫比乌斯进化器应用程序在亚马逊 AWS 云计算平台上运行。客户端提供用户界面和数据可视化组件。服务器端使用 AWS Lambda 函数执行所有主要计算任务，包括执行进化算法和所有脚本。进化搜索过程中产生的数据存储在 AWS DynamoDB 数据库中，而包括设计模型和设计图像在内的文件则存储在 AWS S3 对象存储中。

莫比乌斯进化器的一个重要目标是确保所有设计人员都能使用计算基础设施。我们采用“基础设施即代码”的方法开发了该应用程序。这样，设计人员就可以很容易地在自己的 AWS

账户上安装莫比乌斯进化器应用程序的副本。这个安装过程既安装了前端组件，也安装了整个后端基础设施。AWS 为所有用户提供大量免费计算资源配额。在演进过程中，所需的主要资源是 Lambda 函数的执行。所提供的免费配额意味着，任何能访问互联网的设计人员每月都能以最低成本运行大量的进化搜索器。

### 并行化效率

如前所述，CEDE 方法的关键要求之一是快速执行。进化搜索过程必须足够快，以避免扰乱设计过程。一般来说，一次搜索可在 5 分钟内完成，我们认为这相当于喝杯咖啡的时间。

对于进化算法，生成脚本和评估脚本的执行很容易并行化。每一代都会产生新的子代设计变体，需要生成设计模型并计算适应度得分。并行处理这些新的子代可以显著缩短执行时间。理论上的最大提速等于种群数量。然而，由于执行代码串行部分所需的时间以及并行执行所产生的额外开销，实际可实现的速度提升会更少。

并行化效率可以计算为实际加速与理论加速之比。为了计算莫比乌斯进化器实现的并行化效率，执行了一系列测试搜索，其中设计变体的总数保持不变，但群体规模有所变化。然后，通过比较种群规模为 1（无并行化）的搜索执行时间和种群规模为 10 ~ 100 时的执行时间，计算出并行化效率。根据这些测试，并行化效率为 80% ~ 90%。这意味着，将种群规模增大一倍将导致执行时间缩短 40% ~ 45%。需要注意的是，增加种群也会减少搜索的代数。代数过少会对搜索结果产生负面影响。

## 演　示

演示旨在展示 CEDE 方法如何让设计师通过一系列迭代进化搜索来探索替代设计策略。设计方案的重点是探索新加坡某地的城市体量选项。该地块位于市中心，毗邻武吉士地铁站，占地 2.3hm$^2$。探讨的建筑类型是由裙楼和一座或多座塔楼组成的办公综合体。这是亚洲常见的建筑类型。

裙楼有固定的平面图（由场地边界确定），但楼层数量可以变化。裙楼顶部的塔楼可以在数量、形状、朝向和高度上有所不同。裙楼的层高预设为 5m，塔楼的层高预设为 3m。

应用以下三个约束：

- 容积率限制：场地的容积率（或建筑面积比）设为 7。因此，最大建筑面积为 16 万 m$^2$。
- 后退限制：塔楼距离裙楼边缘的最小退缩距离必须为 6m。

- 间距限制：如果有多座塔，则塔与塔之间的最小距离必须为 20m 及以上。

我们可以想象，设计师选择专注于优化办公楼的外墙，以最大限度地减少太阳辐射并改善视野。新加坡全年气候炎热潮湿。尽量减少太阳辐射会对建筑能耗产生重大影响。改善视野可以使办公空间更加理想，并能提高办公人员的幸福感。

下面我们将介绍进化搜索的三次迭代。在第一次迭代中，探索了两种策略。基于第一次迭代的结果，然后使用两种新策略进行第二次搜索。最后，根据第二次搜索的结果，定义第三种策略。在这种情况下，继续进行第二次搜索。所有搜索都使用相同的评估脚本。

设计场景的复杂性是有限的。为了清楚起见，我们故意使这个场景保持相对简单。然而，我们在这里描述的一般方法可以应用于更复杂的设计场景，涉及更多的性能标准、设计策略和搜索迭代。

## 评估脚本

评估脚本分析了裙楼顶部塔楼的外墙，计算了三个性能指标：日照、无障碍视野和河景（请注意，裙楼的外立面不包括在适宜性计算中）。图 15.2 显示了场地的位置和朝向。

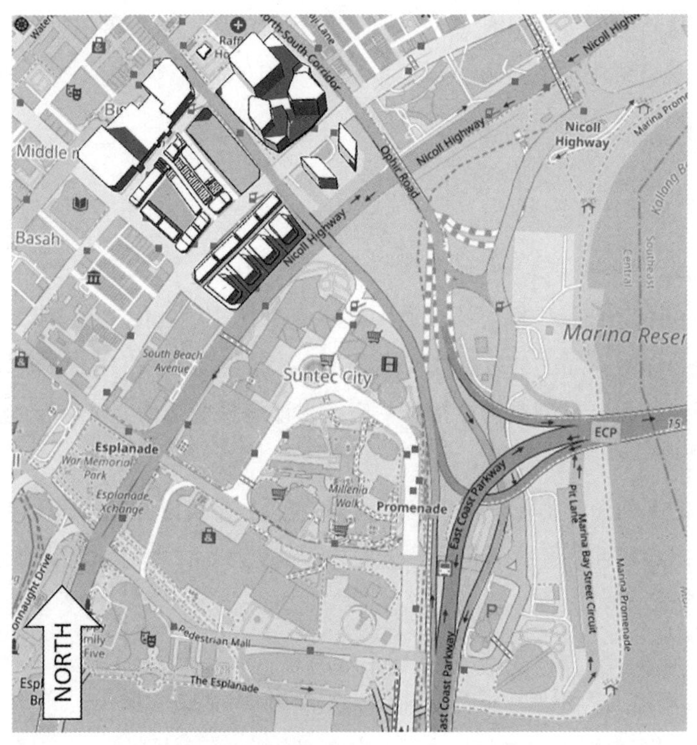


**图 15.2** 项目的位置和方向。无需许可

本演示将使用一套简化的性能指标。这些指标可以直接从几何模型中计算出来。所有指标均采用光线追踪计算。下面我们将详细介绍这些性能指标的计算方法。但需要注意的是，对于创建评估脚本的设计人员来说，我们提供了用于计算这些指标的预定义函数。这意味着设计人员无需执行下文所述的详细算法。这些函数使设计人员可以非常直接地定义自己的定制评估脚本。

每个立面都被分割成网格状的多边形。在垂直方向上，多边形的高度为 3m，与楼层高度一致。在水平方向上，立面被分割，使得多边形的最大长度为 8m。对于每个多边形，通过分析多边形的中心点来计算三个性能指标。对于每个指标，使用光线投射方法从多边形中心点向模型中的某些目标点发射射线，并计算与模型中障碍物的任何交点。

## 日照指示器和河景指示器

日照量和河景的计算方法类似。对于太阳照射，目标点是太阳天穹上均匀分布的点。太阳天穹是指六月至日和十二月至日之间的天穹切片，如图 15.3 所示。

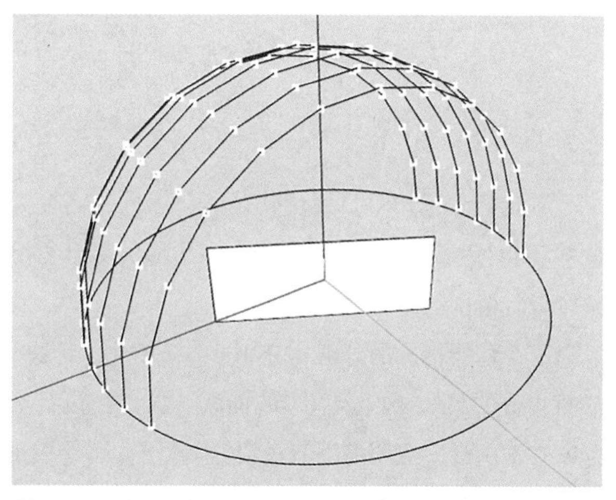

**图 15.3** 天穹上的点，平均分布在六月至和十二月至之间。中心的矩形角代表正在分析的垂直面多边形。无需许可

对于河景，目标点沿新加坡河的一个河段均匀分布。指标的精确度可以通过改变目标点的数量来控制。在本次演示中，日光照射使用了 99 个目标点，河景使用了 20 个目标点。

在这两种情况下，得分的计算方法相同。首先，过滤掉碰到障碍物的光线，只保留到达目标点的光线。然后，根据射线与多边形法线之间的角度，对每条射线的贡献进行余弦加权。这样可以确保与多边形垂直的射线比倾斜的射线影响更大。立面多边形的最终性能指标得分计算公式是将所有射线权重相加，再除以射线权重总和的最大可能值。后者是通过运行多个测试模型来计算的。计算公式如下：

$$p=\left(\sum_{i=0}^{n}\cos\left(a_i\right)\right)\frac{1}{m} \tag{15.1}$$

其中，$p$ 是性能指标（日照或河景）；$a_i$ 是射线 $i$ 的角度；$n$ 是未击中任何障碍物的射线总数；$m$ 是射线权重的最大可能总和。

### 无障碍视图指示器

无遮挡视图是通过从立面多边形中心点向以水平扇形排列的目标点发射光线来计算的，代表窗外的视图。扇形有视角和最大深度，可以通过改变扇形图案中的点数来控制精度。在演示中，扇形角度设置为 90°，深度设为 200m，光线数设为 12 条。然后计算每条光线的长度。对于没有碰到任何障碍物的射线，长度等于深度，在本例中为 200m。对于撞上障碍物的光线，长度为从中心点到交点的距离。然后，将所有光线长度相加，再除以最大可能的光线长度总和，即可计算出立面多边形的最终无遮挡视图得分。后者等于深度乘以光线数量。计算公式如下：

$$u = \left( \sum_{i=0}^{n} len(r_i) \right) \frac{1}{m} \quad (15.2)$$

其中，$u$ 为无遮挡视角得分；$r_i$ 为光线 $i$；$n$ 为光线总数；$m$ 为光线长度的最大可能总和。

### 性能评分

进化算法采用单目标优化过程，因此，需要为每个设计模型计算总体适应度得分。计算分两步执行，首先计算每个立面多边形的综合得分。其次，根据所有立面多边形的得分计算整个设计模型的最终适应度。

三个性能指标的分值均介于 0~1，简化了汇总过程。每项性能得分都有一个权重，然后将加权得分的总和乘以多边形的面积。权重由设计者根据其对每项性能指标的重视程度进行分配。在演示中，太阳照射权重设定为 0.5，河景权重设定为 0.2，无障碍视图权重设定为 0.3。

$$p = (0.5s + 0.2r + 0.3u) .a \quad (15.3)$$

其中，$p$ 是多边形的综合得分；$s$ 是太阳照射得分；$r$ 是河流景观得分；$u$ 是无遮挡视图得分；$a$ 是多边形的面积。

然后，将所有立面多边形的综合得分相加，再除以立面的总面积，就得出了适宜度得分。

$$f = \left( \sum_{i=0}^{n} p_i \right) \frac{1}{t} \quad (15.4)$$

其中，$f$ 是设计模型的适宜度；$n$ 是立面多边形的总数；$p_i$ 是多边形 $i$ 的综合得分；$t$ 是立面的总面积。

## 进化迭代 1

在迭代 1 中，定义了两种不同的策略，并为每种策略实现了一个生成脚本。两个生成脚本都遵守上文定义的约束条件。生成的所有设计变体的容积率都接近 7。

生成脚本从创建平台开始。根据场地边界，裙楼的形状保持不变。裙楼的层数由参数定义，在 0~5 层之间变化。

然后，所有脚本都会在裙楼屋顶上创建多边形，代表塔楼的足迹。然后通过挤出所需层数的足迹来生成塔楼。我们将对每个脚本进行简要说明。

在第一种策略中，在平台上放置两个方形塔楼。脚本参数如表 15.2 所示。随机生成参数值的三种设计变体如图 15.4 所示。

为了创建这两座塔楼，生成脚本执行了以下步骤：

1. 创建两个方形足迹。足迹最初放置在平台中心的两侧。

2. 根据“距离”参数移动足迹。该参数指定两个足迹中心点之间的距离。最小距离经过校准，以便不会违反间距限制。

3. 对足迹进行旋转和缩放。根据两个“旋转”参数，每个足迹都围绕其中心点旋转。旋转后，每个足迹都会围绕其中心点进行缩放，在不违反 6m 后退限制的前提下，使足迹尽可能大。

双塔生成式脚本的参数　表 15.2

| 说明 | 参数数量 | 最小值 | 最大值 | 步骤 |
|---|---|---|---|---|
| 裙楼层数 | 1 个参数 | 0 | 4 | 1 |
| 1 号和 2 号塔楼旋转 | 2 个参数 | –45 | 45 | 1 |
| 1 号塔楼的面积占比 | 1 个参数 | 0 | 100 | 1 |
| 两塔之间的距离 | 1 个参数 | 60 | 100 | 1 |

在第二种策略中，平台上放置了三座塔楼。脚本参数如表 15.3 所示，随机生成的三个设计变体如图 15.5 所示。

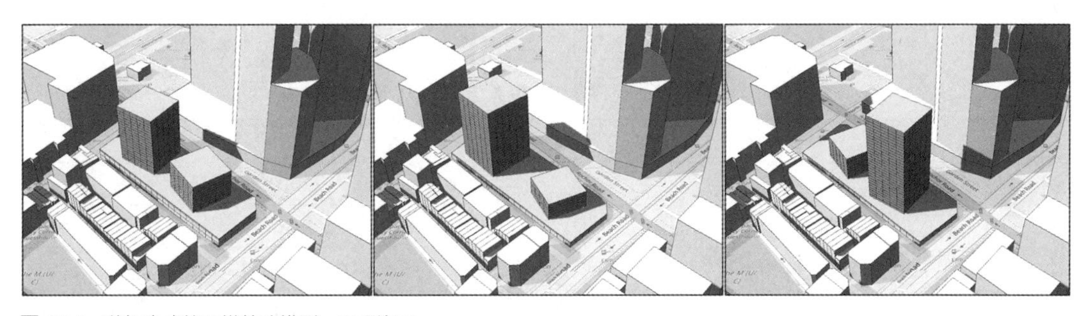

**图 15.4**　随机生成的双塔策略模型。无需许可

三塔生成式脚本的参数 表 15.3

| 说明 | 参数数量 | 最小值 | 最大值 | 步骤 |
|---|---|---|---|---|
| 裙楼层数 | 1 个参数 | 0 | 4 | 1 |
| 1 号、2 号和 3 号塔楼的相对面积 | 2 个参数 | −45 | 45 | 1 |
| 3 个塔楼的旋转 | 1 个参数 | 0 | 100 | 1 |

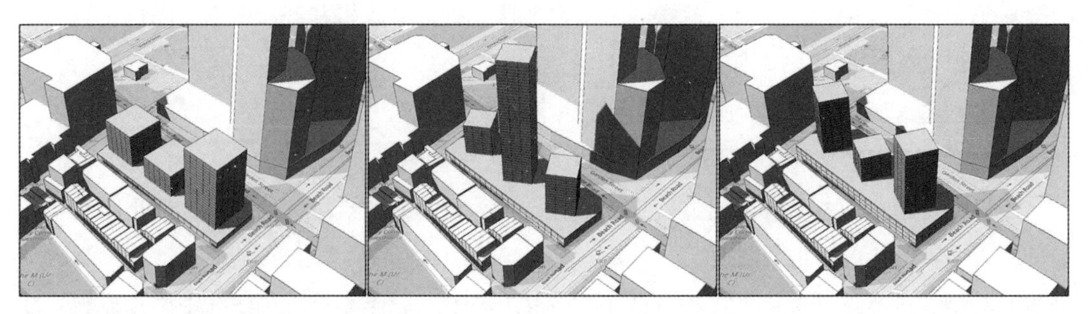

**图 15.5** 随机生成的三塔策略模型。无需许可

为了创建这三座塔，生成脚本执行以下步骤：

1. 创建三个方形足迹。这些足迹沿着裙楼的长度放置。请注意，在这种情况下，三座塔楼之间的距离是固定的，并且已经过校准，以确保不会违反间距限制。

2. 对足迹进行旋转和缩放。根据单个“旋转”参数，每个足迹围绕其中心点旋转相同的角度。旋转后，每个足迹都会围绕其中心点进行缩放，如脚本 1 所示。

3. 然后计算三座塔楼各自所需的楼层数。首先，计算三座塔楼的总建筑面积。然后根据“相对面积”参数将该区域划分到三座塔楼之间。最后根据建筑面积计算出每座塔楼的楼层数。

## 搜索结果 1

表 15.4 显示了第一次迭代所使用的设置。总执行时间为 2min 57s。每个设计的计算时间为 177ms。

搜索 1 的设置 表 15.4

| | |
|---|---|
| 子代数 | 10 |
| 种群规模 | 100 |
| 比赛规模 | 10 |
| 初始子种群规模 | GS1：100，GS2：100 |
| 突变标准偏差 | 0.1 |

图 15.6 显示了进度图。横轴表示子代数。图线表示每一代的最大、平均和最小适应度值。图线与左侧纵轴（即分数）相关联。条形图表示不同策略对种群的分配情况，这些条形图与右侧垂直菜单相关，范围从 0 到 1。该图显示，三塔策略明显较弱，并在第 9 代消失。双塔策略产生了适应度最高的设计变体。

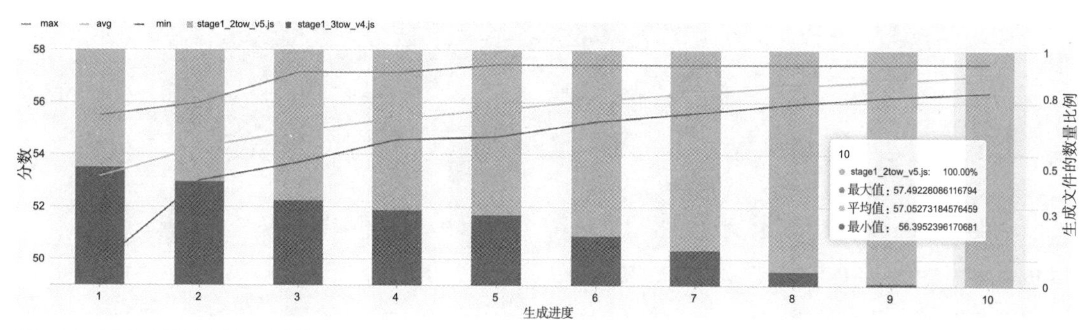


**图 15.6** 搜索 1 的进度图。无需许可

图 15.7 显示了得分图。图中每条线代表一种设计变体。线的高度表示得分。线条的颜色显示它所属的生成脚本，以及它是生还是死。将鼠标悬停在任何一条线上都会显示该设计变体的图像，点击该线就会将模型加载到模型查看器中（图 15.8）。

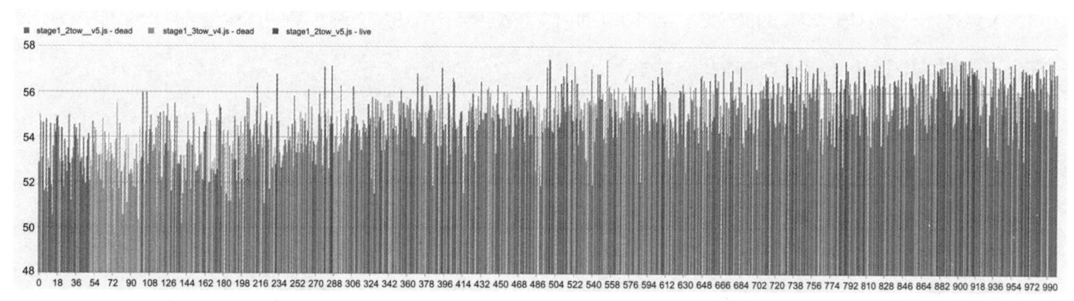


**图 15.7** 搜索 1 的得分图。无需许可

从双塔策略来看，适配度高的设计变体都具有相似的结构。适配度最高的设计变体得分为 57.5%。裙楼北端的塔楼有 27 层，旋转约为 40°。南端的塔楼为零层。设计变体如图 15.8 所示。

## 进化迭代 2a

搜索 1 的结果表明，采用 3~4 层裙楼和位于裙楼北端的单塔可以达到最佳效果。搜索 1 中的双塔策略受限于只能建造方形塔楼。因此，设计者在考虑这些结果时可能会想，如果塔楼位于北端，但塔楼的楼板不限于方形，是否有可能获得更好的性能。

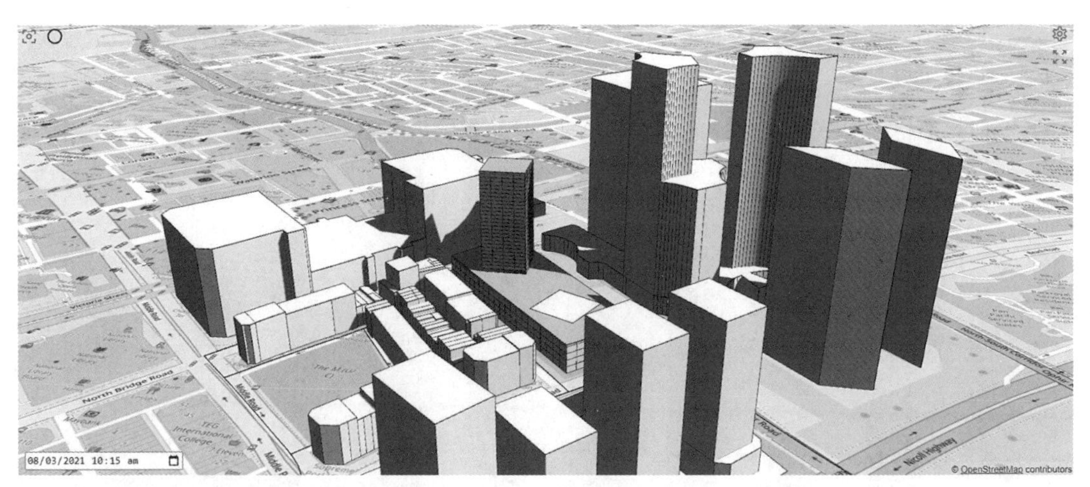


**图 15.8**　搜索 1 中适应度最高的设计变体。无需许可

为了探索这种可能性，针对形状不同的塔楼制定了两种新策略。第三种策略适用于具有正多边形平面图的塔楼，第四种策略适用于平面图为矩形的塔楼。

除了占地面积的形状不同，两个新脚本是相似的。生成的裙楼高度固定为三层。首先创建塔楼占地面积，然后进行旋转和缩放，最后根据所需的楼层数挤出占地面积，生成塔楼。

两个脚本都有一个“位置”参数、一个“旋转”参数和一个与足迹形状相关的附加参数。表 15.5 显示了多边形策略的参数，图 15.9 显示了随机生成的示例。表 15.6 显示了矩形策略的参数，图 15.10 显示了运行生成的示例。

**多边形塔生成脚本参数**　　表 15.5

| 说明 | 参数数量 | 最小值 | 最大值 | 步骤 |
|---|---|---|---|---|
| 塔台位置 | 1 个参数 | 0 | 100 | 1 |
| 塔架旋转 | 1 个参数 | 0 | 180 | 1 |
| 塔的边数 | 1 个参数 | 3 | 9 | 1 |

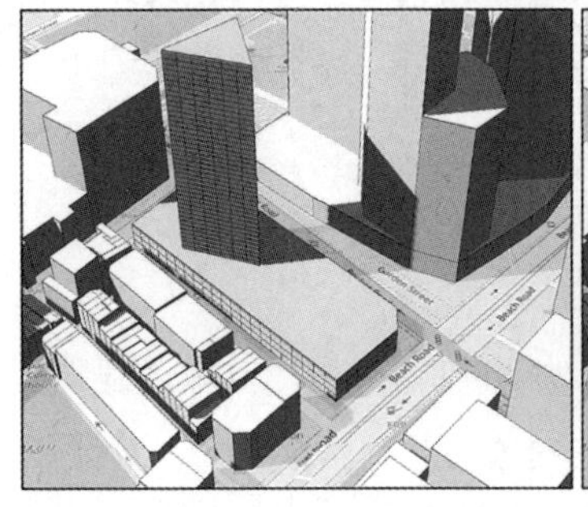
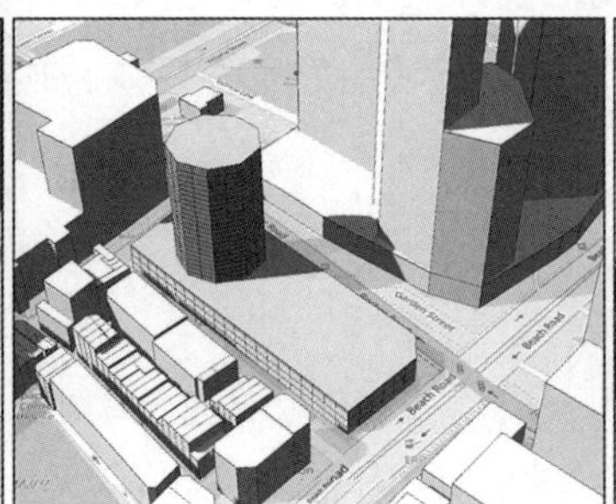
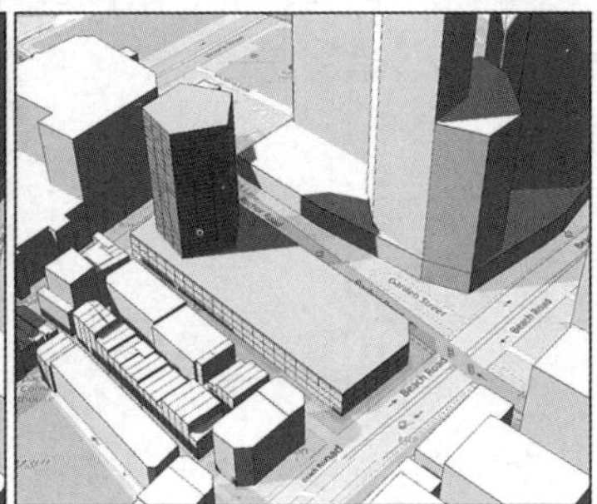

**图 15.9**　多边形塔策略随机生成的模型。无需许可

| 说明 | 参数数量 | 最小值 | 最大值 | 步骤 |
|---|---|---|---|---|
| 塔台位置 | 1 个参数 | 0 | 100 | 1 |
| 塔架旋转 | 1 个参数 | 0 | 180 | 1 |
| 塔的边数 | 1 个参数 | 0.4 | 1.6 | 0.01 |

矩形塔生成脚本参数　　表 15.6

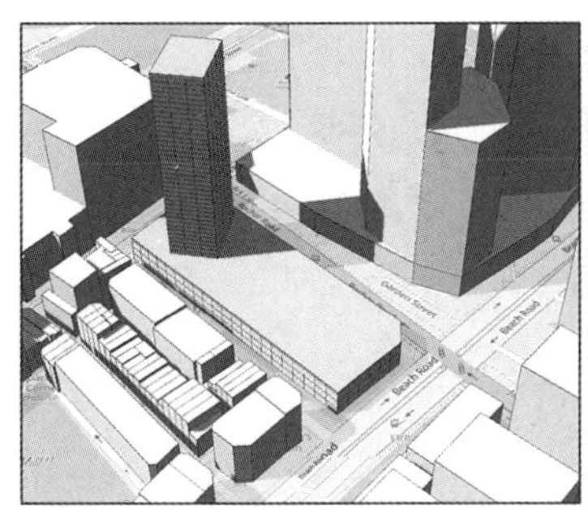
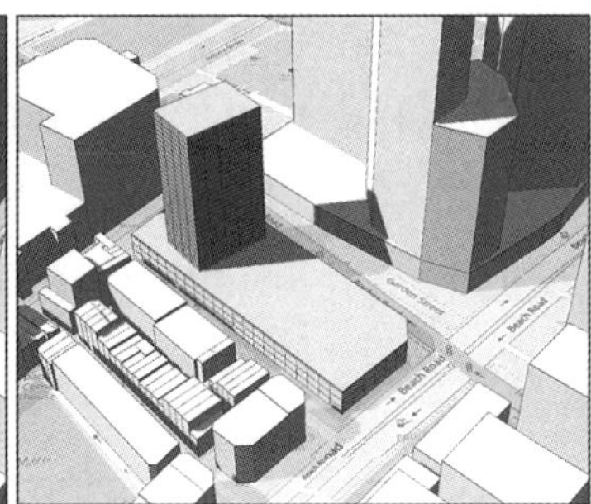
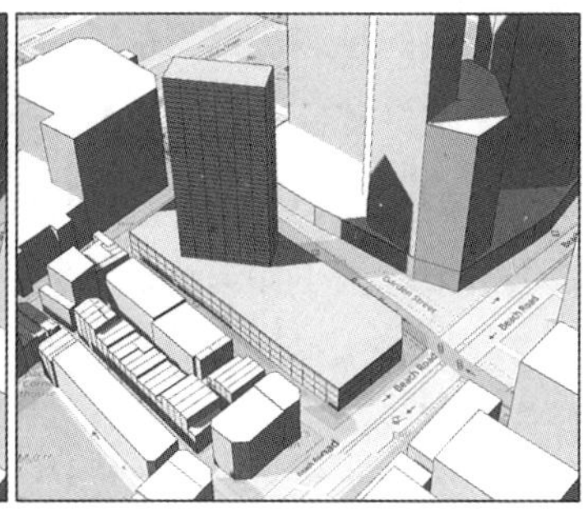

**图 15.10**　随机生成的矩形策略模型。无需许可

## 搜索结果 2a

搜索 2a 采用了相同的搜索设置，总执行时间为 2min 26s。在两种策略中，矩形策略产生的设计变体适应度最高。多边形策略在第 10 代消失了。

从矩形策略来看，适应度最高的设计变体如图 15.11 所示。这是一座细长的高塔，其朝向可最大限度地减少太阳辐射和最大化视野。

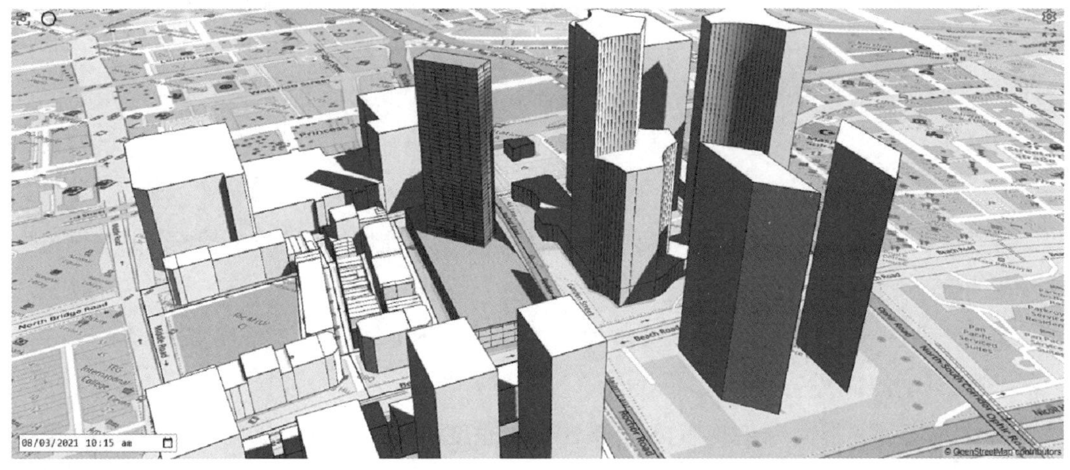


**图 15.11**　搜索 2a 中适应度最高的设计变体。无需许可

## 进化迭代 2b

搜索 2a 的结果表明，位于裙楼北端的矩形塔楼可以达到最佳效果。考虑到这一结果，设计师可能有兴趣研究形状相似但不一定是完美矩形的塔楼。

为了探索这种可能性，我们为带有倒角的塔楼制定了一个新策略。该脚本与前两个脚本类似。与之前一样，脚本在裙楼屋顶上创建一个多边形足迹，然后旋转和缩放该足迹。不过，这次生成的足迹仍然可能违反后退限制。在这种情况下，足迹多边形将通过布尔运算进行修剪，删除超出后退范围的多边形部分。这样就得到了一个四角倒角的塔式建筑。

该脚本有一个“位置”参数、一个“旋转”参数和一个用于设置塔宽度的附加参数。表 15.7 显示了倒角策略的参数，图 15.12 显示了随机生成的示例。

**倒角塔生成脚本参数** **表 15.7**

| 说明 | 参数数量 | 最小值 | 最大值 | 步骤 |
|---|---|---|---|---|
| 塔架旋转 | 1 个参数 | –50 | 50 | 1 |
| 塔台位置 | 1 个参数 | 0 | 100 | 1 |
| 塔的宽度 | 1 个参数 | 20 | 40 | 0.01 |

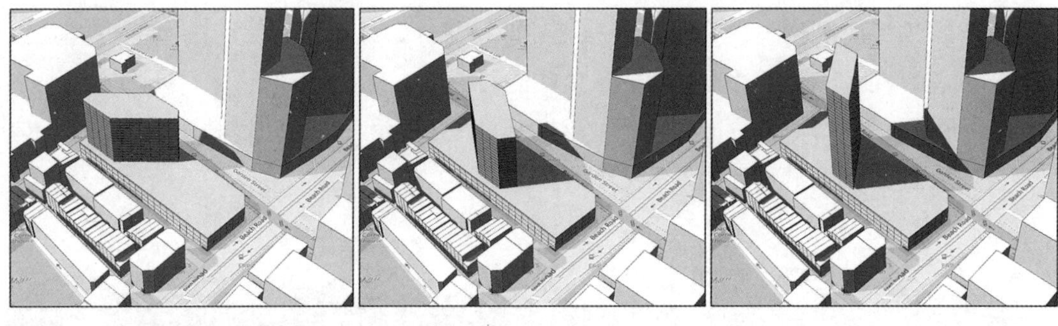

**图 15.12** 随机生成的倒角塔策略模型。无需许可

### 搜索结果 2b

搜索结果 2b 决定让倒角策略与矩形策略直接竞争。因此恢复了之前的搜索，并将倒角生成脚本的设计变体添加到群体中。

使用相同的搜索设置，只是代数增加到了 20 代，并增加了一个生成脚本。额外 10 代（1000 个设计）的总执行时间为 2min 17s。

图 15.13 显示了搜索 2a 和搜索 2b 全部 20 代的进度图。搜索 2a 包括第 1 ~ 10 代，搜索 2b 包括第 11~20 代。从图中可以看出，在搜索 2a 中，多边形策略和矩形策略开始时表现均衡，

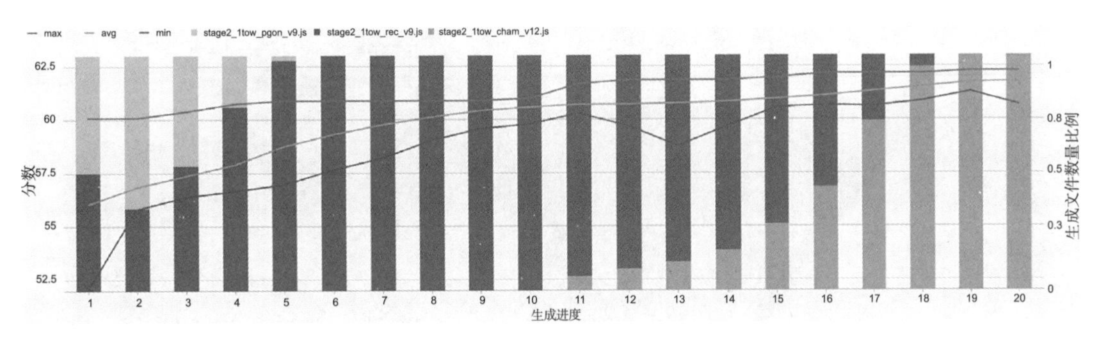


**图 15.13** 搜索 2a 和 2b 的进度图。无需许可

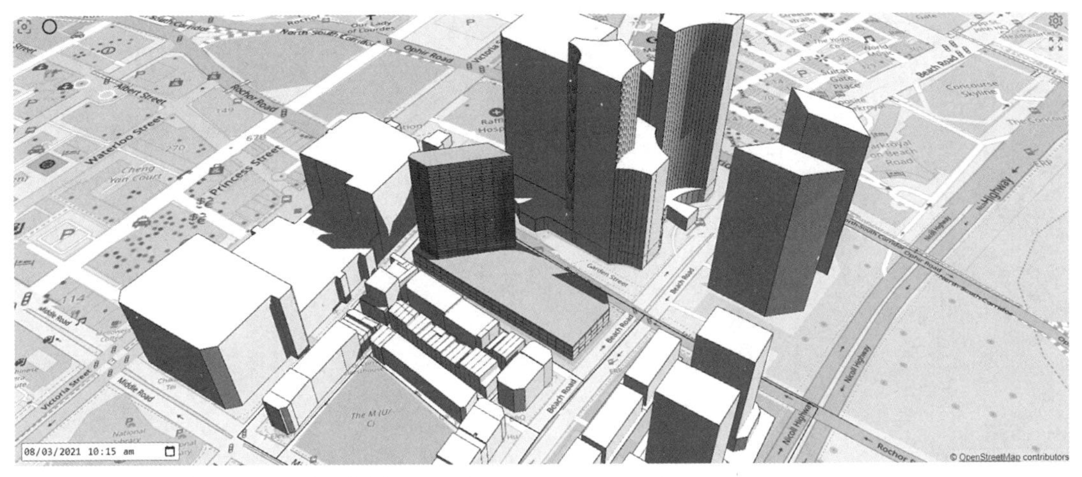


**图 15.14** 搜索 2b 中适配度最高的设计变体。无需许可

但矩形策略很快开始占据主导地位。到了第 6 代，多边形策略逐渐消失。然后在第 11 代，引入倒角策略。逐渐地，这种新策略开始战胜在第 19 代时消失的矩形策略。

从倒角策略来看，高适应度的设计变体又都是相似的。图 15.14 所示为适应度最高的塔楼。它的旋转角度为 −40°，位置为 80%，宽度为 23m。这种配置使塔楼与太阳轨迹保持一致，较大的立面朝北和朝南。在新加坡的纬度上，这样的太阳辐射最低。此外，这样的朝向还使这两个立面都拥有良好的无遮挡视野。东立面主要被邻近的高楼遮挡，减少了太阳辐射。至于西立面，邻近建筑较低，因此部分区域的太阳辐射较强。不过，这些区域相对较小。就河景而言，整个南立面的得分还算不错。使用前文所述的加权和方法对三个性能指标进行汇总，得出每个立面多边形的最终总分。

平行图是莫比乌斯进化器中的另一种图表类型。图 15.15 显示了搜索 2b 最后一代中 100 个设计变体的平行图。在平行图中，每条线代表一种设计变体。在这种情况下，所有设计变体都属于倒角策略，因为在第 20 代中只有这些设计变体存活下来。前三个纵轴代表倒角策略生成脚本的三个参数。最后一个纵轴代表适应度得分。

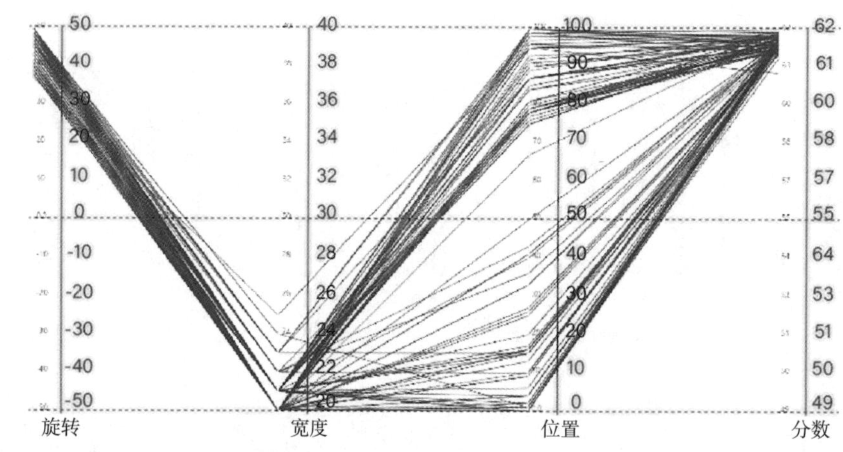


**图 15.15**　第 20 代的平行图。无需许可

从平行图中可以看出，所有设计变体的适应度得分相似，都在 61%~62% 之间。就三个参数而言，旋转和宽度的范围都很窄，而位置的范围很宽。由此，设计者可以得出结论：旋转参数和宽度参数与适应度密切相关，而位置参数与适应度关系不大。

## 讨　论

该演示展示了莫比乌斯建模器和莫比乌斯进化器如何使设计人员能够通过对设计变体的异质群体运行迭代进化程序来探索替代设计策略。每次搜索都会创建相对简单的脚本，用于生成和评估设计变体。生成脚本创建了简单的体量模型，包括带有办公塔楼的裙楼。评估脚本计算了与办公塔楼外墙相关的三个不同性能指标：太阳辐射最小化、无遮挡视野最大化和河景最大化。

这个例子证明了 CEDE 方法的可行性。不过，我们注意到，在现实世界的大多数设计场景中，三次搜索是不够的。在实际的设计过程中，设计师可能会使用不同类型的评估脚本进行许多不同的搜索。在这个过程中，设计师将逐渐深入了解设计场景中的各种可能性。

这项研究的目标是 CEDE 方法能让设计师更深入地了解设计方案与竞争设计策略之间的相互关系。此外，我们相信设计师将能够发现在没有智能放大的情况下难以发现的解决方案。为了强化这一假设，需要作更多的示例和案例研究，以处理更广泛的设计情景。

此外，对于 CEDE 算法，我们确定了两个需要进一步研究的关键领域。首先，我们将通过允许使用多个评估脚本来研究使用多目标优化的可能性。其次，我们将研究使用突变标准偏差设置的自适应的可能性。在这两种情况下，我们都希望改进双环学习过程。

# 结 论

CEDE 方法旨在通过人与计算机之间的循环交换来增强设计师的智慧。在这种交换中，设计师的任务是制定相互竞争的设计策略，而计算机的任务则是搜索高性能的设计变体。将这两项任务联系在一起的是一套由设计师创建的生成和评估脚本。

莫比乌斯建模器和莫比乌斯进化器 Web 应用程序允许设计人员在实践中应用 CEDE 方法。莫比乌斯建模器允许编程能力有限的设计师开发自己的生成和评估脚本。莫比乌斯进化器可以利用并行计算，在云中演化设计变体的异构群体。

莫比乌斯进化器使用的云计算平台可以在几分钟内完成数千种设计的搜索。这与之前研究的许多进化设计实例形成了鲜明对比，在这些实例中，即使使用并行化技术，进化优化也需要数小时甚至数天才能完成。

莫比乌斯进化器的开发旨在让任何设计人员都能轻松地将其安装到自己的私人 AWS 账户上，从而可以利用所提供的大量免费计算配额。因此，世界上任何能上网的设计师都能以最低成本使用 CEDE 方法和莫比乌斯 web 应用程序。

## 致谢

本研究得到了新加坡国家研究基金会人工智能新加坡计划的支持（AISG 奖项编号：AISG-RPKS-2019-004）。

## 参考文献

Amazon AWS，2021. Available at：https：//aws.amazon.com/.（Accessed 1 June 2021）.

Argyris，C.，Schon，D.，1978. Organizational Learning：A Theory of Action Perspective. Addison-Wesley.

Attia，S.，et al.，2013. Assessing gaps and needs for integrating building performance optimization tools in net zero energy buildings design. Energ. Buildings 60，110-124. https：//doi.org/10.1016/j.enbuild.2013.01.016. Elsevier BV.

Bentley，P.J.（Ed.），1999. Evolutionary Design by Computers. Morgan Kaufmann.

Bentley，P.J.，Corne，D.（Eds.），2002. Creative Evolutionary Systems. Morgan Kaufmann，San Francisco.

Beyer，H.-G.，Schwefel，H.-P.，2002. Natural Computing. Springer Nature，pp. 3-52，https：//doi.org/10.1023/ A：1015059928466.

Blickle，T.，Thiele，L.，1995. A comparison of selection schemes used in evolutionary algorithms. Evol. Comput. 4（4），361-394.

Bradner，E.，Iorio，F.，Davis，M.，2014. Parameters tell the design story：ideation and abstraction in design optimization. In：SimAUD 2014：Symposium on Simulation for Architecture and Urban Design.

Chen，K.W.，Janssen，P.，Schlueter，A.，2018. Multi-objective optimisation of building form，envelope and cooling system for improved building energy performance. Autom. Constr. 94，449-457. https：//doi.org/10.1016/j. autcon.2018.07.002. Singapore：Elsevier B.V.

Chen，Y.，et al.，2021. From separation to incorporation：a full-circle application of computational approaches to performance-based architectural design. In：The 3rd International Conference on Computational Design and

Robotic Fabrication.

Darke, J., 1979. The primary generator and the design process. Des. Stud. 1 (1), 36–44. https://doi.org/10.1016/0142-694x (79) 90027–9. Elsevier BV.

Deb, K., 2005. Multi–objective optimization. In: Search Methodologies: Introductory Tutorials in Optimization and Decision Support Techniques. Springer US, India, pp. 273–316, https://doi.org/10.1007/0-387-28356-0_10.

Eiben, A.E., Smith, J.E., 2015. Introduction to Evolutionary Computing. 2nd ed, Natural Computing Series, second ed. Springer–Verlag, Berlin Heidelberg, https://doi.org/10.1007/978-3-662-44874-8.

Evins, R., 2013. A review of computational optimisation methods applied to sustainable building design. Renew. Sustain. Energy Rev. 22, 230–245. https://doi.org/10.1016/j.rser.2013.02.004. United Kingdom.

Fogel, D.B., 1992. Evolving Artificial Intelligence. University of California, San Diego, CA. PhD thesis.

Fogel, D.B., 1995. Evolutionary Computation: Towards a New Philosophy of Machine Intelligence. IEEE Press, New York, NY.

Fogel, L.J., 1999. Intelligence Through Simulated Evolution: Forty Years of Evolutionary Programming. John Wiley & Sons, New York, NY.

Fogel, L.J., Owens, A.J., Walsh, M.J., 1966. Artificial Intelligence Through Simulated Evolution. John Wiley & Sons, New York, NY.

Frazer, J.H., 1995. An Evolutionary Architecture. Architectural Association Publications, London.

GenOpt, 2021. Available at: http://simulationresearch.lbl.gov/GO/. (Accessed 1 June 2021).

Givoni, B., 1994. Urban design for hot humid regions. Renew. Energy 5 (5–8), 1047–1053. https://doi.org/10.1016/0960-1481 (94) 90132–5. Elsevier BV.

Goldberg, D.E., 1989. Genetic Algorithms in Search, Optimization, and Machine Learning. Addison–Wesley Longman, Boston, MA.

Granadeiro, V., et al., 2013. Building envelope shape design in early stages of the design process: integrating architectural design systems and energy simulation. Autom. Constr. 32, 196–209. https://doi.org/10.1016/j.autcon.2012.12.003. Portugal: Elsevier B.V.

Harding, J.E., Shepherd, P., 2017. Meta–parametric design. Des. Stud. 52, 73–95. https://doi.org/10.1016/j.destud.2016.09.005. Elsevier BV.

Janssen, P.H.T., 2004. A Design Method and a Computational Architecture for Generating and Evolving Building Designs. Hong Kong Polytechnic University. PhD Thesis.

Janssen, P., 2013. Evo–devo in the sky. In: Proceedings of eCAADe 2013, pp. 205–214.

Janssen, P., 2015. Dexen: a scalable and extensible platform for experimenting with population–based design exploration algorithms. Artif. Intell. Eng. Des. Anal. Manuf. 29 (4), 443–455. https://doi.org/10.1017/S0890060415000438. Singapore: Cambridge University Press.

Janssen, P., Stouffs, R., 2015. Types of parametric modelling. In: Proceedings of the 20th International Conference of the Association for Computer–Aided Architectural Design Research in Asia, CAADRIA 2015. Proceedings of CAADRIA 2015, 20–22 May 2015, pp. 157–166.

Janssen, P., Li, R., Mohanty, A., 2016. Mobius: a parametric modeller for the web. In: Proceedings of the 21st International Conference on Computer–Aided Architectural Design Research in Asia, CAADRIA 2021. Singapore: Proceedings of CAADRIA 2016, 22–26 August 2016, Melbourne, Australia, pp. 157–166.

Kaushik, V., Janssen, P., 2013. An evolutionary design process: adaptive–iterative explorations in computational embryogenesis. In: Proceedings of CAADRIA 2013, pp. 137–146.

Koenig, R., et al., 2020. Integrating urban analysis, generative design, and evolutionary optimization for solving urban design problems. Environ. Plan B Urban Anal. City Sci. 47 (6), 997–1013. https://doi.org/10.1177/2399808319894986. Germany: SAGE Publications Ltd.

Koza, J.R., 1992. Genetic Programming. MIT Press.

Lin, S.H.E., Gerber, D.J., 2014. Designing–in performance: a framework for evolutionary energy performance feedback in early stage design. Autom. Constr. 38, 59–73. https://doi.org/10.1016/j.autcon.2013.10.007.

United States.

Martins, T.A.L., Adolphe, L., Bastos, L.E.G., 2014. From solar constraints to urban design opportunities: optimization of built form typologies in a Brazilian tropical city. Energ. Buildings 76, 43–56. https: //doi.org/10.1016/j.enbuild.2014.02.056. Brazil: Elsevier BV.

Mobius, 2021. Available at: http: //mobius.design–automation.net. ( Accessed 1 June 2021 ) .

Mobius Evolver, 2021. Available at: https: //github.com/design–automation/mobius–evo. ( Accessed 1 June 2021 ) .

Mobius Modeller, 2021. Available at: https: //mobius–08.design–automation.net/. ( Accessed 1 June 2021 ) .

Mode Fontier, 2021. Available at: https: //www.enginsoft.com/solutions/mf.html. ( Accessed 1 June 2021 ) .

Nault, E., et al., 2018. Development and test application of the UrbanSOLve decision–support prototype for early–stageneighborhood design. Build. Environ. 137, 58–72. https: //doi.org/10.1016/j.buildenv.2018.03.033. Elsevier BV.

Nguyen, A.T., Reiter, S., Rigo, P., 2014. A review on simulation–based optimization methods applied to building performance analysis. Appl. Energy 113, 1043–1058. https://doi.org/10.1016/j.apenergy.2013.08.061. Belgium: Elsevier Ltd.

Phoenix Integration, 2021. Available at: https: //www.phoenix–int.com/. ( Accessed 1 June 2021 ) .

Radford, A.D., Gero, J.S., 1980. On optimization in computer aided architectural design. Build. Environ. 15 ( 2 ), 73–80.https: //doi.org/10.1016/0360–1323 ( 80 ) 90011–6. United Kingdom.

Rittel, H.W.J., Webber, M.M., 1973. Dilemmas in a general theory of planning. Pol. Sci. 4 ( 2 ), 155–169. https: //doi.org/10.1007/BF01405730. United States: Kluwer Academic Publishers.

Rutten, D., 2013. Galapagos: on the logic and limitations of generic solvers. Archit. Des. 83 ( 2 ), 132–135. https: //doi.org/10.1002/ad.1568. undefined.

Scott, S.D., Lesh, N., Klau, G.W., 2002. Investigating human–computer optimization. In: CHI '02: Proceedings of the SIGCHI Conference on Human Factors in Computing Systems, pp. 155–162, https: //doi.org/10.1145/503376.503405.

Vierlinger, R., 2013. Multi Objective Design Interface. University of Applied Arts Vienna, https: //doi.org/10.13140/RG.2.1.3401.0324.

Wang, L., Janssen, P., Ji, G., 2019. Progressive modelling for parametric design optimization. In: Proceedings of the 24th International Conference on Computer–Aided Architectural Design Research in Asia, CAADRIA 2019.China: The Association for Computer–Aided Architectural Design Research in Asia ( CAADRIA ), 1, pp. 383–392.

Wang, L., et al., 2020a. Enabling optimisation–based exploration for building massing design: a coding–free evolutionary building massing design toolkit in rhino–grasshopper. In: Proceedings of the 25th International Conference on Computer–Aided Architectural Design Research in Asia, CAADRIA 2020. China: The Association for ComputerAided Architectural Design Research in Asia ( CAADRIA ), 1, pp. 255–264.

Wang, L., Janssen, P., Ji, G., 2020b. SSIEA: A hybrid evolutionary algorithm for supporting conceptual architectural design. Artif. Intell. Eng. Des. Anal. Manuf. 34 ( 4 ), 458–476. https: //doi.org/10.1017/S0890060420000281. China: Cambridge University Press.

Woodbury, R., 2010. Elements of Parametric Design. Routledge.

Wortmann, T., Fischer, T., 2020. Does architectural design optimization require multiple objectives? A critical analysis. In: Proceedings of the 25th International Conference on Computer–Aided Architectural Design Research in Asia, CAADRIA 2020. China: The Association for Computer–Aided Architectural Design Research in Asia ( CAADRIA ), 1, pp. 365–374.

# 第16章

# 自适应总体规划：灵活的模块化设计策略

马丁·别里克（Martin Bielik）[a]、莱因哈特·柯尼希（Reinhard Koenig）[b,c] 和斯文·施奈德（Sven Schneider）[a]

a 魏玛包豪斯大学，建筑与空间规划计算机科学讲座，德国魏玛；b AIT 奥地利技术研究所，数字与弹性城市，奥地利维也纳；c 德国魏玛包豪斯大学计算建筑教授职位

## 引　言

城市环境的复杂性是城市规划师在设计新的城市小区甚至整个城市时面临的主要挑战之一。它们由数以千计的元素组成，需要满足众多要求（从技术、资金、生态到社会）。因此，这些要求与设计元素之间的关系是高度非线性的。为了应对这种复杂性，在城市规划设计中使用数字化工具是必不可少的。这些工具一方面有助于更快地制定城市设计方案，同时还能对许多设计参数进行更多的控制。另一方面，这些工具有助于了解许多不同影响变量之间的平行互动，从而提升城市品质。现代数据分析技术和模拟技术的使用，使得测量城市环境中各种生态、经济和社会标准成为可能，并将其用于知情决策过程。此外，计算机程序的灵活性允许以过程为导向的方式整合各种利益相关者，从而满足人们的需求，为可持续发展的未来作出贡献。

在本章中，我们将探讨如何利用这些新的数字化工具来形成自适应总体规划（AMPs）——一种城市设计范式，其中设计过程的成果不是单一的城市规划，而是一个能够对不同的边界条件和设计性能要求作出反应的计算模型。我们简要总结了 AMP 的基本原理，

展示了其基本组成部分，并演示了其在两个国际项目中的应用：埃塞俄比亚的小城镇发展和新加坡海滨新城区的设计。最后，我们讨论了此类 AMP 在城市设计方面的潜力和挑战。

## 背 景

城市和建筑设计自动化软件的开发始于 20 世纪 70 年代。第一批关于计算机辅助建筑设计（CAAD）的出版物已经包含了优化设计方法和自动化设计流程。随后出现了一些生成方法，如形状语法或城市分析方法。然而，生成方法和自动化很少用于建筑和城市设计师的实践，直到 2000 年代初才出现在 CAAD 软件中。发展主要集中在数字绘图和三维建模，并提出了城市尺度上的数字建筑形成模型（BIM）和城市信息模型（CIM）的概念。虽然这些方法为表示建筑和城市环境提供了有用的基础，但它们在改进设计过程方面的能力仍然受到限制。

21 世纪初，随着功能更强大的硬件以及新软件的出现，软件工具的开发变得更加容易，这为解决方案的实际应用创造了条件。可视化编程工具的开发及其与 CAD 系统的集成，如 Grasshopper for Rhino 3D，使普通设计师也能实现城市设计自动化。由于 Grasshopper 提高了高级分析和生成算法的可访问性，越来越多的城市设计和规划项目开始全面使用计算工具。城市智能实验室或提出的项目就是很好的例子。这些项目归纳为适应性总体规划（AMP），我们将在下文中讨论。

AMP 是受参数控制的三维模型，可自动应对不同的边界条件或设计要求，从而生成各种城市设计变体。这些变体可用作各种分析的基础（如太阳辐射、风和微气候模拟、可达性、能见度、绿地供应、成本），从而评估其质量，进而优化设计。因此，AMP 是不同城市利益相关者之间进行协商的理想工具。通过交互式创建城市规划并评估其性能，可以探索不同设计参数之间的关系及其影响，并将其作为知情讨论的重要依据。

## 方 法

从技术上讲，AMP 基于一套相互关联的生成和分析算法。为了实现最大的灵活性，AMPs 采用模块化方法，可以轻松地将不同的算法相互连接起来。基本上，我们可以区分两类模块：分析模块和生成模块。生成模块可以生成城市设计元素（如街道、地块、建筑、土地利用）配置的变体。分析模块由算法组成，可从城市设计方案中提取与评估相关的特征（例如，最方便/最常去的街道是什么，或哪些家庭没有得到适当的饮用水供应）。分析模块和生成模块可以结合使用，以生成创建城市规划的复杂策略。这些复杂的策略最终可以通过改变所需的性能（如一定的城市密度或能源消耗）或直接操纵几何元素（如街道的弯曲度或城市街区的边界）来交互式地控制城市规划。

模块化方法的显著特点是设计师使用高级语言进行设计。因此，设计人员无需掌握编程语言，而是直接使用典型的城市元素（如街道、建筑）和设计参数（如宽度、长度、密度、运动流）。这样就更容易理解数字化设计策略，并将其融入设计过程。

本章介绍的 AMP 实现基于 Rhinoceros 3D（三维建模软件）作为几何引擎和 Grasshopper 3D 作为软件框架。其先进的几何建模功能为生成城市格局和管网提供了丰富的功能。通过其可视化编程语言 Grasshopper，可以轻松创建参数化设计。此外，围绕该软件的社区还开发了许多适用于建筑和城市设计的插件，如我们自主开发的 Decoding Spaces Toolbox，用于街道网络分析、可见度分析、生成街道网络、分区等，或用于流动性分析的 URBANO 或 用 于 能 源 分 析 的 Climate Studio。

## 生成模块

AMP 的主要生成模块按城市形态的主要元素（即街道、地块和建筑）以及这些元素的用途（如住宅、商业、工业）进行分类。韦伯（Weber）等将这一概念用于城市的程序建模，其中典型的生成序列从生成街道网络开始，从中提取街道街区。接下来，这些街区被切割成地块，并在其上建造建筑物。最后，是在地块上分配土地用途或城市功能的模块。原则上，如果设计合理，这些模块可以按不同顺序使用。下面将详细介绍这些模块的使用方法：

### 街道网络生成模块

对于街道网络的生成和建筑物的布置，主要有两种方法：添加法和分割法。在添加法中，街道路段是逐步添加的，每个路段都要检查有关距离、角度、与其他路段的交叉点或与其他路段的交叉点的各种规则。例如，添加法用于基于 L 系统和张量场的道路网络的程序创建。在减法中，将定义的区域细分为街区，而街区边界则定义了街道段。控制这两种方法的参数通常可由设计师定义或由分析模块提供（如地形坡度或网络中心度）。

### 城市街区和地块生成模块

街道街区是由街道网络的各个部分所围成的区域。它们是生成地块的基础，可以使用多种细分算法。不过，需要考虑的是，每个地块都应连接到街道路段。主要控制参数是地块面积和街道地块宽度。

### 土地利用分布模块

每种土地利用类型都可以根据其空间要求来定义，如面积或与其他土地利用和环境特征（如水、耕地）的可达性。土地利用分布模块可让设计师定义整个土地利用方案的要求列表，并迭代搜索最佳布局。除了自动布局外，该模块还提供了一个选项，即通过类似于在城市规划图上绘制的程序手动分配土地用途。

### 建筑生成模块

通过考虑主要定义允许密度、距离和高度的参数，将建筑物作为 3D 体量放置在地块上（图 16.1）。为了更详细地生成建筑体量，可能还需要考虑建筑的内在逻辑和要求。

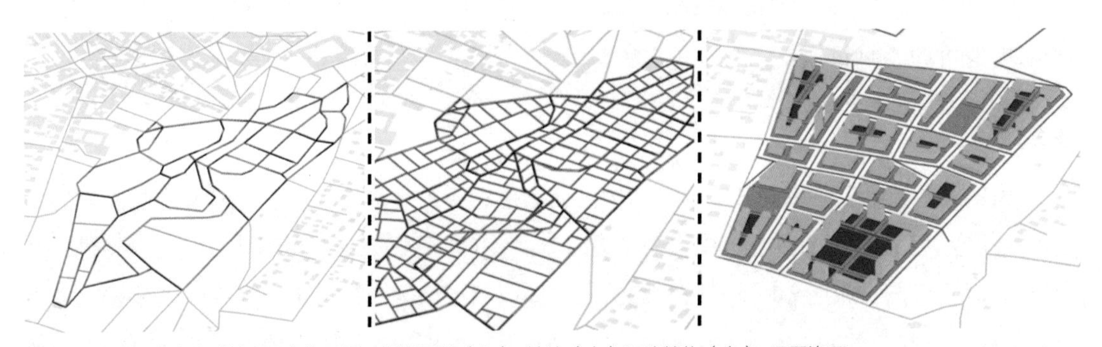

**图 16.1**　不同自动生成城市元素的示例：街道网络（左）、地块（中）和建筑物（右）。无需许可

## 分析模块

借助分析模块，计算生成的城市环境质量，既可以用来评估设计方案的整体性能（如能源消耗、建筑成本），也可以为设计提供信息（如交通流分析形成的街道宽度）。在过去几年中，我们创建了许多针对城市环境定制的不同分析模块。因此，数据结构与生成模块之一对齐，可以轻松分析生成的设计，进而为生成过程提供信息。下面展示了一些分析模块。

### 地形和水

地形是城市设计的基本边界条件。因此，与地形相协调的城市布局可以改善交通，方便施工。地形分析模块可识别地球表面的几个特征，如坡度或粗糙度（图 16.2 左）。这可以告知建筑物的分配（坡度过大，是否可以在其上建造建筑物？）或街道网络的布局（坡度过大，是否适合步行 / 骑自行车？）。此外，地形也会影响水流。在城市设计中考虑水流对于保护街道和地块免受洪水侵袭，以及有效地向住户供水和排放废水至关重要。

**图 16.2** 基于地形的不同分析模块示例：坡度分析（左）、水冲刷分析（中）和雨水分析（右）。无需许可

为了确定雨水的自然流向，我们开发了一种径流分析方法。根据对网格地形模型的几何分析，计算出主要排水线及其密度，以及当地的永久水库（池塘）或临时汇水区（沼泽）（图 16.2 中）。这些数据可用于识别洪水风险街道（图 16.2 右），为街道网络的生成提供信息，或为蓄水池的布置寻找局部高点。

对于水分布分析，我们在现有水文分析工具 EPANET 的基础上创建了一个模块，EPANET 是一个用于分析加压管网的开源库。该模块可根据给定的街道网络、需水量和地形计算水文网络特性以及水质指标（图 16.3）。这样就可以测试住户是否供水不足，从而改变设计参数（如街道网络布局或蓄水池位置）。

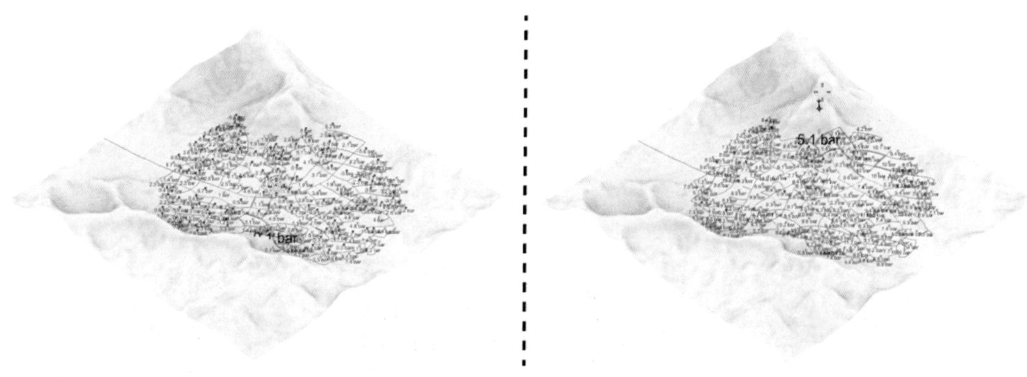


**图 16.3** 两个不同水箱位置的水压分析示例（绿色点表示供水充足的家庭，红色点表示供水不足的家庭）。无需许可

## 可达性和中心性

由于街道网络的目的是连接和促进人流和物流，我们通过测量其可达性和中心性来量化街道网络的能力。将街道网络表示为空间图，并根据最短路径计算不同地点之间的关系。这里的距离可以用路径的长度或路径的容易程度来测量。后者表示的是认知距离，即一个人需要转弯的频率，或者在两地之间找到一条路的难易程度，与路径的长度无关。通过这种方法，

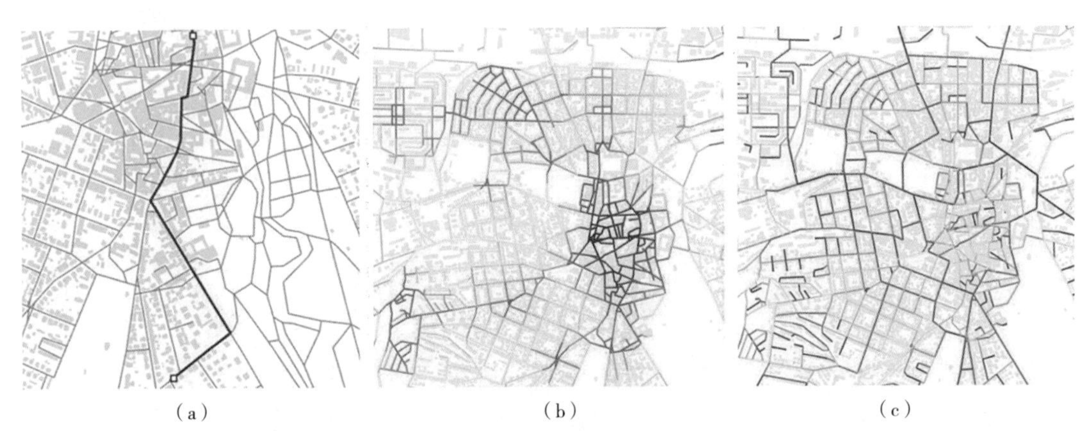

（a） （b） （c）

**图 16.4** 城市设计变体的中心性分析。（a）两个地点之间的单条最短路径。（b）接近中心度，表示哪些街道最接近其他所有街道（红色 = 高值，蓝色 = 低值）。（c）介数中心性，表示最常出现的街道（红色 = 高值，蓝色 = 低值）。无需许可

我们可以量化每个地点相对于城市规划中其他地点的可达性和中心性（图 16.4）。正如希利尔和汉森所证明的，街道网络中心性指标（如接近度、介数）与人类行为的不同方面（如土地利用分配、运动流）密切相关。因此，分析结果可用于为生成模块提供有关土地利用最佳分布的信息，或调整道路轮廓以适应预期交通。

## 可视域

我们在环境中看到的东西会影响我们的情绪和身体状态以及我们在空间中定位和导航的能力。为了量化给定位置的视觉感知，我们使用了可视域的概念，该概念是由贝内迪克特（Benedikt）引入，并经常用于环境行为研究。可视域被定义为从一个有利位置可以看到的区域（图 16.5）。根据可视域的形状和射线，可以得出不同的性质，如可视域多边形的表面积、周长、紧凑性（与理想圆相关的面积与周长之比）或封闭性（封闭的长度）。反过来，通过这

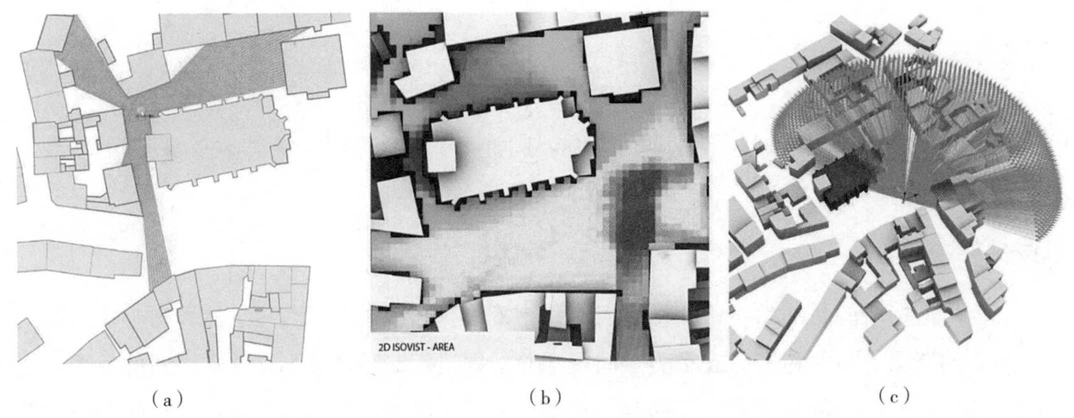


（a） （b） （c）

**图 16.5** 设计变体的可视域分析。（a）单一可视域。（b）区域属性的可视域区域（红色 = 高值，蓝色 = 低值）。（c）三维可视域，根据可视域突出显示建筑物。无需许可

些计算，可以得出安全性等感知质量，或评估哪些区域特别容易被看到，从而对室外空间产生更大的影响。最初，可视域的概念仅限于缩小二维空间，然而，正如作者在之前的出版物中所证明的那样，同样的原则也可以扩展到第三个维度。

## 连接模块

AMP 工具箱中的所有模块都可视为由一组输入驱动的计算算法，并产生特定于模块的输出。AMP 的核心理念是各个模块可以通过输入输出连接成算法流水线，如下节介绍的图 16.6 所示。值得注意的是，流水线中模块的顺序非常灵活，因此，相同的模块组合可能会产生多种 AMP。例如，街道网络生成模块的输出可以作为土地利用分布模块的输入，中心街道作为混合用途、商业中心，而交通不便的位置则分配为住宅或农业用地。不过，也可以先确定土地利用分布，然后将其转化为驱动街道网络生成的输入参数。因此，规划师能够以灵活的方式将一系列简单的模块组合成一个复杂的生成系统，易于控制和调整。

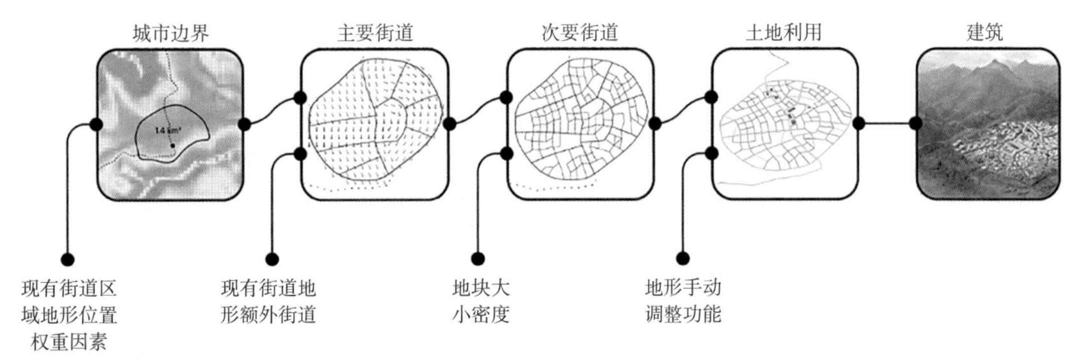


**图 16.6** 用于创建城市规划的 AMP 模块顺序示例。无需许可

# 应 用

在下面的两段中，我们将通过两个案例研究来展示前面介绍的 AMP 方法的应用。因此，在每个案例中，我们都会简要描述城市设计问题的背景，然后展示如何针对这一问题创建 AMP，最后讨论使用 AMP 能够产生的结果。

## 埃塞俄比亚快速发展城市的空间发展方案

第一个案例研究涉及埃塞俄比亚各地小城镇的发展。本案例研究的背景是快速城市化，每年有数百万人从农村迁移到城市，导致资源、基础设施、住房和工作岗位的短缺。应对这一进程的战略之一是将现有的村庄发展成可容纳约 1 万名居民的小城镇。这种分散的区域规划政策旨在防止越来越多的农村人口迁移到首都亚的斯亚贝巴的非正规住区。将支持新的城乡接合部城市的居民留在本地区，为他们提供更好的生活条件和新的就业机会以及必要的基础设施。

鉴于该国无处不在的多样性，以多种语言、宗教、文化、景观和气候条件为特征，这一城市化进程中面临的挑战之一是如何在短时间内由几名训练有素的城市规划师和建筑师设计出成百上千座这样的新城市。用传统的方法来处理这个问题几乎是不可能的，尤其是必须避免重复使用标准的城市设计方案时，这些方案并不能反映特定地点的具体情况（如地形、现有建筑和道路）。

考虑到这一点，我们与设计工作室的学生一起为埃塞俄比亚约 1 万名居民的城市开发了几种 AMP，这些 AMP 在很大程度上可以自动适应当地的地理条件。因此出现了许多不同的方法，下面将介绍其中的一种策略。AMP 包括四个模块：（1）确定城市区域；（2）根据水流情况创建主干道；（3）创造次干道，以确保步行便利性和街道街区的大小适合各种用途；（4）分配土地用途、密度和建筑类型。对于每个模块，都采用了适当的分析方法来控制生成过程，如下所示。

为了确定城市的开发区域，需要计算城市边界。因此，必要的表面积是根据预期人口和预期城市密度计算出来的。该表面积定义了一个圆的大小（作为紧凑的初始城市形状），设计者可以自由选择圆的位置。根据地形分析（图 16.7A），从该圆中减去所有陡度超过一定临界值的区域。为了满足必要的表面积，圆的尺寸不断增加（图 16.7B）。除陡度外，还可以手动定义其他不可开垦的区域（例如，土壤肥沃的区域更适合耕作）。

在确定城市发展的边界后，街道网络就生成了。因此，使用地形上的粒子模拟来检测分水岭（图 16.7C）。然后将这些分水岭线简化（拉直）并用作街道线。这样可以确保雨水能够有效地排出城市，并储存在蓄水池中。这些街道与现有道路一起成为城市的主要街道（图 16.7D）。

接下来生成次要道路。因此，分水岭街道和边界线被划分为类似的路段。然后将这些路段的端点连接起来，形成平行的街道（图 16.7E）。最后，分析这些生成的街道段的长度。如果超过一定长度，则将其细分，并在平行街道之间插入额外的街道路段（图 16.7F，显示为绿色）。这就确保了居民之间的短距离，从而提高了步行的便利性。

生成街道网络后，进行街道网络分析，以确定最方便到达的地点和最常去的街道路段（图 16.8 左）。根据分析结果，拥有大市场广场的主要城市中心位于全球最便利的街区，几个小型邻里中心的位置则确定在当地交通便利的街区。这些中心的位置决定了其余街区的密度。街区离中心越近，其密度越高（图 16.8 中）。因此，密度值会自动调整，以确保所需的居民人

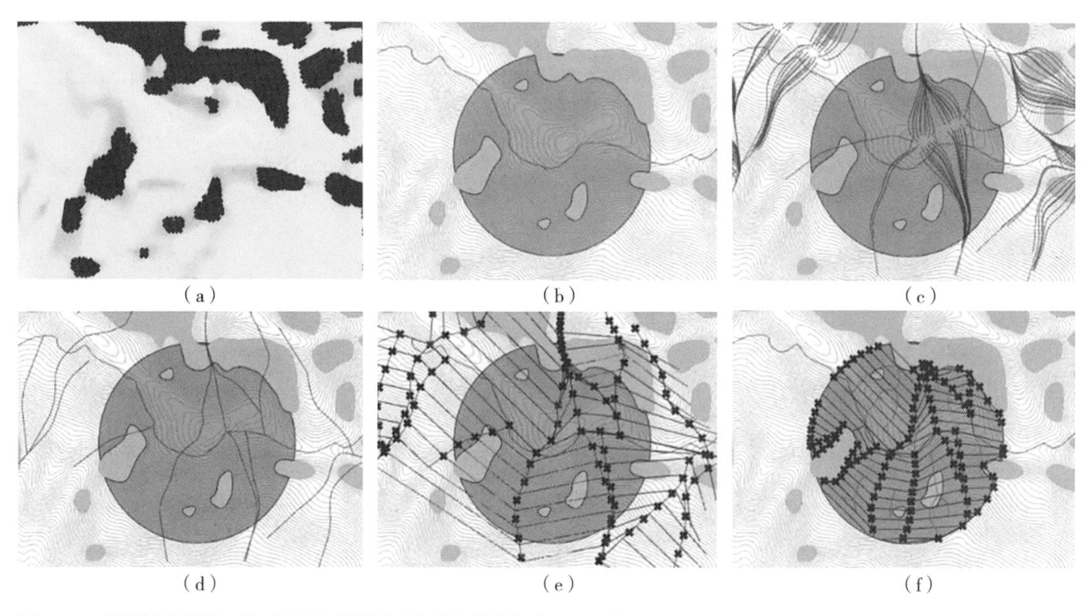


**图 16.7** 根据城市规模、地形边界和流域生成街道网络的顺序。无需许可

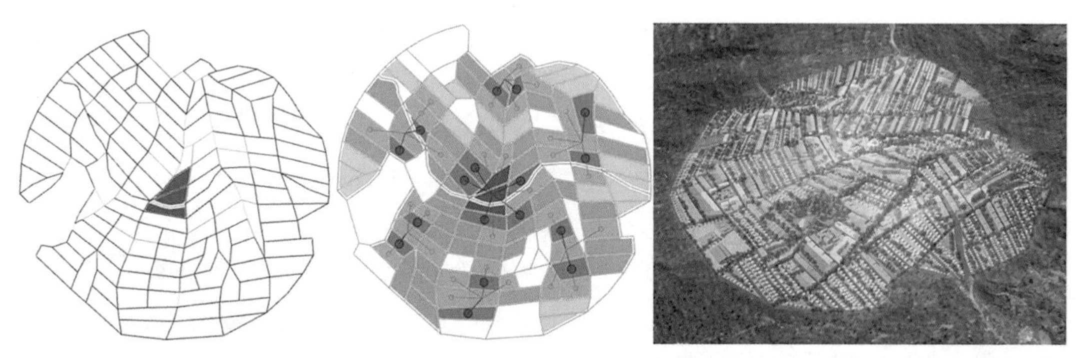

**图 16.8** 街道网络分析（左）为中心和次中心的分布以及街道街区的密度（中）提供了信息，这反过来又影响了地块的布局和建筑物的大小（右）。无需许可

数。最后，在此步骤之后，应采用参数化的排屋类型学。因此，每个街区沿短边被分成两半。在长边，街区被分成同样宽的地块。每个地块上都有一栋建筑（简单体积）(图 16.8 右)。地块和建筑体积的大小取决于街区的目标密度。

对于 AMP 的每个模块，都存在多个输入参数。这些参数既有固定的背景信息，如地形或现有街道网络，也有用于控制算法的灵活参数，如城市中心点、人口规模或目标密度。一旦这些参数发生变化，模块就会重新计算解决方案，从而可以生成和测试许多不同的变体。图 16.9 举例说明了地形变化的影响。AMP 应用于埃塞俄比亚的三个不同地点。因此，城市的主要组织原则保持不变，但街道布局根据地形进行了调整，因此中心的位置和密度分布也发生了变化。

**图 16.9**　埃塞俄比亚三个地区的总体规划变体：Haro Welabu、Anko Golma 和 Fefa Dildy Kebele。半自动生成的设计变体的可视化。插图由 Ondrej Vesely 和 Iuliia Osintseva 绘制

## 新加坡海滨新区的开发

第二个例子是与新加坡未来城市实验室（FCL）合作开发的。它描述了新加坡未来丹戎巴葛海滨区的 AMP 开发：一个占地 400hm$^2$ 的集装箱码头正在搬迁，从而腾出靠近海岸的中心地带用于新的开发。指定的标准仅限于明确的边界、现有的周边开发、期望的人口密度和高度限制。

本项目的 AMP 有五个模块：街道网络、海岸线、用途、交通和建筑（图 16.10）。勾勒大型区域的主要街道是作为现有街道的延伸而预先定义的，而次要街道网格则是自动生成的。它需要输入所需的街道街区大小及其比例。此外，海岸线的总体轮廓是根据概念方案手工绘制的，无论是与现有土地数量相同，还是填海造地以达到较低密度。同样，为了实现与水的更多视觉联系，我们遵循设计理念创造了城市元素，也就是峡湾。它们通过凿出小水道，从滨水区向外辐射，并在旁边设置步行小巷，最终形成街道网络。

AMP 的下一个模块是整个区域的功能分配。我们灵活的输入之一是预期人口结构与当前人口结构之间的关系，并取决于其在功能需求方面的变化。这样就可以对城市功能需求变化的情景进行研究。例如，年轻人口比例越小，对托儿设施的需求就越少。此外，每种特定功能都有其特定的分布和位置选择规则，例如，最大的零售店应紧邻综合性最强的街道，或中学应平均分布在所有住户的步行距离内。考虑到街区内各种用途的节能组合，还可以对功能分布进行扩展。

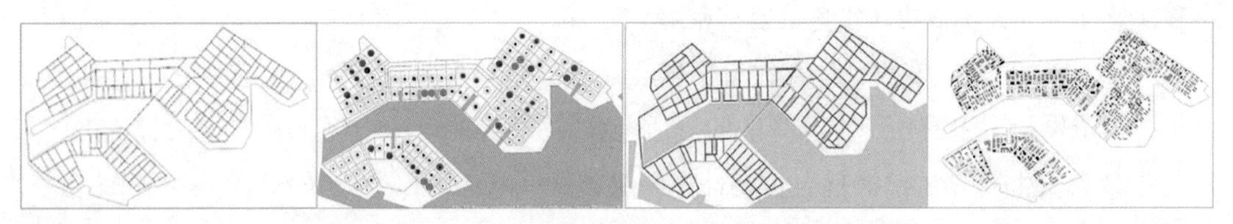

**图 16.10**　新加坡案例研究中 AMP 的五个模块。从左至右：（1 和 2）街道网络和峡湾，（3）土地利用，（4）道路和交通，（5）建筑物。Konieva，K.，Knecht，K.，Osintseva，I.，Vesely，O.，Koenig，R.，2018. Parametric assistance for complex urban planning processes：three examples from Africa and South-East Asia.In：Architecture，Civil Engineering and Urbanization（ACEU）Conference. Singapore.

基于土地利用、密度和街道网络的分布，我们分析了可达性和中心性作为土地用途和建筑体量分布的基础。最后，应用建筑类型的规则。一般来说，类型根据密度和与海岸的关系分为三组。在每一组中，都有具有功能组合的预定义模板（先前根据能源性能开发）。对于这三个组中的每一组，我们为建筑布局和高度制定了具体规则。

尽管与前面埃塞俄比亚的例子完全不同，但我们采用了类似的生成方法：从生成道路网络和土地利用分布开始，我们进一步深入到建筑类型、建筑高度和街道等细节。在此，我们将根据不同的城市设计概念，为同一地点生成多个备选设计方案，以展示 AMP 的潜力。这些概念探讨了海岸线形状、绿化面积和桥梁数量的不同变体（图 16.11）。

**图 16.11** 丹戎巴葛滨水区的适应性总体规划产生了三种设计变体。Konieva，K.，Knecht，K.，Osintseva，I.，Vesely，O.，Koenig，R.，2018. Parametric assistance for complex urban planning processes：three examples from Africa and South-East Asia. In：Architecture，Civil Engineering and Urbanization（ACEU）Conference. Singapore.

为确保尽可能顺畅的人机交互，应用 AMP 的工作流程近似于传统的城市设计流程，其中最初的概念决策起着关键作用，并在整个流程中被重新考虑和修改。最重要的概念决策是在初始设计阶段作出的，随后的概念更改则被视为单独的变化。城市分析方法在比较不同变体的表现方面发挥着重要作用：在土地利用分布模块的评估中，评估了能源性能，并对道路宽度进行分析，以提供最佳的交通空间。此外，全数字模型还可用于各种物理模拟（如太阳辐射、风力模拟）、城市分析（如设施可达性、绿化与建筑比例）和成本计算。评估结果可用于谈判，尤其是在利益相关者利益冲突的情况下。

## 结 论

本章所介绍的 AMP 技术和应用实例展示了城市设计数字化方法的潜力。这种新的城市设计形式可以高效地执行分析、生成和优化等连续阶段，同时保持过程的透明性，让所有可能的利益相关者（从工程师到居民）都能参与协商。整合综合数据集和分析以及快速生成多种设计变体的巨大灵活性将永久改变城市规划师的工作实践。

AMP 应考虑差异很大的当地条件。世界上经济发展处于不同阶段的两个国家的示范项目就证明了这一点。自适应总体规划的模块化设计允许有效分享专业知识、专家参与、设计的高度可变性和决策的透明度。所提出的数字化设计方法在很大程度上是基于可以形式化的信息。在最简单的情况下，这些信息是距离或建筑密度的关键数据。因此，人机交互对于引入城市规划师的非形式化知识非常重要。

随着人工智能的发展，自适应总体规划的自动化程度将不断提高。与其他行业一样，城市设计师和建筑师可能会被计算机程序取代以前的工作，并且可能不得不重新定义自己的角色：与设计师和建筑师的传统自我形象不同，如今的规划不再是绘制，而是越来越多地自动生成。毫无疑问，我们世界的设计必须掌握在人类手中，并由他们控制和管理。然而，城市设计和设计过程的许多方面可以通过计算机更有效地实现，因为计算机是数字可用知识的综合体。未来，我们的城市设计师将扮演一个全新的且同样复杂的角色，即在创造未来城市生活环境中，作为利益群体的不同需求和咨询计算机程序的可能性之间的协调者。

## 说 明

DeCodingSpaces-Toolbox 中提供了作为 Rhino3D/Grasshopper 组件的 AMP 各个模块的集合。

# 参考文献

Benedikt, M.L., 1979. To take hold of space: isovists and isovist fields. In: Environment and Planning B: Planning and Design. SAGE Publications, pp. 47–65, https: //doi.org/10.1068/b060047.

Bielik, M., Koenig, R., Fuchkina, E., 2019. Evolving Configurational Properties: simulating multiplier effects between land use and movement patterns. In: Proceedings of the 12th Sp Syntax Symposium, pp. 1–20.

Braach, M., 2002. Programmieren statt Zeichnen: Kaisersrot. archithese.

Chen, G., Esch, G., Wonka, P., 2008. Interactive procedural street modeling. ACM Trans. Graph. 27 (10). https: //doi.org/10.1145/1360612.1360702.

Coates, P., Derix, C., 2008. Smart solutions for spatial planning: a design support system for urban generative design.In: 26th eCAADe: Architecture "in computro,", pp. 231–238.

Dalton, R.C., 2003. The secret is to follow your nose: route path selection and angularity. Environ. Behav. 35 (1), 107–131. https: //doi.org/10.1177/0013916502238867. United Kingdom.

Duarte, J.P., Beirão, J., 2011. Towards a methodology for flexible urban design: designing with urban patterns and shape grammars. Environ. Plann. B. Plann. Des. 38 (5), 879–902. https: //doi.org/10.1068/b37026. Portugal: Pion Limited.

Duering, S., Chronis, A., Koenig, R., 2020a. Optimizing urban systems: integrated optimization of spatial configurations. In: SimAUD: Symposium on Simulation for Architecture and Urban Design, pp. 509–515.

Duering, S., Sluka, Koenig, R., 2020b. Planning with uncertain growth projections—a computational framework for finding resilient, spatiotemporal development strategies for new town developments. In: 25th International Conference of the Association for Computer–Aided Architectural Design Research in Asia (CAADRIA). Association for Computer–Aided Architectural Design Research in Asia (CAADRIA).

Eastman, C.M., 1973. Automated space planning. Artif. Intell. 4 (1), 41–64. https: //doi.org/10.1016/0004–3702 (73) 90008–8. United States.

Eastman, C., et al., 2008. BIM Handbook: A Guide to Building Information Modeling for Owners, Managers, Designers, Engineers and Contractors. John Wiley & Sons Inc.

Elshani, D., Vititneva, Gilmanov, 2020. Rural urban transformation: parametric approach on metabolism–based planning strategies in Ethiopia. In: SimAUD: Symposium on Simulation for Architecture & Urban Design. Society for Modeling & Simulation International (SCS).

Elshani, D., Koenig, R., Duering, S., 2021. Measuring sustainability and urban data operationalization. In: International Conference of the Association for Computer–Aided Architectural Design Research in Asia (CAADRIA). Association for Computer–Aided Architectural Design Research in Asia, pp. 407–416.

Fink, T., Koenig, R., 2019. Digital integrative urban planning. In: Naboni, E., Havinga, L. (Eds.), Regenerative Design in Digital Practice: A Handbook for the Built Environment. Eurac Research, Bolzano, pp. 207–214.

Flemming, U., 1978. Representation and generation of rectangular dissections. In: Proceedings—Design Automation Conference. Institute of Electrical and Electronics Engineers Inc, United States, https: //doi.org/10.1109/DAC.1978.1585160.

Franz, G., Wiener, J., 2005. Exploring isovist–based correlates of spatial behavior and experience. In: Proceeding of the 5th Space Syntax Symposium.

Gil, J., Almeida, J., Duarte, J., 2011. The backbone of a City Information Model (CIM). In: 29th eCAADe conference, pp.143–151.

Grason, J., 1971. An approach to computerized space planning using graph theory. In: Proceedings—Design Automation Conference. Institute of Electrical and Electronics Engineers Inc, United States, https: //doi.org/10.1145/800158.805070.

Hillier, B., Hanson, J., 1984. The Social Logic of Space. Cambridge University Press.

Hovestadt, L., 2009. Beyond the Grid—Architecture and Information Technology: Innovative Solutions for

Complex Systems. Birkhauser，Berlin.

Hsieh，S.，et al.，2017. Defining density and land uses under energy performance targets at the early stage of urban planning processes. Energy Procedia. https：//doi.org/10.1016/j.egypro.2017.07.326. Singapore：Elsevier Ltd.

Koenig，R.，Miao，Y.，Knecht，K.，2017. Interactive urban synthesis. In：Cagdas，G.，et al.（Eds.），Computer-Aided Architectural Design. Future Trajectories. Springer，Singapore，pp. 23-41.

Kropf，K.，2017. The Handbook of Urban Morphology. John Wiley & Sons Inc.

Mayer，T.，1971. Computer as an Aid to Architectural Design：Present and Future. Construction Science and Technology.

Miao，Y.，et al.，2018. Computational urban design prototyping：Interactive planning synthesis methods—a case study in Cape Town. Int. J. Archit. Comput. 16（3），212-226. https：//doi.org/10.1177/1478077118798395. Singapore：SAGE Publications Inc.

Mitchell，J.，1977. Computer-Aided Architectural Design. Van Nostrand Reinhold Company，Inc.

Negroponte，N.，1975. The architecture machine. Comput. Aided Des. 7（3），190-195. https：//doi.org/10.1016/0010-4485（75）90009-3. United States.

Negroponte，N.，Groisser，L.，1970. URBAN 5：A machine that discusses URBAN design. In：Moore，G.T.（Ed.），Emerging Methods in Environmental Design and Planning. MIT Press，Cambridge，pp. 105-114.

Oliveira，V.，2016. Urban Morphology—An Introduction to the Study of the Physical Form of Cities. Springer，Berlin.

Osintseva，I.，Koenig，R.，Berst，A.，2020. Automated parametric building volume generation：a case study for urban blocks. In：SimAUD：Symposium on Simulation for Architecture & Urban Design. Society for Modeling & Simulation International（SCS），pp. 211-218.

Parish，Y.，Muller，P.，2011. Procedural modeling of cities. In：SIGGRAPH. ACM，pp. 301-308.

Rooney，J.，Steadman，P.，1988. Principles of Computer-Aided Design. Prentice Hall.

Stamps，A.E.，2005. Isovists，enclosure，and permeability theory. Environ. Plann. B. Plann. Des. 32（5），735-762.https：//doi.org/10.1068/b31138. United States：Pion Limited.

Stiny，G.，Gips，J.，1971. Shape Grammars and the Generative Specification of Painting and Sculpture. Congress.

Stiny，G.，Mitchell，W.J.，1978. The Palladian grammar. Environ. Plann. B. Plann. Des.，5-18. https：//doi.org/10.1068/b050005. SAGE Publications.

Stojanovski，T.，2013. City information modeling（CIM）and urbanism：blocks，connections，territories，people and situations. In：SimAUD '13：Symposium on Simulation for Architecture and Urban Design. Society for Computer Simulation International，pp. 86-93.

Stojanovski，T.，2018. City information modelling（CIM）and urban design morphological structure，design elements and programming classes in CIM. In：eCAADe Conference. Lodz University of Technology，Lodz，Poland，pp.507-529.

Weber，B.，et al.，2009. Interactive geometric simulation of 4D cities. In：Eurographics，pp. 481-492.

Xiang，L.，Papastefanou，G.，Ng，E.，2021. Isovist indicators as a means to relieve pedestrian psycho-physiological stress in Hong Kong. Environ. Plan B Urban Anal. City Sci. 48（4），964-978.

# 第 17 章

# 佐佐木（SASAKI）：填补设计空白——用 AI 打造城市印象

蒂亚加拉詹·阿迪·拉曼（Thiyagarajan Adi Raman）[a]，
贾斯汀·科勒（Justin Kollar）[b]，斯科特·彭曼（Scott Penman）[a]
a 美国马萨诸塞州波士顿佐佐木；b 美国马萨诸塞州麻省理工学院城市研究与规划系

## 引　言

城市规划设计学科在解决城市环境复杂性方面面临着越来越大的压力。这包括认识到传统的土地利用规划和开发项目应更加重视韧性和气候适应性，更加注重包容性和社会公正。然而，在项目范围不断扩大的同时，项目的周期和开展项目所需的公司资源量却没有太大变化。这加剧了项目团队的压力，推动了在越来越严格的约束下对更高效、更具创造性的工作流程的需求。随着设计和规划职能日益重叠，以及数据驱动的分析为更广泛的决策提供依据，人们希望机器学习（ML）和其他数字工具等技术能够不断发展和普及，以应对这些挑战，这反映了“数据空间”在实践领域日益增长的重要性。另一方面，这也引起了人们对城市规划设计师应如何利用大数据的兴趣和担忧，并对设计和规划公司的实践方面施加了限制。首先，这意味着许多项目越来越依赖于开放数据和其他组织开发的数据，而这些数据可能适合也可能不适合特定的规划项目。这种依赖性使得优化某些形式的数据并将其转化为地图、图纸和图表等格式的任务比以往任何时候都更加重要。其次，在数据稀缺的项目环境中，将卫星图像和其他类型的代理数据转换为可用于设计规划的基础数据变得越来越重要。例如追踪卫星图像和评估土地利用方案可能会耗费大量的时间和人力，而这些时间和人力本可以用于探索各种方案和设想，并获得更多的客户反馈。最后，需要为从业者和公众提供更便捷的与“数据空间”互动的途径，然而，数据管理的技术要求可能会给设计规划过程带来僵化，因为在开始更具创造性的设计阶段之前，需要进行基于数据的分析。

机器学习有可能以新的方式解决这些制约因素。该研究项目的目标是确定一种机器学习方法，并开发一种适用于当前设计规划实践领域的原型应用，这种应用可以在商业环境的限制下进行，最重要的是，它允许创造性的反馈和输入。

鉴于机器学习方法在规划设计实践中的发展仍处于起步阶段，第一阶段的工作包括评估现状工具，这些工具具有在项目工作的分析和创新部分之间进行转换的潜在能力，以更好地传达土地利用规划和其他设计决策的影响。第二阶段涉及探索使用生成对抗网络（GANs）开发新的印象派航空图像或城市印象，其基础是实践中常见的各种输入，例如土地利用和/或土地覆盖的变化。对城市印象的评估是基于一系列定性标准，包括它们促进各方加强对话的能力。

佐佐木（Sasaki）的项目工作方法旨在以更直接、更有效的客户沟通为中心。因此，在探索适用于实践的机器学习研究边缘的同时，第三阶段包括开发原型工具，它可以根据预设计阶段早期选定的输入创建城市印象。这个原型“草图工具”将允许从业人员测试最初的“草图”方法，并使用 GANs 将其传达给客户，以获得早期反馈。这一工具在很大程度上借鉴了对城市印象的研究成果：只有确定哪些视觉特征能够有效地产生与城市设计草图相近的印象，我们才能提出适合早期设计过程的工具。

草图是设计师工作流程中的重要工具。草图可以帮助设计师将头脑中的想法外化出来，用于传达美学和功能策略。草图还能让设计师快速进行视觉迭代，而无需花费大量时间来“解决细节问题”。然而，使用地理空间数据为草图设计带来了挑战和机遇。像 GAN 这样的机器学习工具可以在城市设计过程中发挥关键作用，将非设计师难以读懂的土地利用输入转化为新颖的航空图像。

本章介绍的原型是在较短的时间内开发出来的，目的是有效利用资源，并在公司内部展示这种方法。该原型展示了如何将机器学习应用到现有的工作流程中，最大限度地减少开发材料或快速生成新印象所需的时间投入。本章介绍的研究过程和原型仍处于早期开发阶段。因此，我们用更多的篇幅阐述了研究过程，以便学术研究人员了解将机器学习应用于实践环境所面临的挑战，并开发相应的实用工具。机器学习的早期应用为创造性实践带来了令人难以置信的前景，但肯定还需要更多的测试。

# 背 景

## 当前机器学习在规划实践中的应用

虽然规划设计领域的机器学习研究仍处于起步阶段，但在生成规划设计师使用的土地利用和土地覆盖地理空间数据方面，已有大量相关的遥感研究。(只需看看《Remote Sensing》、《Journal of Applied Remote Sensing》等期刊中该领域的大量研究成果即可)。近年来，技术和应用的改进使更多基于 GIS 的从业人员可以使用 ML。这对于在数据可获取性差的地方开发可用的“基础层”数据(包括土地覆盖和城市土地利用)非常有用。例如，联合国粮食及农业组织的土地覆被分类工具箱为一系列国际规划工作提供了帮助(见联合国粮食及农业组织)。全球防灾和灾后恢复基金也在其不同背景下的工作中利用机器学习绘制自然和社会脆弱性地图，监测城市发展和非正规性，并加强基于地域的风险理解和韧性评估。此外，最近的研究还探索了多种 ML 应用，如 Robosat，它可以从航空和卫星图像中提取特征。Image Analyst 是 ESRI 开发的一个工具包，用于对栅格图像进行特征提取、地理空间分析和像素计算。像 Runway ML 这样更具探索性的应用程序允许用户浏览一系列预制模型并创建自己的模型。同样，Pix2Pix 提供了一个使用 GANs 进行图像解译的易用平台，其中轻量级模型能够通过重复的边做边学过程生成新的图像。

### 生成对抗网络(GANs)

迄今为止，GANs 在规划设计领域中的应用还很少，但它们有望实现创造性应用。GANs 涉及机器学习反馈回路，通过自动检测并学习在一组基础图像中生成模式来创造新的输出。GANs 有两个部分：生成器的作用就像艺术品伪造者，试图通过模仿特定的风格来伪造艺术品。鉴别器就像艺术评论家，评估生成器创建的图像是否真实。这两个模型处于对抗关系：生成器创建图像，鉴别器评估这些图像是否足以被视为训练集的一部分，然后生成器重新进行评估。这个过程不断重复，直到生成器的输出越来越“说服”鉴别器，从而强化生成网络中的某些“路径”以创建出更一致的输出。更大的模型和更广泛的数据集通常可以制定更复杂的标准，从而生成更逼真的图像。

### 佐佐木的 ML 研究方法

即使机器学习在技术和应用方面取得了许多最新进展，但对于许多规划设计公司来说，如果不外包或雇用专门技能人员，在实践中利用机器学习仍然几乎是不可能的。由于机器学习研究总体上仍处于起步阶段，现有的可用工具也不多，因此我们在决定为基于实践的研究提供资金时非常谨慎。鉴于机器学习的研究总体上仍处于起步阶段，包括现有的可借鉴工具也很少，因此要慎重决定是否为基于实践的研究提供资金。初步研究的需求与正在进行的项目之间也有可能出现不匹配。因此，该研究项目是在战略小组内开发的，该小组是佐佐木内部重要的技术孵化器和研发部门。该小组由具有高级计算技能的规划设计师组成，是各种规划设计项目的参与工具、数据管理和分析工作的支持部门。战略小组还在公司的主要项目圈之外开展独立研究，这使其能够在不同的时间范围内开展工作，考虑独立于客户需求的结果，并自主追求技术熟练程度。不过，也有必要确定明确的途径，将研究成果和新应用程序融入现有的、有些根深蒂固的工作流程中。这就明确了 ML 在实践中可能具有的实际用途，例如节约执行必要但重复性任务所需的资源（最大限度地提高成本效益、访问的便利性和速度等），帮助单调的工作流程，甚至利用现有工具开发新的用例，从而发展成为新的应用。

## 确定“足够好”的工具

研究的第一阶段是确定可借鉴的现有工具。鉴于在设计规划领域缺乏可直接应用于现有工作流程的新的工具，我们选择了“足够好”的方法来选择工具。这种方法包括对设计规划领域的专家进行访谈，以及对现有工具进行调查。根据既定的研究目标所提出的问题，我们选择了五个工具进行更深入的探讨和评估。经过仔细评估，我们选择使用 GANs，例如 Pix2Pix。

### 我们探索的工具

第一项任务是确定现有工具来评估哪种方法最适合设计规划中的创意过程。我们选择了五种工具来评估适用于设计规划的关键功能。

- 对于没有编码经验的人来说，RunwayML 的图像处理功能很容易使用。例如，名为“Dynamic Style Transfer”的“预制”模型可以捕捉颜色、纹理、阴影和其他视觉特征，从而为任何给定的输入图像生成新的样式。该工具非常适合资源有限的用户来构建机器学习模型。其模型定制选项有限。
- ESRI Image Analyst 具有多种功能，包括特征提取、分析、图像处理、编辑和后处理。其机器学习功能侧重于图像分类，并可作为商业授权软件提供。
- SPADE 具有高级图像合成功能。该工具可以通过其复杂的方法生成高质量的输出。它需要复杂的机器设置才能运行，因此需要额外的费用。
- Robosat 可从航空或卫星图像中提取建筑物、停车场、道路等特征。有了高质量的训练数据集，才能取得更好的效果。

- Pix2Pix 是一个使用 GAN 生成和转换图像的平台。该工具可根据简单的颜色和形状输入生成新颖的视觉效果。该工具还允许根据训练数据集的变化生成各种不同的图像。

## 决策矩阵

然后，我们根据既定的研究目标，按照五个分类问题对每种工具进行评估。由此得出的决策矩阵（图 17.1）是选择可行方法的公式。这些问题包括：

- 是否有足够的数据可供测试？在机器学习领域，高质量和充足的数据至关重要。训练模型中使用的数据越多，预测的准确率就越大。
- 这个过程能否产生新奇有趣的结果？由于该工具针对的是早期设计阶段，因此重要的是它能够生成人类感兴趣的新颖图像，从而为创作过程提供信息。

| | 足够的数据可用性 | 新颖性和趣味性 | 解决业务问题 | 成本效益 | 开放资源 |
|---|---|---|---|---|---|
| Robosat | ✓ | ✗ | ✓ | ✗ | ✓ |
| Runway ML | ✗ | ✓ | ✗ | ✓ | ✗ |
| Pix2Pix | ✓ | ✓ | ✓ | ✓ | ✓ |
| SPADE / GauGAN | ✓ | ✓ | ✓ | ✗ | ✓ |
| ESRI Image Analyst | ✓ | ✗ | ✓ | ✗ | ✗ |

**图 17.1** 决策矩阵，每一行代表一个测试工具，各列表示该工具是否符合相关标准。无需许可

- 这是否解决了业务问题？该工具还应有助于解决设计行业中与业务相关的关键难题，如解决重复性任务或为项目的关键阶段增加价值。
- 成本效益高吗？机器学习的价格昂贵（包括研究时间），这使得想要解决新问题或实现流程和决策自动化的个人、小型团队和初创企业不太容易接触到它，主要目标是找到一种可供更多用户使用的工具。
- 它是开源的吗？开源软件通常伴随着富有创造力和资源丰富的开发社区。拥有更广泛的社区来开发该工具，任何人都可以根据需要开发新功能或解决错误，而无需等待下一个版本的发布，这在专用软件中很常见。这种社区开发方式为未来的发展提供了更多可能性，并有助于开发出安全稳定的软件。

### 选择 Pix2Pix

根据我们的决策矩阵，我们决定采用基于 GAN 平台的 Pix2Pix，因为它能够超越单纯的识别和分类技术，从而生成新颖的内容。Pix2Pix 是一个开源平台，用户可以利用自己的数据集轻松部署 GAN，实现自己的创意目的。谷歌实验室（Colab）等基于浏览器的平台也支持该平台，从而避免了为应用程序设置专用机器。

在设计切实可行的研究方向时，我们问自己：我们如何在创作过程中利用 GANs 的力量？GANs 通过生成内容为 ML 更具创造性的应用提供了潜力，其价值不在于其真实性，而在于其印象：可以使用相对简单的工具来生成内容以满足表示和“创造性反馈”的内容。作为一个开源且易于操作的平台，Pix2Pix 使我们能够快速测试各种想法，并发现那些不仅新颖有趣，而且具有实践应用潜力的研究领域。

从根本上说，Pix2Pix 创建从一个图像数据集到另一个图像集的映射。例如，该工具经过训练，可以通过创建袋子原始图像到基础草图输入的“心理映射”来识别袋子草图的轮廓。在模型学会将图像“映射”到草图（学会了哪种草图标记通常表示褶皱、手柄、纹理等）之后，它就能使用背景部分所述的 GAN 方法，根据输入草图生成新的包袋图像。原始图像本身就是“地面实况”，它定义了所有可能图像的空间。草图和输出分别标记为“输入图像”和“预测图像”。

## 使用 GANs 生成城市印象

### 城市印象介绍

通过使用 Pix2Pix，我们对用于训练和测试的现成数据集进行了处理，从而生成了新的城市印象。在这里，城市印象指的是一组按程序生成的、航拍风格的城市图像。城市印象的目的并不是要再现一个地区完美逼真的航空图像，相反，它们的重点是创建对某些城市特征的感知。当城市印象所提供的图像能够说服观看者重新考虑一个区域——相信、解读、思考或想象城市场景或条件时，它就成功了。草图工具原型有助于以一种引人入胜的方式将这些东西组合在一起。城市印象的形成是通过一系列不同类型的研究进行的，包括城市街区、建筑足迹、土地利用研究和城市格局。

在本节所述的每一项研究中，我们都测试了航空图像的不同特征，从图像中可用颜色的数量到图像提供的细节程度。通过这种分析方法，我们可以确定哪些特征能够产生最可行的城市印象，并以此为基础开发草图工具原型。

## 分割滑动地图

这些城市印象是通过将方形图像拼接成一个复合整体而形成的。通过使用与基于网络浏览器的地图服务中流行的平铺网络地图（或“滑动地图”）格式一致的数据集，可以轻松地将单独生成的图像平铺在一起，从而生成更大的图像。根据 Pix2Pix 的要求，每张单独生成的图像都是 256 像素 ×256 像素，符合滑动地图标准。

与计算机视觉模型训练中的应用类似，分割地图将航拍图像简化为一小部分类别，并配以相应的颜色。一张简单的地图可能会用一种颜色突出显示所有建筑物的轮廓，用第二种颜色突出显示硬景观，用第三种颜色突出显示软景观，而更复杂的地图则会将地图细分为分区、建筑项目用途甚至植被类型等类别（图 17.2）。

**图 17.2** 根据滑动地图瓦片编制的分割地图图像。无需许可

## 将 Pix2Pix 与航拍图像和分割地图结合使用

开发城市印象需要为 GAN 的训练和测试步骤选择城市区域和数据集。使用现成的基于地图的数据集，如 MassGIS Parcel 数据库（网址：https：//docs.digital.mass.gov/dataset/ massgis-data-standardized-assessors-parcels.）或土地覆盖和土地使用数据库（LCLU）使我们能够在 Pix2Pix 模型中测试各种样式的分割地图。此外，这些图像相对容易按语义类别进行分组，如国家、城市或发展水平。不过，对于我们的研究来说，最值得注意的也许是可以改变航空图像所映射的输入“草图”。在我们的案例中，分割地图（同样基于滑动地图格式）与航空图像一起用于训练模型。这些“训练图像”是以 256 像素 ×512 像素的单个图像形式创建。该矩形左半部分的正方形是“地面实况”航空影像瓦片。右半部分的正方形是与该位置相对应的分割地图瓦片。在测试预测时，只提供新的分割图——测试输入图像。然后该模型会对测试输入进行评估，并根据对分段和相关颜色的训练有素的理解生成预测图像（图 17.3）。

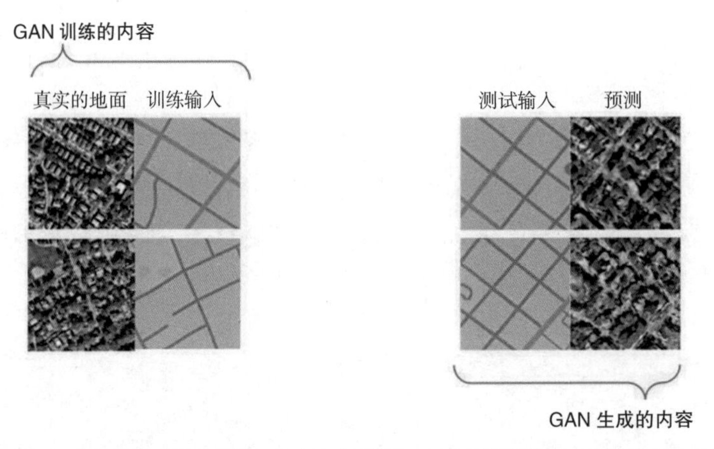


**图 17.3** Pix2Pix 是在成对的地面实况航空图像和相应的分割地图瓦片上进行训练的。训练完成后，该模型将在新的分割地图瓦片上进行测试，并以此预测或生成新的航空图像。无需许可

分割图像地图的选择会影响模型对城市印象的模式、纹理和组成的解释，以及随后在新图像中的应用。选择一种“更宽泛”的分割策略——例如，将所有建筑物归为一种颜色，而不考虑功能或规模等区别特征——会迫使模型要么将其对建筑形式的理解泛化到各种物理类型中，要么寻找其他方法将建筑物的多样性与地图图像相关联（如地块形状 / 大小）。在各自的研究中，训练和测试始终使用相同的细分风格。

## 城市印象输入

通过改变与模型相关的几项输入，我们能够产生质量不同的城市印象。其中包括：

**1. 不同的分割地图。**地图分割的数量和精确度各不相同：一些地图包含广泛的类别和抽象的形状，而其他地图则包含许多与航空图像中的形式非常相似的类别和形状。

**2. 改变训练和测试数据集的配对。**虽然在训练和测试阶段都使用相同的分割地图数据集，但这些地图在世界各地的位置各不相同。因此，在一个地区或城市的城市结构上训练出来的模型，可以用来生成完全不同地区或城市的图像。

**3. 改变与模型相关的训练时间。**与典型的神经网络一样，基于与生成器相关的损失函数，GAN 的性能通常会随着训练时间的增加而提高。Pix2Pix 可让用户能够随时停止训练。

## 城市印象评价标准

根据多项不同的视觉考虑因素，对各项研究的输出图像进行了定性评估。我们的评估围绕以下方面展开：

**1. 图像的可信度。**生成的图像是否通过了视觉“图灵测试”——这些图块看起来像真实的航空图像吗？各种视觉假象都会影响这一点，从过度重复的纹理到相邻形状之间缺乏清晰度和对比度。相反，一些细节显著提高了图像的视觉可信度，例如一致的阴影、建筑物周围清晰的边缘以及相似建筑物之间的细微变化。虽然将图像拼接在一起时，一些阴影不太明显，但在拼接图像时，其他阴影仍然很明显，甚至被放大（图 17.4）。

**2. 明显的无指定行为。**模型是否捕捉到了分割图未明确勾勒出的特征？该模型不仅能识别形状，还能识别形状内的纹理和图案，以捕获可能以计划外的方式显著影响城市印象的内容，例如生成树木纹理或阴影（图 17.5）。该模型是在非常有限的情况下完成这项工作的，因为它一次只处理一个图块。这种“解图”图像呈现出一种有趣的、即使是没有指定的行为。

**3. 输入特异性与输出质量之间的权衡。**城市印象的视觉质量如何随着时间、精力和信息输入量的变化而变化？“草图”或“印象”的概念表明，最终结果只需要以最小的努力激发观众的想象力。鉴于此，我们对研究报告进行了评估，以确定与产生的总体影响相比，哪些

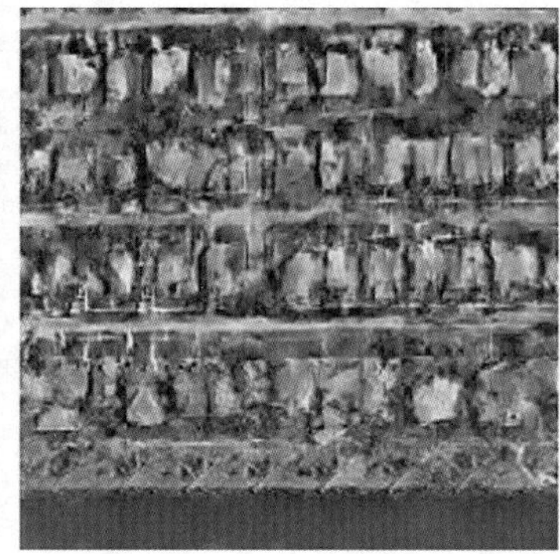

**图 17.4** 生成的图像可信度较低和较高。无需许可

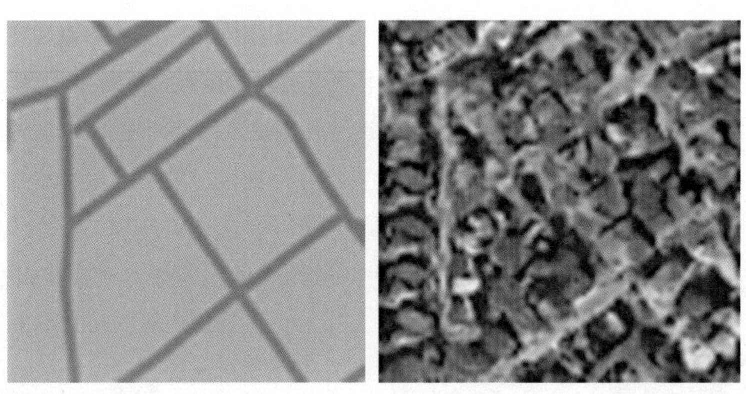

**图 17.5** 用于训练模型的分割图（左）很稀疏；生成的图像（右）包含大量在分割边界内捕捉到的内容，表明存在大量无指定的行为。无需许可

研究需要花费最少的精力来创作。

**4. 新颖性和影响力**。也许我们决策矩阵中最重要的问题是："是否新颖有趣？" 虽然生成的图像可能很逼真，但整体印象可能仅止于此，无法激发进一步的讨论。无论质量如何，其他印象都会给人大相径庭的印象，激发人们思考并引发关于可能产生的城市条件的讨论。我们认识到，就创作过程的价值而言，城市印象的成功可能不在于图像的视觉逼真度。

## 城市印象研究的类型

将这些定性观察结果应用于四组不同的城市形象研究，以评估其在为规划设计师设计草图工具原型时的可行性：

**1. 城市街区研究**。这些模式在一个城市数据集上进行训练，并在一个由明显不同的街区形状和大小组成的城市结构上进行测试。分割地图是使用 Mapbox 制作的，只使用了少量颜色来描绘城市区域，包括浅紫色的道路、粉红色的城市街区、绿色的景观元素和蓝色的水（图 17.6）。这些研究的目的是确定这些最少量的信息（如城市街区的大小和形状）是否足以让模型捕捉到城市地区的整体印象，如果是，这种印象与航空图像的实际印象相比会如何。

**2. 建筑足迹研究**。这些模型在一个城市的建筑足迹上进行训练，然后在一个建筑类型相似的城市进行测试。分割地图是使用 Mapbox 创建的，包含了相当少的道路、公园和建筑足迹形状的颜色，这些颜色可以显示一个地区的建筑密度（图 17.7）。在这些研究中，训练数据和测试数据的来源城市在地理位置上相互邻近，因此这些邻近地区给人的印象是相似的。这些研究的目的是确定添加对象级细节（如建筑物脚印）是否会对生成的图像产生重大影响。换句话说，我们想看看更接近地面实况航拍图像的物理、视觉上明显的建筑形式是否能使模型提取更多信息，或产生更有说服力或更有趣的城市印象。

**3. 土地利用研究**。下一组研究使用的是根据地块对区域进行细分的分割地图，这些地块

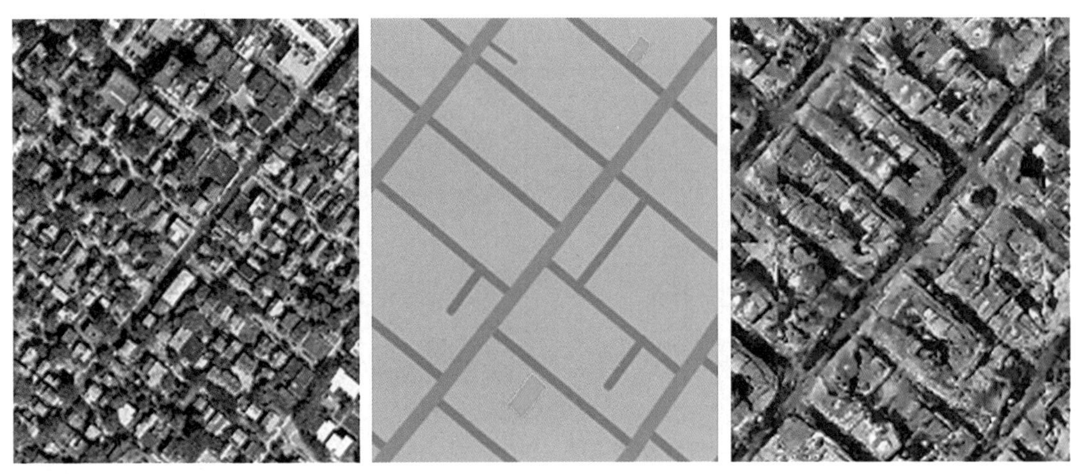

**图 17.6** 城市街区研究图像，显示实际航拍图像（地面实况—左图）、提供给 GAN 的相应分割地图（输入图像—中图）以及模型生成的输出（预测图像—右图）。该模型根据巴塞罗那的图像进行训练，并根据剑桥和波士顿的分割地图进行预测。无需许可

**图 17.7** 显示马萨诸塞州伍斯特市的 Mapbox 图像。建筑物的足迹有助于表达城市地区的建筑密度。无需许可

按照土地覆被类型和土地利用类型进行了颜色编码。虽然生成的形状通常无法显示建筑物的轮廓，但它们为各种建筑类型提供了更多类别。我们测试了几张不同的地图，每张地图的类别数量和类型以及分割边界的准确性都各不相同。我们的目的是研究这些分类信息（与建筑足迹研究中的物理信息相比）如何影响模型的输出。此外，我们还进行了三项研究，旨在确定城市印象如何随着分割地图的详细程度变化而变化，以及更细的分割是否会导致城市印象更接近地面实况航空图像。

在第一项研究中，我们使用了 MassGIS Parcel 数据库中的分割地图（图 17.8）。值得注意的是，这些地图没有考虑密度，在许多情况下，它们对某些土地用途进行了相当通用的分组。例如，“商业”用地包括从低密度的购物中心到城市核心的摩天大楼。

**图 17.8**　MassGIS Parcel 图像。无需许可

第二项研究使用了来自 LCLU 数据集的地图（图 17.9）。这些地图按功能用途划分了建成区，并增加了各类植被的轮廓。因此，结果是一张包含了分类级别的信息（土地利用）和物理上显而易见的信息（土地覆盖）的地图。但是这些地图仍然没有对密度进行区分。

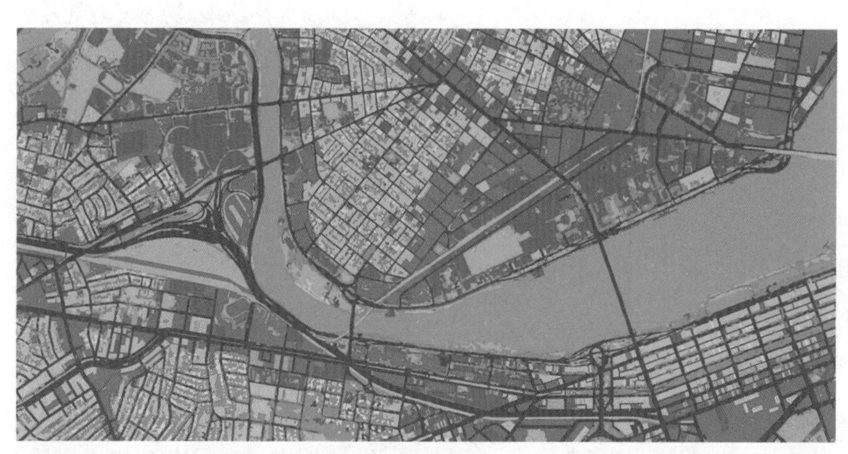

**图 17.9**　来自 MassGIS 的 LCLU 图像。无需许可

第三项研究使用的数据集专门考虑了土地覆被和密度。这些地图开始是 MassGIS Pracel 图像，并叠加了土地覆被。为了根据密度进一步分割地图，根据容积率（FAR）对区域进行了划分（图 17.10）。这就区分了低密度商业带和高密度城市塔楼。

**4. 城市格局研究。**在最后一组研究中，我们回到了最初的目标，即根据城市结构的基本物理和视觉特性来生成城市印象，而不是分类和标记的信息。不过，我们并没有研究街区的大小，而是试图了解过于“模式化”的城市条件（例如高度规划的社区，其建筑重复且视觉变化很小）是否足以捕捉到印象。有机发展的城市在其城市结构中包含了大量的可变性，而

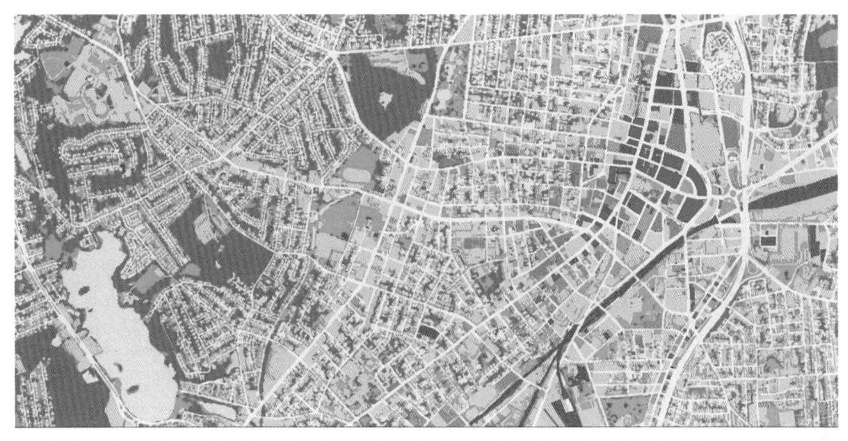

**图 17.10** LCLU 数据经过重新处理，包括基于 FAR 的密度和土地覆盖。无需许可

规划性较强的开发项目则具有令人难以置信的重复性，这些模式很容易被分割地图中的重复形状或模型的无指定行为所捕捉。在这项研究中，我们重点关注佛罗里达州博因顿海滩北部和南部的社区，并尝试了 OpenStreetMap 提供的两种不同的分割地图（图 17.11）。第一种地图包括准确的建筑物占地面积，没有密度区分。第二种地图包括略有周边偏移的建筑物占地面积，并按照低、中、高密度建筑物进行了颜色编码。

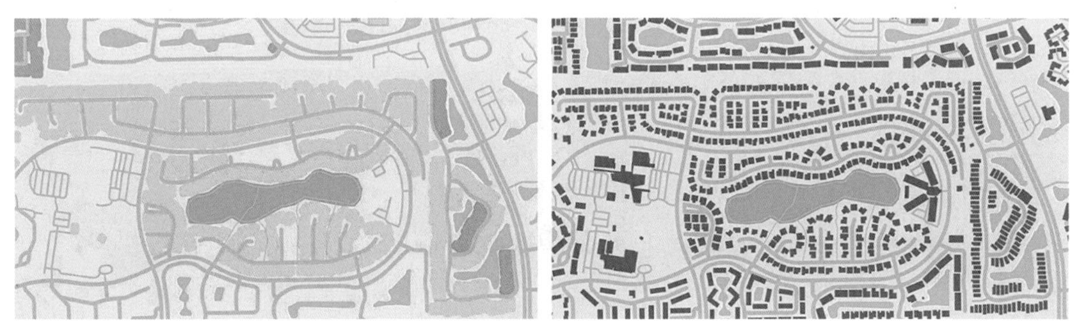

**图 17.11** 佛罗里达州博因顿海滩的分割地图。左边的地图显示的是精确的建筑物占地面积，没有密度区分，而右边的地图则按密度对建筑物进行了分类，并在建筑物周围添加了周边偏移量。无需许可

# 主要收获

## 工具评估

Pix2Pix 易于使用且能够快速生成新模型，是进行初步研究的合适媒介。因此，我们选择 Pix2Pix 作为草图工具原型的基础。Pix2Pix 还提供了训练损失指标，使用户能够看到模型是如何随着训练时间的增加而改进的（图 17.12）。该模型使用不同数量的 epoch 或训练数据集进行测试。在模型训练过程中，会创建折线图，直观显示 GAN 的判别器和生成器部分的损失函数

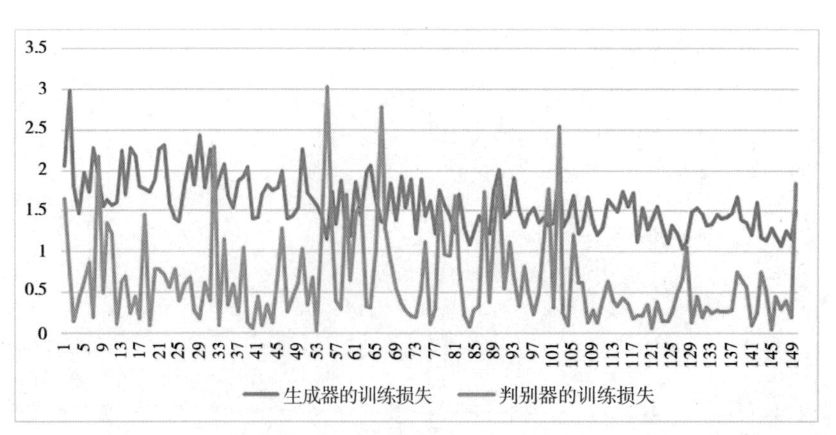


**图 17.12** 生成器和判别器的 GAN 训练损失随时间变化的图像。经过最初的变化后，模型开始趋于稳定。无需许可

结果。训练 GAN 的目的是在判别器和生成器相互“竞争”的过程中找到一个平衡点。经过多次迭代测试不同的训练持续时间，我们发现 150 个 epoch 的训练结果令人满意。虽然进一步的训练必然会导致不同的结果，但这个数字有助于保持相对较短的训练时间，同时仍能产生令人信服的城市印象。

其他工具（如前面介绍的工具）可能会提供其他优势，如更短的训练时间，或生成更大或更高保真图像的能力。虽然这些可能有助于其他研究人员的工作，但我们发现这些功能对于生成城市印象来说并不是必需的。

## 研究的具体收获

### 城市街区研究产生了令人信服的城市印象，但无法进行复制

城市街区研究产生了一些最有趣的城市印象，显然符合我们对整体新颖性和视觉冲击力的标准。

在一项研究中，该模型在巴塞罗那进行了训练，并在波士顿和剑桥进行了测试。尽管城市街区的大小和形状截然不同，但得出的图像却与巴塞罗那的城市结构十分相似。对巴塞罗那规则、对称的城市结构进行调整，以适应剑桥大学的网格。从高处俯瞰巴塞罗那，红色屋顶是主要特征，与巴塞罗那街区内部庭院和狭窄道路两旁的深色阴影接壤。宽阔的街道甚至呈现出绿色的纹理，显示出林荫大道。这些图像引发了人们对剑桥背景下巴塞罗那街头生活的思考，并鼓励用户批判性地考虑两座城市之间的差异。值得注意的是，尽管各个图块级别的视觉可信度相对较低，但这些特征还是出现了（图 17.13）。

在一项反向研究中模型以波士顿为训练对象，以巴塞罗那为测试对象，巴塞罗那的超级街区被细分为波士顿更典型的带有独立建筑的分离式地块。网球场等休闲区域被解释为公园。一个显著的变化是巴塞罗那东南部的巴塞隆内塔（La Barceloneta）狭长、密集、高度规

**图 17.13** 波士顿附近的“波斯特洛纳”街区的单个图像拼贴（左）和拼贴城市印象（右）——该街区是使用在巴塞罗那训练的模型生成的。生成的结构密度远高于地面实况，捕捉到了巴塞罗那城市结构的显著特点，同时与底层街区布局保持一致。无需许可

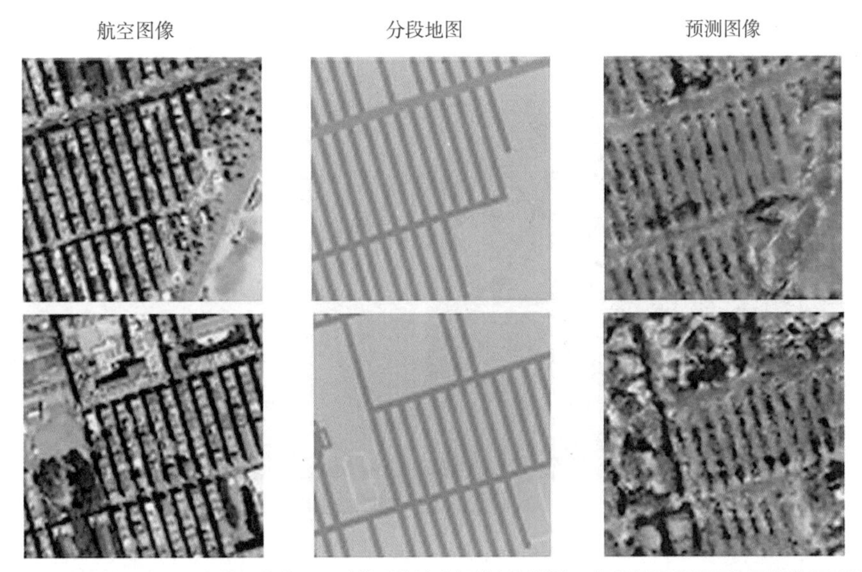


**图 17.14** 最右边生成的图像是一个模型的结果，该模型在波士顿进行过训练，但根据巴塞罗那的网格进行了预测。与密集的城市街区地面实况相比，生成的图像更像一个广阔的停车场。无需许可

则的网格完全从建筑区变成了类似停车场的地方（图 17.14）。在这些研究中，最引人注目的是那些无指定的行为。只需要少数的细分类别即可捕捉丰富的城市结构。由于模型以其对特定城市模式的训练有素的理解“填补了空白”，因此仅绘制轮廓的地方就出现了详细的街区图像。

这些研究表明，该工具有可能在宏观层面上作为一种迭代和快速的方法来想象整个街区的其他城市密度。这一想象过程并不能取代设计，甚至不能取代生成最终表现形式的工作，相反，它是启动对话的一种方式。由于能够在大规模上产生具体的城市印象，这一过程有助

于创建“工作图纸”，设计师和非设计师都可以在该图纸上就这种规模的城市规划中的许多复杂变量展开对话。这里产生的印象超越了简单的草图，但又缺乏成熟的渲染，吸引着我们通过视觉理解引发思考的能力。这种基于 GAN 的工作流程是对城市规划设计师的工作流程的补充，并有可能在“数据空间”和城市结构设计之间产生新的视觉和思维联系。此外，城市印象还能引起那些对某个地方的熟悉程度与所生成的图像不一致的人的直观反应。这些图像挑战了长期以来的印象，鼓励观众重新考虑一个地方的潜力。

建筑足迹研究更加准确，但增加了不必要的复杂性。虽然建筑足迹确实增加了城市印象的视觉准确性，但并不一定比用更简单的方法得出的城市印象更有用。例如，现有的 LCLU 数据集种类繁多，超过了包含精确建筑足迹的数据集，而且在获取和生成数据集时所需的工作量较少，同时还能产生可信的城市印象。即使航空图像的创建日期与分割地图的创建日期相差几年，也可能导致建筑物足迹与相应图像不匹配（图 17.15）。这里的特异性权衡表明，建筑物足迹增加了准确性，但并不是生成令人信服的城市印象所必需的。

**图 17.15** 显示空旷建筑工地（左）的图像，其中有建筑物的足迹（右）。无需许可

城市模式研究的可信度较低，但也揭示了细微差别的重要性。出乎我们意料的是，城市格局研究的结果几乎总是无法通过我们的视觉可信度检查。城市印象在完全空白的区域（如建造的池塘）表现良好，偶尔也会产生令人信服的绿色区域印象，但始终无法产生看起来可信或有趣的建筑物印象（图 17.16）。在这里，在不太规则的城市区域印象中可能会被忽视的视觉假象成了明显的人工痕迹。

城市格局研究展现了这项工作中的一个重要细微差别：虽然开放式的印象派图像有助于激发创造性想象力，但它也很容易变得过于印象派，让观众无法阅读或参与其中。这些研究结果虽然有趣，但没有通过视觉质量检查，因此围绕城市印象的讨论主要集中在模型的技术问题以及缺乏高质量的数据，而不是围绕城市规划设计的可能性。

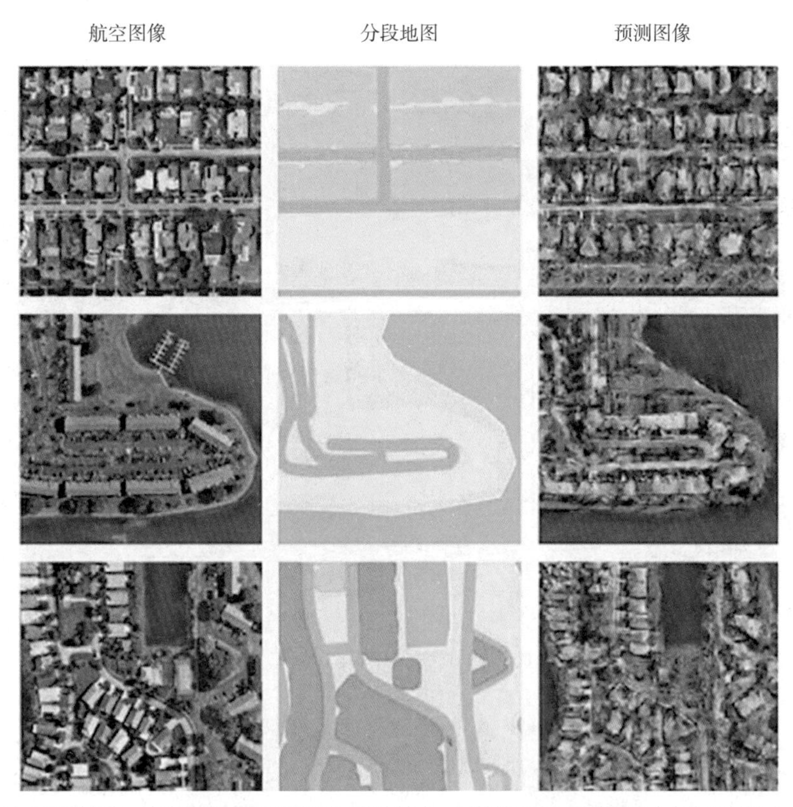


**图 17.16** 右图中的预测图像一直未能通过我们的视觉可信度检查，尽管地面实况航空图像中存在重复模式。无需许可

土地利用研究凸显了过度分割图像的弊端，但草图工具拥有最大的潜力。对土地使用的研究清楚地表明，更细的分割和更高的精确度并不总能带来更好的城市印象。使用更多的分割类别（例如与城市街区研究相比）导致训练数据集被分割成越来越小的子集（图 17.17）。因此，需要更多的训练数据来正确表示细分类别。通过对特异性权衡的评估我们认识到，必须在分割细节级别和数据集大小之间保持谨慎的平衡，在分割相对较小的数据集上投入更多的精力并不能获得视觉质量上的回报。

特定分割类别图像分布不均匀导致结果不一致。某些类别代表了相当一致的建筑类型，而其他类别则涵盖了多种类型的建筑。例如，商业建筑类别可以包含多种不同的建筑类型，从低密度的购物中心建筑到高层城市塔楼（图 17.18）。由于这些不同类型建筑的大小、形状和俯视图各不相同，模型捕捉（和生成）一致美感的能力也随之减弱，导致图像不够令人信服。我们需要更多的信息来区分特定类别，因此在随后的研究中加入了基于 FAR 的密度划分。

这些研究还强调了特定特征的相对重要性，不仅在训练模型方面，在传达特定印象方面也是如此。在众多城市印象中，阴影、树木、屋顶颜色、路面或景观颜色等视觉纹理在传达

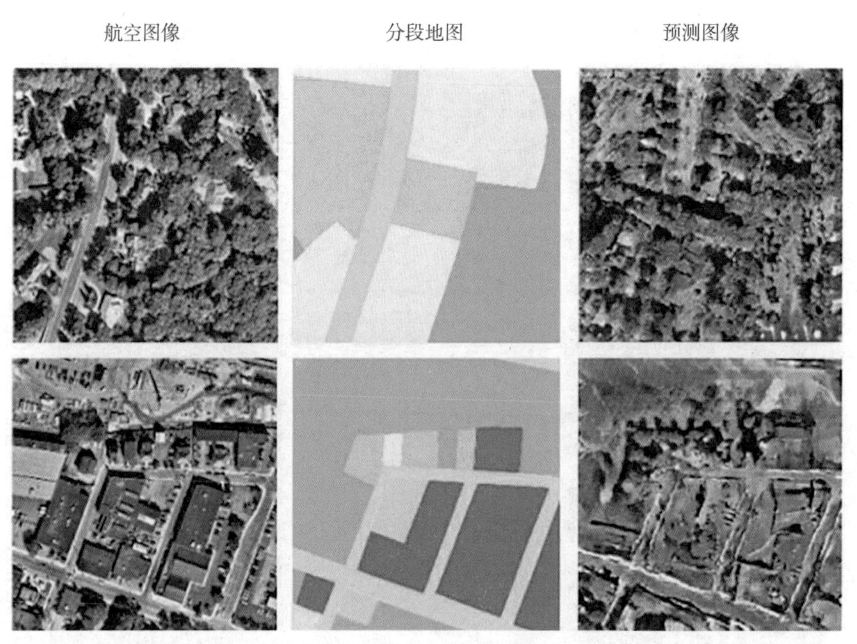


**图 17.17** 在上图中，增加地图中细分类别数量的详细划分似乎并没有提高输出的质量。无需许可

**图 17.18** 上图中黑色部分为商业建筑，下图中从高塔到低层建筑一应俱全。无需许可

整体城市印象中起着重要作用（图 17.19）。此外，当这些纹理缺失或呈现得奇怪时，印象的视觉质量就会受到负面影响。这些特征也说明了无指定行为。几棵关键的树木或红色屋顶瓦片往往就足以承载整个地图，从而使其他细节在视觉可信度上滞后，而不会牺牲新颖性和视

**图 17.19** 尽管有明显的视觉假象，但树冠的纹理和阴影给人留下了深刻的城市印象。无需许可

觉冲击力。

土地利用研究在邻里尺度的城市设计过程中具有巨大的应用潜力。通过将地图划分为更明确的类别，该模型使用户能够在特定土地用途之间进行切换。将不同的土地使用类别作为输入，用户可以快速生成城市结构中的其他微观条件，例如特定街区中的公园或商业街区。这些快速生成的印象既可以作为创意反馈，也可以作为即时表现，对内部设计或对外交流都很有用。因此，土地使用形状是开发草图工具原型最可行的输入。

## 开发草图工具原型

通过模仿航拍图像中的建筑类型、绿地和其他特征，基于 GAN 的城市“草图工具”可以让设计师通过快速迭代将大规模的城市印象快速可视化，成为设计师与地理空间数据进行创造性互动的“助手”。

在进行的多项研究中，我们发现在生成城市印象时，训练的质量和数量至关重要。这个过程可能会很慢，具体取决于输入数据的数量和训练所需的迭代次数。在这一阶段，模型会根据训练结果创建索引文件，并在生成阶段使用。一旦我们拥有了这些经过训练的数据，将其应用于另一个数据集的过程就会快得多。

草图工具访问训练有素的索引。当设计师开始绘制草图时，数据就会输入模型，模型进而会预测并生成新的图像。在工具的屏幕截图（图 17.20）中，模型经过训练，可以将土地利用土地覆盖图像映射到相应的航空图像上。我们选择了大波士顿地区的部分区域来训练模型。当设计师开始在一个新的区域（大波士顿地区的另一部分，未包含在训练阶段）绘制草图时，模型会预测并生成相应的航空图像。我们可以看到，当用户开始在 LCLU 地图上绘制绿色矩形时，模型会生成一个开放空间。白线被转化为路径（图 17.21）。

**图 17.20**　草图工具界面。无需许可

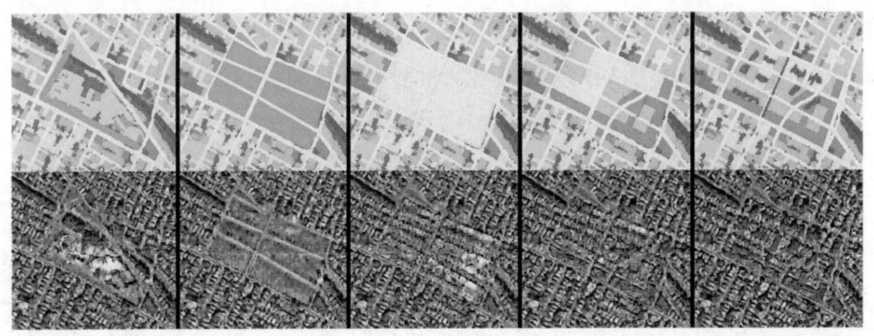

**图 17.21**　草图绘制过程的各个阶段。随着上面草图的改变，模型会产生新的城市印象，如下图。无需许可

当用户在地图上绘制足够多的绿色像素时，模型会将其识别为开放空间，并开始生成树木和灌木的印象。沿着绿地绘制白色像素会使模型生成路径。黄色像素被解释为低密度住宅，从而产生相应城市印象中的房屋。当淡红色像素被勾勒出来时，模型会将其识别为商业建筑。值得注意的是，城市印象包含用户没有绘制的细微差别，例如树木和建筑物旁边的阴影。

由于 Pix2Pix 的开放性和灵活性，该工具能够根据训练数据集生成任何输入 / 输出图像。使用该工具让设计师参与思考过程，可以促进快速的迭代反馈，从而在设计过程中创造出无限的创意可能性。

当有机会创建快速设计迭代时，规划设计师可以在设计的初始阶段使用这一工具。在设计过程中，还可以与客户进行有效沟通。这种创意产生和交流的速度可以带来多种可能性。

# 结 论

## 创作过程中基于 GAN 的快速迭代

创造力依赖于一名或多名设计师不断迭代地参与思维过程。如果将机器学习引入其中，会发生什么呢？如果针对特定城市设计风格或多种风格进行训练的模型能够建议或产生新的城市印象，那又会怎样呢？这些问题推动了草图工具的研究和开发，该工具可以封装经过训练的模型，并实时生成新颖的图像。

在机器学习应用中，平衡知识新颖性与商业可行性是一项相当大的挑战。有些工具能满足特定的需求，但未必普遍适用。此外，在设计等对话环境和实践中，让所有相关方参与进来至关重要。草图工具具有足够的灵活性和开放性，允许设计师在绘制草图时表达自己的创造力，使他们能够使用该工具并产生新的印象。这些类型很难在整个设计工作流程中标准化，因为设计创建有多个阶段。为了有效地应用机器学习，识别工作流程中允许自动化流程与设计师共存而不牺牲创意潜力的部分至关重要。在应对不断发展的设计挑战时，我们认为该工具可以成为许多创造性应用程序在机器学习领域发展的起点。

## 总体收获

事实上，有许多现成的数据集可用于快速直观地训练各种模型，以生成不同的印象，这说明了 GAN 在创作过程中的重要作用。GANs（例如 Pix2Pix 所提供的模型）可生成足以给人留下深刻印象的图像，从而引发话题，甚至推动设计，而不是创建可作为逼真航拍图像的高质量图像。城市印象之所以成功，是因为它们能够揭示唤起特定城市结构的图案、纹理和形式倾向。从这个意义上说，城市印象与一个地区的实际情况相去甚远，而是更侧重于对该地区的感知。

即使图像的视觉质量相对较差，城市印象也能产生大量的新奇感和趣味性。事实上，有一种观点认为，不要制作完美逼真的图像。通过结果变得模糊和开放，让更多的印象派图像为解释和创造力留下了空间。这样，生成的图像就能在创意反馈回路中激发想象力，从而促进创造过程。

## 更多启示

需要通过在项目环境中直接应用来进一步研究和开发草图工具。佐佐木战略公司在测试此类研究的可行性方面具有独特的优势。草图工具的持续开发需要项目团队愿意进行更多测试，并将新方法引入现有工作流程。一个特定的研究领域可以关注团队采用这种技术的意愿。本章研究提出了几个新问题：从技术到社会和文化，采用该技术有哪些障碍？该工具相对不完善的性质是否会影响设计师将其纳入创作过程的意愿？人们对这一工具的认知范围有多大？这些认知又是如何影响设计师对这一技术的总体看法？该工具在哪些方面提供了对创作过程有用的内容，无论是对设计师的内部实践还是对外交流？

这项工作最好在改进工具的同时进行。机器学习在创造过程中的实际应用和实施，取决于这项技术能否被成功采用。通过在应用环境中开展重点研究，从实践者那里收集适当的意见，是开发和采用 GANS 进行创造性设计的关键。此外，尽管围绕性能指标的渐进式改进非常重要，但值得注意的是，用于创造性实践的机器学习所涉及的评估标准远没有那么客观，因此也更难量化或优化。这些模型的实际价值不仅通过损失函数来体现，而且被纳入设计过程本身。换句话说，对于机器学习在创造性实践中的价值，需要有更加细致的衡量标准，而这些标准最好与设计实践中的工作结合起来确定。

通过将话题从“好”与“坏”的一维问题上转移开来，GANs 可以开始直接进入设计过程。与 GANs 生成的图像进行视觉接触，可以在生物和人工神经网络之间架起一座桥梁。利用城市印象，GAN 不再需要完美，而是可以被视为不完美过程中的创意伙伴。它们可以激发想法，快速捕捉表征，并帮助沟通复杂性。通过将 GANs 置于设计过程的中间而非末端，它们有时杂乱无章的输出可以被重新定义为创造性潜力而非计算失败，并且图像识别、迭代开发和内容生成等概念也可以作为机器学习和设计的共同问题提出。

## 参考文献

Crawford，K.，Faleiros，G.，Luers，A.，Meier，P.，Perlich，C.，Thorp，J.，2013. Big Data，Communities and Ethical Resilience：A Framework for Action. The Rockefeller Foundation.

French，S.P.，Barchers，C.，Zhang，W.，2017. How should urban planners be trained to handle big data? In：Springer Geography. Springer，United States，pp. 209–217，https：//doi.org/10.1007/978-3-319-40902-3_12.

GFDRR，2018. Machine Learning for Disaster Risk Management. World Bank.

Meerow，S.，Pajouhesh，P.，Miller，T.R.，2019. Social equity in urban resilience planning. Local Environ. 24（9），793–808.https：//doi.org/10.1080/13549839.2019.1645103. Informa UK Limited.

# 第 18 章

# KPF：2020 年城市规划人工智能回顾

斯诺维利亚・张（Snoweria Zhang），凯特・林戈（Kate Ringo），
理查德・周（Richard Chou），布兰登・帕丘卡（Brandon Pachuca），
埃里克・皮特拉什凯维奇（Eric Pietraszkiewicz）和吕克・威尔逊（Luc Wilson）
科恩・佩德森・福克斯建筑事务所（Kohn Pedersen Fox，KPF），美国纽约州纽约市

## 序　言

本章节摘自 2120 年 6 月 1 日出版的《城市科学学会年会论文集》。[①] 今年的会议重点回顾了城市建设的历史趋势。作为 22 世纪的城市缔造者和城市史学家，我们受委托对 2020 年城市规划设计中人工智能和数据驱动方法的演变和使用情况进行调查。仅仅一百年后，规划实践发生了显著变化，协作性明显增强，由此产生的城市支持更高的基尼系数 [ 世界银行集团（2022）将基尼系数定义为衡量“一个经济体中个人或家庭之间的收入分配或在某些情况下的消费支出分配偏离完全平等分配的程度”] 和通贝里指数（由气候活动家格蕾塔・通贝里在 2030 年提出，通贝里指数衡量特定地区产生的温室气体与减排或抵消努力的比率）。城市生活的这种改善可以追溯到人工智能的早期设计发展。因此，有必要对工具和案例研究的演变阶段进行系统研究。危机往往伴随着突然的增长和范式转变，今天城市建设中被视为标准的做法，大多都可以追溯到 2020 年灾难交织中萌芽的应对气候变化的解决方案。因此，2020 年城市规划设计师所面临的挑战值得研究，以及为解决这些问题而出现和发展的工具。本章不仅

① 编者著：本篇是作者从未来对当代的回顾的视角所写。

是对百年变迁之年的回顾，也是对从那时到现在实践模式的轨迹的追溯。我们希望，对过去百年历程的研究能够为我们指明一条有益的前进之路。

此外，按照会议论文集的惯例，本出版物将根据《双时空出版协议》于 2020 年转交期刊审阅。因此，尽管研究出版物的格式自上世纪（21 世纪）以来发生了变化，但本章仍特意按照 2020 年典型研究出版物的风格撰写。目标有两个：（1）提供回顾，研究关键年份的历史实践，可以说这一年为当前的城市实践趋势提供了一个模板；（2）根据《双时空出版协议》，于 2020 年 6 月 1 日向期刊提交回顾性报告。潜在的复盘出版将使 21 世纪初的设计师和建设师能够对自己的城市建设过程进行更仔细和批判性的审视。像本报告这样的未来历史报告并不试图成为过去建筑师和规划师的水晶球，尽管这样的解读可能是不可避免的。相反，本文是对一个历史时刻的宏观研究，2020 年的读者可能会模糊对这一历史时刻的清晰而全面的评估。事实上，2020 年确实是一个不寻常的年份，以至于人们就未来的历史学家将如何研究这一年开了许多玩笑。然而，这种尝试既不是开玩笑，也不是占卜。我们，你们 2020 年的未来历史学家，所拥有的力量并非围绕着对未来的预测，而是对趋势和机遇的整体评估。在很多方面，我们仍然处于我们所书写的时刻。

## 危机与发明

建筑历史学家们对 1000 年很着迷，因为对即将到来的世界末日的预期导致了之前的建筑匮乏和之后的市场繁荣形成了鲜明的对比。这一时期的许多建筑学术研究不仅关注围绕着世界末日的理论，还关注设计和施工技术的变化。避免世界末日的热情（至少在大众的想象中是这样）促进了建筑经济的蓬勃发展。

历史上有许多类似的危机推动变革的记载。通常，戏剧性的变革会在危机本身的面纱下悄然发生。在中世纪的欧洲，由礼拜仪式预言驱动的集体恐惧所引发的灾难并没有显现。一千年后，2020 年的居民发现自己再次处于危机的十字路口，这一次有压倒性的科学证据支持。气候变化作为一种全球性威胁迫在眉睫，COVID-19 带来的健康和经济冲击给城市的未来蒙上了一层沉重的阴影。为了应对全球紧急情况，城市生活的概念发生了变化，城市建设的工具也发生了变化。

2020 年，读者已经对冲击与政策永久性转变之间的这种并行现象有了详尽的记录。例如，由加拿大记者纳奥米·克莱因（Naomi Klein）撰写并于 2007 年出版的《休克主义》（The Shock Doctrine）详细描述了许多利用危机实施可疑政策的故事。从智利政变到卡特里娜飓风的后果，克莱因列举的一连串例子涵盖的范围令人印象深刻。然而，危机中的变革催化剂也能带来积极的进步。2020 年，严格来说，建筑业和城市建设模式的转变并不是新理念的发明。相反，与气候有关的灾害和流行病的交织，为在较小范围内实施几十年前就已存在的理念提供了动力。例如，更健康的室内设计和共享街景的概念早已被设计师和活动人士所倡导。然而，由 SARS–COV2 病毒引起的全球流行病 COVID–19 的爆发，为实现这些想法带来了紧迫性。

据估计，在疫情最严重时，纽约市有 67 英里的街道禁止汽车通行，另有 15 英里的户外餐饮空间禁止汽车通行。据估计，70% 的开放式街道将在疫情过后继续存在，并在 2120 年成为我们所熟知的城市的永久标志。“人行道压力”章节将详细介绍计算工具和全市范围的数据如何为这些练习的继续进行奠定基础。

在详细介绍 2020 年的城市建设能力和趋势之前，有必要回顾一下 2020 年所处的社会和技术环境。这一年充满了动荡，但大部分动荡都是由长期存在的社会问题造成的，而这些问题随后被技术解决方案所取代。有人可能会说，从 1000 年到 2020 年的闰年在规模上相当于从 2020 年到现在的变化。因此，作为当今的城市缔造者，值得研究 2020 年的技术时刻。

## 工具的演变

2020 年对于规划设计行业来说是一个有趣而重要的时期。云计算和机器学习的盛行终于在建筑设计过程中找到了用武之地。接下来的部分将介绍一些 2020 年前后的典型案例，这些案例受益于并利用了当时的工具。不过，在重点介绍这些案例研究之前，有必要先研究一下推动和促进这些项目开发的工具。

考虑到过去百年的发展，2020 年规划设计工具得到了蓬勃发展。云计算的出现和易用性给各行各业带来了跨行业的范式转变，而建筑和规划行业在某种程度上是最后一个在这方面进行创新的行业。然而，随着许多城市开放数据、网络工具和数字孪生技术的普及，人们对工具的态度也发生了转变。工具的作用不再是帮助设计师们找到最佳方案，而是为他们提供信息并邀请他们协作。在这一时期，设计师不再向工具下达可执行命令，两者之间的交互变得更具沟通性和探索性。

这种关系通过 2020 年许多城市倡导的开放数据平台最为明显。纽约市无疑就是这样一个例子。2020 年，“纽约市开放数据”是一个为市民提供有关城市数据的门户网站，汇集了市政府本身以及公民数据收集者产生的数据源。数据的聚合与易于访问相结合，为有效映射和交叉引用多种数据提供了可能。通过严格审查对纽约市开放数据的贡献，市民可以通过固定的方式参与城市建设。粗略统计，这一时期有 100 多个城市制定了允许公民参与的开放数据政策。许多关注开放数据时代（粗略划分为 2010 年至 2030 年）的历史文献将 2020 年描述为在城市数据重生与其用户之间建立共生关系的决定性时期。正如后续“人行道压力”章节中所示，开放数据门户网站为探索、实验和贡献的闭环提供了机会。

与可访问的数据实践并行，早期城市规划过程中计算设计（最常在 McNeel 的 Rhinoceros 及其附属可视化编程平台 Grasshopper 中开发）的使用在 2020 年开始变得普遍。虽然围绕着计算设计存在着许多不同的定义和实践，但最富有成效的探索之一来自 Scout（图 18.1）（为了保留 Scout 的这些早期重要实例，作者检索了几个项目的代码，并对其进行了重新渲染）。我们按照从 Youtube（21 世纪初流行的视频网站）上发现的教学视频进行了精心修复。重新渲染依赖于 2020 年常用的网络技术，其中许多技术早已淡出互联网的集体记忆。具体来说，大部分计算设计过程结合了 3D 建模软件 Rhinoceros 和参数化控制辅助平台 Grasshopper。此外，在 2020 年，设计师和建筑师通常会使用 Rhino.compute 和 C# 开发定制插件，这些开发工具专门用于个性化增强 Rhinoceros 环境。从我们的考古研究中可以明显看出，KPF Urban Interface 很好地利用了这些工具。事实上，有证据表明，他们可能是全球第一家这样做的建筑事务所。除了计算能力，Scout 还是一个 3D Web 渲染器。它依赖于 Vue.js（一个开源的模型 - 视图 - 视图模型（Model-View-ViewModel）前端 JavaScript 框架）和 Three.js（一个用于显示三维几

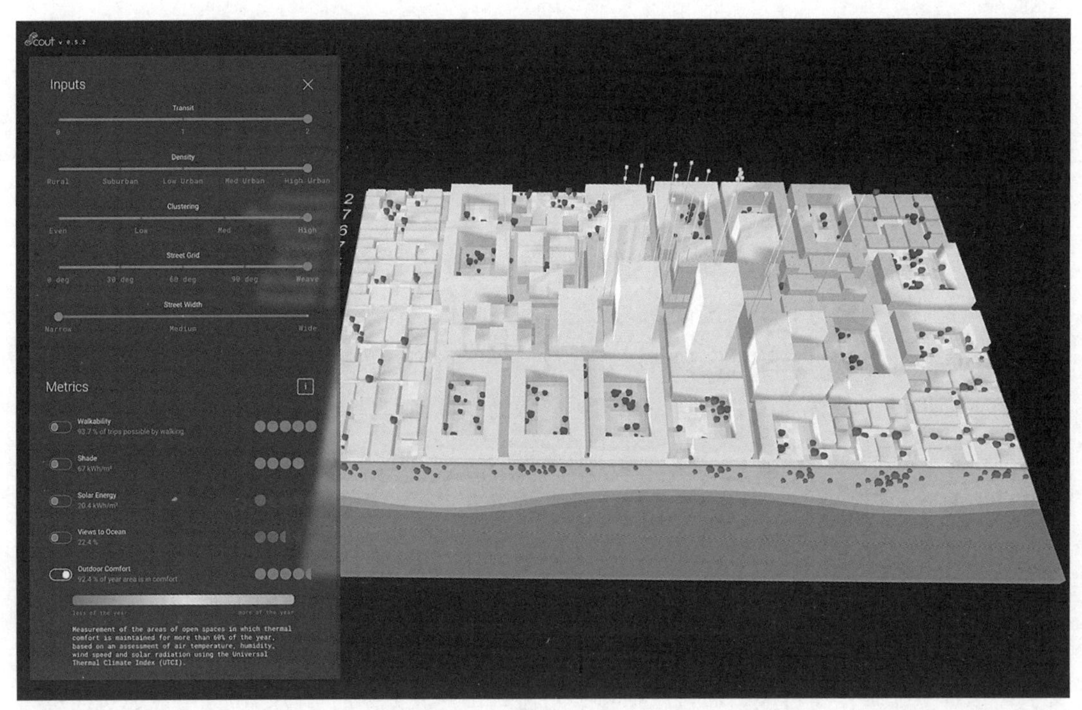


**图 18.1** Scout 由 Kohn Pedersen Fox 的 Urban Interface 团队开发，是一个共享网络平台，帮助这家全球性公司快速获得数据驱动的见解，向客户展示并与社区互动。*Scout* 来自 KPF Urban Interface（2021）

何图形的 JavaScript 库)。2010 年见证了基于网络的框架的蓬勃发展，这无疑促进了 Scout 等城市协作平台的发展)。Scout 由 Kohn Pedersen Fox 的 Urban Interface 团队开发，是一个共享网络平台，帮助这家全球建筑公司快速获得数据驱动的见解，向客户展示并与社区互动。通过 Scout，设计师和合作者可以轻松地探索和比较成千上万个选项，作出更明智的决策，并享受实时可视化结果带来的创意自由。

在 Scout 以及类似的计算设计平台出现之前，设计规划过程通常需要手动探索 3~4 个方案，然后快速确定其中 1 个。通过自动化某些设计组件，Scout 将精力集中在更深入的开发、创新和工艺上。下面的案例研究阐述了 2020 年 Scout 在 Kohn Pedersen Fox 生态系统中的起源和使用情况。

尽管建筑计算在当时并不是一个新颖的课题，但 Scout 却成了一种课程定义工具，因为它成功地将计算的叙事方式从寻找最优方案转移开。Scout 代表着一种认识，即城市建设过程中存在着许多冲突和竞争的利益。因此，设计流程只有在知情和参与式决策的前提下才能取得成功。这正是 2020 版 Scout 帮助市民和设计师实现的目标。当然，数字考古学家可以追溯到 Scout 的更先进版本和现代数字表示的使用。然而，即使是在初创阶段，Scout 的主要目的也是展示设计方面的复杂信息，否则这些信息在当时就会被隐藏起来。通过强调可能相互冲突的指标（如日照和景观）之间的权衡，Scout 使人们能够对城市建设过程进行更严格和透明的检查。

我们在 Scout 发掘的首批项目之一中就清楚地体现了这种意图，该项目是中国杭州地区一个占地 3700 万平方英尺的多功能开发项目的总体规划设计。早期的设计文件显示，开发一种满足日照要求、提供良好视野并创造舒适的室外空间的最佳街区类型是一项挑战。然而，在实践中，许多体量选项都可以实现这些目标，并且不存在一种“最佳”的街区类型。取而代之的是，Scout 体现了城市体验和形态的多样性，从狭窄而亲密的街道到拥有连续街墙的宽阔林荫大道。设计问题集中在裙楼高度、街道宽度、建筑密度、街区大小和塔楼位置将如何影响某些目标。设计空间测试了样本街区类型的变化，其中输入捕获了庭院和塔楼位置、街区类型密度、建筑高度和方向、街区尺寸和比例。由此产生的一系列模型及相关数据被用于筛选各种目标的特定设计标准。图 18.2 显示了设计方案的一个子集测试及其相应的日光分析。计算设计模型成了一种辅助工具，设计师可以根据整个规划的不同条件，自行确定一组最佳结果。

当然，城市科学的仪表盘方法并不新鲜。到 2020 年，数字孪生的概念已经深入人心。现有的数字孪生依赖于传感器网络和城市运行各个方面（从管道到电力）的实时显示。这种城市建设方法的灵感来自 2000 年代初期的流行游戏，如《模拟城市》，但即使是最完整的数字模拟也只是为了捕捉瞬间而不是提供前进的道路。正如城市建设师后来意识到的那样，这种方法的

**图 18.2**　测试的设计方案子集及其相应的日光分析。无需许可

应用本质上受到限制。智能必须超越知识，包括决策，而从 2020 年开始，工具开始朝这个方向转变。这使得 2020 年成为数字孪生概念发展的一个有趣时刻。2020 年设计师不再严格关注定期更新的瞬时快照，而是使用数字孪生技术以灵活且无风险的模式测试设计。随着开放数据时代的蓬勃发展和成熟，人工智能时代 [ 人工智能时代的准确界定是历史学家们争论不休的话题。虽然这一术语的使用范围很广，并且因行业而异，但我们将把 2020~2050 年称为人工智能时代，在此期间，人们对人类和机器智能之间的共同代理意识的兴趣日益浓厚，推动了城市规模工具的开发。这一时期也见证了人们对人工智能实践所表现出的偏见和自动化的日益担忧。这种集体焦虑成为 2042 年国际人类与机器智能理事会（International Council of Human and Machine Intelligence）成立的推动因素，该理事会是当今人工智能伦理实践的核心。] 的规划设计才刚刚起步。下面的案例研究描述了虚构的利赛德市（Leeside），说明了这些早期尝试。

## 虚构的利赛德市

2020年，气候变化的破坏性影响日益普遍，如何公平有效地安置大量涌入的气候移民这一紧迫的规划问题需要特别关注。畅想未来是2020年不可或缺的一部分，因为这一年的不确定性不断增加。随着气候变化的影响逐渐变得可怕，城市居民面临着越来越多关于未来的灾难性描述。大量这样的图像让人们很难想象出一条可以避免或减轻气候灾难的充满希望的道路。在普遍的否认和灾难性思考中，KPF Urban Interface团队的设计师们与Quartz的记者们合作，共同解决气候移民这一具体问题。结果是假设的市政府使用了一个计算模型来测试各种方案并作出选择。

此次合作创建了虚构的利赛德市（图18.3）。Pawlowski假设，美国铁锈地带城市由于拥有大量可用土地和现有基础设施，可以成为受极端气候事件影响的移民的欢迎地。其中许多城市（如布法罗、底特律、罗切斯特）地处内陆，相对不受迫在眉睫的气候灾害的影响，而且它们共同的后工业化萎靡意味着高空置率和未充分利用的基础设施。这种独有的特征组合使得“铁锈地带”城市特别适合接纳大量移民。

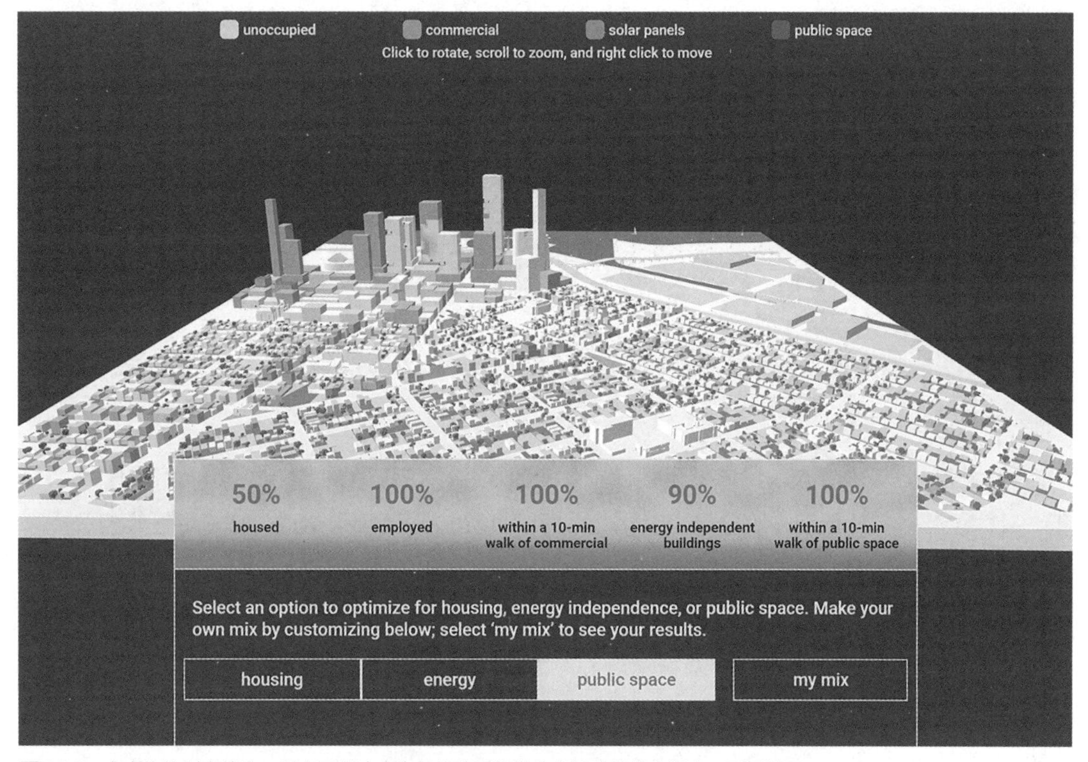


**图 18.3** 在虚构的利赛德市，用户可以决定为气候移民提供住房的建筑优先顺序。无需许可

通过在图像中创建一个虚构的城市来解决将该项目置于真实的铁锈地带城市中这一棘手而复杂的问题。自 20 世纪 50 年代美国制造业开始衰落以来，在著名的荒废锈带城市中出现了许多城市更新的提议。事实上，底特律已成为废墟城市景观的代名词。因此，利赛德思想实验的重点并不是解决与锈带现有景观相关的各种社会问题和包袱，而是根据从类似地区中提炼出的特征，建立一个虚构的孪生城市。

就利赛得而言，计算过程既应用于城市的初始建设，也应用于后续的决策。图 18.4 显示了利赛德建设过程中考虑的一些特征。同样值得注意的是，利赛德是一座被包围在一平方英里内的城市的缩影，其中包括一个“市中心”地区、工业区以及不同的住房密度。相比之下，2020 年的大多数“锈带”城市都居住在庞大的大都市的骨架上，而利赛德的社区彼此相距甚远。因此，一个现实的一平方英里土地上无法捕捉到太多的景观多样性。

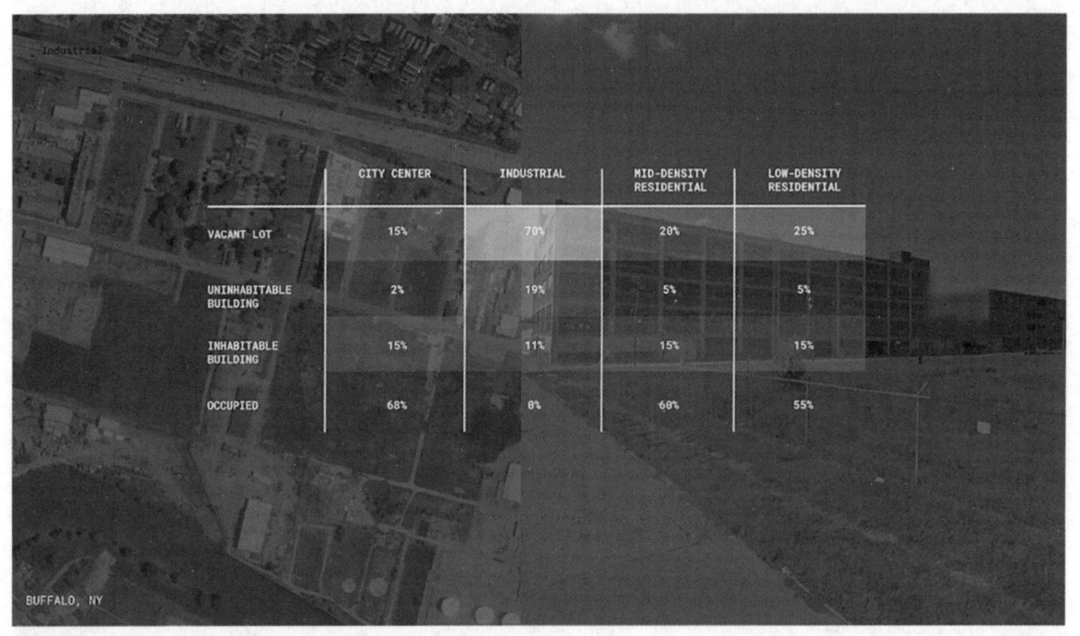


| | CITY CENTER | INDUSTRIAL | MID-DENSITY RESIDENTIAL | LOW-DENSITY RESIDENTIAL |
|---|---|---|---|---|
| VACANT LOT | 15% | 70% | 20% | 25% |
| UNINHABITABLE BUILDING | 2% | 19% | 5% | 5% |
| INHABITABLE BUILDING | 15% | 11% | 15% | 15% |
| OCCUPIED | 68% | 0% | 60% | 55% |

**图 18.4**　利赛德项目建设过程中考虑的特征示例。无需许可

气候移民的规模之大，任何城市都难以在短时间内缓解。事实上，从 2017 年 7 月到 2018 年 7 月，仅飓风“玛丽亚”就造成波多黎各 12.9 万居民流离失所。随着 2020 年气候相关灾害的快速发展，不难想象大多数沿海城市及其数百万居民都将面临风险。因此，迎接气候移民的任务需要谨慎对待，其范围远远超出住房问题。KPF Urban Interface 将这个问题视为一个过程，而不是一个完成的状态。利赛德项目并没有问“2050 年会是什么样子？”而是在未来艺术的构思方式上实现了突破。设计师们问道：“从现在到 2050 年，利赛德如何为即将到来的移民提供公平的住房和食物？”

观众被赋予利赛德市市议员的角色，负责管理方圆一英里的计算模型（像为利赛德市制作的大型计算模型），对 2020 年的设计师提出了叙事和资源挑战。利赛德的决策和背景故事很复杂。然而，2020 年所依赖的媒体大多是通过屏幕尺寸不超过六英寸的智能手机消费的。受此限制，Scout 的常规界面必须转变为更加连续的讲故事模式。这类工具在很大程度上也依赖于现有的计算能力。亚马逊、谷歌和微软等 21 世纪公司将云计算商业化，改变了大规模计算机项目的格局。这一时期挖掘的支出报告显示，像利赛德这样规模的模型很可能同时使用了亚马逊网络服务上约 100 个弹性计算云实例。这种分布式计算模式在当时的城市设计领域相对较新，尽管它已被其他拥有大数据集的行业成功采用，如遗传学，指导用户进行详细的思维练习，以适应气候移民。该模型向用户展示了 6000 名现有人口和 10000 名新移民。这大致基于罗切斯特 2020 年的人口密度（$5884/m^2$），目标是最终达到旧金山 2020 年的人口密度（$17179/m^2$）。通过互动，市议员决定在哪里建造以及建造什么？是否应该拆迁？空置土地是否应该用于能源生产而非住房？商业机会和便利设施如何？ 2020 年的市民生活在 COVID-19 的环境中，他们最关心的是如何获得户外空间。空地是否应该用作公园而不是住房？所有这些问题在某种程度上都相互冲突。这曾经是并将继续是解决城市问题的现实：通常会发生很多“好事”，但由于资源有限，利赛德提供了一种模式，帮助决策者透明地看到权衡利弊的结果和未来的惊喜。

利赛德的核心目标是描绘一个积极而现实的未来形象，更重要的是，为如何实现这一目标树立榜样。到 2020 年与气候有关的灾害虽然是全球性的，但对所有人的影响并不相同。因此，建立一个公平合作和实验的框架，对于我们后来看到的城市景观的健康发展至关重要。城市规划过去是、现在仍然是一个复杂的多维魔方，其中移动的部分具有长期的影响和依赖性。因此，为了建立这样一个协作框架，2020 年的城市建设者审视了市民相互冲突的需求。

2020 年工具的发展意味着快速迭代设计方案、评估其可行性并定量研究潜在权衡的新能力。以前通过估算做出的决策，现在可以通过 Scout 等工具以透明的方式呈现出来。因此，设计师、规划师和城市建设师都能够作出明智的决策。

对许多人来说，气候变化带来的影响很难从个人角度去想象，更难从积极的角度去思考。然而，正如我们现在所知道的那样，严峻的气候事件激励着 2020 年的人们行动起来，设计和社会运动的结合创造了对未来的希望。在此类推测性城市设计工作中使用计算模型，不仅扩大了设计的可能性，而且降低了风险，并阐明了设计过程。从历史的角度来看，这是一个至关重要的贡献。利赛德为明智的未来设计绘制了蓝图，重点关注流程（也是充满希望的流程），而这正是 2120 年城市规划实践的核心（为利赛德开发的推测性数字孪生方法成为当今城市高度依赖的原型。这一早期发展对许多重大变革的规划至关重要，包括 2030 年纽约市自动驾驶汽车公共网络的发展。此外，底特律和布法罗在 2046 年玛丽飓风后，利用利赛德模式的后代成功安置了 200 万气候移民。深圳迅速采用了集成个人数据中心的能源和数据存储住房类型，部分也归功于利赛德的实验）。

## 人行道压力

不可否认，COVID-19 为许多城市居民塑造了 2020 年。室内空气质量问题从一个建筑行业关注的小众话题变成了大众心理的一个突出问题。

空气传播的疾病有着永久改变建筑实践的历史。1918 年的西班牙流感给纽约市的公寓带来了充满噪声的、过热的散热器，使窗户即使在寒冬也能保持开启状态。同样，在 COVID-19 高峰时期，户外“社交距离”问题（保持 6 英尺距离）改变了公共空间的开放规则。温控小公园、数字增强的露天市场、半户外空间的盛行都是 COVID-19 时代的设计遗迹。这给 2020 年的许多城市带来了问题，因为大部分人行道空间不够宽，无法满足健康建议。因此，街道的功能成为热门研究课题。

在 COVID-19 大流行宣布几个月后，人们就清楚地认识到病毒是通过空气传播的（美国疾病控制中心于 2020 年 10 月 5 日宣布）。换句话说，由于室外空间的空气流量大、流动性强，而且互动时间短，因此在人行道上短暂相遇时，这种疾病在人与人之间传播的可能性很小。但与此同时，由于对室内聚集的严格限制，街道空间和人行道区域的使用变得更加多样化。2020 年 3 月下旬至 6 月期间，纽约市的街道景观发生了戏剧性转变，这座熙熙攘攘的大都市先是被令人毛骨悚然的平静所笼罩，随后又将其短暂的阴森景观转变为多功能的欢乐屋。

街道的定义不再是一个严格的管道。由于室内空间受到限制，许多室内功能被迫迁移到路边。超市限制了其容量，这意味着超市外的地面被标记为社会距离排队空间。餐厅将停车位用作室外餐饮设施。重新回到办公室工作的员工在刚进入大楼时就面临着更长、更分散的排队。人行道成了各种新活动的场所：餐厅和咖啡馆的座位、排队进入大楼的空间、零售店的取货 / 送货等。除了继续为行人通道和 COVID-19 之前的其他用途提供通行空间外，市政府还必须为这些路边的新来者腾出空间，并按照社交距离和其他公共安全协议的要求这样做。

为了缓解对街道和人行道空间日益增长的需求和使用，纽约市像当代的许多大都市一样，限制了某些街道上的汽车交通。在步行化高峰时期，纽约市有 67 英里的此类共享人行道，禁止或极度限制汽车通行。

COVID-19 并不是重新考虑街景的唯一驱动因素。21 世纪初，社会正义运动兴起。2020 年夏天，乔治・弗洛伊德被杀事件引发的抗议活动迫使许多首次抗议者走上街头。在这方面，街道也成了流动集会和公民参与的场所。自相矛盾的是，城市的宵禁政策将作为街道，这一公共空间的灯塔，变成了无法进入和受到限制的区域。

街道的用途复杂且经常相互冲突，因此很难围绕街景制定系统的组织战略。然而，正如我们在“工具的演变”部分所讨论的那样，2020 年，城市制图和相关数据已成为一项可广泛获取的工作。利用这一新发现的资产和能力，KPF 的城市界面团队创建了一套评估人行道人口密度的网络工具，以帮助纽约市决策者应对以有效、安全和公平的方式重新开放城市的巨大挑战。这些工具利用详细的数据集，模拟了 COVID 时代人行道的新用途。这些工具增强了城市和社区团体的能力，使其能够快速、更有把握地作出决策，降低纽约市人行道拥挤的风险。

这套工具包括两个主要工具：一个是全市范围的工具，用于突出人行道拥挤程度可能较高的区域；另一个是邻里工具，用于通过路线分析来确定相对于人行道宽，行人移动、排队和商业活动度频繁的特定街道路段。

全市工具（图 18.5）确定了纽约市哪些地区人行道拥挤程度最高。该工具将各种数据集（从居民和就业人口数字到商业地点和建筑信息）汇总为每个行人人行道平方英尺的综合得分。

鉴于城市的流动性和复杂性，纽约市不同机构和社区团体的优先事项各不相同，以及 COVID-19 的不可预测性，创建一个可实时调整和校准的模型至关重要。在模拟工作日和周末高峰时段等不同场景时，动态网络地图的作用显而易见。聚类 [ 一种称为“K-Means”的机器学习模型用于十六进制聚类，优化聚类数量，以最小的平方和误差（SSE）获得最大的信息增益。这是目前常用的“Z-means”机器学习模型的前身 ] 通过分析压力最大的网格单元，可以

**图 18.5** 全城工具确定了纽约市哪些地区人行道拥挤程度最高。无需许可

更好地了解人行道拥挤的最重要因素。聚类算法根据相似的人行道拥挤原因将城市中的各个区域分组：纽约中城和 2020 年被称为金融区的街区在写字楼和工作人口方面得分较高，而上东区和弗莱布什则因大量居住人口等原因而出现拥挤。

全市范围的工具识别出人行道拥挤程度可能较高的街区，然后可在邻里中对其进行分析（图 18.6），以相对于每条人行道的有效宽度，详细模拟了一天中不同时间段人行道上的行人密度。它通过模拟往返当地目的地（公交站、企业等）的行人交通来实现这一目标，其中包括移动和站立的行人。一些宽阔的人行道在商业和人流的影响下没有足够的空间，而一些狭窄的人行道则人流稀少，没有太大的压力。街区地图为识别社区内行人聚集且对人行道空间需求较大的热点地区提供了资源。

鉴于许多旨在减少 COVID-19 传播的法规都明确与空间阈值和指标挂钩，因此了解全市每个行人的人行道空间对于决策者来说是一个强大的资源。鉴于纽约市人行道空间的差异，绘制与人行道面积相关的成分数据和综合数据为 2020 年该工具的用户提供了意想不到的丰富信息。

邻里分析模拟了一天中最繁忙时段——早高峰、午餐时间和晚高峰的出行需求。该分析模型从谷歌地名数据中汇总了行人的出行需求，模拟了每条人行道上的行人流量或对商家的访问量。该工具进一步细分了每条街道上的行人类别，以了解哪些活动对人行道造成的压力

**图 18.6** 详细模拟一天中不同时间人行道上的行人密度与每条人行道有效宽度的邻里关系图。无需许可

最大。例如，在午餐时间，杰克逊高地商业街沿街餐馆的行人流量很大，造成了人行道压力。这些信息有助于指导有关小型企业分阶段重新开放的决策以及户外餐饮空间的选址策略（与前面提到的 Scout 的恢复类似，我们已经成功重新渲染了“人行道压力”部分讨论的两张网络地图。除了重新绘制上述网络地图外，这两个网络工具的“关于”部分还包括大量的数据来源和方法论部分）。

随着企业适应新的 COVID-19 运营策略，他们通过在商店周边划定排队线或设置户外座椅等措施，将人行道改造成商店的延伸。开放数据和绘图工具的广泛使用为社区或城市机构更好地采取城市干预措施提供了依据，例如扩大商业街的步行区，与开放街道倡议建立更好的协同作用。这些工具的可用性和可访问性标志着这种协作和透明度已进入起步阶段。

20 世纪的发展似乎将街道僵化为汽车专用区。尽管世界上许多农村地区依然如此，但 21 世纪的城市开始使用开放数据和可视化界面进行参与式决策。街道不再仅仅是移动的通道。相反，它成了根据市民需求进行开放和灵活探索的场所。我们 2120 年的读者所享受的功能，如室内和室外空间之间的流畅转换以及灵活使用模块可视为 2020 年实验的直接产物。

## 人机协作

2020 年是集体焦虑异常的一年。然而，隐约可见的是，在这一背景下，普遍的忧虑仍在继续，尤其是围绕着自动化的忧虑。在一系列社会问题中，代理问题在人工智能（AI）和城市设计的交叉领域尤为突出。2020 年的社会讨论充满了相互冲突的驱动力：一方面是对技术进步的兴奋，另一方面是谨慎，尤其是算法中往往根深蒂固和模糊的隐性偏见。然而，2020 年也标志着人们对人工智能的态度开始转变：相互增强和协作。值得注意的是，这既是态度的转变，也是这一时期技术开发方法的转变。这些发展明显地体现在人们认识到城市建设实践是复杂的、需要允许异步增长。

如今，城市规划是在达成一致的前提下进行的，尤其是在分歧交汇的边缘地带。2020 年的情况并非总是如此。当边缘条件无法达成一致并且空间的创造成为有争议的行为时会发生什么？在不平等的权力梯度中，空间协商是关键。然而，谈判的重担往往落在实力较弱的一方身上。因此，KPF Urban Interface 团队开发了一种依赖于多方协作的设计范式，在这种范式中，人工智能扮演了空间谈判者的角色。

城市艺术品的制作与个人获得住房和公共空间息息相关，这就凸显了认识到这种权力差异的重要性。在一个有趣的思想实验中，Urban Interface 试图为人工智能预留空间，让其扮演谈判者的角色，弥合充满争议的间隙空间。利用类似 Scout 的工具，人类参与者以异步方式生成具有所需特征的城市设计（图 18.7~ 图 18.9）。随着过程的发展，人工智能代理不断从现有材料中学习并生成新的空间边界。这种模式不仅可以减少争议，而且还引入了人与人工智能

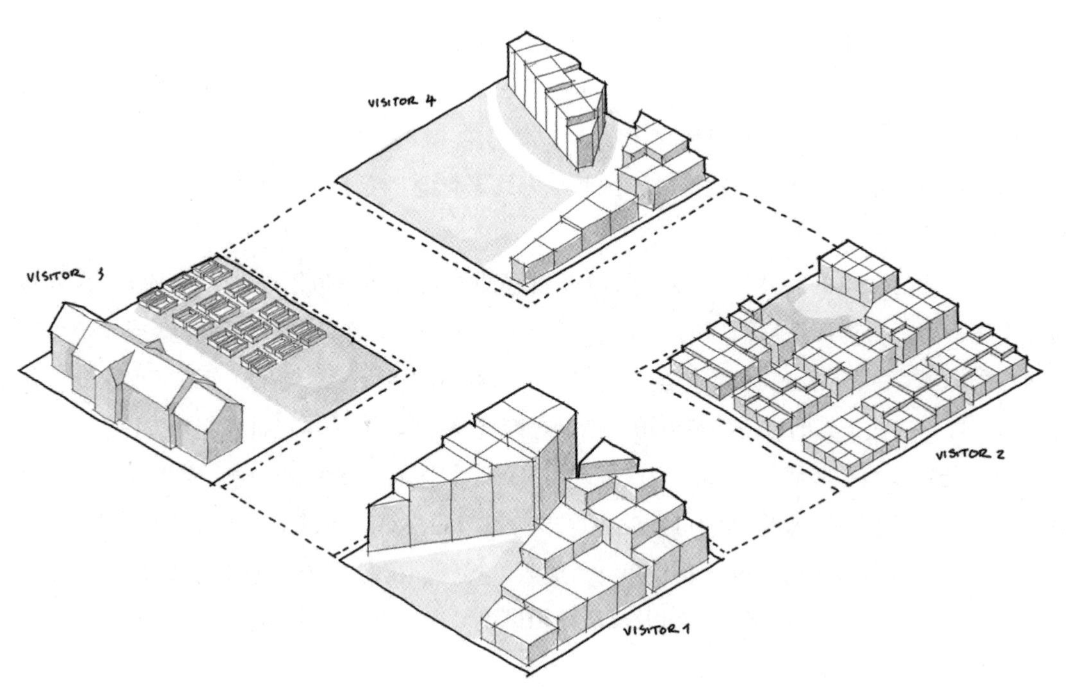


**图 18.7**　人类参与者使用类似 Scout 的工具，以异步方式生成具有所需特征的城市设计。无需许可

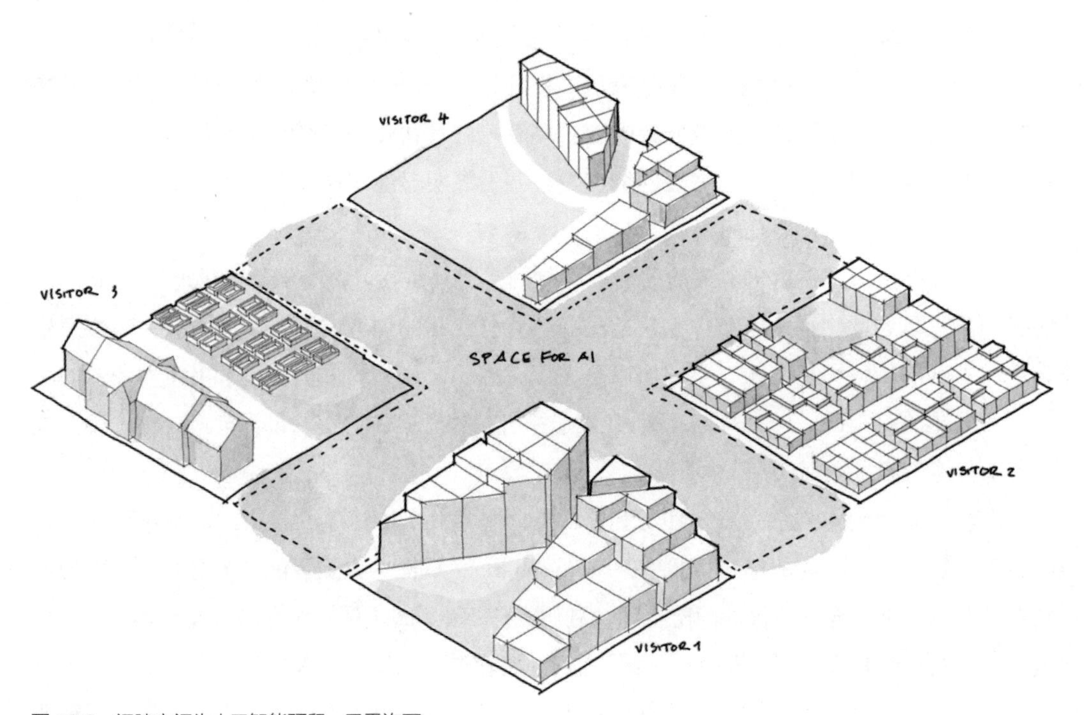


**图 18.8**　间隙空间为人工智能预留。无需许可

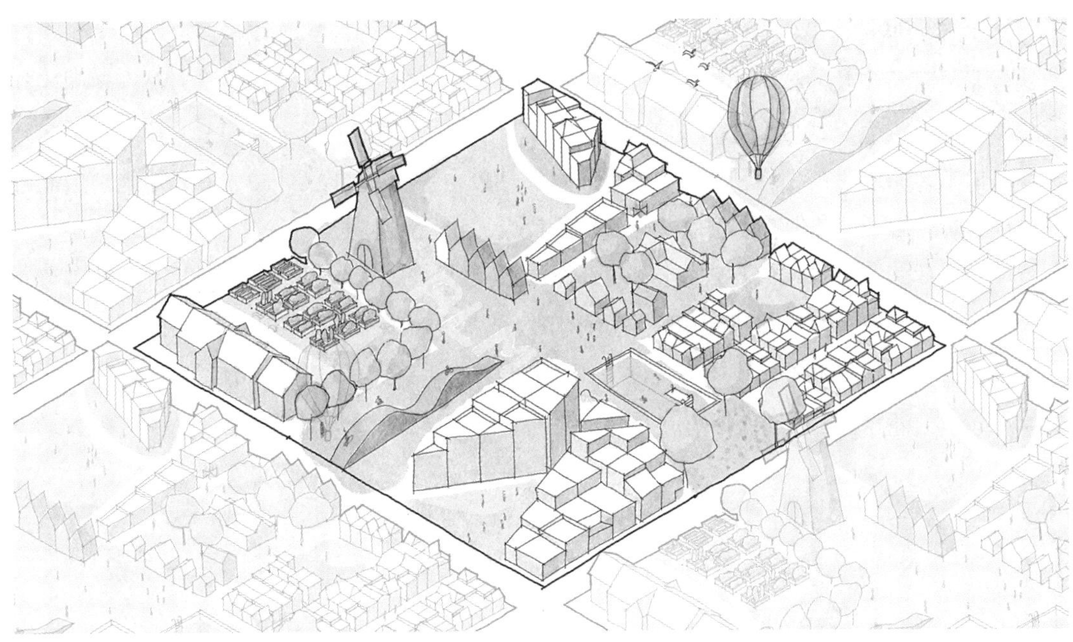

**图 18.9** 随着流程的发展，人工智能代理不断从现有材料中学习并生成新的空间边界

协作的概念，以及一种适应不同需求和声音的范式。

使这种协作模式成为可能的不仅是技术上的可能性，还有共享代理的发展。2020 年，机器学习和其他人工智能方法已经有了长足的发展，其预判和创造能力令人印象深刻。例如，开放式人工智能的 DALL-E 可以将潜在无意义的文本输入（如“牛油果形状的扶手椅”）转换为连贯的图像表征。然而，在“黑人的命也是命”（Black Lives Matter）以及对权力和特权的反思的社会背景下，2020 引发了人们对亟需的权力重组的集体追求，使设计师的能力最终发生转变，从而与人工智能共同展望一个合作、平等的未来。

2020 年之前，对人工智能的流行描述大多围绕着权力之争。“奇点”的概念（一个关于人工智能的小众但强大的概念）主导了 20 世纪末、21 世纪初的大部分想象力，埋下了深深的恐惧种子。尽管在过去的 50 年中，这一想法在人工智能实践中已基本消散，但它无疑主导了 2020 年人工智能的思想实践。在 20 世纪末，人们习惯于想象人类将利用机器来改善生活，或者想象不服从命令的人工智能特工会寻求统治。很少有记录显示这种思维模式有偏差，真正平等的合作似乎不太可能。

KPF Urban Interface 团队采用的方法具有典型的挑战性，因为它不仅为人工智能代理分配了物理空间，还允许其智能参与设计和规划过程。在这一框架中，人工智能不仅被视为共同创造者，还被视为谈判者。更重要的是，结果在不断变化。也就是说，空间和设计总是随着参与者投入的增加而不断迭代。

2120 年的城市建设实践在很大程度上得益于这种合作理念，尽管执行过程经历了多次自然迭代。尽管所涉及的技术代表了处于萌芽阶段的人工智能，但以人工智能为合作者和谈判者的提案已经塑造了 20 世纪发展的技术叙事。

现代主义的遗产在建筑想象力中占据着重要地位，在 2020 年设计的大多数建筑中仍能看到现代主义的影子。即使是有意创造的建筑设计也无法打破这种模式。然而，在 2020 年，人工智能发展成为一种探索性和投机性的工具，尤其是围绕协作概念。这种在城市范围内与人工智能合作的模式，首先被纽约市博物馆用作公民参与的实验性工具，后来被世界各地的城市规划部门更广泛地采用。到 2120 年，它已成为公民参与的标准。神秘的公众在这里表现为机械，起到了弥合间隙空间的作用。它产生了游戏性，寻求公正，体现了想象力。

# 结 论

城市历史学家普遍认为，2020 年是一个变革的年代。这一时期不仅发生了全球大流行，还见证了社会起义和集体文化清算。与此同时，计算和数据驱动工具也达到了成熟的水平，能够直接对设计行业产生深远影响。危机与工具的成熟交织在一起，意味着许多富有想象力的城市建设方法蓬勃发展并被成功采用。这些因危机而产生的创造性变革成了永久性的固定模式。我们列举了三个例子，说明了 2020 年的市民如何利用这些工具解决气候迁移、健康街道和人机协作关系等问题。利赛德通过计算设计和交互式用户界面重新构想了数字孪生系统，用于推测规划而非基础设施管理。同样，在 COVID-19 大流行和城市变革的风口浪尖，“人行道研究”通过数据探索、机器学习和交互式制图，将通常只有专家才能获得的信息和工具提供给公众。这两个项目自然而然地引发了将人类与人工智能的关系从预测和生成关系转变为协作关系的思想实验。

本研究中介绍的项目，即使处于萌芽阶段，也为未来的发展提供了良好的基础。作为 2020 年早期实验的直接结果，2120 年城市规划中的最初社区参与过程能够欢迎并有意义地吸收公众反馈。同样，今天的建筑师和规划师可以轻松整合多维数据。此外，2020 年，云计算服务在建筑和规划领域中的使用率也有所上升。当时，云计算尚未成为公共基础设施，在资金和技术上都让普通民众望而却步。今天，规划设计行业对云计算基础设施发展的融入和最终依赖在公共投资中发挥了重要作用。昂贵的云计算服务不再是计算设计的基础，因为分布式云计算已成为上世纪（21 世纪）的主流。通过广泛的云计算能力促进公平获取人工智，为城市设计的透明度和问责制作出了不可估量的贡献。

这标志着从 2120 年 6 月 1 日起定时传输的结束。

# 参考文献

Acosta，R.J.，et al.，2020. Quantifying the dynamics of migration after a disaster：impact of hurricane Maria in Puerto Rico. medRxiv. United States：medRxiv，https：//doi.org/10.1101/2020.01.28.20019315.

Hail Team，2021. Hail 0.2. https：//github.com/hail-is/hail.

Hu，Rosa，A.，2020. Outdoor Dining in N.Y.C. Will Become Permanent，Even in Winter. The New York Times.

Kahn，M.E.，1999. The silver lining of Rust Belt manufacturing decline. J. Urban Econ. 46（3），360-376. https：//doi.org/10.1006/juec.1998.2127. United States：Academic Press Inc.

Mead，D.，2014. This 107 Million Person "SimCity" Region Is a Portrait of Our Megacity Future. Available at：https：//www.vice.com/en/article/mgb3mb/this-107-million-person-simcity-region-is-a-portrait-of-our-megacityfuture.（Accessed 29 September 2021）.

NYC Open Data，2021. Available at：https：//opendata.cityofnewyork.us.（Accessed 29 September 2021）.

NYC.GOV，2020. New York City Expands Nation-Leading Open Streets Program. Available at：https：//www1.nyc.gov/office-of-the-mayor/news/467-20/new-york-city-expands-nation-leading-open-streets-program-23-moremiles-areas-hit-hard-by.（Accessed 29 September 2021）.

Pawlowski，T.，2020. Rust Belt Climate Refugee Resettlement Program. Available at：https：//newcities.org/the-bigpicture-rust-belt-climate-refugee-resettlement-program/.（Accessed 29 September 2021）.

Ramesh，A.，et al.，2021. Zero-shot text-to-image generation. arXiv. United States：arXiv. Available at：https：//arxiv.org.

Shendruk，A.O.，2020. Welcome to Leeside，the US's first climate haven. Available at：https：//qz.com/1891446/welcome-to-leeside-the-uss-first-climate-haven.（Accessed 29 September 2021）.

Smith，2000. Before and after the End of Time：Architecture and the Year 1000. Harvard Design School.

Stone，A.，2018. Are Open Data Efforts Working? Available at：https：//www.govtech.com/data/Are-Open-Data-Efforts-Working.html.（Accessed 29 September 2021）.

The World Bank Group. Available at：https：//databank.worldbank.org/metadataglossary/gender-statistics/series/SI.POV.GINI，2022，13 March 2022.

United States Census Bureau，2019a. QuickFacts Rochester City，New York. Available at：https：//www.census.gov/quickfacts/rochestercitynewyork.（Accessed 29 September 2021）.

United States Census Bureau，2019b. QuickFacts San Francisco City，California. Available at：https：//www.census.gov/quickfacts/fact/table/sanfranciscocitycalifornia/BPS030219.（Accessed 29 September 2021）.

# 译者简介

石晓冬，男，1970 年生，正高级工程师，北京市规划和自然资源委员会党组成员、总规划师（兼），北京市城市规划设计研究院院长。入选国家百千万人才工程有突出贡献中青年专家，获得国务院政府特殊津贴、全国优秀科技工作者等荣誉。先后主持完成了新版北京城市总体规划、首都功能核心区控制性详细规划、北京城市副中心控制性详细规划等重大规划，以及科技创新中心、国际交往中心等多项重大专项规划。曾主持多项获奖项目，国家标准 2 项，并获得全国优秀城市规划设计一等奖 4 项，科研项目中获得国家优秀规划设计金奖 1 项，获得中国城市规划学会科技进步奖等省部级专业技术奖项的一等奖 8 项，获得优秀城市规划设计奖等省部级专业技术奖项的二等奖 13 项及三等奖若干，并有 9 本作品出版，在国内外学术期刊上发表相关论文 70 余篇。

张晓东，男，1979 年生，北京市城市规划设计研究院科技委员会副总规划师，数字技术规划中心主任；兼任中国地理信息产业协会智慧空间规划工作委员会副主任委员、北京城市规划学会数字城市规划学委会首席专家，瑞典隆德大学、美国波特兰州立大学短期访问学者，自然资源部高层次科技创新人才科技创新团队执行负责人。长期致力于智慧城市、大数据计算、城市仿真模拟推演、社会参与等城乡规划和社会治理方面的科研实践工作。近年来完成或正在承担多项国际、国家和北京市科技研发项目。曾主持及参与国家标准 1 项、北京标准 4 项；获得国家专利 3 项；在国内外学术期刊上发表相关论文 50 余篇。